无代码开发Web应用

——开源Drupal平台实践

周化钢 著

清華大學出版社
北京

内容简介

本书主要从四个方面介绍了Drupal平台的开发技术。入门篇讲解了Drupal开发环境的搭建及Drupal安装，并讲解了Drupal主要核心功能，如模块管理、内容管理、菜单管理、用户管理、主题、社交和多语种管理等，以及产品上线需要的域名和托管服务器申请，将Drupal系统安装运营到托管服务器。实战篇通过在线课程管理系统案例开发，讲解了一个完整Web应用系统的开发过程。维护篇介绍了Drupal系统日常维护中的常见问题及解决方法，例如，多网站开发，Drupal备份恢复、更新与版本迁移，以及安全防护方法。工具篇讲解利用虚拟机技术搭建Drupal专业开发环境，包括使用VritualBox和Windows 10的WSL，以及Docker和Vagrant容器安装Drupal镜像，同时还介绍了Drupal命令行（CLI）开发工具Drush和Composer的使用，浏览器开发者工具，常用代码编辑器，以及Linux控制台作为Web应用开发的辅助工具。

Drupal本身是由PHP语言开发的，但除了搭建开发环境使用了一些Linux命令及Drupal的Drush和Composer工具命令，本书没有涉及任何代码的编写，重点是让读者体验无代码开发Web应用的过程。本书适合对Web应用感兴趣的读者使用。

本书封面贴有清华大学出版社防伪标签，无标签者不得销售。
版权所有，侵权必究。举报：010-62782989，beiqinquan@tup.tsinghua.edu.cn。

图书在版编目（CIP）数据

无代码开发Web应用：开源Drupal平台实践/周化钢著. —北京：清华大学出版社，2022.5
ISBN 978-7-302-59724-7

Ⅰ. ①无…　Ⅱ. ①周…　Ⅲ. ①网站—开发—应用软件　Ⅳ. ①TP393.092

中国版本图书馆CIP数据核字(2021)第279069号

责任编辑：闫红梅　薛　阳
封面设计：刘　键
责任校对：焦丽丽
责任印制：朱雨萌

出版发行：清华大学出版社
网　　址：http://www.tup.com.cn，http://www.wqbook.com
地　　址：北京清华大学学研大厦A座　　**邮　　编：**100084
社 总 机：010-62770175　　**邮　　购：**010-62786544
投稿与读者服务：010-62776969，c-service@tup.tsinghua.edu.cn
质量反馈：010-62772015，zhiliang@tup.tsinghua.edu.cn
课件下载：http://www.tup.com.cn,010-83470236
印 刷 者：北京富博印刷有限公司
装 订 者：北京市密云县京文制本装订厂
经　　销：全国新华书店
开　　本：185mm×260mm　　**印　　张：**22.5　　**字　　数：**551千字
版　　次：2022年5月第1版　　**印　　次：**2022年5月第1次印刷
印　　数：1～1500
定　　价：89.00元

产品编号：092127-01

序

二十多年前，软件开发还没有面向对象编程，没有中间件和框架，所有功能都是从最底层写代码，甚至连数据库都是由那个年代流行的 dBase Ⅲ和 FoxBASE 代码编写的。在计算机网络早期阶段，由于还没有统一的网络协议，应用软件架构也是基于多用户系统方式来访问共享数据资源。今天，软件开发逐步形成了网络时代的 C/S 架构，及互联网的 B/S 应用架构，特别是 Web 应用的 MVC 分层架构，让软件开发代码有清晰的划分。随着移动应用时代到来，应用软件开发又逐步分为前后端开发框架。然而，软件开发不仅是开发模式上的变革，编程语言也在不断更新，从 C、C++、Java 到现在流行的 Python，程序员要不断地学习新的编程语言来适应新的挑战。到 2019 年，微软公司发布了 Power Platform 无代码开发平台，声称开发效率大大超过传统开发方式，可以帮助企业搭建管理系统，并且，非专业人员就可以完成应用系统搭建。同时，亚马逊公司也发布了 HoneyCode，Google 收购了 AppSheet 无代码开发平台，预示着 IT 巨头开始对低代码/无代码应用开发平台有所关注。

低代码和无代码概念起源于 20 世纪 80 年代的可视化编程，例如，Adobe 公司的 Dreamweaver 的可视化网站设计和微软公司的 FrontPage 网页设计软件。到了 20 世纪 90 年代，微软公司推出了 Visual Basic 可视化编程工具，通过拖曳可视化控件来设计软件界面，减少代码编写。到 2000 年，Drupal 完全实现了低代码/无代码的 Web 应用开发平台构建。Drupal 不仅可以搭建一个简单的网站开发，其强大的 CMS+Framework（内容管理框架），被业界称为 Web 操作系统。通过它开放式的标准化模块接口，尽量解决模块之间的解耦，实现复杂的无代码 Web 应用系统开发。即使没有适合的第三方模块实现某一个功能业务，开发者也可以通过写代码开发自己的模块（即低代码开发）。本书通过实战篇的在线课程管理系统案例，很好地展示了 Drupal 平台的无代码开发过程。在没有代码编写的情境下，通过后台管理界面，完成了一个完整的课程管理教学系统的构建。

这本书涵盖了 Drupal 平台的基本开发技术，还有完整的网站管理维护，以及 Web 开发工具与开发环境搭建专业知识，它不仅是一个无代码开发平台的入门，也是专业软件工程师值得尝试学习的一种 Web 应用开发平台。

孙　凯

前新浪架构师、北京微利思达科技发展有限公司联合创始人

前　言

开发 Web 网站，我们会发现大多数功能是一样的，例如，在主导航菜单上，几乎都有关于我们(About Us)，联系我们(Contact Us)的菜单。如果每次都从底层写代码，浪费很多时间，即使是代码重用，把代码复制到新的项目，也需要做一些修改。所以，针对页面重用问题，出现了内容管理系统(Content Management Systems，CMS)开发平台，来帮助软件开发者尽量少写代码，快速地开发网站。

PHP 是 Web 应用服务器端主流开发语言，基于 PHP 的 CMS 开发平台主要有 Joomal、WordPress 和 Drupal，基本都是不用写代码，基于模块化、积木式的 Web 应用开发平台。Joomal 平台，感觉不够灵活，定制好的模块功能，可调整的范围比较小。WordPress 平台，起源于博客开发架构，更适合网站开发。Drupal 平台，管理更灵活，可控性和可定制性更高，其系统架构比较开放，开发者可以感觉到代码的存在，例如变量、实体(对象)、数据库表的字段，表单结构及 UI 控件等，Drupal 平台更适合构建复杂的 Web 应用系统。

2009 年，编者因为有很多开发网站的需求，在加拿大第一次接触了 Drupal。例如，开发华人的音乐培训学校网站，为印度朋友的餐馆设计印度咖喱菜谱网站，给一个老年人用品商店做商品展示系统，给加拿大北极地区的白马镇做了一个华人社区的论坛和二手货买卖系统，还开发了加拿大广西同乡会，加拿大广西总商会网站等。

2013 年，慕课在全球爆发，在线学习风行一时，作为南宁学院的科研项目，我们开发了基于 Drupal 的在线课程与作业管理系统，用来辅助教学工作。系统可以在线发布课程学习资料，在线布置作业。同时，还为北京一家外贸公司开发了一个四种语言(中文、英语、西班牙语和阿拉伯语)的外贸商品展示网站。还把 Drupal 开发平台引入到"Web 软件系统开发综合实训"课程，让学生不用写代码，也可以开发复杂的 Web 应用系统。

Drupal 是基于 PHP 语言开发的开源 CMS 平台。其最大优势是开源、模块化，几乎不用写代码，利用第三方模块就可以实现各种功能，来快速开发一个强大的网站、博客、论坛及各种 Web 应用系统包括在线购物系统。目前 Drupal 支持 116 种语言，拥有 45000 多个开源模块来实现不同功能，成为被全球企业、政府、学校、新闻出版等机构首选的 Web 开发平台。超过 1000 万的网站及 Web 应用使用 Drupal 平台开发，例如，澳大利亚政府网站、美国 NBC 电视、Tesla 汽车、Puma 运动、Twitter 和 Pinterest 社交、Cisco 网络、Redhat 官网等。

国内有不少 Web 应用软件开发者和公司也采用 Drupal 开发平台，并形成了庞大的中国 Drupal 社区，如 Drupal 中国(http://drupalchina.cn/)，ThinkinDrupal(http://www.thinkindrupal.com/)，还有著名的 W3School 提供的 Drupal7 在线学习(https://www.w3cschool.cn/doc_drupal_7/)等。

本书分为四部分，入门篇、实战篇、维护篇和工具篇。入门篇介绍 Windows 开发环境搭建，安装 Drupal 系统，并介绍 Drupal 的基本工作原理及概念。例如，内容类型和视图等概念，以后台开发基本功能操作及常用模块的使用管理。入门篇还包括内容类型的创建、显示、管理、内容分类、用视图显示不同的内容列表、用区块管理页面的布局、用户的权限管理、多媒体内容的管理、主题和菜单管理、中文和多语种、电子商务等。实战篇是通过一个在线课程管理系统的开发，来体验无代码开发 Web 应用系统的乐趣。从系统需求分析开始，对系统的结构进行设计，实现学生、老师和管理员的角色和权限管理，课程和班级管理，教学资源管理，题库管理等功能。本书的在线课程管理系统已经申请软件著作权(证书号：软著登字第 8121356)，整个设计思路和实现方法仅供学习参考。维护篇主要介绍 Drupal 系统的备份与还原，系统常见问题与修复，安全问题的解决方案，还有 Drupal 系统的升级，迁移管理，以及多网站开发。工具篇主要介绍一些专业的 Drupal 开发工具，如 PHP 的命令行工具 Composer 和 Drupal 的专用工具 Drush 管理系统的开发维护，以及 Drupal 开发专业环境搭建，主要基于 Linux 开发环境，包括使用 VirtualBox 虚拟机、Docker、Vagrant 和 Windows 的 WSL(Windows 的 Linux 子系统)。同时，也简单介绍了一些常用的 Web 代码编辑器，Linux 服务器远程 Web 服务器管理工具，Web 常用开发调试工具，如浏览器的开发者工具调试及测试 Drupal 系统。本书附录列出了常用的模块及其官网链接，及常用开发工具及其官网链接。

本书针对的读者群体是对 Web 应用开发有兴趣但又没有太多软件开发经验的初学者，通过学习本书，读者可以快速开发自己的网站，或创建一个 Web 应用系统来管理自己的业务，要求初学者基本掌握 HTML＋CSS＋JavaScript 语言，且有 PHP 和 SQL 数据库基础。同时，本书也可以为现有的 Web 开发程序员推广和迁移到这个基于开源 CMS 的平台，改变传统的软件开发方式，通过 Drupal 来开发各种 Web 网站和应用系统，感受 Drupal 开发带来的乐趣，并为 Drupal 社区分享你的成果和模块。

编　者

2021 年 8 月

目录

第一篇　入　门　篇

第二篇 实 战 篇

第三篇 维 护 篇

第四篇 工 具 篇

第一篇　入　门　篇

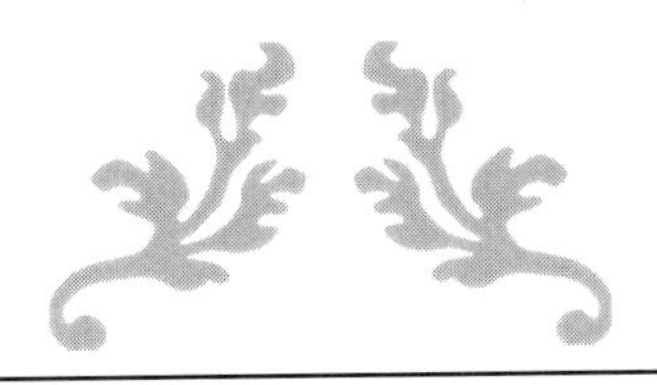

入门篇主要是学习 Drupal 平台开发环境的搭建，平台系统的安装，后台管理员的基本功能操作使用，及对一些基本概念的了解。对于初学者来说，Drupal 的管理界面过于复杂，因为 Drupal 把更多的配置权力交给了系统开发用户，所以，初次接触 Drupal 会觉得复杂。但是，一旦熟悉了 Drupal 的界面环境，就会游刃有余。

对于一个刚接触 Web 开发的业余爱好者，建议先了解 HTML 和 CSS，虽然用 Drupal 开发一个 Web 应用系统基本可以不用写代码，但是在一些配置细节上，会出现 HTML 和 CSS 的概念。

安装好的 Drupal 代码，基本包含一些主要模块。基础篇主要学习内核已有的这些功能模块。同时，本书也会推荐学习一些相关第三方模块，来实现更复杂的功能。

本书把 Drupal 系统的结构分成以下几个部分来学习：有模块管理，内容管理，内容类型，内容分类，多媒体内容，内容显示，菜单管理，用户、角色与权限，主题管理，首页设计，社交分享，中文翻译与多语种网站，还有一些实用的开发模块介绍，以及针对移动应用的设计，最后介绍如何让系统运行在真实的服务器上。

书山有路勤为径，学海无涯苦作舟

第1章 Drupal介绍

1.1 开源内容管理系统

大多数的Web应用都是以内容管理为主，例如，公司、政府、学校、社交媒体、电子商务、在线慕课学习，等等。因为内容管理系统的相似性，开发一个Web系统都没有必要从底层开始写代码。首先，可以考虑使用框架，例如，Java Web的流行框架Struts 2＋Spring＋Hibernate，或者PHP的框架Lavarel、Symfony 2及中国的ThinkPHP。但是，这些框架仅仅是一个中间件、一个开发包接口，它可以让Web系统开发人员从更高一层来写代码，虽然提高了代码开发效率，但是代码的重用性还是有问题。所以，为了提高代码的重用性，软件行业出现了一种开源内容管理系统(Content Management Systems，CMS)开发平台。之所以称为平台，是因为一个初级的系统原型已经搭建完成，形成一个脚手架工作平台，开发者可以在系统上用模块组合方式添加功能，实现系统需求。开发过程中，基本功能的添加都不需要写一行代码，大大提高了代码的重用性，通过安装第三方的插件或模块就可以实现更多功能。大多数CMS之所以搭建一个开源的平台，是希望使用这个平台的软件开发者可以通过开源的生态环境贡献代码模块，减少代码重复开发。

目前，开源内容管理系统多如牛毛，例如，基于Java语言开发的CMS有Magnolia CMS、OpenCMS、Hippo CMS、Pulse和MeshCMS等，基于PHP语言的最流行CMS有WordPress、Drupal和Joomla，本书选择Drupal开发平台作为学习和研究的内容。

1.2 Drupal的特点

Drupal是一个开源的基于PHP的内容管理系统，成立于2000年。在国外，使用Drupal的网站有：University of Colorado，State of Colorado，The Economist，Dallas Cowboys，Nasa.gov。

Drupal具有以下特色。

(1) 可以定制的内容类型(Content Type)和视图(Views)，就相当于，用户可以自由创建一个实体(Entity)，添加属性字段，映射到数据库的表，视图(Views)可以让用户自由地查询数据库的表，重新整合，显示数据。

(2) 可以灵活定制用户角色和授予资源访问权限。

(3) 完善的多语种支持，可以从社区下载翻译包，或由用户端直接翻译词条。

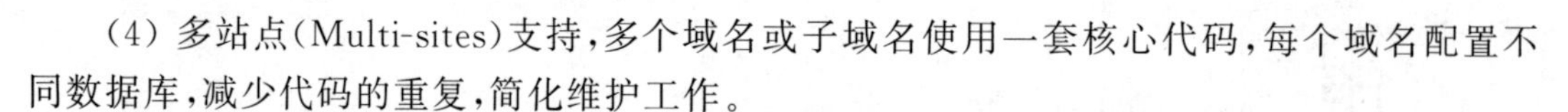

(4) 多站点(Multi-sites)支持,多个域名或子域名使用一套核心代码,每个域名配置不同数据库,减少代码的重复,简化维护工作。

(5) 强大的分类(Taxonomy)系统,针对每个内容类型的分类体系,分类既可以作为标签(Tag),也可以作为菜单。

(6) 开放的模块开发接口,用户可以开发自己需要的模块,模块又分为主题模块和功能模块,除了一部分主题模块需要付费外,基本都是开源免费的。

(7) Drupal 主要是针对专业开发人员,入门容易,深入难,这主要是因为其设计思想和管理界面较为复杂,学习和管理的难度大。

(8) Drupal 的安全性做得最好,达到了企业级的安全防护。

1.3 Drupal 的版本

Drupal 创建的可用版本是从 2000 年发行的 4.0 版开始,到 2020 年 6 月的 9.0 版本。最流行的版本是 6 版和 7 版,而 6 版已经停止更新和支持,所以目前建议使用 7 版和 8 版。Drupal 8.0-alpha2 版本发布于 2013 年 6 月,到 2019 年 9 月已经有很多第三方模块更新并支持 Drupal 8 版本。但是,最成熟和支持模块最多的版本是 Drupal 7。本书主要使用 Drupal 8 和 Drupal 7 来构建应用系统。

1.4 Drupal 7、8、9 版本的区别

Drupal 8 的内核是重新开发的,底层使用了 PHP 的 Symfony 2 框架和 twig 模板文件语言,具有更高的代码可维护性,完全面向对象的开发方式,内核支持移动响应式,安全性更高。由于早期的 PHP(PHP 5.5 以前的版本)没有使用面向对象编程思想,所以,Drupal 7 采用面向过程的编程,Drupal 7 的核心使用底层的 PHP 原生系统,所以没有依赖第三方的类库。

虽然 Drupal 7 和 8 几乎采用了完全不同的编程结构,但是使用 Drupal 平台开发系统的使用者几乎感受不到底层的变化,平台的安装流程还是一样的,代码的文件目录结构和文件命名基本保持一致,基本的架构思想也没有变化,节点(Node)、内容类型(Content Type)、区块(Block)和视图(Views)这些概念还都是一样的,后台管理的界面也没有过大的变化,所以,两个版本的学习是互通的。

对于职业开发人员,特别是模块的开发,Drupal 8 开发的学习难度会有所提升,需要熟悉 Symfony 2 框架和 twig 模板文件语言,及第三方的类库依赖,所以,Drupal 8 开始通过 PHP 社区的 Composer 包管理工具和 Drupal 自己的 CLI 管理工具管理模块的开发。当然,Drupal 7 时代流行的 Drush 命令式管理工具依然是主要的管理维护工具。

Drupal 7 和 8 版本的变化,是一个内核的分水岭,其模块是彼此不兼容;而 Drupal 8 和 9 版本接口基本一致,文件目录的结构也基本一致,并且其模块是相互兼容的,所以用 Drupal 8 开发的系统很容易迁移到 Drupal 9。

1.5 Drupal 核心概念思想

1.5.1 模块

Drupal 只提供核心代码，并包含一些核心模块，大部分功能需要安装第三方模块实现。如果做一个简单的个人或公司网站、一个博客或论坛等经典网站，核心代码就可以完成，不需要再安装第三方模块。模块可以分为主题和功能模块，管理员后台专门有菜单入口管理主题和功能模块。

1.5.2 节点

Drupal 把所有独立的内容都作为节点，任何的内容类型创建的内容都是节点，节点相当于数据库表中的行，是一个具体的数据实例对象，具体表现为一个内容页面。

1.5.3 内容类型

Drupal 可以灵活设计用户自定义的内容类型，内容类型相当于做一个数据库表的设计，用来存储内容。

1.5.4 字段

在定义内容类型时，字段是最小的数据单元，对应于数据库表的字段，系统提供了一些默认的常用字段，字段也可以由第三方模块创建，然后，在定义内容类型时使用这个定义好的字段。这些已经定义好的字段是开放的接口，可以让其他模块查询和使用这些字段。例如，视图(Views)模块，可以自由地选择需要显示的内容字段。

1.5.5 区块

Drupal 把一些事先做好的功能定义为一个块组件，例如，菜单、在线用户统计等，然后把这些块组件放置到一个由主题定义好的页面布局区域中。

1.5.6 分类

Taxonomy 是一个独立的分类系统，可以给整个系统的内容定义分类，定义好的分类表可以作为一个字段，被内容类型引用。这样，在创建新内容时，可以给内容贴上分类标签。

1.5.7 实体

实体是一个对象的实例，可以分为用户、评论、文件、消息、节点、分类术语等。

1.5.8 视图

视图可以让用户自由地定义需要显示的内容，例如，我们想只显示所有文章的标题和发布时间，通过视图模块就可以实现，甚至还可以实现数据库的多表查询，显示查询结果。

第2章 Drupal开发环境搭建与安装

2.1 Drupal 的开发环境

Drupal 系统是基于 PHP 的 Web 应用，所以，需要有一个 Web 服务器＋数据库＋PHP 的开发环境。许多 Web 服务器是开源免费的，用得最多的是 Apache Web 服务器，可以安装在 Windows 和 Linux 操作系统中。除了 Web 服务器，一般网站还要有数据库，例如用得最多的 MySQL 数据库。此外，服务器端还需要脚本运行环境，例如 Web Java(JSP)或 PHP，所以要安装这些脚本的运行环境。产品级的服务器需要做很多设置，这是服务器管理员的事情，作为 Web 应用的开发人员，也要了解基本的 Web 服务器的搭建，以便完成系统开发与测试需要。开发阶段，在一台机器上，可以既是服务器也是客户端，所以，开发阶段的服务器搭建，越简单越好。这里有很多一次性安装而无须设置复杂的 Web 服务器集成软件，而且很多是免费的。对于使用 PHP 开发的初学者，选择使用 Windows 操作系统作为开发平台较为合适，专业级开发者可以选择 Linux 平台。对于 Window 平台，我们把开发服务器简称为 WAMP(Window＋Apache＋MySQL＋PHP)，Linux 版称为 LAMP(Linux＋Apache＋MySQL＋PHP)。本章主要介绍 Window 平台开发，为了简化安装，通常选用多合一的集成服务器，常用的集成服务器有 WAMPServer，XAMPP，Uniform Server。

在国内，这些服务器软件的官网比较难登录，可以到开源软件库(https://sourceforge.net/)，通过搜索以上集成服务器名称下载。本书推荐安装 Uniform Server(简称 UniServerZ)，是一个便携的可以复制到 U 盘，在 Windows 操作系统下运行的精简版 Web 的服务器。

2.2 UniServerZ 安装

UniServerZ 是一个轻量级的 Web 集成服务器，2019 年 9 月最新版(13.4.1)的安装包大小只有 47.5MB。虽然是轻量级，但是包含最新版的 Apache、MySQL 或 MariaDB (MySQL 的克隆版)，及 phpMyAdmin 数据库图形化管理工具，并有一个功能齐全的菜单界面，可以轻松地对 Apache、MySQL 和 PHP 服务器进行配置。而且是绿色软件，解压即用，可以复制到 U 盘，携带方便。

从 Uniform Server 官网或开源软件库(https://sourceforge.net/projects/miniserver/)下载，下载的文件是 13_4_1_ZeroXIII.exe，直接运行，会解压到一个 uniserverz 目录，打开目录，运行 UniController.exe，开始会检测 80、3306 和 443 端口的占用情况，如果被占用，会弹

出窗口，报告哪个进程(提供 PID 进程号)被占用，然后到 Windows 的任务管理器结束这个进程。第一次启动会弹出修改 MySQL 的 root 用户密码窗口，修改 root 密码后，进入控制界面，界面上可看到 Start Apache 和 Start MySQL 按钮的状态框是红色的，单击启动 Apache 和 MySQL 服务，如果成功，将显示绿色，如图 2-1 所示。

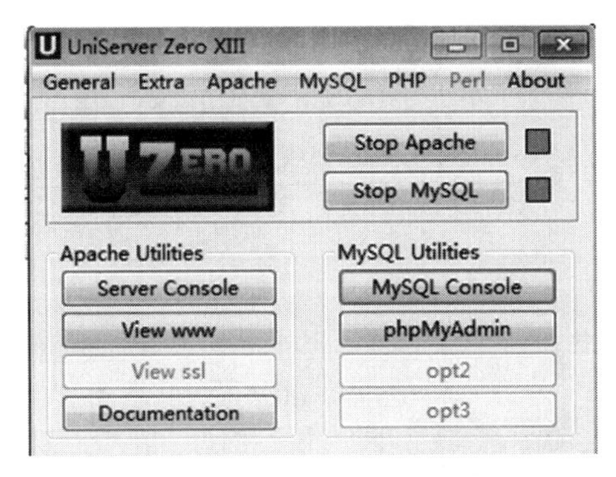

图 2-1 UniServerZ 控制管理界面菜单

Apache 启动后会自动打开默认浏览器，显示服务器首页，如图 2-2 所示，表示 Web 服务器工作正常。

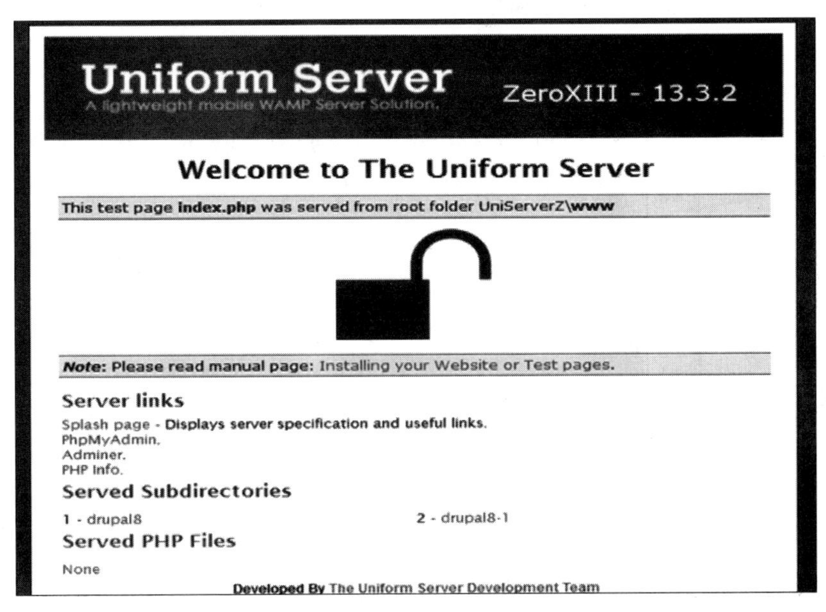

图 2-2 Apache Web 服务器启动成功的首页

如果运行出现错误，可能是微软的 C++运行环境库版本没有安装正确，可以到微软官网(https://support. microsoft. com/en-us/help/2977003/the-latest-supported-visual-c-downloads)下载安装 Visual C++ Redistributable for Visual Studio 2019，选择下载 vc_redist. x86. exe，然后安装。

UniServerZ 还包括一个图形化的 MySQL 数据库管理工具 phpMyAdmin 和 MySQL 命令行终端(Console)。所有的 Web 项目代码放在 www 目录下。

2.3 Drupal 8 安装

2.3.1 下载 Drupal

在官网下载 Drupal(https://www.drupal.org/project/drupal)。目前，Drupal 官网仅支持 Drupal 7、8、9 版本的下载，如图 2-3 所示。由于是 Windows 的开发环境，我们选择 Drupal 8 的 drupal-8.7.7.zip 压缩版，Linux 开发环境建议下载 drupal-8.7.7.tar.gz。

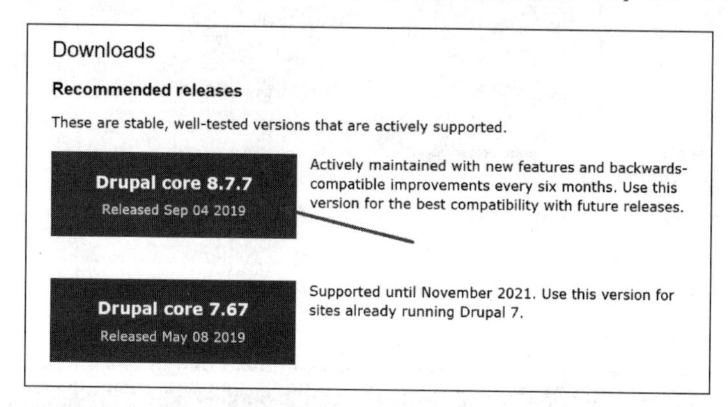

图 2-3　Drupal 下载界面

将 drupal-8.7.7.zip 复制到 UniServerZ 服务器的 Web 根目录 www 下，解压到目录 drupal-8.7.7，改目录名字为 drupal8，这是我们的项目目录。

进入 drupal8/sites/default 目录，将 default.settings.php 复制为 settings.php；新建目录 files(Linux 下请设置好 files 目录权限，允许所有用户进行写入操作)。

2.3.2 数据库配置

从 UniServerZ 菜单栏打开数据库控制台(MySQL Console)，或者打开 Windows 命令窗口，输入：

```
Mysql -u root -p
```

输入超级管理员 root 密码，登录到 MySQL 控制台。如图 2-4 所示是通过 UniServerZ 的 MySQL Console 登录的控制台窗口，在标题栏中可以看到 root 账号的密码是“root”。

创建数据库名为 drupal8，用户账号为 drupaluser，密码为 123456，并授予所有权限给 drupaluser 用户。执行命令如下：

```
Create database drupal8;
Use drupal8;
create user drupaluser@localhost identified by '123456';
Grant all privileges on drupal8.* to drupaluser@localhost;
Flush privileges;
```

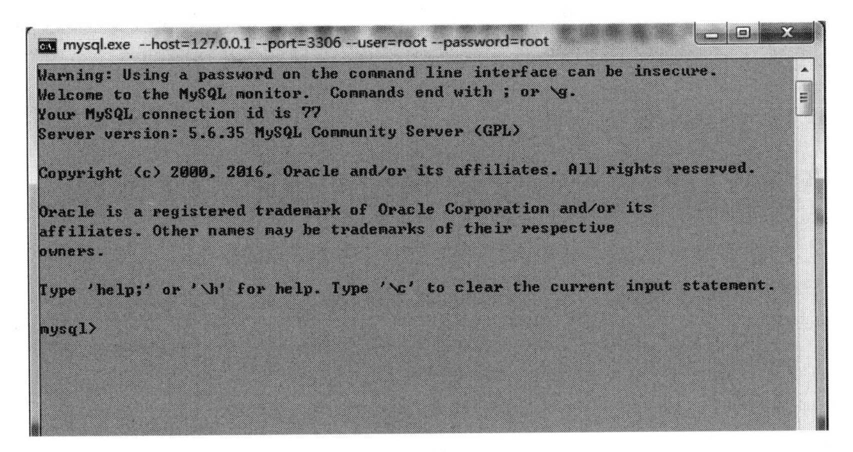

图 2-4 MySQL 控制台窗口

2.3.3 中文化设置

Drupal 默认语言是英文，但是在 Drupal 安装过程中可以选择语言，并可以自动下载语言包，由于 Windows 平台问题，无法在线安装语言包，所以需要手动下载安装简体中文包。

到官网下载简体中文包 drupal-8.7.7.zh-hans.po，有两个下载网址，一个是 FTP 方式的(https://ftp.origin.drupal.org/files/translations/8.x/drupal/)，在列表中选择 drupal-8.7.x.zh-hans.po 下载；一个是 HTTP 方式的(https://localize.drupal.org/download)，打开菜单 Download，选择中文简体版本 drupal-8.7.7.zh-hans.po 下载。

将下载的中文包文件复制到项目目录/sites/default/files/translations 下面。如果安装的是 Drupal 7 版本，中文包的安装目录在/profiles/standard/translations/下面。

2.3.4 安装 Drupal 8

打开浏览器，访问 http://localhost/drupal8，进入系统安装界面，如图 2-5 所示，选择“简体中文”。

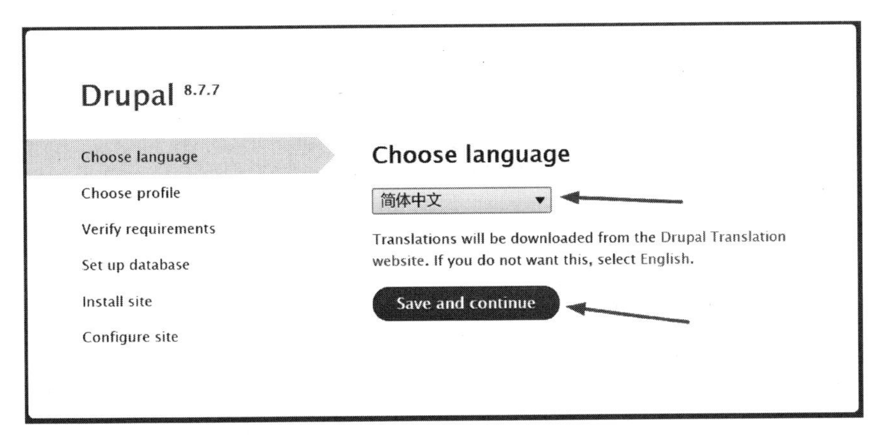

图 2-5 安装并选择“简体中文”

单击 Save and continue 按钮进入下一步安装界面，系统出现在线安装简体中文语言包的错误信息，如图 2-6 所示。

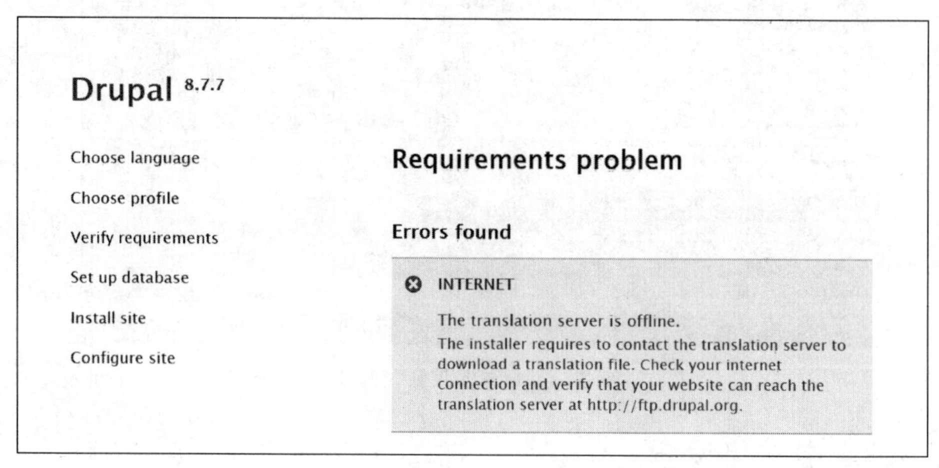

图 2-6　在线安装中文包的错误信息

因为事先下载了简体中文语言包，所以在安装页面的最下面，单击 try again 继续安装，这时可以看到中文界面。对于初学者，选择"标准"安装，标准安装的系统会安装内核自带的基本模块，例如，会有基本页面和文章的内容类型。如果选择"最小"，系统会默认最小配置。还有一个 Demo 选项，将直接安装一个 Umami Food Magazine 网站，可以从这个网站学习更多的功能，接着单击"保存并继续"按钮，如图 2-7 所示。

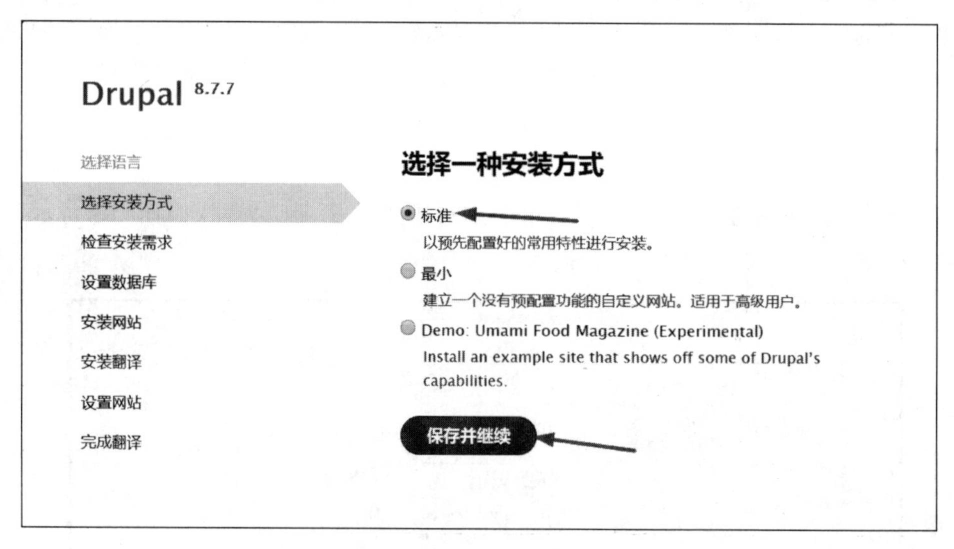

图 2-7　选择"标准"安装

进入检查安装需求界面，如果出现错误(Error)，就属于严重问题，需要根据提示进行纠正才能进到下一步安装。这里出现了警告(Warning)，可以忽略，单击"仍然继续"进入下一步安装，如图 2-8 所示。但是，这里的两个警告中，PHP OPCODE 需要启用来提高系统性能。这是在 PHP 5.5 版以后，PHP 增加了解释语言编译成为字节码功能，来提高 PHP 的运行速度，所以开启这个功能是有好处的。

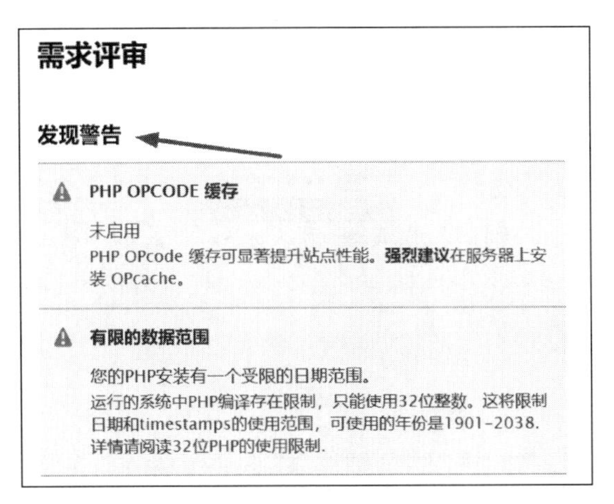

图 2-8　安装中出现的警告

在服务器端找到 php.ini 配置文件，修改下面两项参数来启用 OPCODE 功能。

```
[opcache]
zend_extension = php_opcache.dll
opcache.enable = 1
```

接着，输入前面配置好的数据库信息，主要是数据库名称、数据库账号和密码，如图 2-9 所示。可以忽略高级选项的设置。

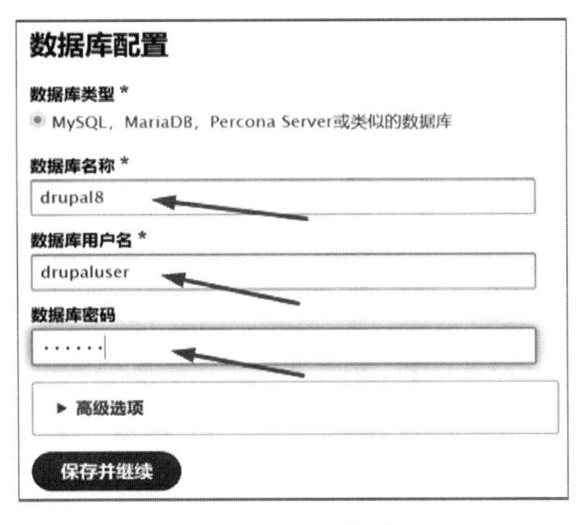

图 2-9　输入数据库信息

到这一步，会进入比较长时间的安装过程，主要是安装一些默认的模块，以及翻译词条的添加，需要安装 43 个模块，如图 2-10 所示。

最后一步是输入站点信息，如站点名称、站点的 email 地址、系统管理员账户和密码，及网站的时区等。最重要的是要记住管理员账户及密码，作为后台登录用，如图 2-11 所示。

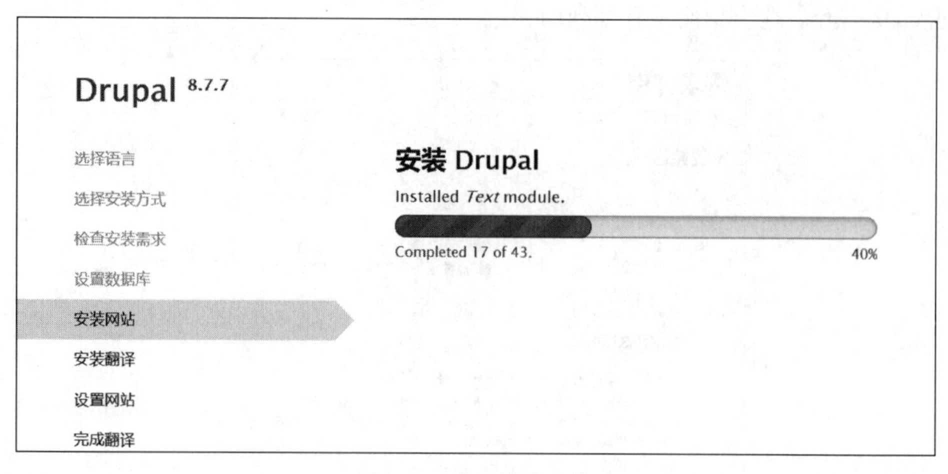

图 2-10　进入模块安装

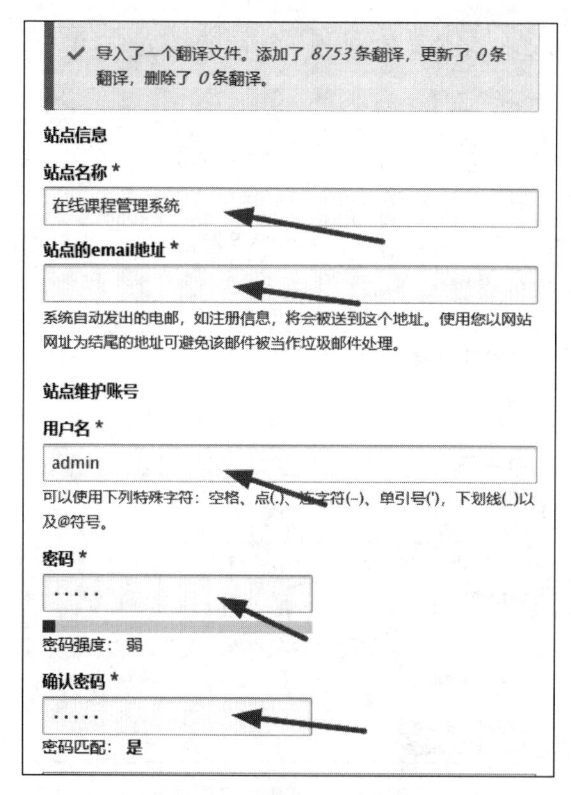

图 2-11　完成站点信息设置

2.4　Drupal 8 后台管理

Drupal 系统创建好后，会默认使用创建的管理员账号登录，这是一个具有所有权限的超级管理员，可以看到后台管理菜单界面，如图 2-12 所示。

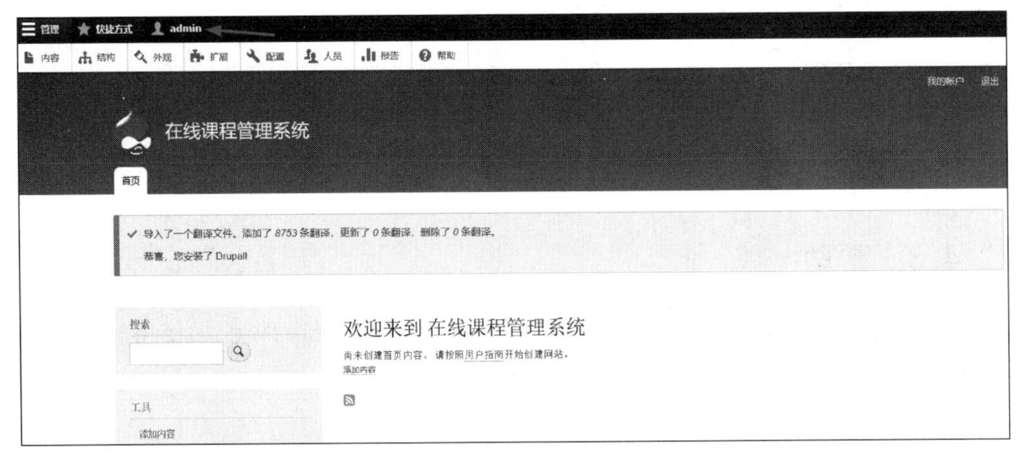

图 2-12 后台管理界面

下面简单介绍管理菜单的主要功能和用途。

2.4.1 内容

这里主要用来管理显示站点所有已发布和未发布的内容、评论和上传的文件，系统管理员可以搜索内容，对每个内容进行批量修改、删除和添加，设置发布和未发布状态。

2.4.2 结构

站点的主要功能结构的定义可在这个菜单下完成，例如，菜单管理、内容类型管理、分类词条管理、区块布局和显示视图管理等。

2.4.3 外观

站点的外观主题管理，可以在这里添加新主题，设置站点主题的配色、站点 logo 等外观信息。

2.4.4 扩展(模块)

Drupal 8 中菜单翻译成为“扩展”(Extend)，Drupal 7 中的菜单是“模块”(Module)，是 Drupal 最强大的功能，在这里，可以添加新模块、启用和关闭模块、卸载和删除模块。

2.4.5 配置

配置主要用于系统级的设置，如地区和语言的设置、性能设置、图像样式和文件系统的设置等。还有一些复杂模块安装后，其设置也会在这里出现。

2.4.6 人员

这里是用户管理的入口，可同时管理用户、角色和权限。系统管理员可以查看系统所有的用户列表，管理员可以在这里添加、修改和删除用户、角色和权限信息。

2.4.7 报告

这里主要用来检查系统状态，例如，日志信息、状态报告、检查 Drupal 内核版本和模块版本可用更新等。

2.4.8 帮助

这里是一个在线系统使用手册，主要介绍系统内核默认安装的模块的使用和管理。第三方模块安装后，如果模块包含帮助文档，也会出现在这里。

第3章 模块

Drupal 系统开放式的模块管理，让 Drupal 开发爱好者贡献了丰富的功能模块，所有模块可以通过 Drupal 官网(https://www.drupal.org/project/project_module)下载，到 2019 年 9 月已经有 43 882 个共享模块。

3.1 模块查找

在官网模块管理页面，可通过模块分类词条、Drupal 的版本号或模块名称来查找需要的模块，如图 3-1 所示。

图 3-1　模块的查找

模块是 Drupal 系统实现某个功能的主要组成部分，但是在几万个模块中找到自己想要的模块是比较难的，所以一般先会在通用搜索引擎如 Google、Bing 或百度中查找所需要的功能，查看别人使用哪些 Drupal 模块来实现这个功能，而且还可以看看使用这些模块的建议和经验。

3.2 模块存放的位置

Drupal 的模块必须存放到 modules 目录下面。而 Drupal 8 的 modules 目录是位于项目根目录下，Drupal 7 项目目录下的 modules 主要存放内核默认安装的模块，第三方贡献的模块放在 sites/all/modules 目录下。Drupal 系统会在这两个地方查找调用模块。

3.3 模块下载、安装、使用

模块是构建应用功能的最基本操作，首先找到适合的模块，并进入官网的模块管理页面，阅读模块的主要功能及其他依赖模块，如果模块适合，就可以下载安装使用。模块可以选择手工下载、在线安装或使用 Drush 或 Composer 命令行管理工具安装。

3.3.1 手动安装

直接从官网的模块管理页面下载安装模块，模块采用两种方式压缩：zip 和 tar. gz。如图 3-2 所示是 Panels 模块的下载页面，在 Windows 开发环境下直接下载 zip 压缩包。

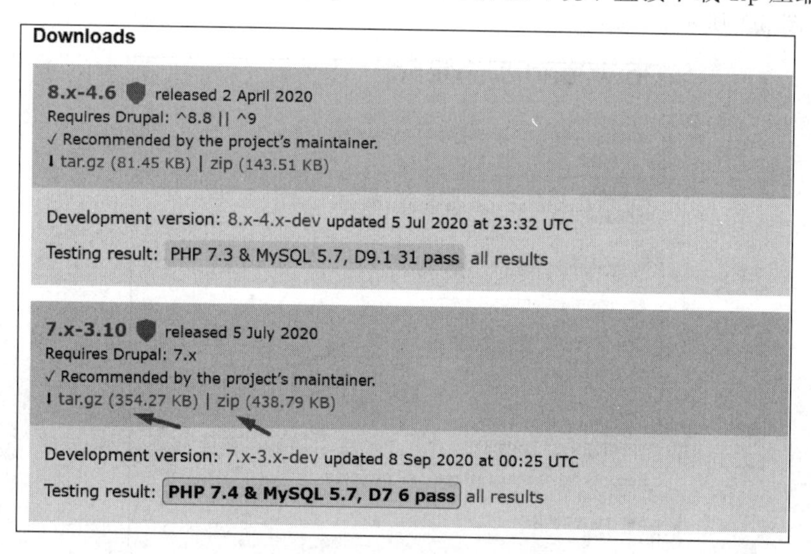

图 3-2 Panels 模块的下载页面

模块版本和 Drupal 版本是有联系的，下载页面有 8. ×和 7. ×，分别表示兼容 Drupal 8 和 7 的版本，－4. 6 和－3. 10 分别是模块的版本号，要根据 Drupal 版本下载模块，两者不能混用。-dev 表示开发版本，为最新版，但是不建议使用。

模块下载解压后，直接复制到相应的 modules 目录，不要去随意修改模块的目录名称。

3.3.2 系统管理页面下载

Drupal 系统的模块管理菜单提供了模块安装界面，无须手工复制模块文件到 Modules

目录。打开系统菜单“管理”|“扩展”，有一个“安装新模块”按钮，可以进入模块安装界面，如图 3-3 所示。在 Linux 开发环境下，如果开发系统已经安装好 FTP 文件服务器，从官网复制模块下载的 URL，可以选择“从 URL 安装”的在线安装方式，也可以通过前面下载到本地的模块文件，以“上传并安装模块或主题包”的方式，完成本地安装。

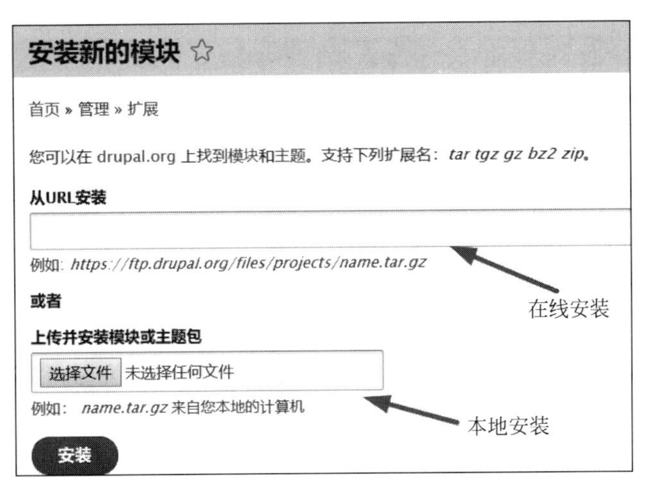

图 3-3　管理界面安装模块

3.3.3　模块启用与依赖

模块安装好以后，需要勾选启用新安装好的模块，有的模块会有依赖，所以必须先安装依赖模块，再勾选依赖，才能启用新模块。如图 3-4 所示 Profile2 模块的“请求”表示需要依赖 Entity API 模块，“支持”表示 Profile pages 模块依赖 Profile2 模块。

启用	名称	版本	描述	操作
✔	Pathauto	7.x-1.3	给模块们所管理的内容提供自动创建URL路径别名的功能。 请求：Path (启用), Token (启用)	帮助　权限　配置
✔	Profile2	7.x-1.6	支持可定制的用户个人资料 请求：Entity API (启用) 支持：Profile2 translation (禁用), Profile2 group access (禁用), Profile2 pages (启用)	权限　配置
✔	Profile2 pages	7.x-1.6	添加一个单独页面用于查看和编辑档案。 请求：Profile2 (启用), Entity API (启用)	
✔	Select Registration Roles	7.x-1.1	Allow admin to set which roles will be available to users on registration form. 请求：User (启用)	帮助　配置

图 3-4　模块的依赖关系

有些模块安装完成并启用后，还需要进一步配置，可以单击模块列表最右边的“配置”。有些模块的配置会自动安装到管理员的“配置”菜单中，需要到系统菜单“配置”那里找。

3.4　模块的升级

类似于模块的安装，模块升级有三种方式：手工升级在线升级，以及通过 Composer 和 Drush 管理工具升级。

3.4.1 手工升级

手工升级模块是最简单的，首先检查有没有可升级的模块，在系统菜单下，进入模块，单击“更新”标签，会发现有哪些模块可以升级了，如图 3-5 所示。

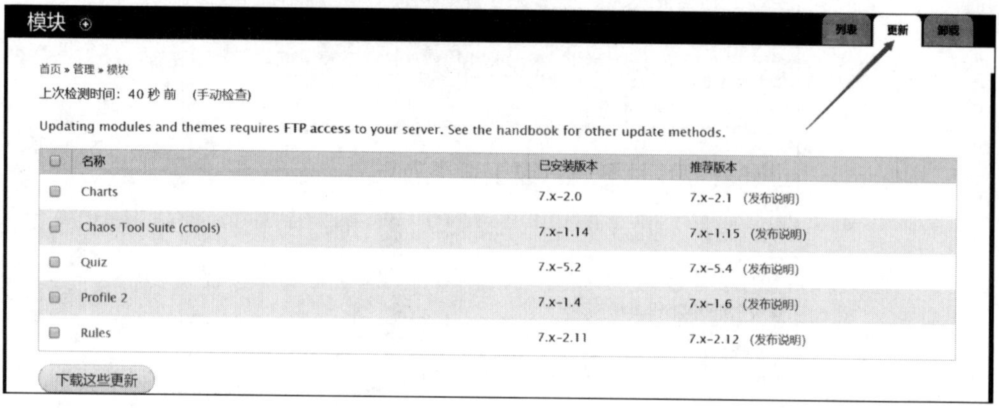

模块 ⊕ 列表 更新 卸载

首页 » 管理 » 模块

上次检测时间：40 秒 前 （手动检查）

Updating modules and themes requires FTP access to your server. See the handbook for other update methods.

名称	已安装版本	推荐版本
Charts	7.x-2.0	7.x-2.1 （发布说明）
Chaos Tool Suite (ctools)	7.x-1.14	7.x-1.15 （发布说明）
Quiz	7.x-5.2	7.x-5.4 （发布说明）
Profile 2	7.x-1.4	7.x-1.6 （发布说明）
Rules	7.x-2.11	7.x-2.12 （发布说明）

下载这些更新

图 3-5 检查模块的升级状态

然后到官网的模块页面下载最新版本（单击“发布说明”），在模块安装目录下，删除老版本模块，复制新版本模块。升级完成后，必须通过浏览器执行 update. php 来更新数据库。如果进行 update. php 发生错误，需要修改/sites/default/setting. php 参数“ $ update_free_access = TRUE;”。

3.4.2 在线升级

模块在线升级最好是在 Linux 的开发环境下进行。有两种方式实现模块在线更新：修改相关目录的拥有者，或者搭建 FTP 服务器。前者比较简单易行。

1. 修改相关目录权限实现在线模块更新

由于 Drupal 系统需要在线下载模块文件到/modules 目录下，所以必须修改所属目录的拥有者权限为 Apache 服务器用户组和用户名为 www-data。Drupal 7 系统中，修改 Drupal 项目下的/sites 目录的拥有者，进入到当前 Drupal 项目根目录下，执行命令如下：

```
sudo chown - R www - data:www - data  ./sites
```

Drupal 8 系统的项目目录结构有变化，需要分别将 Drupal 项目根目录下的/modules，/theme，/librarie 和/sites 的目录拥有者改为 www-data。

2. 使用 FTP 服务器

需要事先在 Linux 机器中安装好 FTP 服务器。更新 Drupal 模块时，在模块管理页面，检查更新状态后，如果有更新，直接单击“下载这些更新”，进入下载状态，完成下载后，如果是在产品状态，必须勾选维护模式选项，单击“继续”按钮，如图 3-6 所示。

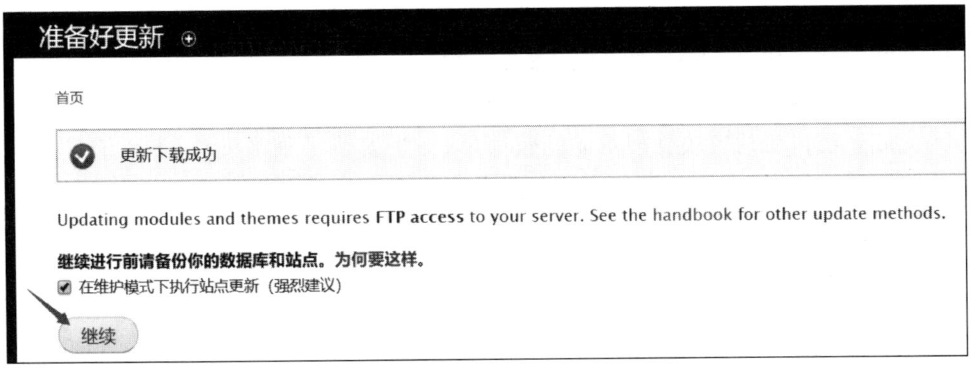

图 3-6 在线更新模块

接着，输入 FTP 用户账号和密码，如图 3-7 所示是 Drupal 7 的在线升级界面。

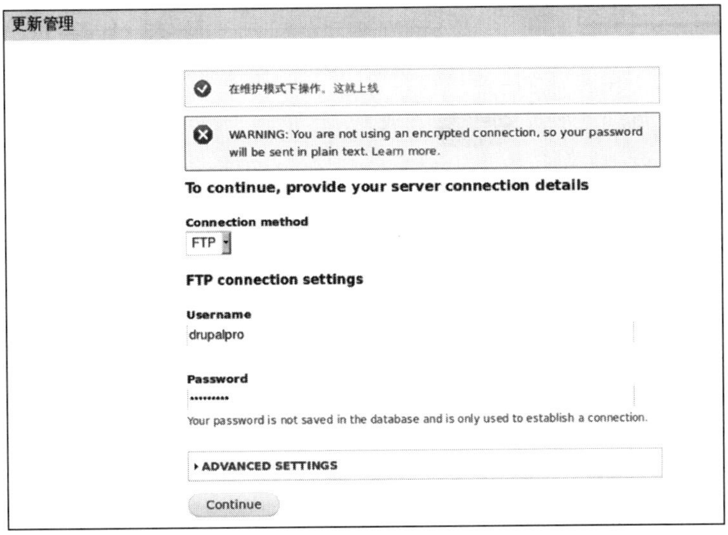

图 3-7 输入 FTP 账号和密码

这里需要注意的是，可以使用 Linux 登录的账号密码，但是这个账号也必须是 Drupal 项目目录的拥有者，可以通过“ls -l”目录查看命令检查 drupal 目录的拥有者。如图 3-8 所示，Drupal 7 目录的拥有者是 drupal 用户，归属于 drupal 组。

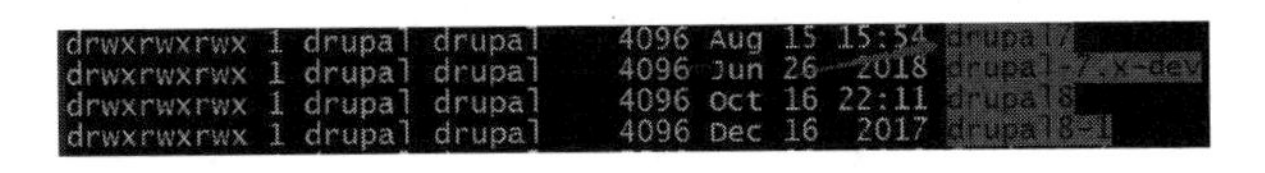

图 3-8 检查 drupal 目录的拥有者

3.4.3 使用 Drush 和 Composer 工具升级

关于使用 Drush 和 Composer 工具来升级模块的方法，请关注工具篇的 Composer 和 Drush 工具章节。

3.5 用 Module Filter 管理模块

Drupal 系统自带的模块管理功能比较简单，如果安装了很多模块，查找管理模块会比较麻烦，Module Filter 模块可以生成一个模块分类菜单，及提供模块搜索过滤功能，让管理者很快查找到需要的模块。

下载 Module Filter 模块，安装并启用后，如图 3-9 所示是新的模块管理界面。

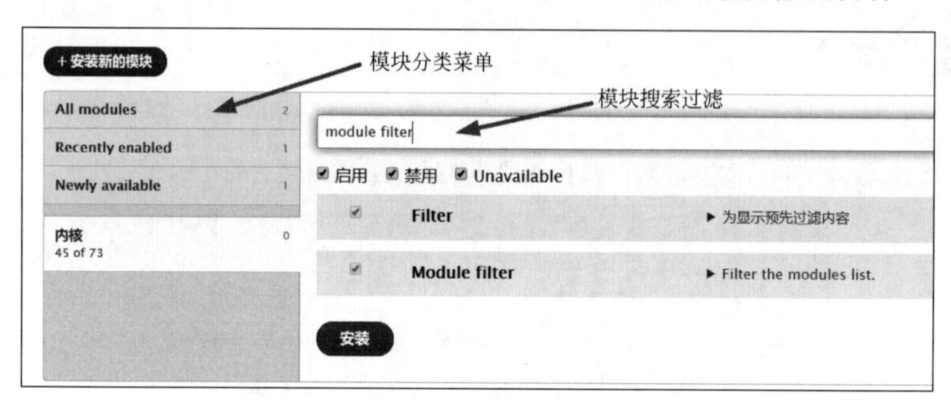

图 3-9　Module Filter 全新模块管理界面

内容管理

4.1 Drupal 的内容

在 Drupal 8 安装过程中，选择了标准版安装，这是为初学者制定的，系统会创建基本页面和文章作为默认内容类型。打开系统菜单“管理”|“结构”|“内容类型”，可以看到如图 4-1 所示的两个内容类型。

内容类型 ☆

首页 » 管理 » 结构

+ 添加内容类型

名称	描述
基本页面	对您的静态内容使用*基本页面*，比如"关于我们"页面。
文章	使用*文章*发布有关时间的内容，如消息，新闻或日志。

图 4-1　Drupal 默认安装了基本页面和文章内容类型

4.2 创建基本页面

基本页面是一个纯文字静态的页面，这里用基本页面创建一个“关于我们”的介绍页面。打开系统菜单“管理”|“内容”，单击“添加内容”，进入编辑内容页面，如图 4-2 所示。

进入内容添加页面，在页面中会列出所有可用的内容类型，如图 4-3 所示，选择“基本页面”。

进入创建页面，基本页面很简单，输入标题和内容，如图 4-4 所示。

然后，将基本页面设置为主导航栏下的菜单，目前刚刚安装的 Drupal 系统，主导航栏只有“首页”，我们希望“首页”菜单排在最左边，接着是“关于我们”菜单，如图 4-5 所示是设置“关于我们”菜单。这里要把“权重”默认为“0”改为“1”，让“关于我们”菜单排在“首页”的后面。并给这个页面设置一个自定义的 URL 别名“/about”，这样就可以通过输入 URL 地址 http://drupal8/about，直接访问这个静态页面。

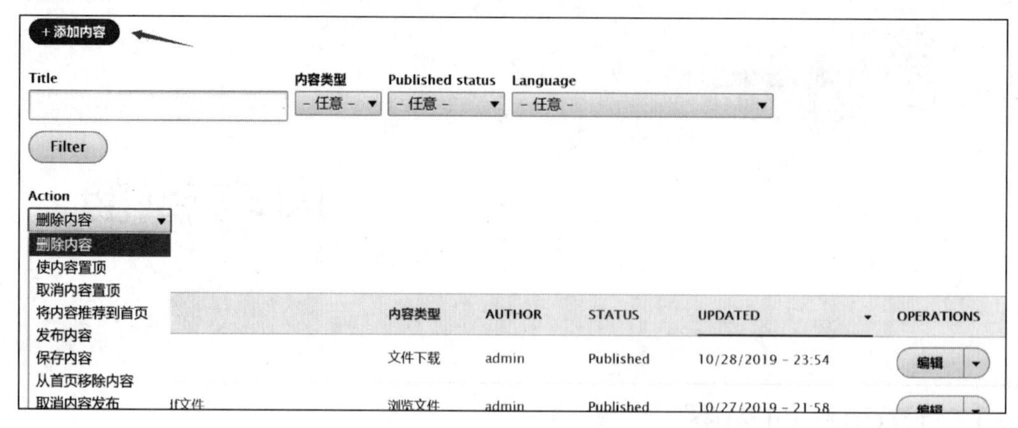

图 4-2 添加内容

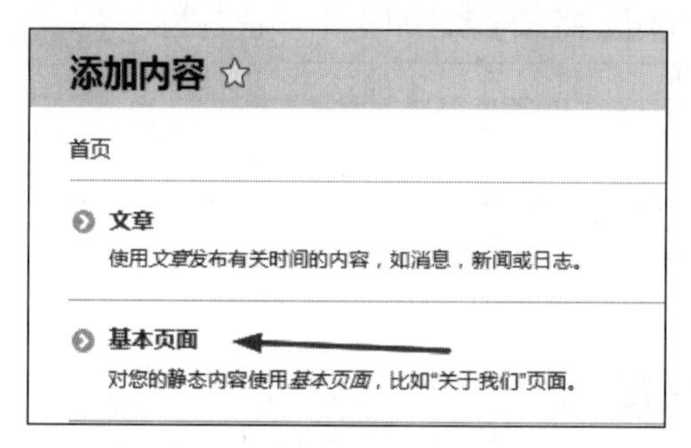

图 4-3 添加内容

图 4-4 创建基本页面

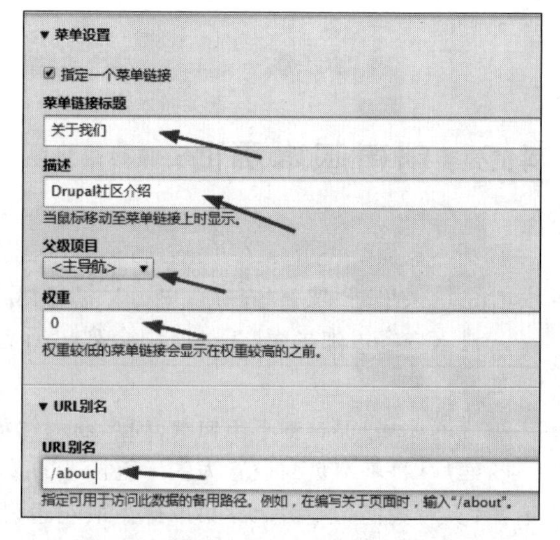

图 4-5 给"关于我们"基本页面设置菜单

4.3　内容的修改和删除

创建内容后，打开内容，编辑和删除的标签会出现在内容的上方，可以很方便进行内容的修改或删除操作，如图 4-6 所示。

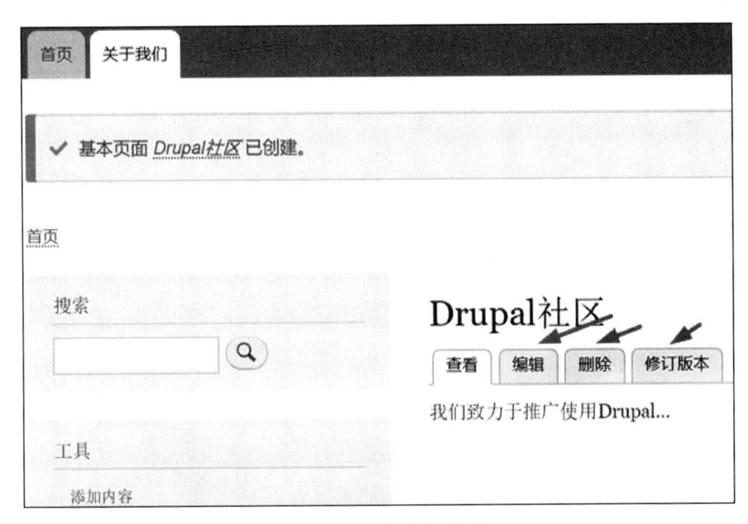

图 4-6　内容编辑修改

4.4　内容的修订版本

如果在创建或修改内容时勾选了“创建新的修订版本”复选框，每一次修改编辑内容，都会保存不同的版本，如图 4-7 所示。

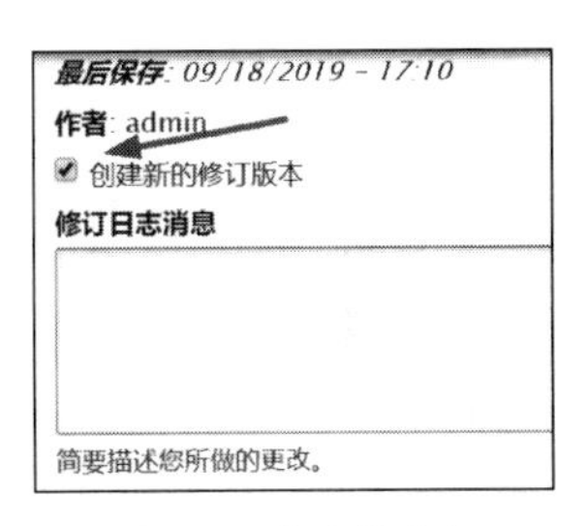

图 4-7　内容的修订

还可以通过内容上方的“修订版本”标签，查看修订版本，恢复老版本内容，如图 4-8 所示。

Drupal社区 的修订版本 ☆

查看　编辑　删除　修订版本

首页 » Drupal社区

通过修订版，可跟踪内容的多个版本之间的差异，还可还原至较早的版本。

修订	操作
09/18/2019 - 17:23，用户：admin	当前修订版
09/18/2019 - 17:10，用户：admin	恢复

图 4-8　修订版本检查与恢复

4.5 批量内容的查询、编辑、删除管理

作为系统管理员或内容管理员，可以设置权限使用系统级的内容管理功能。打开系统菜单“管理”|“内容”，进入到批量内容管理界面，可以查询内容，编辑、删除内容，关闭内容的发布，将内容发布在首页等，如图 4-9 所示。

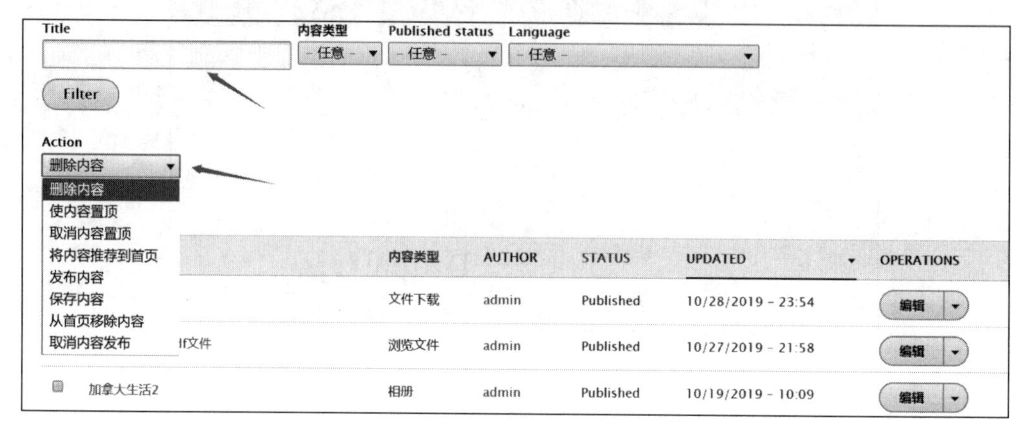

图 4-9　内容的批量管理

4.6 其他内容类型的创建

打开系统菜单“管理”|“结构”|“内容类型”，里面的所有内容类型都可以用来创建内容。所以，通过“文章”内容类型，创建 Drupal 教程的文章，“文章”内容类型包含图片字段，可以在文章中插入图片。用户还可以自定义内容类型，参见内容类型章节。

4.7 富文本编辑器

内容的文本输入离不开富文本编辑器，富文本编辑器是基于 Web 的独立应用模块，类似于微软的 Word 文档编辑器，可以对文本进行格式化编辑。Web 富文本编辑器有很多开源项目，最流行的有 CKEditor 模块，TinyMCE 模块，百度 UEditor 模块，Wysiwyg 模块。

4.7.1 使用 CKEditor 编辑器

Drupal 8 内核已经集成了 CKEditor 模块，所以这里介绍 CKEditor 的使用。只要在内容类型中定义了文本(text 字段)，CKEditor 模块就会自动加载，让用户使用富文本编辑器进行编辑，如图 4-10 所示。

通过工具栏改变文本的字体格式、列表、插入表格和图片等。这里有一个文本格式选项，包括“基本的 HTML”“受限制的 HTML”和“完整的 HTML”。设置这个选项的目的是保证系统的安全性，如果让用户使用完整的 HTML 格式，黑客可以通过这里输入非法代码

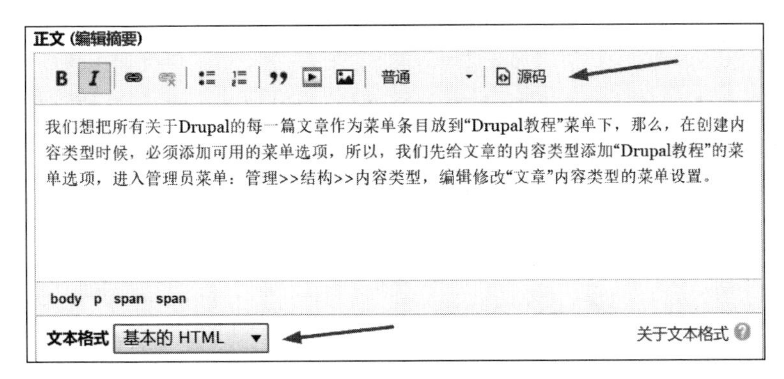

图 4-10 CKEditor 编辑器的使用界面

(可能是 HTML、JavaScript 或 PHP 等)。所以，系统管理员可以通过角色权限设定使用的文本格式。

4.7.2 CKEditor 的文本格式修改

打开系统菜单“管理”|“配置”，在内容写作栏单击“文本格式与编辑器”，对文本编辑器进行配置修改。主要有以下几个方面。

1. 角色使用限制

例如，基本的 HTML 格式允许已登录的用户和管理员使用，如图 4-11 所示。

图 4-11 角色与文本格式授权

2. 工具栏配置

如果安装了两个以上的富文本编辑器，可以在“文本编辑器”选项，针对每个编辑器进行配置，通过将“可用的按钮”里面的工具图标拖放到启用的工具栏下，让用户使用更多的编辑功能。一些第三方模块会注入到编辑器中，例如图片(image)模块，可以在文本中插入图片，这里可以修改一些相关的参数设置，如上传的目录、文件大小等，如图 4-12 所示。

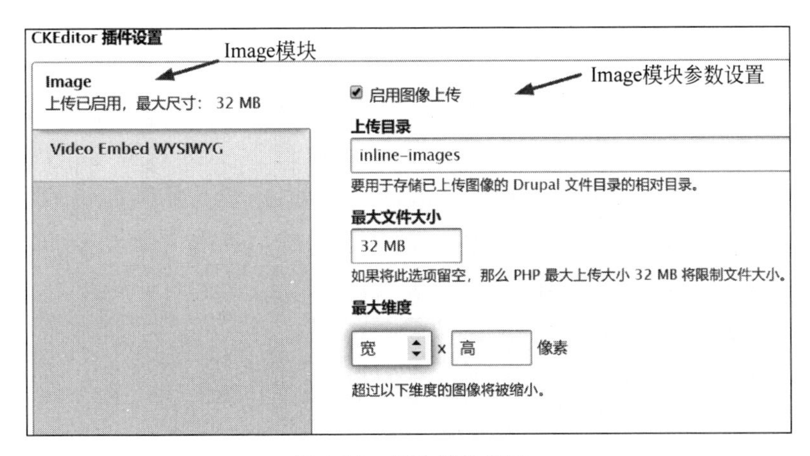

图 4-12 修改插件设置

3. 过滤器设置

过滤器设置也就是对某些文本输入的内容进行转换，过滤一些可能的有害代码，或者允许使用一些安全插件，如图 4-13 所示。

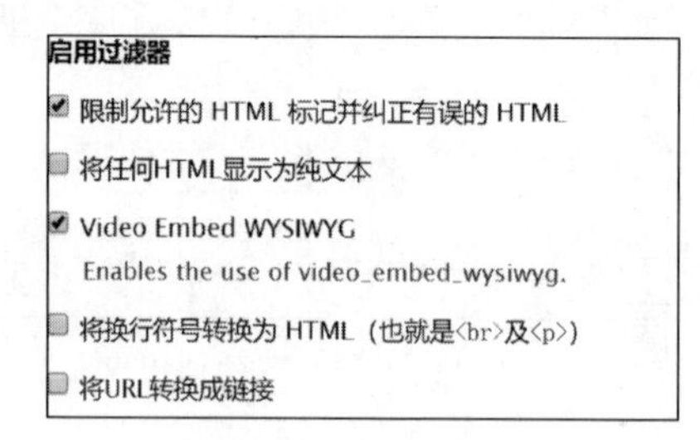

图 4-13 启用过滤器

4. 定义可用的 HTML 标签和属性

在文本输入中限制使用一些 HTML 标签和属性，如图 4-14 所示。

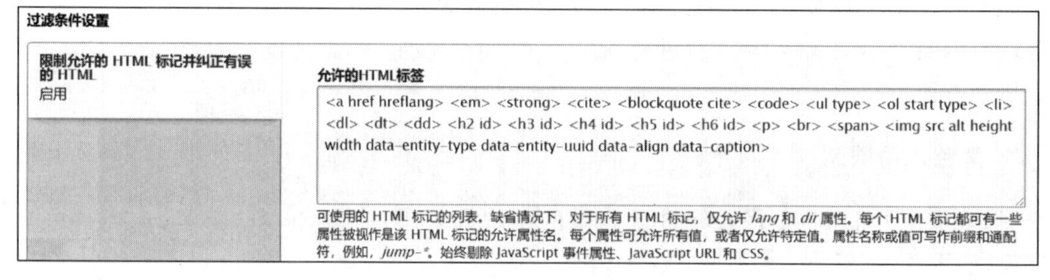

图 4-14 限制 HTML 标签及其属性

第5章 内容类型

每个站点系统都有一个或多个统一的内容格式，例如，文章、视频、相册内容等。在底层系统设计中，就是我们说的实体(Entity)，实体对应于关系型数据库中的一张表。Drupal 的内容类型就是数据库的表，创建一个内容类型就是构建一个输入数据的表单，每个表单的数据提交，就保存到数据库表中，每条数据就是一个节点(Node)。

5.1 内容类型的创建

本节通过一个新闻的内容类型创建，来学习 Drupal 的内容类型管理方式。这里的新闻内容类型，要求有新闻标题，新闻内容和 1～3 张新闻图片。

5.1.1 创建内容类型

打开系统菜单"管理"|"结构"|"内容类型"，打开内容类型管理页面，单击"＋添加内容类型"按钮，给这个内容类型取名为"新闻"，并填写描述，让用户知道这个内容类型是做什么的。如图 5-1 所示。

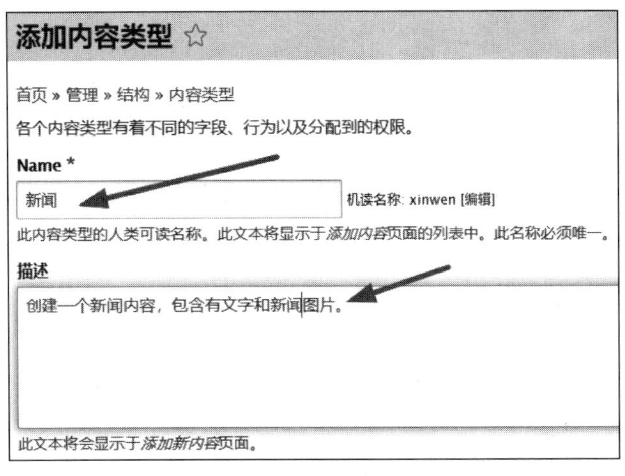

图 5-1　创建一个新的内容类型

5.1.2 内容类型的设置

接着，继续下面五个方面的设置。

1. 提交表单设置

给标题字段重新取一个标签名，提交前预览，选择“可选”单选按钮，表示在一个新闻发布时，会多出一个“预览”按钮，可以先预览一下效果，再正式发布，如图 5-2 所示。

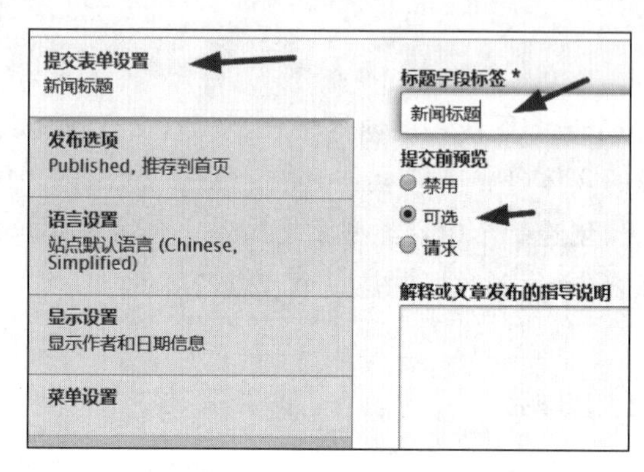

图 5-2 提交表单设置

2. 发布选项

默认选项有 Published，表示内容已经发布，“推荐到首页”表示返回到系统默认首页，马上可以看到发布的内容，“置顶”表示永远把内容放到最前面，“创建新的修订版本”表示内容每一次的修改都会保存旧的版本，如图 5-3 所示。

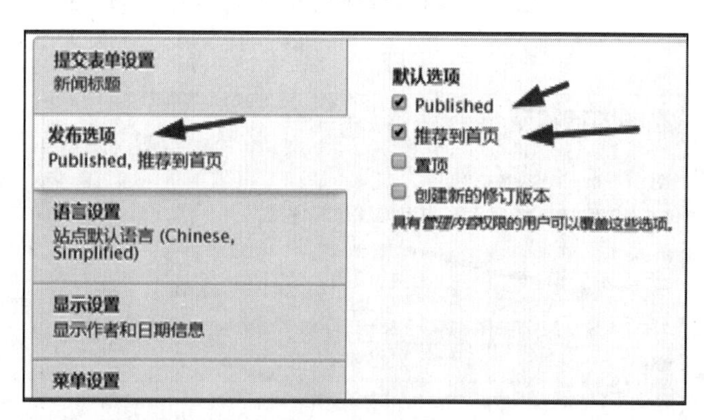

图 5-3 发布选项

3. 语言设置

语言设置表示发布内容所使用的语言，一般会选择站点默认语言，如图 5-4 所示。因为 Drupal 支持多语种，多语种的站点设置会在后面介绍。

图 5-4 语言设置

4. 显示设置

这里仅指内容的作者和发布时间是否在内容中显示，有些单独由管理员创建的内容，可以不需要显示作者和发布时间，如图 5-5 所示。

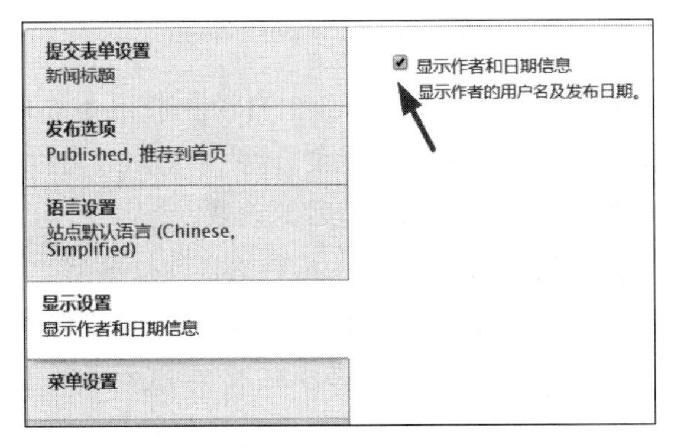

图 5-5 显示设置

5. 菜单设置

菜单设置表示在创建内容的时候，可以直接将内容添加到某一个菜单栏里面，目前列出的是系统现有的菜单，如果想把所有的新闻内容放到一个"新闻"菜单下面，就需要事先在系统菜单的菜单管理中添加一个"新闻"菜单。目前默认的是创建的新闻内容可以添加到主导航菜单中，如图 5-6 所示。

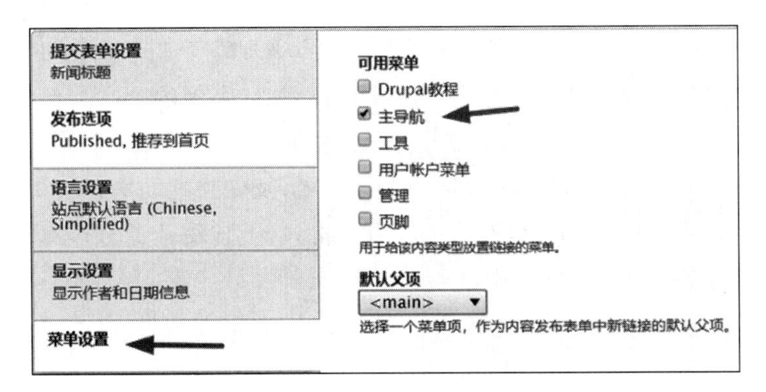

图 5-6 菜单设置

5.2 字段管理

新闻内容类型创建后,系统默认自动添加了一个 body 字段作为内容的正文,可以通过编辑将标签“body”修改为“正文”,如图 5-7 所示。

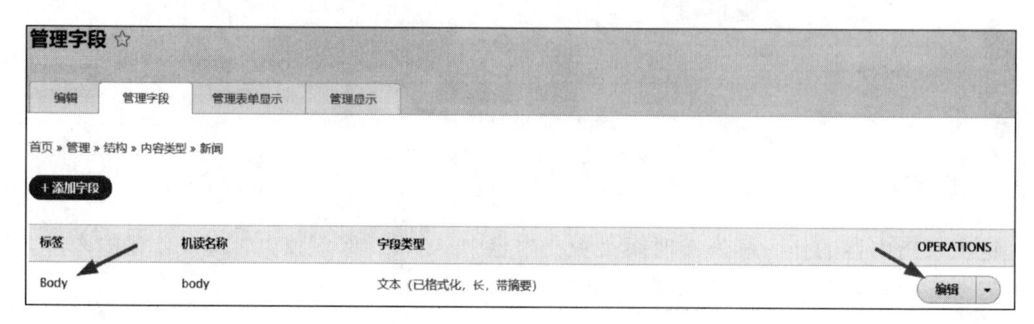

图 5-7 修改 body 字段

每一个字段,系统会从用户定义的字段标签中自动生成一个机读名称作为 PHP 代码的变量,所以这个机读名称不能重复,如果有重复,需要手动修改名称。每一个字段定义,系统都会有一个“帮助文本”“默认值”和“必填字段”的设置。

(1) “帮助文本”是当用户输入内容时,作为内容输入的提示。

(2) “默认值”是用户在输入的时候,如果没有输入内容,系统会使用默认值。

(3) “必填字段”是表单输入时,要求用户必须输入内容,否则不允许提交表单。

此外,这里的正文(body)字段的内容,系统还会默认附加一个摘要内容输入,用来在摘要显示时,替换系统自动裁剪的正文摘要。除非是一本书或论文有专门的摘要,对于一般文章,系统会自动把第一段文字裁剪出来作为摘要。所以,我们的新闻内容不需要专门的摘要,可以取消勾选“摘要输入”复选框。内容输入的窗口,还可以通过拖曳窗口右下角“三角”图标,调整窗口的高度。关于文本输入窗口的“文本格式”选项,已经在富文本编辑器部分做了介绍,如图 5-8 所示。

接着,为了让新闻图文并茂,添加一个新的图片字段,作为发布新闻的图片。回到“字段管理”,单击“+添加字段”,这里有两种方式添加字段,一个是“重用已有字段”,从系统现有的字段中选择一个字段;或者选择“添加一个新字段”,添加一个新字段。可以从“选择一个字段类型”列表中找一个字段类型,字段类型除了 HTML 表单的所有类型外,还有外部定义的变量引用类型,这里选择图片(Image)引用类型,如图 5-9 所示。

接着,和正文字段一样,给图片字段取一个标签名,及做一些与图片有关的设置,例如,允许上传的图片文件扩展名,图片保存的文件目录格式,上传图片的分辨率和文件的大小,等等。

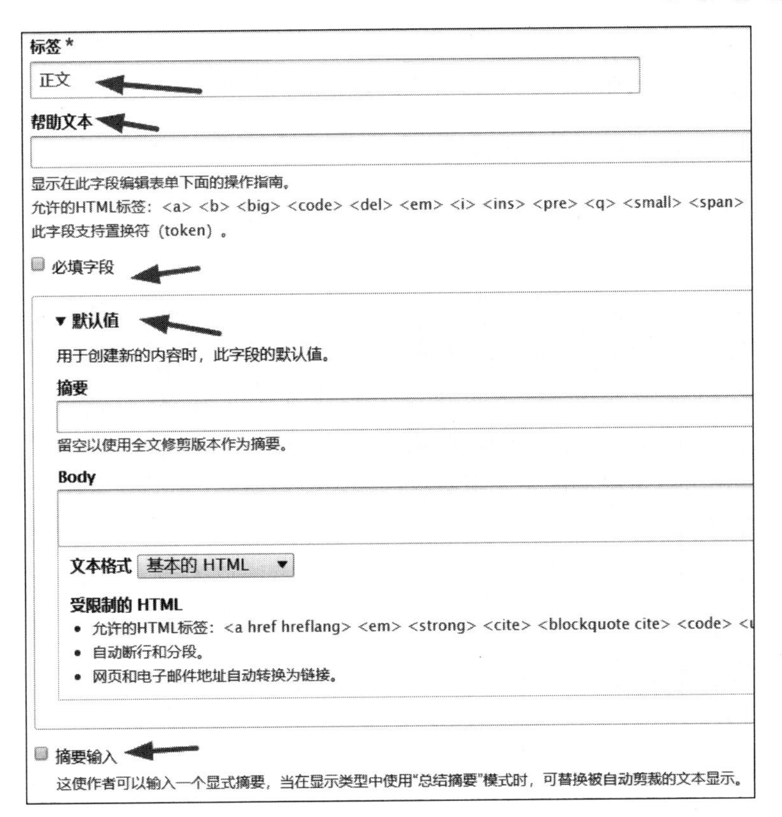

图 5-8　字段的设置

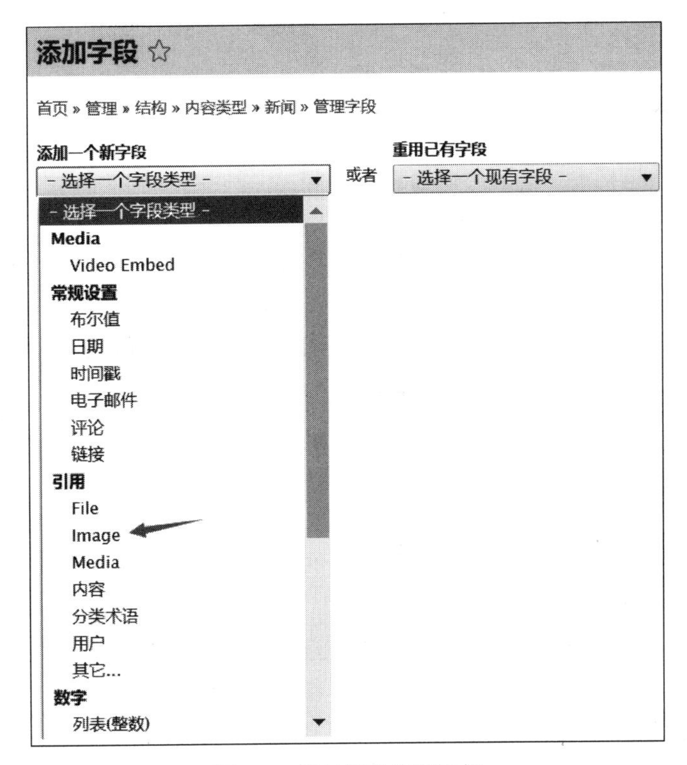

图 5-9　添加字段类型选择

5.3 管理表单显示

内容类型创建好以后，可以通过这个内容类型添加新内容。新内容添加是通过 HTML 的表单输入完成的，可以对这个表单的显示格式进行一些调整。内容类型管理里面有一个“管理表单显示”选项，这里可以看到一个内容类型的表单所包含的字段，有些字段是系统默认自动创建的，如“作者”“发布于”等。通过“齿轮”图标，可以对每个字段做进一步设置，例如，修改正文字段输入窗口的行数，如图 5-10 所示。

或者，可以通过拖动字段前面的“十字”图标，移动到“已禁用”栏，把不需要的表单字段隐藏起来。这样可以减少在输入表单界面出现复杂输入选项，例如，把语言(Language)字段拖放到“已禁用”栏，当用户在输入新闻内容的表单界面上，就不会出现语言的输入选择，让输入界面简洁些，如图 5-11 所示。

字段	WIDGET		
新闻标题	文本字段	文本框大小：60	
正文	带摘要的文本域	行数：9 摘要行数：3	
新闻图片	Image	预览图像样式：缩略图 (100×100) 进度指示器：throbber	
作者	自动完成	自动完成匹配中：包含 文本框大小：60 无占位符	
发布于	日期时间时间戳		

图 5-10　管理表单显示设置

图 5-11　禁用语言(Language)字段显示

5.4 管理内容显示

进入到“管理显示”选项，如图 5-12 所示，可以对显示的内容页面做一些调整。例如，要求先显示新闻的正文，再显示图片，通过拖动十字图标，简单地排列字段的显示次序；还可以设置让字段的标签是否出现在内容中，或者出现在内容的前面及上方；还可以修改字段的显示格式，如“新闻图片”的格式选择为 Image，显示的图片为原始图像。

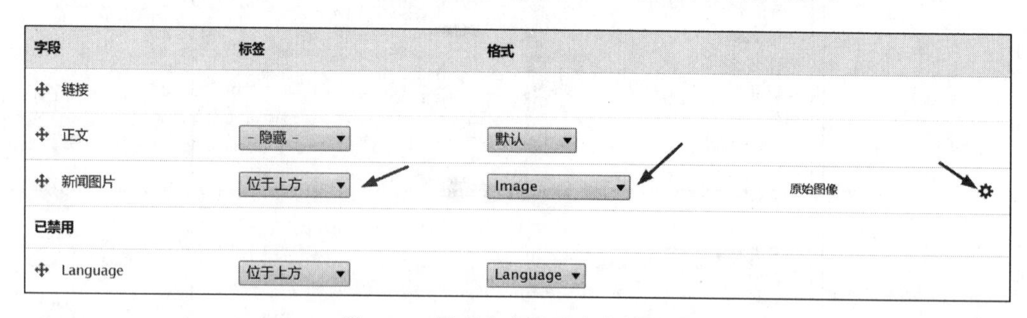

图 5-12　管理内容显示字段的设置

注意，显示的方式有：摘要、全文、打印、RSS及自定义显示方式，可以针对某种显示方式进行设置，如图5-13所示。这里选择了Full content和“摘要”两种显示方式进行显示设置。

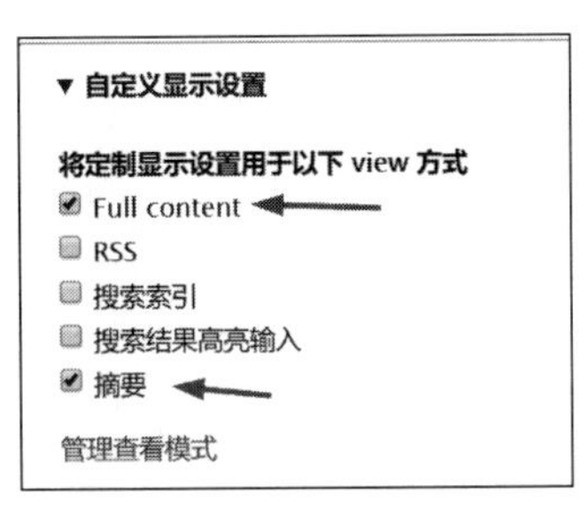

图5-13 自定义显示方式

内容分类

内容分类(Taxonomy)就是给每一个内容贴上标签(Tag),分类也可以成为内容的关键词、标签或菜单。

6.1 创建一个 Drupal 文章分类

首先,创建一个分类表。打开系统菜单“管理”|“结构”|“分类”,单击“添加词汇表”按钮,如图 6-1 所示。

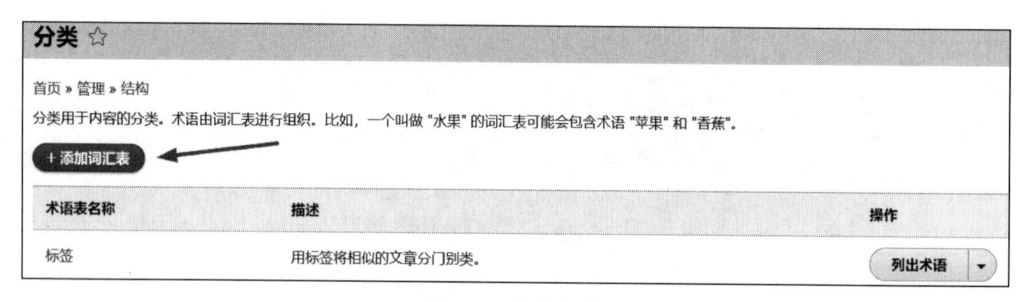

图 6-1 创建分类

1. 创建“Drupal 文章分类”

填写分类表名称和描述,如图 6-2 所示。

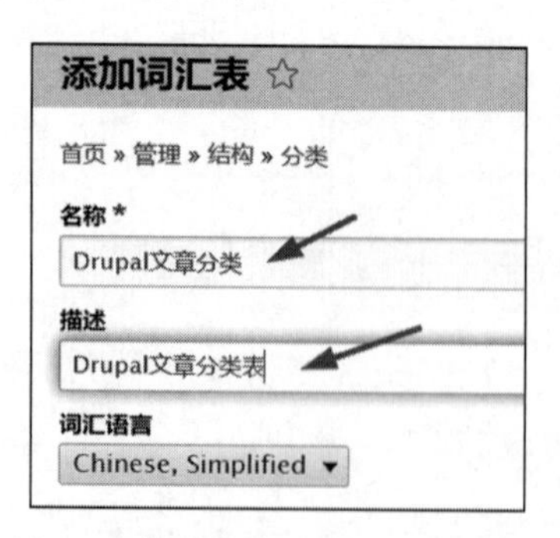

图 6-2 创建一个 Drupal 文章分类

2. 添加术语

通过单击“添加术语”按钮，如图 6-3 所示，添加 Drupal 的文章分类关键词，这里仅添加关键词的名称，可以连续输入关键词术语。

如图 6-4 所示是添加的文章分类关键词列表。

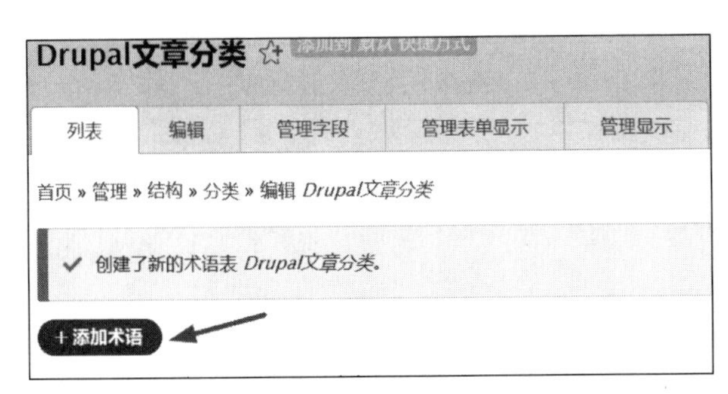

图 6-3 添加术语

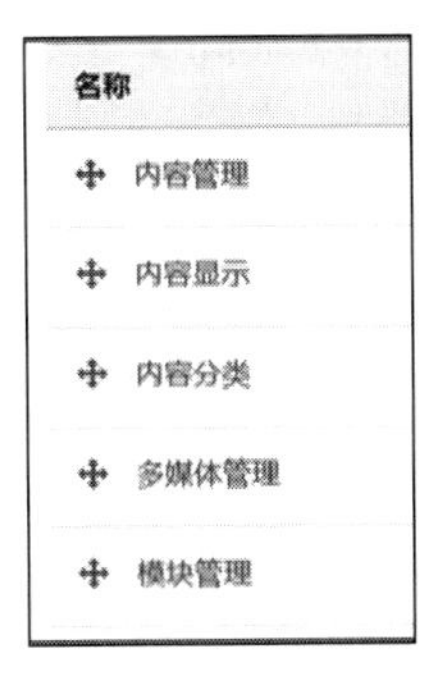

图 6-4 Drupal 文章分类术语列表

6.2 引用分类表

创建好的分类表是一个独立的数据库表，需要把它引用到具体的内容类型中，这就是前面创建好的文章内容类型。

打开系统菜单“管理”|“结构”|“内容类型”，选择“文章”内容类型，单击“管理字段”，打开编辑“字段管理”，删除系统默认的“标签”分类术语，添加创建好的文章分类术语。单击“添加字段”，如图 6-5 所示。在“添加一个新字段”下拉菜单中，选择“引用”|“分类术语”，并给分类一个标签名称“文章分类”。

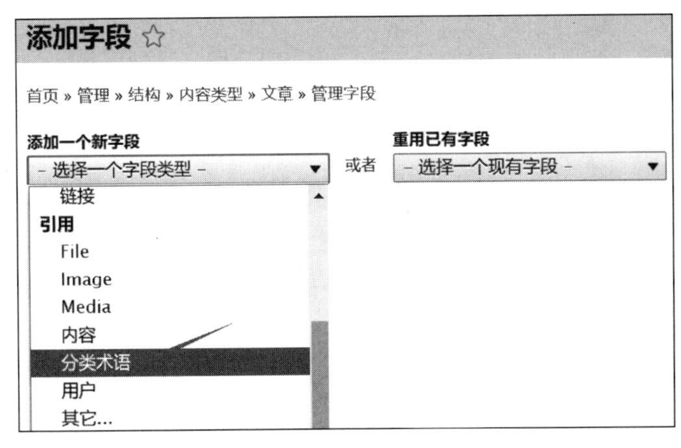

图 6-5 给文章内容类型添加分类术语

接着，进入“字段设置”，设置分类术语的使用次数。选择“2”，表示一篇文章可以使用两个关键词分类术语，如图 6-6 所示。

然后，进一步设置“引用类型”中，勾选“Drupal 文章分类”复选框，如图 6-7 所示。

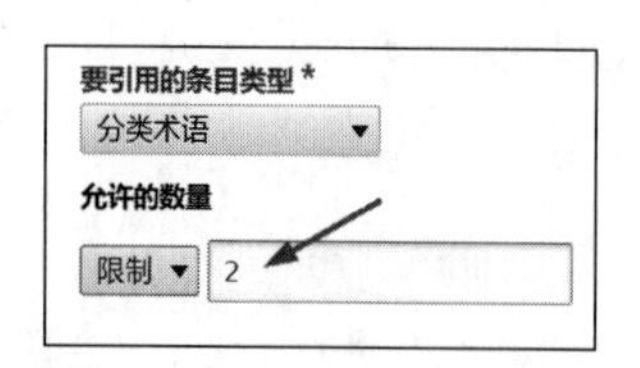

图 6-6 分类术语的引用次数

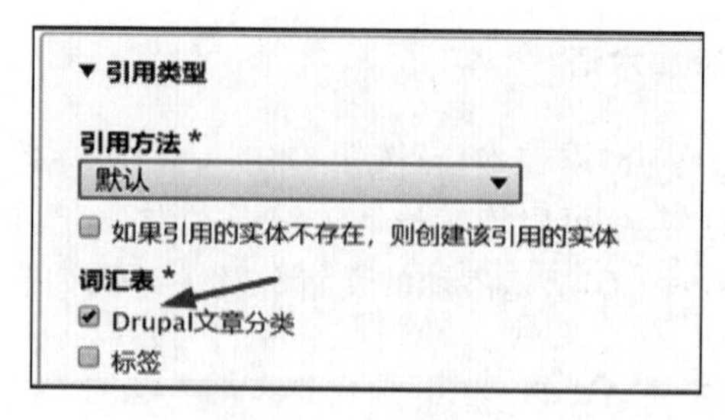

图 6-7 选择分类字段具体的分类表

6.3 修改分类表表单显示

给文章内容类型引入分类表以后，每一次创建文章内容，都会在内容表单输入中多出一个文章分类的输入选项，但是这个选项要求用户自己输入文章的分类词，显然不是很好。我们希望用户从分类词列表中选择，所以需要修改“文章分类”字段的“管理表单显示”的设置。如图 6-8 所示，“文章分类”字段的 WIDGET 默认的是“自动完成”，这里有多种选择，例如，选择列表或复选框等方式，这里选择的是“选择列表”。

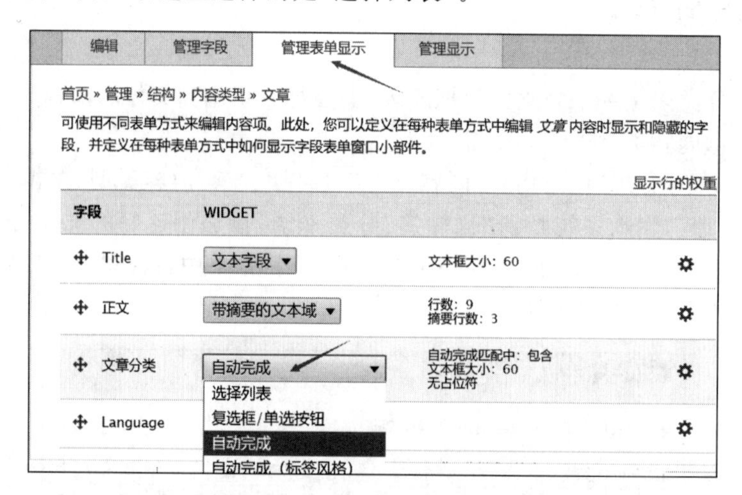

图 6-8 分类字段表单显示修改

6.4 在文章中使用分类

现在，当创建一篇新文章时，可以在内容输入中，通过“文章分类”下拉列表，及按住 Ctrl 键，给文章选择添加两个分类标签，如图 6-9 所示。

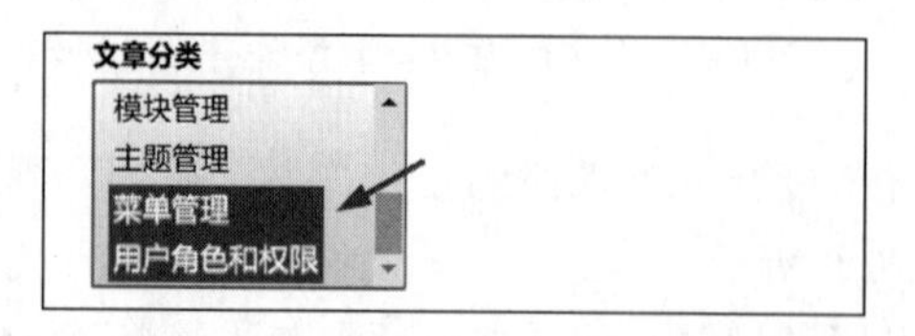

图 6-9 给一篇新文章添加分类标签

第7章 内容显示

Drupal 的内容显示主要由以下四个方面控制。

(1) Drupal 在创建和设置内容类型的时候，会提供内容显示管理，可以简单调整内容的一些字段的显示方式。

(2) 有时候，还需要灵活地、有条件地显示内容部分信息，那么就需要一个著名的视图(Views)模块来完成特殊信息显示。

(3) 信息内容还可以拆分成不同组件，通过一个 Drupal 的区块(Block)模块，来完成信息组件在页面的布局显示。

(4) 而每个 Drupal 系统的布局是由主题决定的，主题变化了，布局也会变化，显示的内容也产生相应的格式变化。

Drupal 是一个非常强大灵活的系统，所以，更多的内容显示管理还可以通过第三方模块完成，其中最主要的有 Ctools 模块，其子模块页面管理(Page manager)是用于修改或制定内容类型的主内容区页面结构；另外一个模块是 Panels 模块，提供面板组件存放内容，还可以让用户重新自定义页面主内容区的布局。

7.1 系统默认的显示方式

系统默认的内容显示模式主要有摘要、全文、打印、RSS 等，也可以自定义一种显示方式。打开系统菜单“管理”|“结构”|“内容类型”，通过“管理显示”选项，修改字段的显示格式和排列次序，具体见前面的内容类型章节。

7.2 视图模块

视图(Views)是 Drupal 的一个重要模块，通过 Views 模块，可以很灵活地再重新组织、管理用户在系统中创建的所有内容。Drupal 8 把视图(Views)纳入了核心模块，Views 可以实现自定义想要显示的内容，它有点像 SQL 的查询图形界面，让用户选择不同的内容字段显示。

Views 主要提供页面(Page)、块(Block)等方式展示内容，如果安装了 Panels 模块，还有内容面板(Pane)方式存放内容。注意，用页面展示，需要设置 URL 的路径(Path)值，如果是块展示，需要给块命名。块展示是不能使用上下文过滤(Contextual Filter)动态显示功能的，因为块不能提供 URL 参数传送值。Views 创建的显示页面，还可以限制用户角色显示。还可以通过暴露 SQL 查询条件给用户，从数据库实时抓取信息，显示到屏幕，并可以修改显示格式。本节首先了解 Views 的主要功能，然后通过创建一个视图实例体验视图的效果。

7.2.1 页面方式

打开系统菜单“管理”|“结构”|“视图”，创建一个 Page 显示方式的视图，页面的主要特征是可以设置 Path 和定义 Menu，如图 7-1 所示。

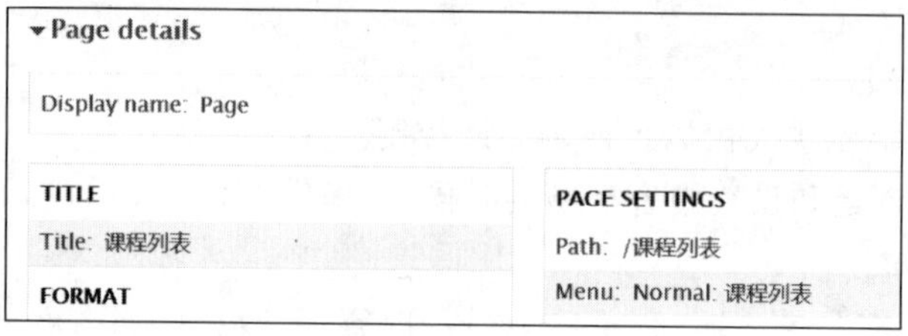

图 7-1 设置页面的路径和菜单

7.2.2 显示域

Views 提供的最小显示数据块是字段(Fields)，一个内容节点的标题(Node:title)，节点类型(Node:type)或节点发布时间(Node:post Date)等，都可以作为显示的内容。

每一个字段域的设置，都可以重新创建标签(Label)，相当于字段显示的名称，如图 7-2 所示。还可以隐藏这个字段，其目的是为下面和其他字段整合显示。在 STYLE SETTINGS

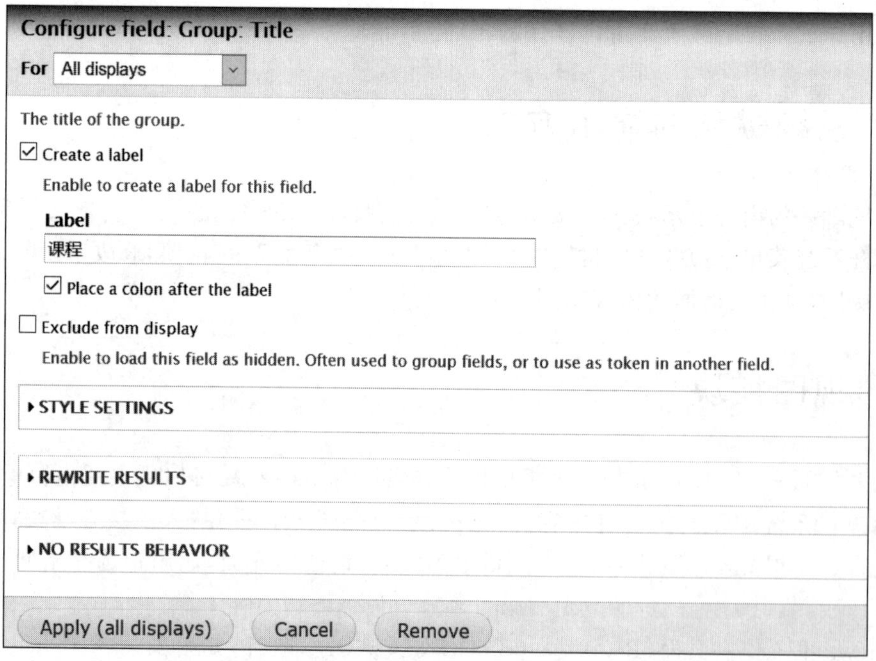

图 7-2 字段域设置

部分，可以重新定制 CSS，改变显示域外观。在 REWRITE RESULTS 部分，可以将多个字段组合在一起显示，其方法是通过使用文本框，将令牌（Token）暴露的变量替换为当前值，还可以把字段域变成一个链接（Link）。

如果需要使用 Token 变量，还应先装模块 Token 和 Token Filter，并启用，这样在 REWRITE RESULTS 部分，就会看到可以使用的 Token 变量列表，如图 7-3 所示。

▾ REPLACEMENT PATTERNS

The following tokens are available for this field. Note that due to rendering order, you cannot use fields that come after this field; if you need a field not listed here, rearrange your fields. If you would like to have the characters '[' and ']' please use the html entity codes '%5B' or '%5D' or they will get replaced with empty space.

- [gid] == Group: Group ID
- [url] == Group: URL
- [title] == Group: Title
- %1 == Group: Group type type title
- !1 == Group: Group type type input

图 7-3 可以使用的令牌变量

"= ="左边的[gid]是一个令牌变量名，右边说明来自于哪个内容类型的字段。在文本框里面还可以写 HTML 代码，例如，将群组标题变成一个群组页面链接。

```
<a href="[url]">[title]</a>
```

每个显示域的设置，都在最顶部有一个 For 选项，如图 7-4 所示，这个选项的选择值是 This page(override) 和 All displays。选择 This page，是仅改变本页面设置；选择 All displays，意味着设置的改变会传递到所有的显示方式（如 Page，Block，Pane，Context 等）。这个选项一定要设置。

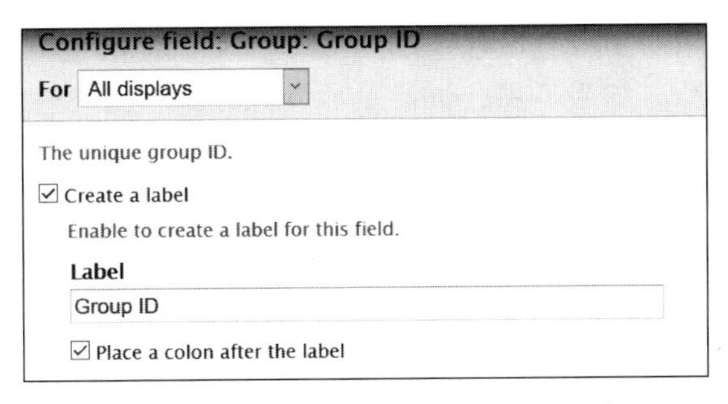

图 7-4 All displays 和 This page 选项

7.2.3 格式化显示域

显示内容可以是 HTML list，Grid，Table 和 Jump menu 等，如图 7-5 所示。

7.2.4 过滤器

最常用的默认过滤是 content：published="yes"，表示只显示已经发布的内容。当然，还可以设置其他字段作为条件来限制显示内容。还可以让用户自己来选择过滤的条件，通过勾选 Expose this filter to visitors, to allow them to change it 复选框实现。

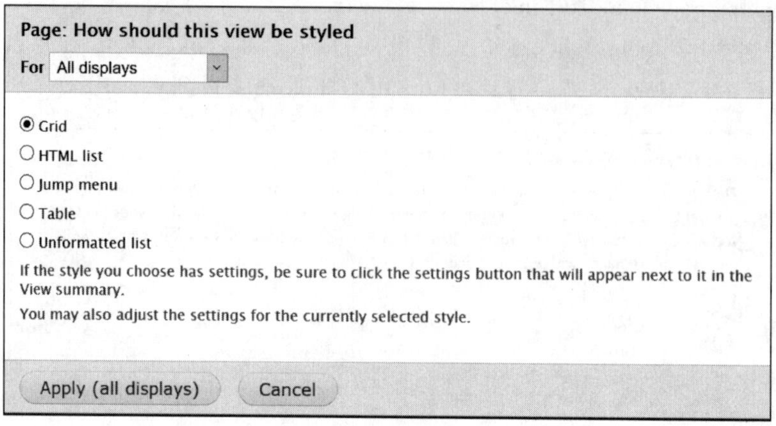

Page: How should this view be styled
For All displays

- ◉ Grid
- ○ HTML list
- ○ Jump menu
- ○ Table
- ○ Unformatted list

If the style you choose has settings, be sure to click the settings button that will appear next to it in the View summary.

You may also adjust the settings for the currently selected style.

Apply (all displays)　Cancel

图 7-5　显示格式

7.2.5　排序

可以选择一个字段域作为排序依据，这会影响性能。

7.2.6　页眉页脚

Views 还可以把页面分成页眉页脚的显示部分，显示的内容可以是任何内容的字段域。

7.2.7　分页器

如果不可能在一页内显示所有内容，这里就要用分页器把内容切分为多页面显示，并设置每一页显示内容的项数。如果不用分页器显示，可以使用更多链接(More link)方式，展示更多内容。

7.2.8　上下文过滤器

和 Filter Criteria 标准过滤器不同的是，上下文过滤器(Contextual Filters)可以通过上下文(Contexts)的变量(Argument)，动态过滤显示结果。例如，当我们在 Contextual Filters 选项中添加 Node:Type 时，意味着可以通过 URL 路径来显示不同的内容类型，要实现这个功能，打开系统菜单“管理”|“配置”|“搜索及元数据”，先要启用简洁 URL(Clean URLs)功能。接着通过 URL 地址访问 http://www.example.com/content/page，可以显示所有 page 类型的内容；访问 http://www.example.com/content/book，将显示所有 book 类型的内容；访问 http://www.example.com/content，表示显示所有内容类型。URL 里面的 page 和 book 就是上下文过滤器的变量。

如果 URL 地址的值不明确，可以通过 WHEN THE FILTER VALUE IS *NOT* IN THE URL 选项来设置具体的值，如图 7-6 所示。

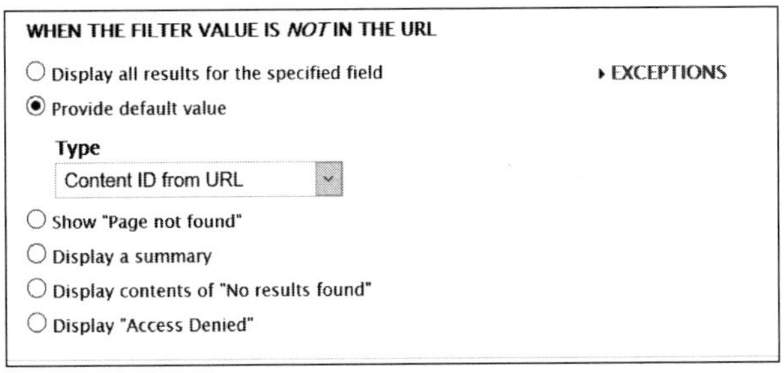

WHEN THE FILTER VALUE IS *NOT* IN THE URL
○ Display all results for the specified field　▸ EXCEPTIONS
◉ Provide default value
Type
Content ID from URL
○ Show "Page not found"
○ Display a summary
○ Display contents of "No results found"
○ Display "Access Denied"

图 7-6　给 Contextual Filter 指定一个具体的动态值

7.2.9　关联

Views 还通过关联(Relationship)把数据库的不同数据表联系起来,以把来自不同的数据表组合显示在一个 View 里面。

7.3　创建视图

7.3.1　创建"所有文章列表"视图

这里通过创建一个"所有文章列表"视图的例子,来体验视图的效果。打开系统菜单"管理"|"结构"|"视图",进入视图管理界面,这里列出了系统已经创建的所有视图,如图 7-7 所示。

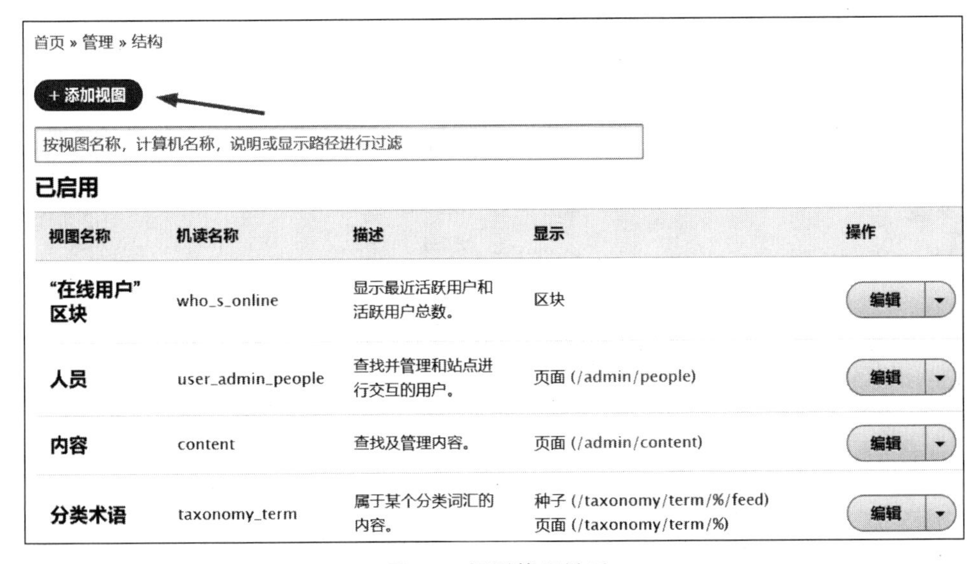

图 7-7　视图管理界面

一般不需要去修改这些视图,但可以创建自己想要的视图。这里想创建一个可以列出所有文章的标题、作者、发布时间的视图列表,单击"添加视图"进入创建视图界面,默认可以选择同时创建"页面设置"和"区块设置",但是这些设置也可以在以后完成,所以仅输入视图名称“所有文章列表”,如图 7-8 所示,单击“保存并编辑”按钮。

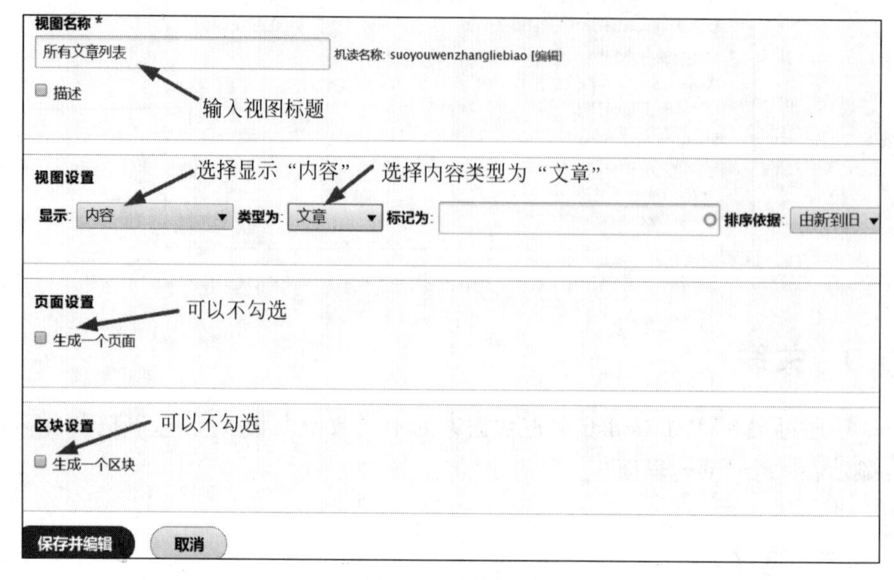

图 7-8 创建视图

7.3.2 设置“所有文章列表”页面

进入视图编辑页面,首先需要添加一个新页面,单击“添加”按钮,选择“添加页面”,给页面添加一个标题“所有文章列表”。接着需要做以下几方面设置,如图 7-9(a)所示。

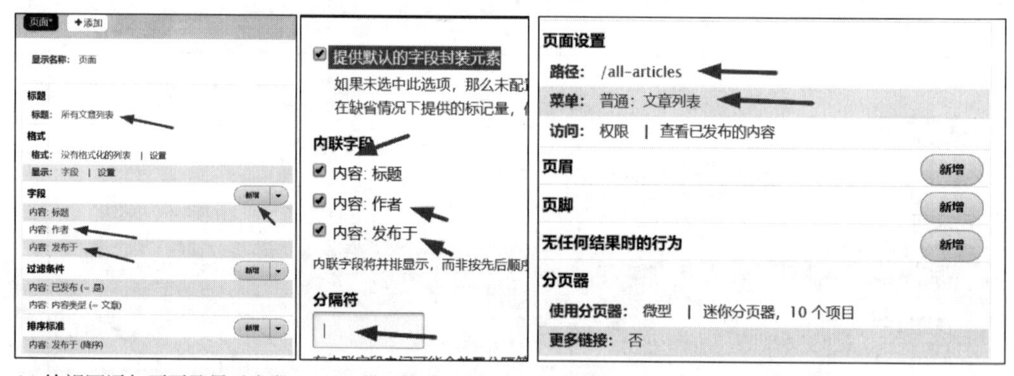

(a) 给视图添加页面及显示字段　(b) 显示格式设置　(c) 页面设置

图 7-9 “所有文章列表”视图设置

1. “字段”设置

系统默认的字段是“内容:标题”,我们需要添加一些新字段。单击“新增”,添加了内容的“作者”和内容的发布时间“发布于”字段。

2. 过滤条件设置

默认的是“已发布(=是),内容类型(=文章)”。

3. 排序标准设置

默认是按“发布于(降序)”排序。

4. 格式设置

修改调整字段的编排次序，在“显示：字段|设置”后单击“设置”，进入字段编排，勾选“标题”“作者”“发布于”为内联在一行，并使用“|”作为分隔符，如图 7-9(b)所示。

5. 页面设置

路径设置为/all-articles，菜单设置为普通菜单条目，并放置在主导航菜单下面，没有设置页眉和页脚，分页器选择默认的“10 个项目”，也就是说，每一个页面可以列出 10 个文章标题，如果超过 10 个文章，会出现分页按钮(前一页，后一页)。设置界面如图 7-9(c)所示。

7.3.3 “所有文章列表”视图显示

设置完成后保存并回到首页，可以发现主导航菜单多了一个“文章列表”项，单击打开一个新页面，并按照设计要求“标题|作者|发布时间”的格式列出所有文章，如图 7-10 所示。

所有文章列表

菜单项级别管理|admin|2019-09-21

教程1-菜单管理|admin|2019-09-21

图 7-10 通过视图设计的“文章列表”效果

7.3.4 视图的区块

如果想设计一个“最新文章”栏目，并在读者阅读文章的时候，在页面的右侧栏显示最新文章列表，那么这个设计就需要通过视图添加一个“最新文章列表”区块，然后通过系统菜单的“区块布局”，将这个“最新文章列表”的区块组件添加到右侧栏。

1. 添加“最新文章列表”区块

回到视图管理，编辑前面创建的“所有文章列表”视图。在编辑页面中，单击“添加”按钮，添加区块。注意，修改区块标题时，一定要选择“为：这个 block(覆盖)”选项，否则，系统默认会一起修改“页面”的标题。这里的区块标题是“最新文章”。在区块设置里面，必须要给区块命名，否则在后面的“区块布局”中，将无法找到“最新文章”的区块组件，如图 7-11(a)所示。

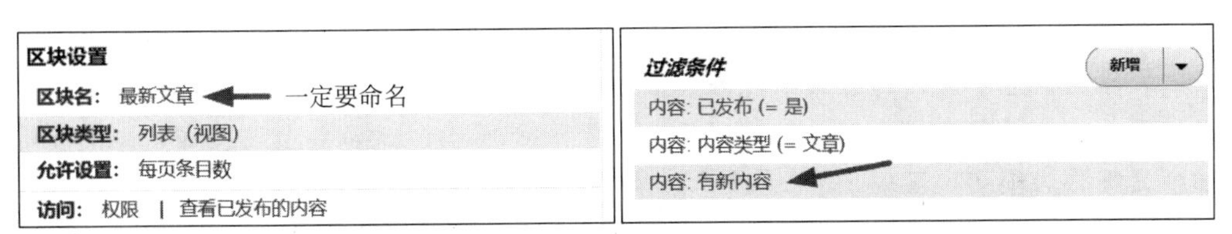

(a) 为区块修改标题 (b) 给区块添加过滤条件

图 7-11 “最新文章”区块设置

2. 过滤条件设置

格式、字段和排序标准设置都不变，但是过滤条件要添加“有新内容”字段，如图 7-11(b)所示。

7.4 区块布局

网站页面通常会有一个相对固定的格式布局，如页眉、页脚、主内容和边栏。这个布局结构是由主题模块决定的。在布局区域里面放置内容，则是由区块布局来完成。系统会默认生成许多区块组件，这些组件包含内容。也可以创建区块组件，例如，前面的视图模块创建了“最新文章”区块组件。本节项目将介绍如何把内容放在布局区域中。

7.4.1 演示块区域

打开系统菜单“管理”|“结构”|“区块布局”，打开区块布局界面，可以看到整个页面的布局区域和区块组件放置的位置，如图 7-12 所示。区块布局与主题相关，所以，可以对所有主题(目前是 Bartik，Seven 和 Drupal 8 Zymphonies Theme)分别进行设置，这样，切换主题时，可以根据主题的布局，重新分配内容的显示。图 7-12 中，Site branding 站点品牌区块组件的分类为 System，表示是由系统创建的组件，被放置在“页眉”区域中。还可以单击 Place block 按钮放置更多的区块组件内容。

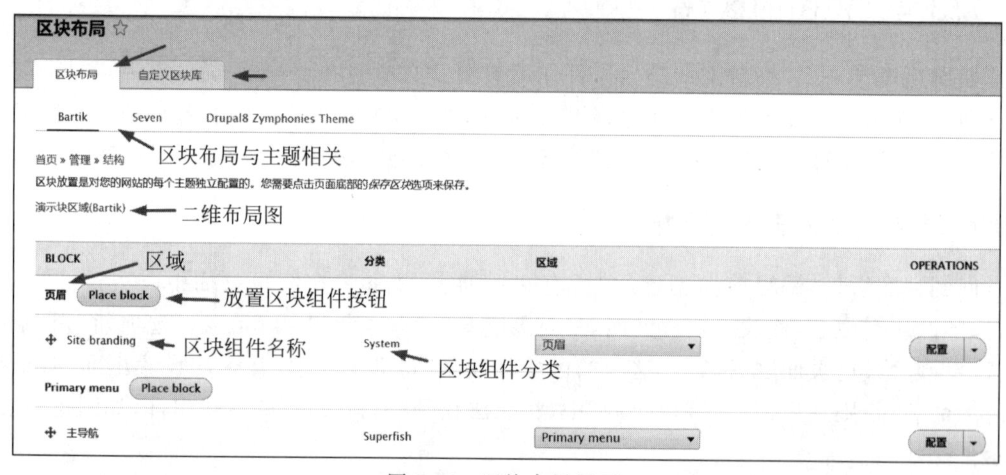

图 7-12 区块布局界面

以表格方式显示区域与区块组件内容显得有些复杂抽象，单击“演示块区域(Bartik)”，可以查看 Bartik 主题更形象的二维布局图，如图 7-13 所示。这是一个三栏布局，顶部栏和底部栏又细分为很多区域块。

7.4.2 放置区块组件内容

通过二维布局空间图，让我们很清楚地决定哪些区块组件放在哪里。前面在视图中创建了一个“最新文章”的区块组件，现在可以通过区块布局，将它放在页面的右边栏。

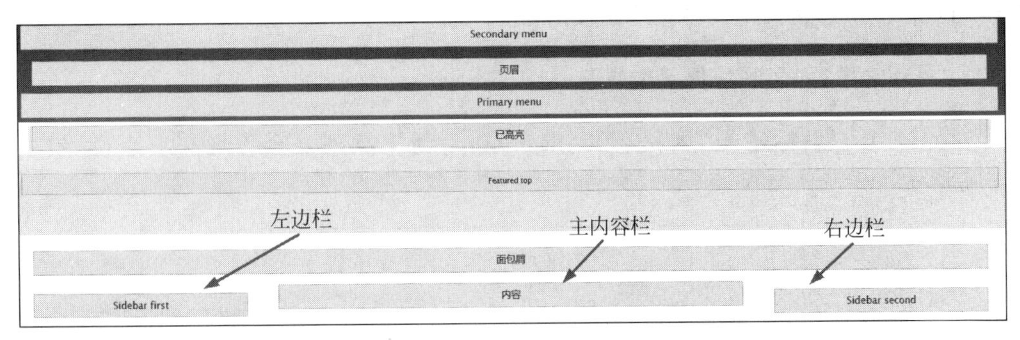

图 7-13　主题布局的二维布局图

1. “最新文章”的区块组件布局

单击前面的演示块区域(Bartik)页面左上角的“退出区块示范”，回到区块布局界面，找到 Sidebar second 行，单击 Place block，会出现区块组件列表窗口，找到分类是“列表(视图)”的“最新文章”，这个就是我们在视图中创建的区块组件，单击“放置区块”，将其放置在右边栏中，如图 7-14 所示。

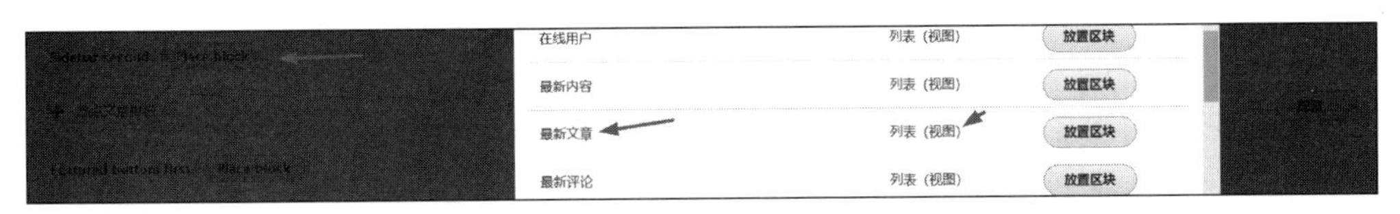

图 7-14　放置“最新文章”区块组件到右边栏

2. 设置“最新文章”列表可见性

我们还希望当用户浏览文章的时候，“最新文章”列表会出现在右边栏，其他页面不要出现，所以，接着进一步设置区块组件的“可见性”，如图 7-15 所示，勾选“内容类型”为“文章”。

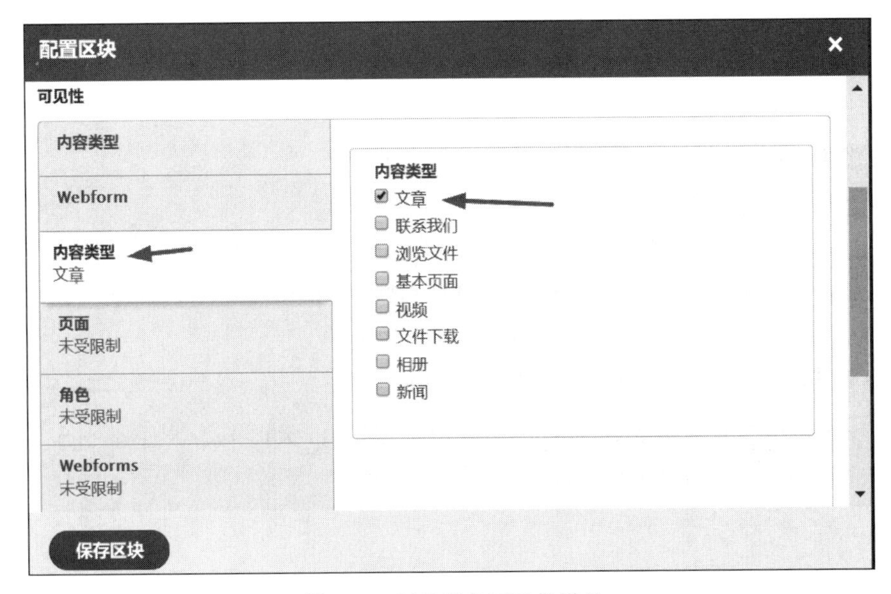

图 7-15　区块组件可见性设置

这样，当页面显示的是文章内容类型全文时，最新文章列表就出现在右边栏。

3. “最新文章”列表区块显示效果

当我们打开一篇标题是“区块布局”的文章，最新文章列表会出现在右边栏，效果如图 7-16 所示。

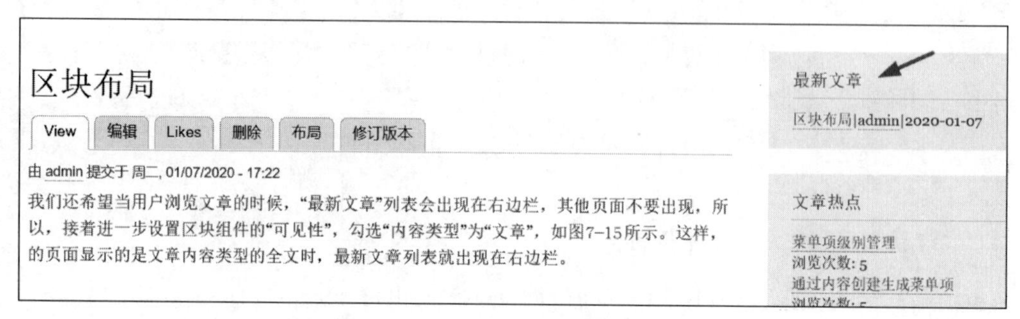

图 7-16　最新文章列表区块出现在文章全文页面右边栏

7.4.3　自定义区块库

要想创建一个自定义的区块组件，要先定义一个区块类型，系统默认为“基本区块”类型，有标题和内容两个字段。区块类型有点像内容类型，可以自己添加字段，设置管理显示。所以，分为以下三步来创建一个通告类型区块，并放置到首页。

1. 定义“通告”类型区块

进入“区块布局”管理界面，选择“自定义区块库”，再选择二级选项“区块类型”，单击“添加自定义区块类型”按钮，如图 7-17 所示。

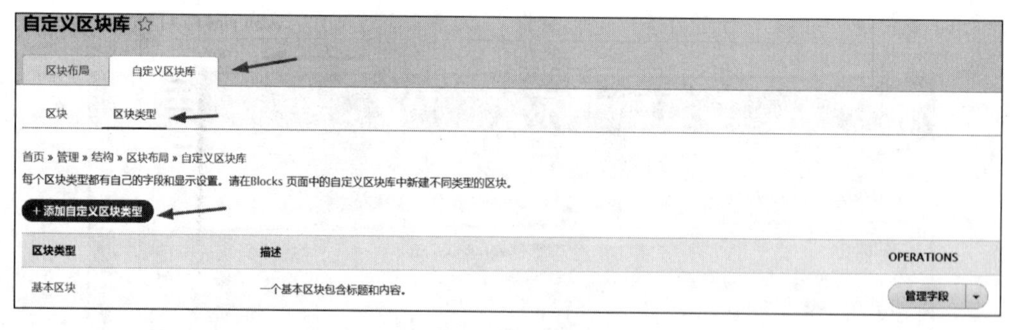

图 7-17　添加区块类型

2. 添加字段

添加字段和内容类型使用的是同一个管理工具，这里添加了一个日期字段，如图 7-18 所示。

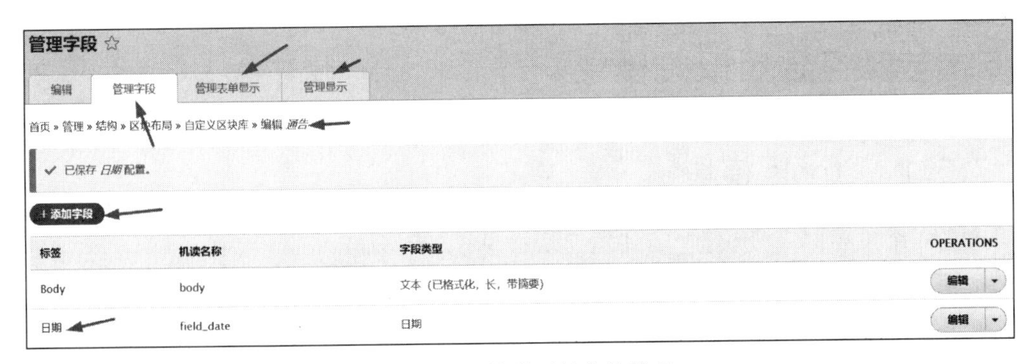

图 7-18 区块类型的字段管理

3. 放置"通告"区块

将"通告"区块组件放到页头的"已高亮"区域，回到"区块布局"管理界面，在"已高亮"区域，单击 Place block，在区块组件列表中，选择刚刚创建好的"通告"，如图 7-19 所示。

图 7-19 将创建好的自定义区块"通告"放置到页眉的"已高亮"区域

4. "通告"区块显示效果

自定义的"通告"区块组件效果如图 7-20 所示。

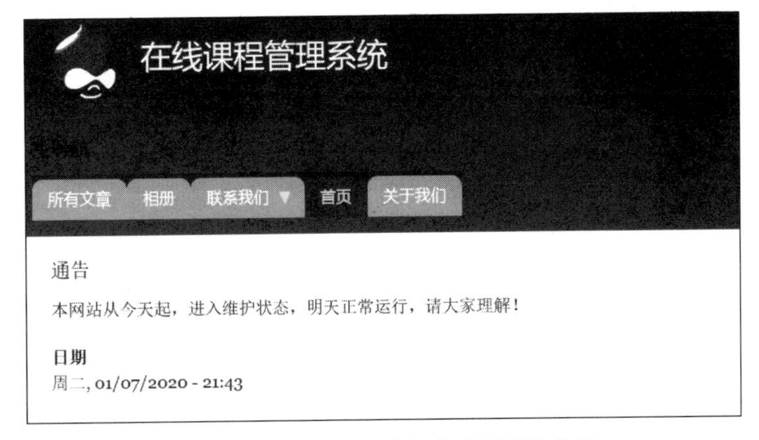

图 7-20 自定义的区块组件在页面的显示

7.5 与内容显示相关模块

7.5.1 Ctools 模块

这是一个重要的库模块，它给其他模块提供接口，例如 Views 和 Panels。它本身还提供一个实用的工具 Page manager 来管理系统创建的默认页面，用户也可以通过 Page manager 创建自己的页面来管理内容的显示。

7.5.2 Panels 模块

这是一个页面布局模块，Drupal 的页面是由各种组件组合形成一个完整的页面布局。它和主题布局不一样，关注的是页面主要内容区域的布局，主题布局是页面的总体布局。

多媒体内容

一个 Web 系统的内容不仅是文字和图片，还可能有视频、音频和各种格式的文件。通过添加一些多媒体相关的模块，可以让视频等多媒体文件成为内容的一部分。

8.1 视频内容

Media 模块包含所有的多媒体内容类型，其中，视频可以是本地上传视频和远程连接视频，但是，Media 默认提供的远程视频是 YouTube 和 Vimeo，在中国建议使用优酷模块作为远程视频载体。

8.1.1 启用 Media 模块

通过 Media 模块可以改善多媒体内容的管理界面。Drupal 8 已经在内核中包含 Media，不用下载，但是需要启用这个模块和其子模块 Media Library，如图 8-1 所示。

图 8-1 Media 模块启用

8.1.2 创建视频内容类型

创建一个视频内容类型，并允许用户选择添加上传本地视频，也可以连接到远程视频。

打开系统菜单“管理”|“结构”|“内容类型”，创建一个视频内容类型，给视频内容类型添加视频字段。当已经安装并启用了 Media 模块后，会出现新“媒体”字段，如图 8-2 所示。选择添加“媒体”字段，并把字段名称改为“视频”。

接着进入字段设置。首先是“允许的数量”参数设置，这里是指一个节点允许上传或远程链接的媒体个数，这里选择默认的一个。然后是引用类型(Media type)的选择，这里有 5 种媒体类型，分别是 Audio、File、Image、Remote Video 和 Video，这里选择 Video，指的是本地视频，如图 8-3 所示。

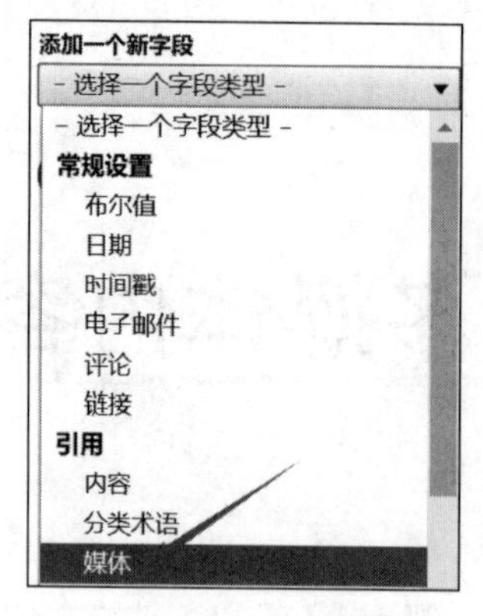

图 8-2 选择添加媒体字段

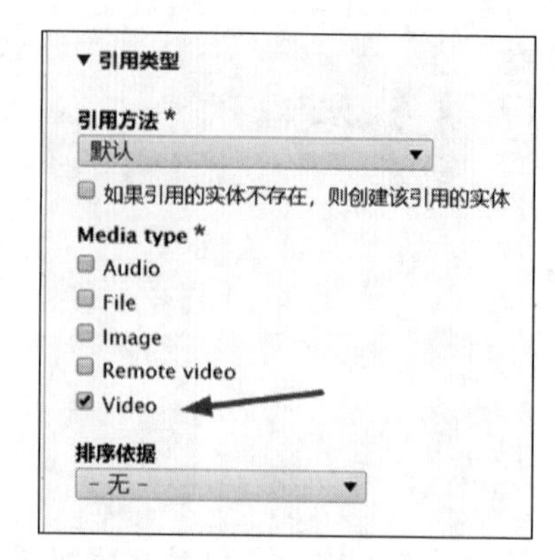

图 8-3 选择本地视频

但是，本地视频有一个缺点，就是会占用太多的服务器空间，如果购买的 Web 服务器空间是有限制的，就需要限制用户上传视频文件的大小，这个限制是通过服务器的 PHP. ini 配置文件定义的，默认是 2MB，需要在服务器端打开 PHP. ini，修改 upload_max_filesize 和 post_max_size 参数设置，例如，改为“32MB”。

比较实用的视频播放方式是采用远程视频，也就是说，先把自己的视频文件上传到一些流行的视频网站上，这是免费的服务，接着，再将这个视频远程连接到自己的网站。这里选择了国内的优酷视频。

8.1.3 安装优酷模块

优酷是中国最流行的视频网站，2012 年，优酷与土豆网合并。首先下载安装相应模块并安装好 video_embed_youku 优酷模块和 video_embed_field 依赖模块。

并启用以下相关模块，如图 8-4 所示。

8.1.4 添加优酷字段

打开系统菜单“管理”|“结构”|“内容类型”，选择前面创建好的“视频”类型，进入“管理字段”，单击“添加字段”，在“添加一个新字段”下拉列表中选择 Video Embed，并给字段标签取名为“优酷”，如图 8-5 所示。

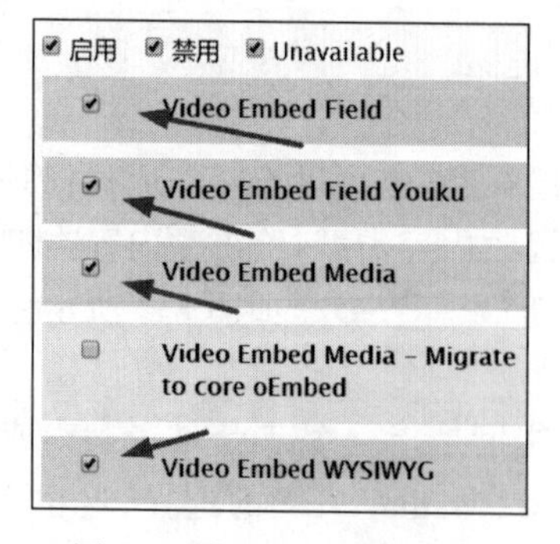

图 8-4 优酷相关模块启用

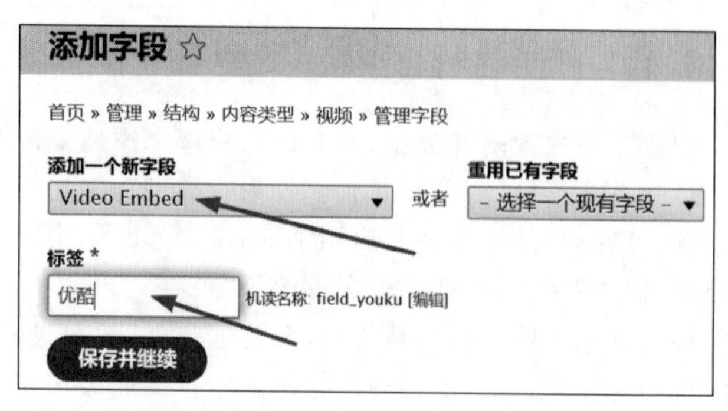

图 8-5 在视频内容类型中添加“优酷”字段

在字段设置中，选择允许的数量为“1”，表示每次创建一个视频内容，可以包含一个优酷视频链接。接着进入“优酷”字段编辑，在 Allowed Providers 选项下，勾选 Youku 复选框，如图 8-6 所示。

图 8-6　选择视频提供商为 Youku

8.2　创建视频内容

现在，可以在系统中添加视频内容了，可以上传本地视频或引用优酷视频。

8.2.1　创建本地视频内容

在首页工具菜单下，单击“添加内容”，选择“视频”内容，进入添加内容界面，单击“添加媒体”按钮，在本地计算机上选择一个视频文件(要求为 MP4 格式)，并单击“保存并插入”按钮上传到服务器端，如图 8-7 所示。

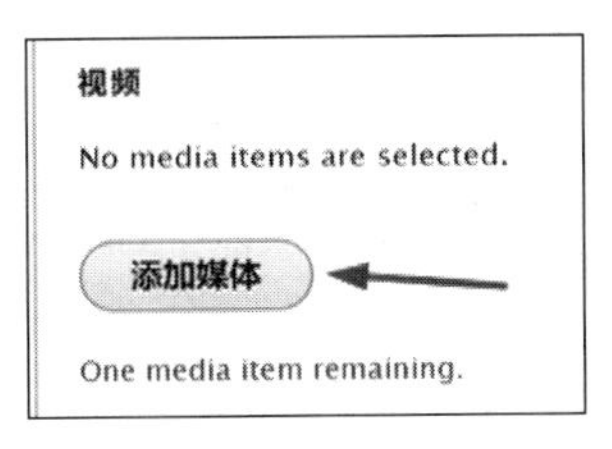

图 8-7　添加本地视频

8.2.2　创建优酷远程视频内容

首先登录优酷网站，申请一个账户，上传自己的视频，这里需要一段时间审核，审核完成后，可以在视频管理中看到已经上传的视频列表，如图 8-8 所示。

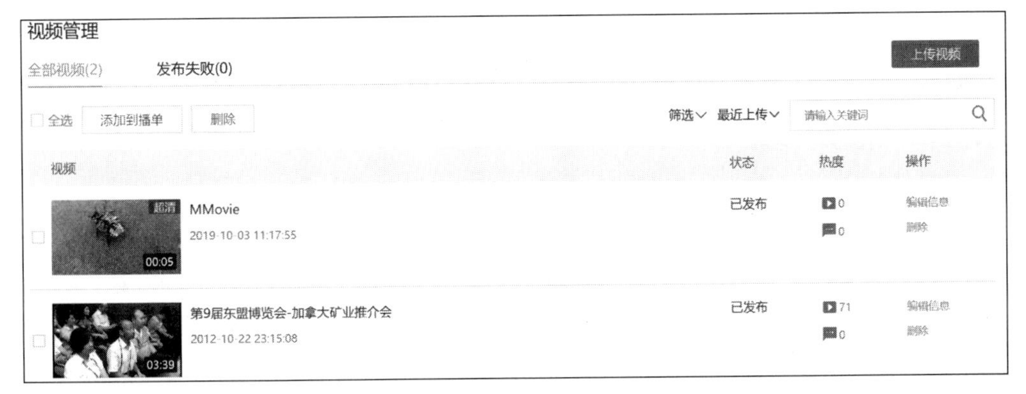

图 8-8　优酷的视频上传和管理

有三种方式可以实现远程视频的链接引用，方法如下。

1. 将视频URL地址复制到优酷字段

打开优酷视频，从浏览器的地址栏中复制视频的URL地址，返回Drupal网站，创建一个视频内容，将优酷网站上复制的URL地址粘贴到“优酷”字段下，如图8-9所示。

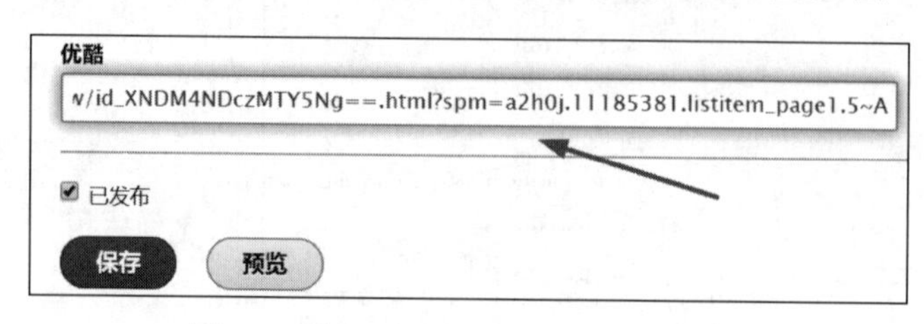

图8-9　输入远程的优酷视频URL地址

2. 将视频URL地址复制到文本编辑器

富文本编辑器可以在文本中嵌套图片或视频，Media模块还提供一个富文本编辑器的视频插件，实现通过视频URL地址嵌入视频到文本中。首先，需要修改文本编辑器的设置。打开系统菜单“管理”|“配置”，选择“文本格式和编辑器”，系统默认有四种“文本编辑格式”，这里修改默认的格式“基本的HTML”，如图8-10所示。

+添加文本格式

名称	文本编辑器	角色	操作
基本的 HTML	CK编辑器	已登录用户，管理员	配置
受限制的 HTML	—	匿名用户，管理员	配置
完整的 HTML	CK编辑器	管理员	配置
纯文本	—	*当没有其他可用格式时，此格式会显示*	配置

图8-10　修改“基本的HTML”文本格式

在“基本的HTML”编辑页面，勾选Video Embed WYSIWYG过滤器，如图8-11所示。并在工具栏配置中将Video Embed按钮拖放到启用的工具栏下的Media组下，如图8-12所示。

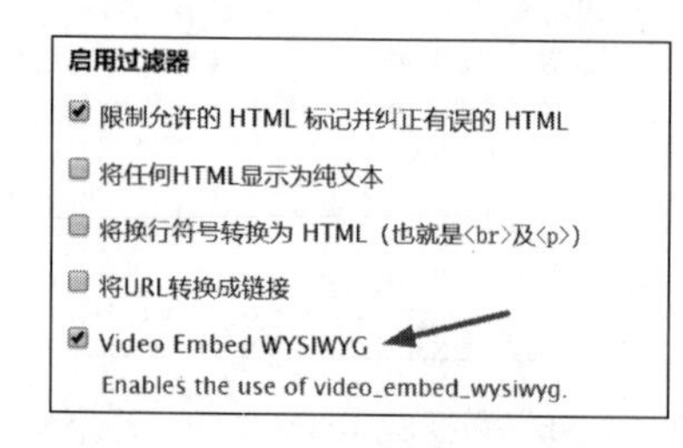

图8-11　勾选Video Embed WYSIWYG过滤器

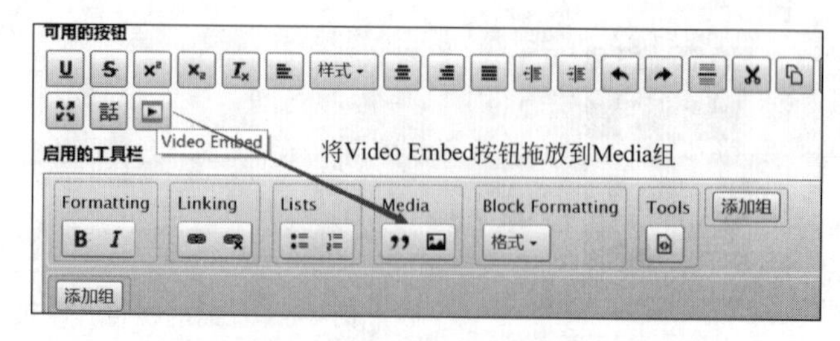

图8-12　将Video Embed按钮拖放到工具栏

可以创建一个新视频内容，在“视频介绍”输入字段的文本编辑器工具栏里面有一个 Video Embed 按钮，单击，插入从优酷网站复制的视频 URL 地址，如图 8-13 所示。

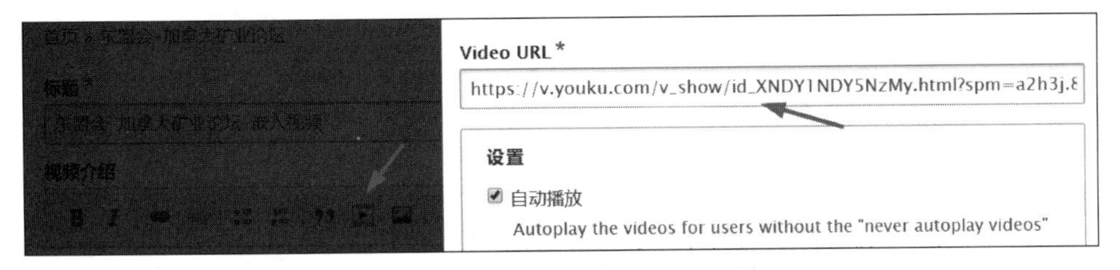

图 8-13 在文本编辑器中嵌入视频 URL 地址

3. 使用视频网站提供的通用代码

有很多视频网站，如优酷、腾讯视频等，会在播放器下面有一个“分享”按钮，单击按钮会出现“复制通用代码”，这个“通用代码”可以将视频网站的视频直接复制到文本编辑器里面，这样就不需要安装第三方视频模块支持，直接在内容中链接远程视频了。如图 8-14 所示是腾讯视频播放器下面的“分享”按钮，单击“复制通用代码”可完成复制。

图 8-14 视频分享中显示的通用代码

然后，在 Drupal 网站创建一个新视频内容，将上面复制的通用代码直接粘贴到文本编辑器中，但是在粘贴前，先单击文本编辑器工具栏中的“源码”按钮，并在文本格式中选择“完整的 HTML”，让系统可以执行 HTML 源码，从而实现视频在“视频介绍”字段中显示，如图 8-15 所示。

图 8-15 视频源码嵌入到文本编辑器中

粘贴"通用代码"后,单击"源码"按钮,切换到实际代码运行效果,如图8-16所示。

图8-16 腾讯视频插入到编辑器的效果

8.3 相册内容

相册是一种将图片内容分类、编辑和浏览的一体化管理,用户可以创建不同的相册,每个相册包含多张图片进行管理。

8.3.1 创建相册内容类型

创建一个相册内容类型,添加图片字段,设置字段,选择不限数量,也就是可以在一个相册内容里面上传多张图片。

为了能进一步说明相册的使用,在本案例中添加了两个相册,每一个相册都包含7或8张图片作为案例演示。

8.3.2 相册相关模块

管理相册的图片是比较复杂的功能,如图片的批量处理、图片的浏览风格,所以需要相关模块支持,主要有Juicebox模块,ColorBox模块,GalleryFormatter模块,Node Gallery模块。

8.3.3 Juicebox模块安装

Juicebox模块使用了Juicebox HTML 5响应式相册库,提供了跨设备(手机、平板电脑和台式计算机)的图片相册和幻灯片解决方案。

下载安装Juicebox模块,及其依赖模块Libraries API,并启用。安装插件juicebox_lite(http://www.juicebox.net/download/)。Drupal系统约定所有的插件库需要安装在libraries目录下。在Drupal 8中直接在项目目录下创建libraries目录,在Drupal 7中在项目目录下的sites/all下面创建libraries目录。然后,在libraries目录下创建juicebax目录。将下载的文件juicebox_lite-1.5.1.zip解压出来,把juicebox_lite_1.5.1\adobe-lightroom-plugin\juicebox_lite.lrwebengine\jbcore下的文件复制到libraries\juicebox目录下。最好

打开系统菜单“管理”|“配置”|“开发”|“性能”，在“清空缓存”栏目下，单击“清空所有缓存”，以便让 Library API 模块可以检测到 Juicebox 库插件。

8.3.4 设置相册幻灯片显示

最简单的设置就是在相册内容类型中使用 Juicebox field formatter，将图片字段的多个图片值或文件字段快速地以 Juicebox 相册幻灯片方式显示。

打开系统菜单“管理”|“结构”|“内容类型”，修改“相册”内容类型的“管理显示”选项，将相册图片字段的格式改为 Juicebox Gallery，如图 8-17 所示。

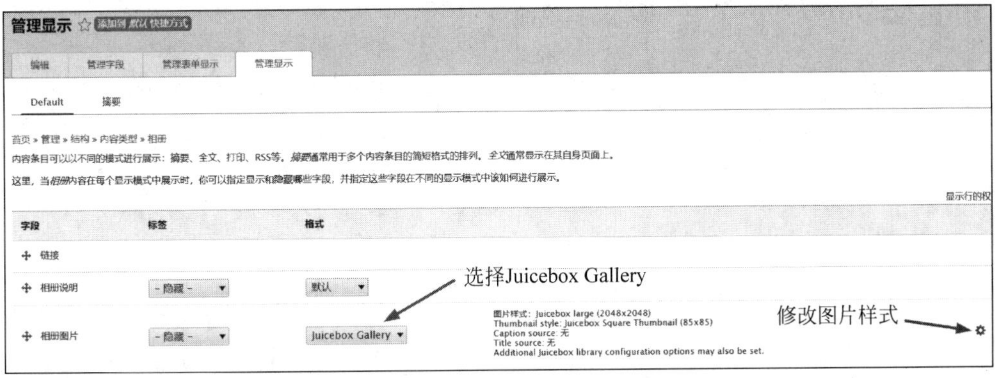

图 8-17 修改相册图片字段的格式

同时，单击“齿轮”图标，修改图片样式及 Juicebox 的一些设置，例如，在 Show Juicebox Library - Lite Config 设置相册的高宽。Juicebox 安装好以后，默认生成了大、中、小和缩略图的图片样式，主图片显示选择了 Juicebox large(2048×2048)，相册的缩略图选择 Juicebox Square Thumbnail(85×85)，Title source 选择 Image - Title text，这是指在创建相册时，可以录入上传每一张图片的标题，如图 8-18 所示。

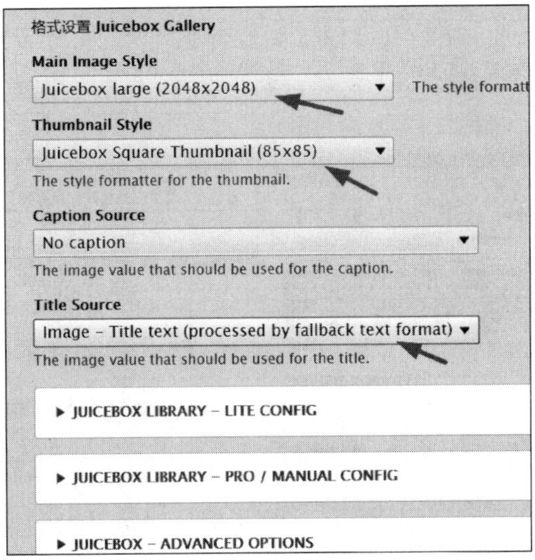

图 8-18 设置相册图片样式

8.3.5 Juicebox 相册显示效果

打开一个相册，Juicebox 会将相册里面的多张图片以相册的方式显示，并且，Juicebox 相册自带一些显示按钮，包括“去掉缩略图”“打开独立窗口”和“全屏显示”。单击缩略图，主图会产生图片同步切换。其显示效果如图 8-19 所示。

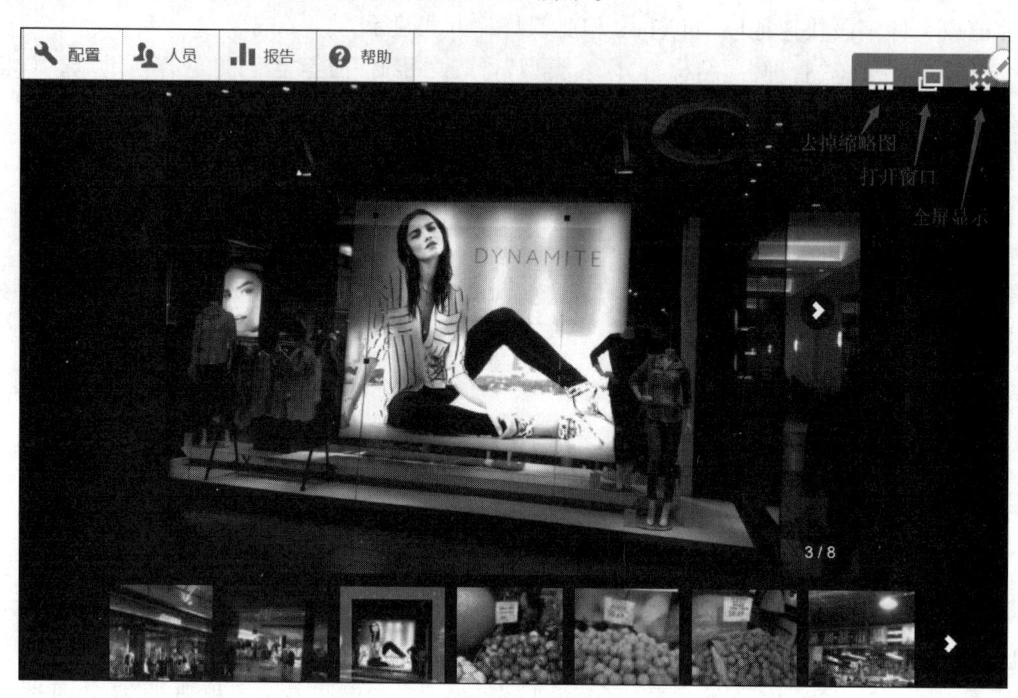

图 8-19 Juicebox 相册显示效果

8.3.6 相册视图定义 Juicebox 显示

创建一个相册视图页面，并将页面设置为主导航菜单，图片设置为 Juicebox 的显示效果。打开系统菜单“管理”|“结构”|“视图”，添加视图“相册”，设置显示“内容”类型为“相册”。添加一个页面，修改页面标题为“相册”，修改格式为 Juicebox，添加字段“内容：image”，修改页面设置的路径为/gallery，添加菜单到主导航，菜单名称为“相册”。我们希望的效果是相册幻灯片的缩略图代表每个相册，幻灯片大图是相册里面的一张随机图片。这里需要在三个方面进行详细设置。目前，Juicebox 的视图无法做预览，只有在保存设置、回到首页后才能看到效果。

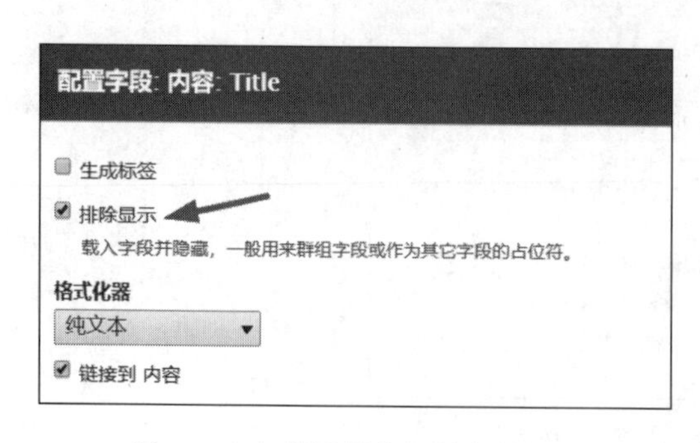

图 8-20 相册视图的标题字段设置

1. 字段的“内容：Title”设置为隐藏

这里的内容标题是每个相册的标题，隐藏的目的是以内容标题为单位，把每个相册作为一个内容组显示，而不是显示所有相册的所有图片。设置如图 8-20 所示。

2. 修改字段“内容：image”

格式化器可以选择 Juicebox Gellery，但是好像没有太多效果，这里选择 image。图像样式被 Juicebox 格式样式覆盖，这里的设置意义不大。最重要的设置是在多字段设置，必须勾选“在同一行里显示多个值”复选框，这样才能把一个相册的所有图片归类到相册标题下。设置如图 8-21 所示。

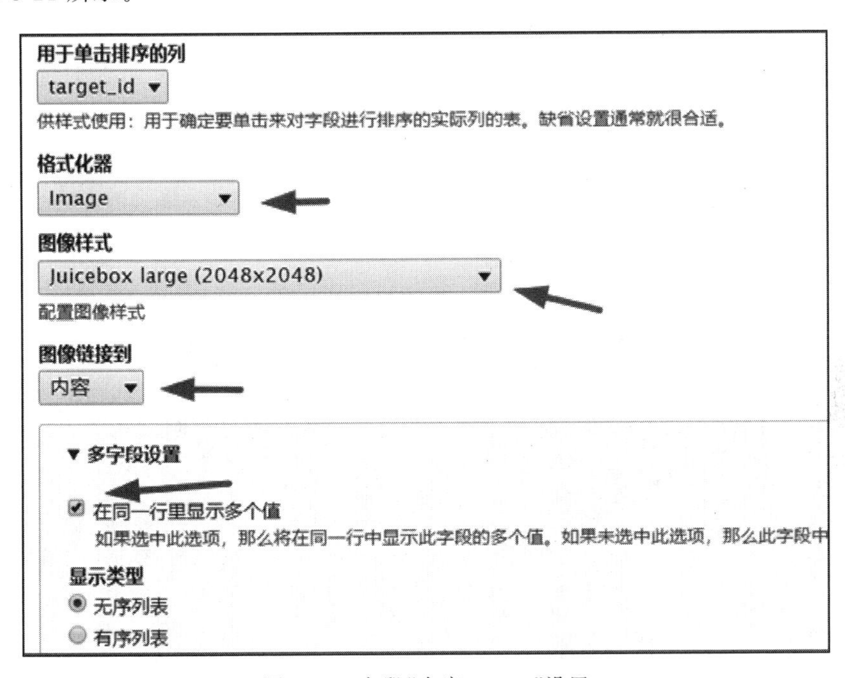

图 8-21 字段“内容：image”设置

3. 设置视图 Juicebox 的格式

最重要是选择 Image Source 为“内容：Image”，设置幻灯片大图和缩略图的样式，如图 8-22 所示。其他的设置类似于上面提到的内容类型 Image 字段的显示管理设置。

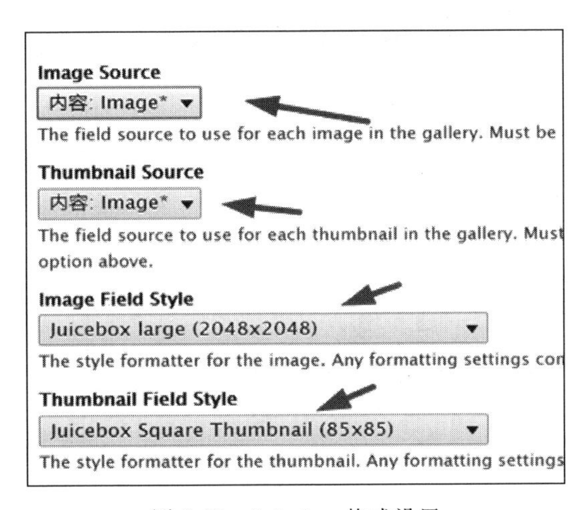

图 8-22 Juicebox 格式设置

4. 标题设置

另外，我们希望看到每一个相册的标题名称，所以，在 Juicebox 格式设置中，有三个地方设置标题：Title Field，Caption Filed 和 Show gallery Title。这里选择 Title Field 的值为“内容：Title”，如图 8-23 所示。这样会在相册幻灯片大图中的左下角显示相册标题。

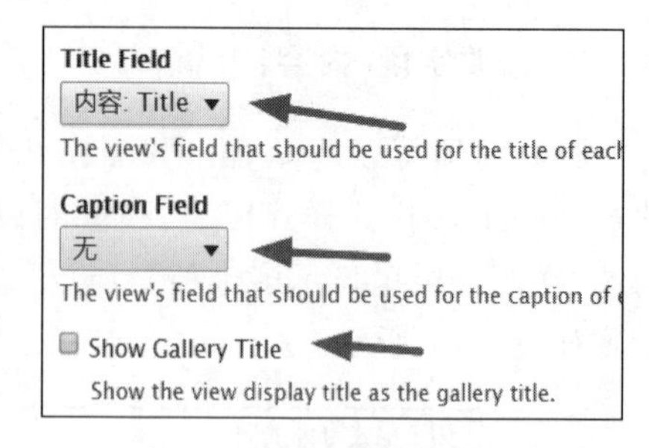

图 8-23 显示相册标题设置

8.3.7 相册视图的显示效果

最后，回到首页，可以看到显示效果，如图 8-24 所示。这里有两个相册，所以，相册幻灯片的两个缩略图代表两个相册，鼠标移到缩略图上，在幻灯片大图上会显示相册标题。单击相册幻灯片大图会跳转到具体每一个相册，浏览相册中的每一张图片。

图 8-24 相册幻灯片效果

8.4 幻灯片

幻灯片是一种流行的内容显示的风格，可以在首页的标题栏中实现图片横幅(Banner)广告的轮播显示，也可以让重要的通知标题循环显示。有些主题就默认安装好了标题栏的图片幻灯片功能，只要替换上自己的图片就可以了(参见主题章节)。但是，如果需要改变幻灯片的布局和显示内容，就需要定制自己的幻灯片。

8.4.1 幻灯片相关模块

实现幻灯片的模块很多，主要有 Views Slideshow 模块，Filed Slideshow 模块，Slick Extras 模块，Slick Carousel 模块。

8.4.2 Views Slideshow 模块安装

Views Slideshow 模块是通过 jQuery 实现幻灯片功能的，它可以实现任何形式的内容轮播、节点、分类、图片相册等。

下载安装 Views Slideshow 模块，并启用 View Slideshow 和 Views Slideshow Cycle 子模块。此外，根据 Views Slideshow 模块在 readme 文件中的安装说明，还需要安装四个 jQuery 插件库来实现一些特效，如下。

(1) jQuery Cycle 3. x(https://github. com/malsup/cycle)：下载、解压、复制到/libraries/jquery. cycle。

(2) JSON2(https://github. com/douglascrockford/JSON-js)：下载、解压、复制到/libraries/json2。

(3) jQueryHoverIntent(https://github. com/briancherne/jquery-hoverIntent)：下载、解压、复制到/libraries/jquery. hoverIntent。

(4) jQuery Pause(https://github. com/tobia/Pause)：下载、解压、复制到/libraries/jquery. pause。

8.4.3 创建轮播内容

选择上面创建好的相册内容类型，创建多个相册。希望把所有相册的图片进行幻灯片轮播。也可以选择轮播每一个相册的图片，而 Views Slideshow 模块可以帮助我们实现这个设计思想。轮播的内容是相册里面的图片字段，并在轮播图片界面上提供控制按钮，实现选择一个相册(这里的按钮是页面 1，页面 2，……，相当于相册 1，相册 2，……)的图片轮播。

8.4.4 创建视图幻灯片

创建一个幻灯片视图，视图设置中选择显示为“内容”，类型为“相册”，如图 8-25 所示。

图 8-25 幻灯片视图

8.4.5 添加一个视图区块

设置视图区块，标题为“幻灯片”，区块名为“相册幻灯片”，格式为 Slideshow，在字段设置中添加"内容：Image"字段，添加过滤条件"内容类型(=相册)"，如图 8-26 所示。

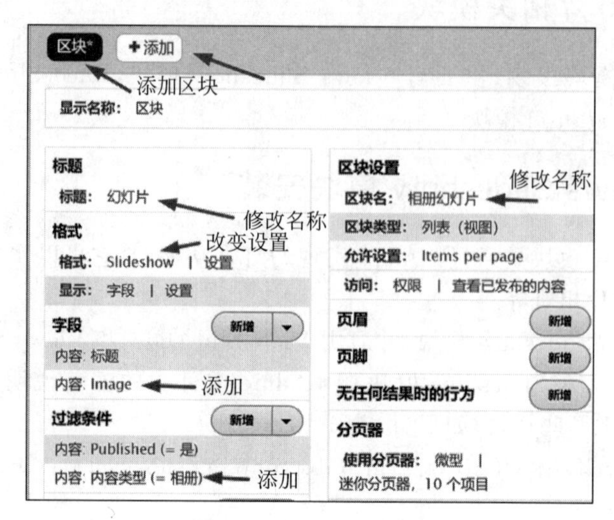

图 8-26 视图区块设置

8.4.6 "内容：Image"设置

在"内容：Image"字段设置中，注意的地方是"多字段设置"，需要取消勾选"在同一行里显示多个值"复选框。这样设置，可以让图像字段的值一个一个地出现在轮播中，而不是堆叠在一起，如图 8-27 所示。

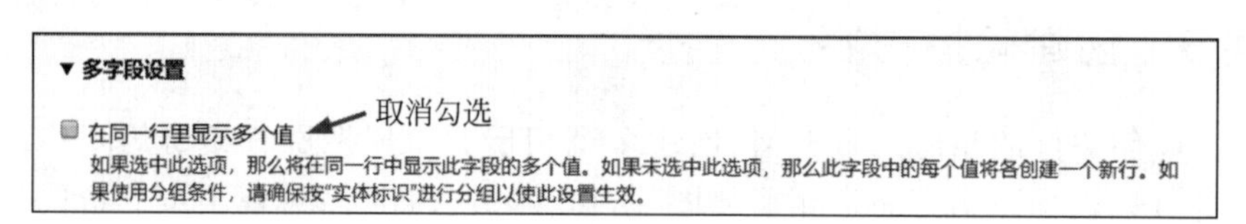

图 8-27 多字段设置

但是，如果想让两张图片同步轮播，可以在格式中设置，修改"格式：Slideshow"的 Action 设置，Action 表示鼠标在幻灯片中的行为设置，其中一个 View Action Advanced Option 选项中，可以修改一次轮播几张图片，如图 8-28 所示。

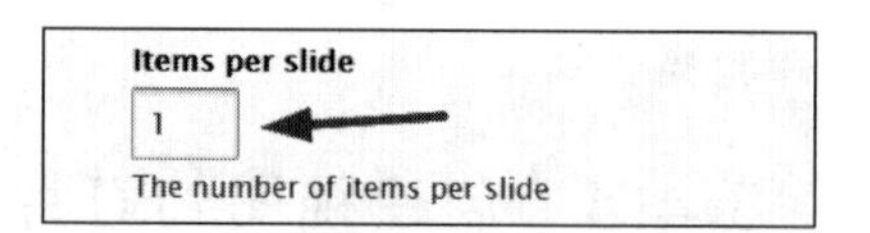

图 8-28 设置一次轮播多张图片

8.4.7 改变轮播效果

在"格式：Slideshow"设置中，可以修改轮播图片切换时的特效参数。例如，切换延时(Timer delay)，切换速度(Speed)，等等，如图 8-29 所示。

8.4.8 添加轮播控制按钮

在"格式：Slideshow"设置中，还可以让轮播的图片上部或下部出现往前、往后，暂停、幻灯片计数器和翻页器按钮。设置界面如图 8-30 所示，勾选需要出现的控制按钮。

过渡

效果

fade

The transition effect that will be used to change between images. Not all options below may be relevant depending on the effect. Follow this link to see examples of each effect.

View Transition Advanced Options

Timer delay

1000

Amount of time in milliseconds between transitions. Set the value to 0 to not rotate the slideshow automatically.

Speed

700

Time in milliseconds that each transition lasts. Numeric only!

Initial slide delay offset

0

Amount of time in milliseconds for the first slide to transition. This number will be added to Timer delay to create the initial delay. For example if Timer delay is

图 8-29 轮播效果设置

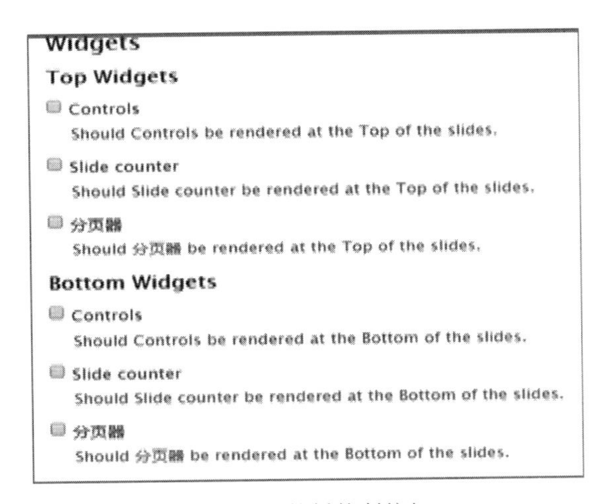

图 8-30 轮播控制按钮

对应的轮播控制器效果如图 8-31 所示。这里的按钮 Previous、Pause 还可以通过翻译进行名称修改。

图 8-31 轮播控制器外观

8.4.9 自定义轮播图片样式

一般做广告横幅轮播的是跨页面宽度的，通常的页面宽度默认是 960px，所以需要自定义轮播的图片样式。打开系统菜单“管理”|“配置”|“媒体”，选择图像样式，单击“添加图像样式”，添加一个名称为 Slideshow 的图像样式。在效果中选择“改变尺寸”，并单击“添加”，设置宽度为 960px，高度为 360px，如图 8-32 所示。

回到视图管理，修改幻灯片视图，修改“内容：Image”字段，在图像样式中，选择已经定义好的图像样式 Slideshow，如图 8-33 所示。

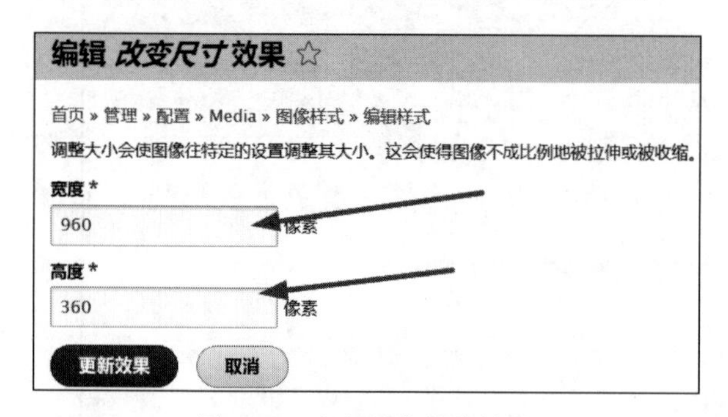

图 8-32 定义图像缩放效果

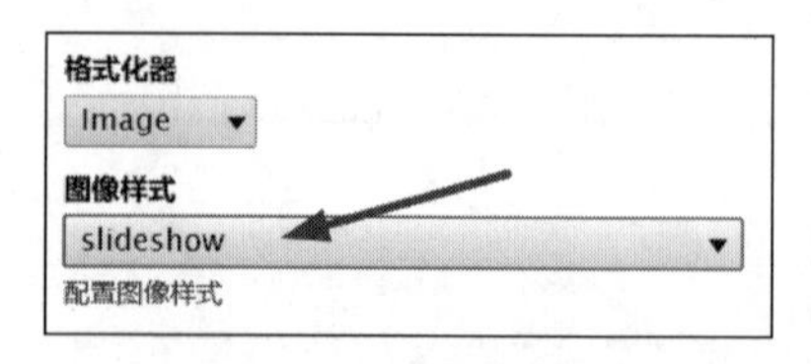

图 8-33 修改视图的 Image 字段的图像样式

8.4.10 文字滚屏

人们通常把一些重要通知的标题放在首页标题栏，让它们从右到左滚动播出。View Slideshow 模块可以帮助实现这个功能。在前面幻灯片视图里面添加一个新的区块，将格式设置为“格式：Slideshow”，在“显示：字段”中将字段设置为“内容：标题”，再过滤条件，添加需要做文字滚动的内容类型。过渡效果选择 Scroll Left，向左水平滚动，为了能看清楚标题文字，将速度调为 4s，如图 8-34 所示。

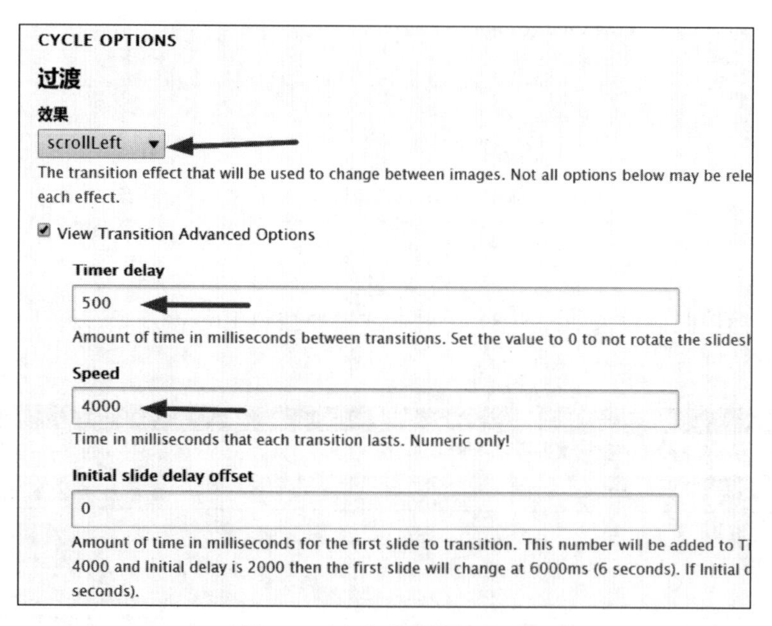

图 8-34 文字滚动特效设置

8.4.11 幻灯片布局

通过视图定义好的标题幻灯片和相册幻灯片区块，可以通过系统菜单的区块布局，放置到布局栏中的相应地方。

8.5　文件上传下载

除了图片、音频和视频文件外，还有很多类型的文件如 PDF 和 Word 文档及压缩 ZIP 文件等，这些文件可以作为附件上传到页面上，有些文件格式也可以像图片和视频一样，由浏览器在线打开浏览，也可以作为文件资源，让用户下载。

8.5.1　Drupal 的文件系统

Drupal 在创建节点内容时，加载、上传图片和文件到服务器端保存，Drupal 把上传的文件分为公共文件和私有文件，并将它们保存在不同的目录下。公有文件可以供所有用户查看，而私有文件是可以通过设置权限，允许部分用户浏览。此外，Drupal 系统对存放文件的目录还需要开放读写权限。首先，打开系统菜单“管理”|“配置”|“媒体”，设置修改文件存放路径，如图 8-35 所示。

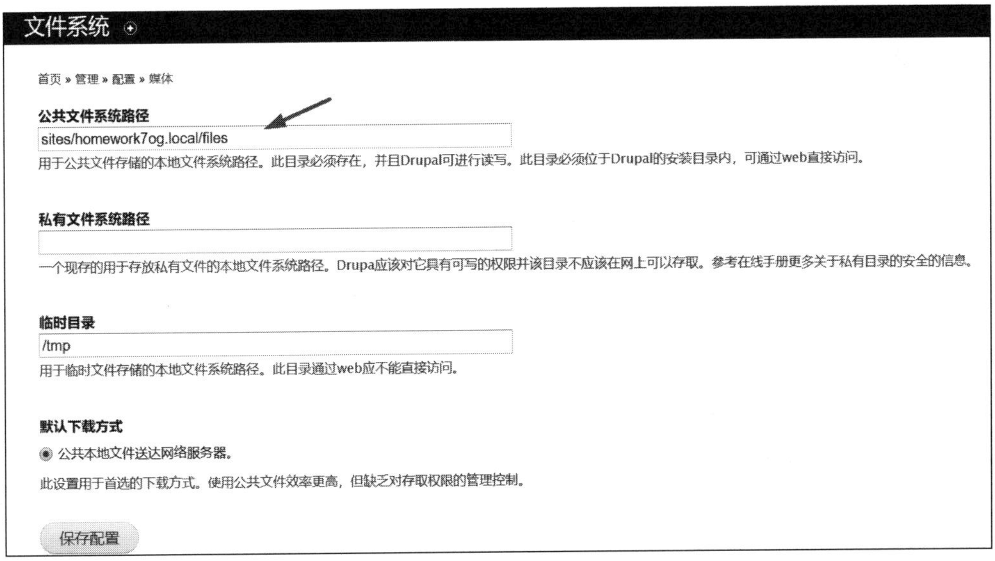

文件系统
首页 » 管理 » 配置 » 媒体
公共文件系统路径
sites/homework7og.local/files
用于公共文件存储的本地文件系统路径。此目录必须存在，并且Drupal可进行读写。此目录必须位于Drupal的安装目录内，可通过web直接访问。
私有文件系统路径
一个现存的用于存放私有文件的本地文件系统路径。Drupa应该对它具有可写的权限并该目录不应该在网上可以存取。参考在线手册更多关于私有目录的安全的信息。
临时目录
/tmp
用于临时文件存储的本地文件系统路径。此目录通过web应不能直接访问。
默认下载方式
公共本地文件送达网络服务器。
此设置用于首选的下载方式。使用公共文件效率更高，但缺乏对存取权限的管理控制。
保存配置

图 8-35　修改系统文件路径

设置好的文件路径，还要修改目录权限为可读写。所以，如果设置了公共文件存放路径是 sites/homework7og.local/files，那么就需要修改 files 目录的权限。例如，修改 Others 用户有写的权限，命令如下：

```
sudo chmod o+w files -R
```

8.5.2　设置 PHP 上传文件大小

PHP 默认上传文件大小为 2MB，如果要求上传的文件为 12MB，就必须修改 php.ini 的参数设置。如果服务器操作系统是 Ubuntu，设置如下。

1. 查找 php.ini 文件位置

在 Ubuntu 终端执行以下命令，查找 php.ini 的位置。

```
find /etc - name "php.ini"
```

在 Ubuntu 终端返回结果，如图 8-36 所示。

```
root@DESKTOP-6AMTUJ5:/mnt/c/Users/joe hgz# find / -name "php.ini"
/etc/php/7.0/apache2/php.ini
/etc/php/7.0/cli/php.ini
```

图 8-36 php.ini 位置

2. 编辑 php.ini

修改两个参数如下：

```
upload_max_filesize = 12M
post_max_size = 12M
```

8.5.3 创建内容类型

打开系统菜单"管理"|"结构"|"内容类型"，创建一个新的内容类型"文件下载"，在内容类型中，添加一个"引用"|File 字段，如图 8-37 所示。

也可以选择"引用"|Media，使用 Media 模块中的文件引用字段，在字段设置中选择 File 媒体，如图 8-38 所示。效果差不多，Media 模块提供的文件字段，会提供定制的上传文件的管理界面。

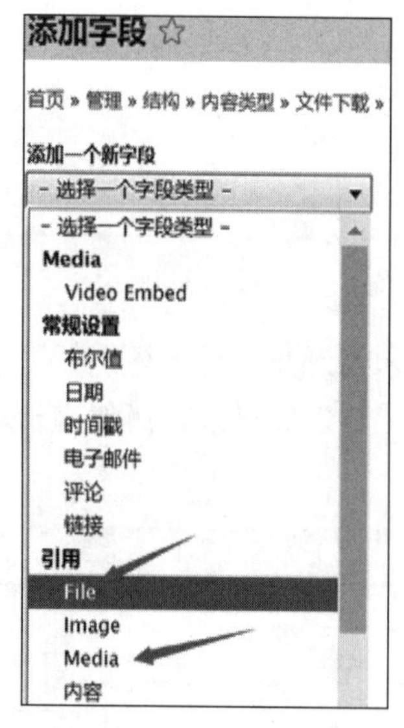

图 8-37 添加文件字段

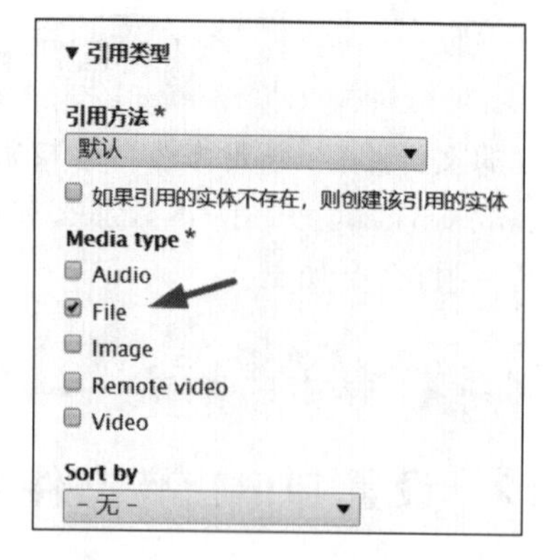

图 8-38 使用 Media 字段中的文件引用

使用 File 字段，需要做一些设置，例如，限定允许上传的文件类型（允许的文件扩展名），及勾选"启用描述字段"复选框，以便在上传文件时，添加一个文件描述作为下载链接，而不是直接显示文件名，如图 8-39 所示。

接着进入"管理显示"选项，将前面添加的文件字段的格式选择为"通用文件"，单击"齿轮"图标，进一步给"通用文件"设置，勾选"把描述作为链接文字"复选框，如图 8-40 所示。

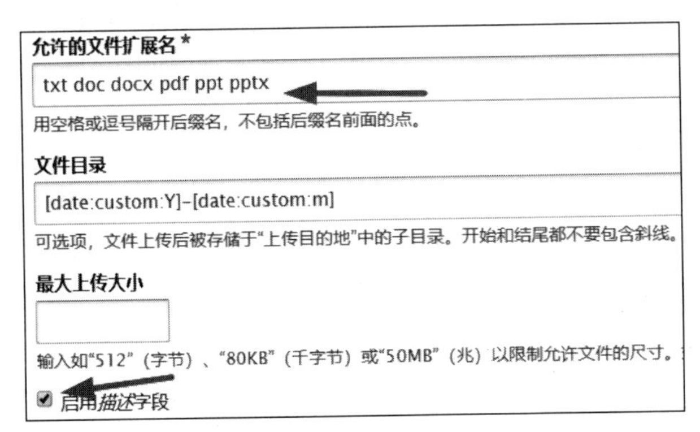

图 8-39　文件字段的设置

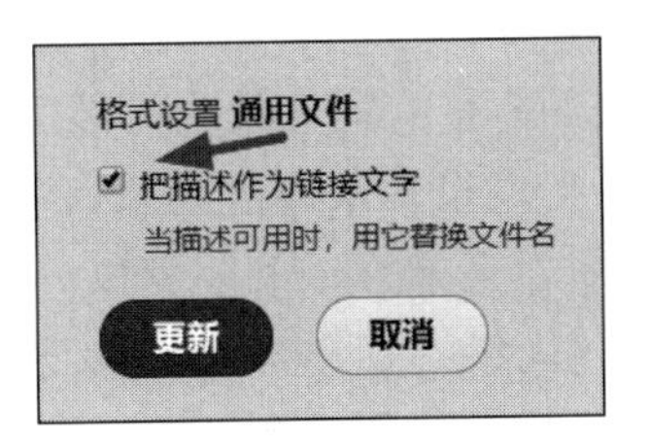

图 8-40　管理显示的设置

8.5.4 作为资源文件下载

使用"文件下载"内容类型，创建一个文件下载页面，添加一个 PDF 文件，并给这个文件添加描述为"drupal 学习资料"，如图 8-41 所示。

打开这个页面，效果如图 8-42 所示，单击"drupal 学习资料"链接，会直接在浏览器中打开 PDF 文件，鼠标右键单击链接，在菜单中选择"链接另存为"，可以选择将这个 PDF 文件下载到指定的位置。

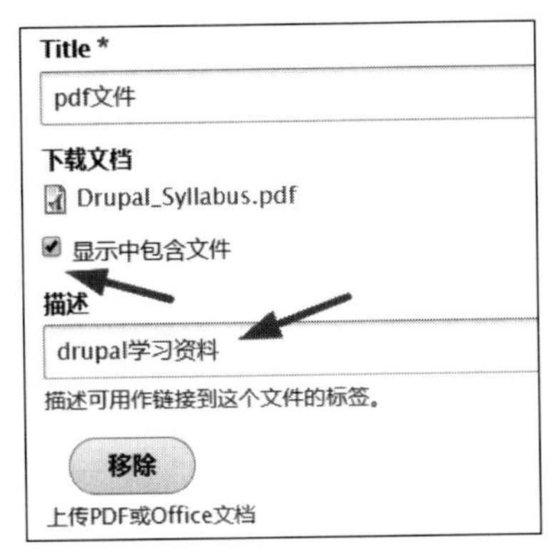

图 8-41　创建一个文件下载页面

图 8-42　文件下载页面

菜单管理

菜单是一个应用系统必需的结构，Drupal 安装完成后，会生成很多系统级菜单，例如，后台管理员管理菜单、主导航栏菜单等。菜单可以分成一级、二级、……一般不要超过三级。菜单风格可以是上下扩展的下拉菜单，以及水平扩展的水平菜单。

在 Drupal 系统中，菜单是一种组件，是没有 URL 链接的，可以灵活地布局到一个页面的任何地方。菜单里面需要有菜单链接(菜单项列表)，才能形成一个完整的菜单组件。菜单链接可以形成一级菜单、二级菜单，以此类推。如图 9-1 所示是 Drupal 系统的菜单结构，菜单使用“< >”符号标识，一级菜单项用“--”，二级菜单项用“----”，三级菜单项用“------”标识。菜单组件可以在“区块”里面找到，并可以把它分配到区块的任何页面布局位置。

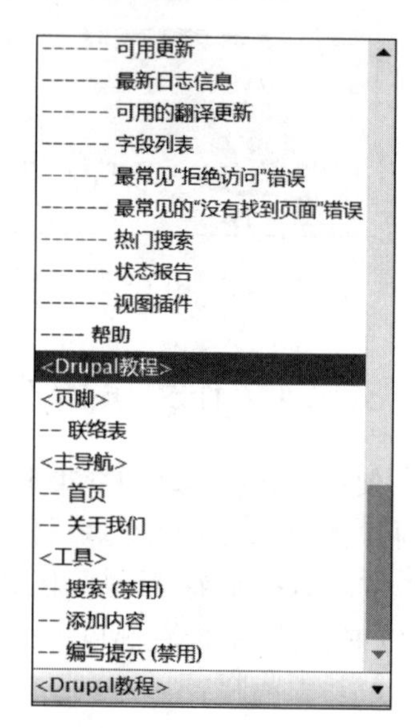

图 9-1　Drupal 菜单结构

9.1　创建菜单

打开系统菜单“管理”|“结构”|“菜单”，进入菜单管理界面，里面可以看到系统已经创建的默认菜单、主导航、工具、用户账户菜单等。单击“添加菜单”，创建一个“Drupal 教程”菜单，如图 9-2 所示。

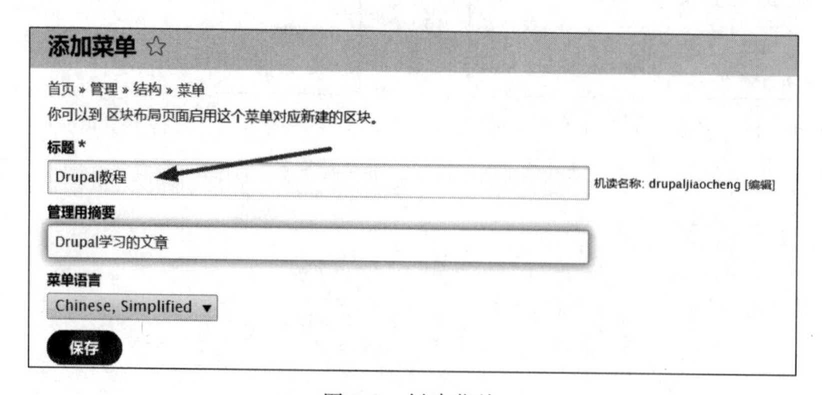

图 9-2　创建菜单

这些创建好的菜单都是可显示的区块组件，可以通过区块布局管理，将菜单组件布局到页面的任何位置上。

9.2 添加菜单项链接

菜单必须有菜单项或菜单条目作为内容，任何有 URL 的节点都可以成为菜单项，所以，所有的内容类型，在创建内容的时候，都可以将页面设置为菜单。那么，设置菜单项链接有两种方式：一是通过创建内容或视图页面的时候，直接设置成为菜单项链接；一是在创建内容页面的时候，默认会给页面添加 URL 地址或别名，记住页面的 URL 地址，然后通过管理员的菜单管理，来添加菜单项链接。

显然，第一种方式更容易些，不需要调用系统级的菜单管理，而且是动态生成菜单项。

9.2.1 通过内容创建生成菜单项

我们想把关于 Drupal 的每一篇文章作为菜单条目放到“Drupal 教程”菜单下，那么在创建内容类型时，系统默认的菜单选项是“主导航”，所以必须添加新创建的菜单“Drupal 教程”成为可用的菜单选项。打开系统菜单“管理”|“结构”|“内容类型”，编辑修改“文章”内容类型的菜单设置，如图 9-3 所示。

创建一篇新的 Drupal 教程文章的时候，就可以直接将文章添加到“Drupal 教程”菜单下面。如图 9-4 所示是将创建的 Drupal 文章“通过内容创建生成菜单项”放置到二级菜单“教程 1-菜单管理”下。

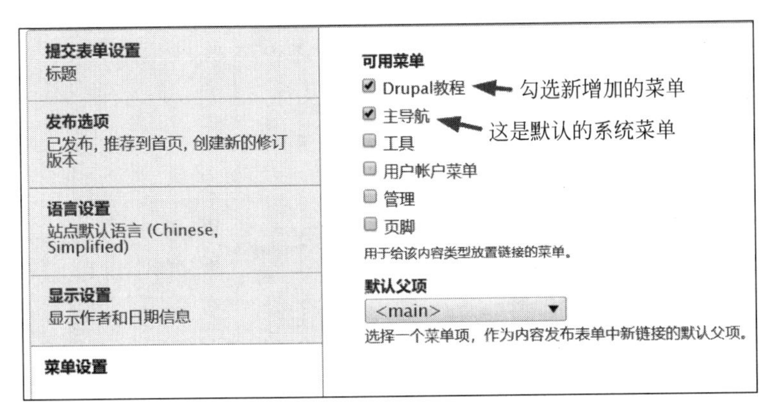

图 9-3 内容类型的菜单设置

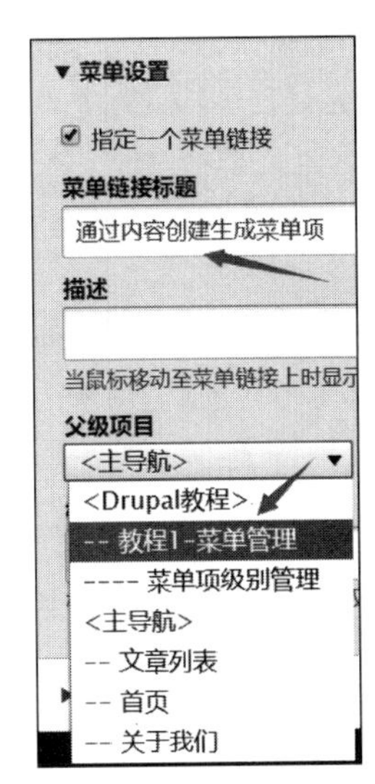

图 9-4 创建的内容直接设置菜单项

9.2.2 通过系统菜单管理添加菜单项

先创建一篇文章，在文章创建过程中，给这个文章设置 URL 别名，如图 9-5 所示。这里给这篇文章取一个 URL 别名“/教程 1”，要去掉勾选“指定一个菜单链接”复选框。

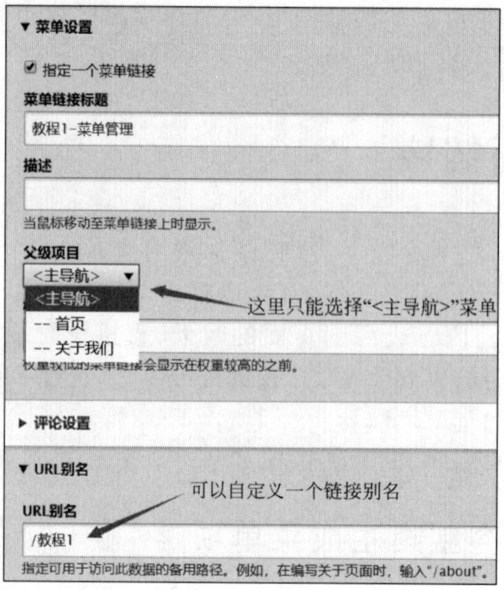

图 9-5 给文章取 URL 别名

创建这篇文章后,重新回到系统菜单管理,重新编辑“Drupal 教程”菜单,添加菜单链接,链接地址就是前面取的别名“/教程 1”,如图 9-6 所示。

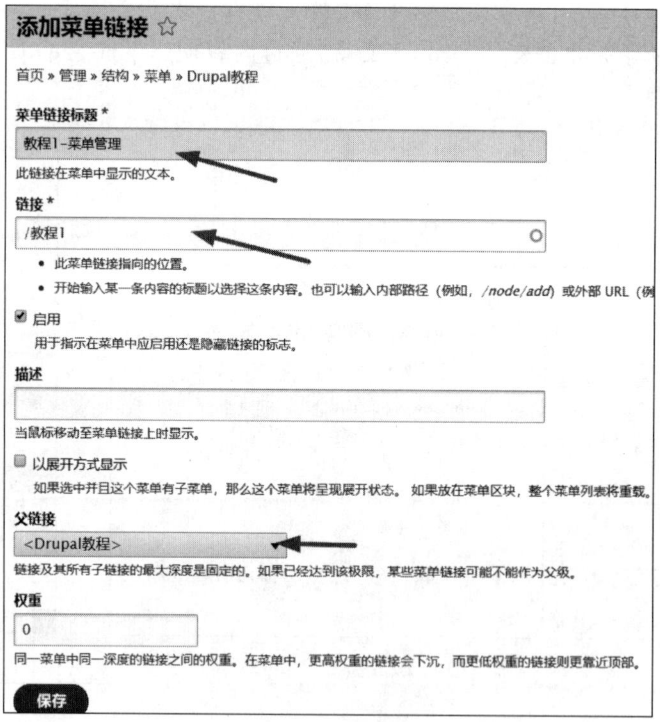

图 9-6 添加菜单链接

如果不设置 URL 别名,文章创建后,打开文章,在浏览器 URL 地址栏可以看到链接为/node/2,这里面的“2”是一个节点的 ID,是由系统分配的,使用这个 URL 地址也可以,只是不好记忆。

注意,如果菜单条目不是通过系统菜单管理创建的,这个菜单条目是不可以在系统菜单管理中做修改或删除的,需要回到创建的内容去修改。例如,通过视图页面创建的菜单,就需要回到视图去修改。

9.3 部署菜单

但是,回到首页,并没有看到“Drupal 教程”菜单,这是因为还没有给“Drupal 教程”菜单设置布局。打开系统菜单“管理”|“结构”|“区块布局”,我们希望把“Drupal 教程”菜单放在 Sidebar first 的“工具”菜单下面,如图 9-7 所示。

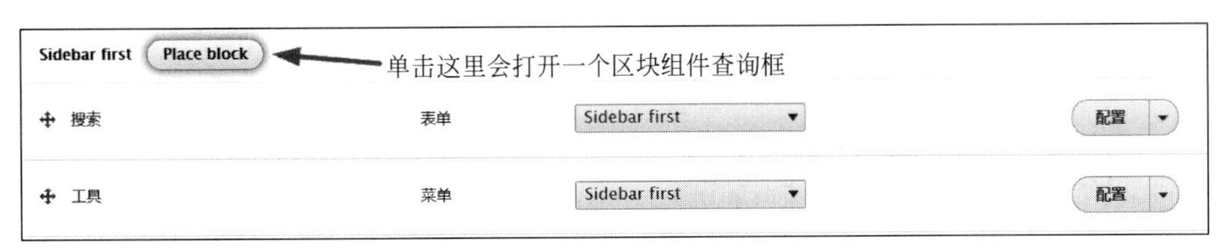

图 9-7 在区块中寻找适合的位置

从区块组件查询框中,找到“Drupal 教程”菜单,单击“放置区块”,将它放到区块中,如图 9-8 所示。

聚合	系统	放置区块
语言切换	系统	放置区块
Drupal教程	菜单	放置区块
主导航	菜单	放置区块
工具	菜单	放置区块
快捷方式	菜单	放置区块
用户帐户菜单	菜单	放置区块

图 9-8 选择区块组件

保存区块,回到首页,可以看到“Drupal 教程”菜单出现在左边栏上,如图 9-9 所示。

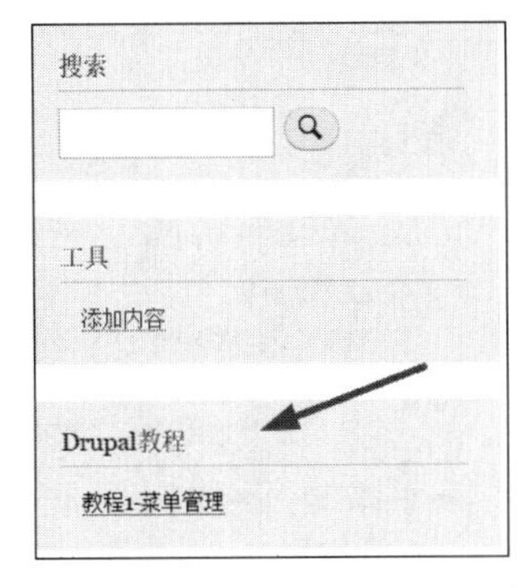

图 9-9 通过区块设置“Drupal 教程”菜单到左边栏

9.4 菜单项分级

回到系统菜单管理，可以通过鼠标拖曳菜单项前面的十字符将菜单分级。如图9-10所示是将菜单项“菜单项级别管理”变成二级菜单。

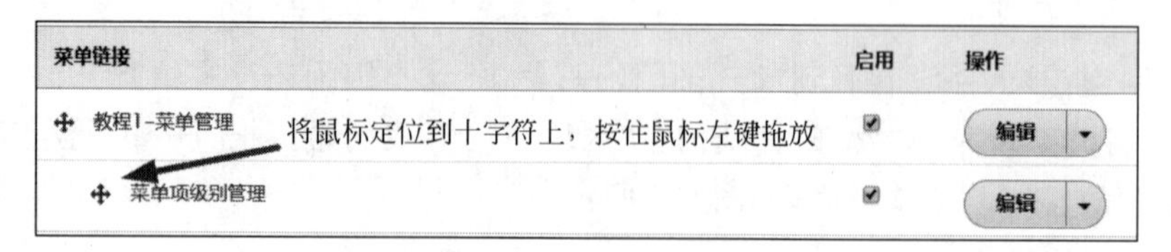

图9-10 通过拖放调整菜单级别

9.5 创建菜单的其他方式

9.5.1 通过视图创建菜单

前面，在菜单管理中创建了“Drupal教程”菜单，但无法把它放到主导航菜单中，因为这两个都是菜单的独立组件，无法合并。在前面“内容显示”章节中解决了这个问题，其做法是通过视图创建“所有文章列表”页面，并设置了一个链接/all-articles和一个设置到主导航的菜单项“文章列表”。

9.5.2 通过视图创建标签菜单

有时候，我们希望子菜单是以标签选项(Tab)方式呈现，例如，“文章列表”作为主菜单，将“菜单管理”和“内容管理”作为子菜单的选项，视图模块提供了菜单标签的创建。

首先，将前面创建好的所有文章列表视图修改一下。打开系统菜单“管理”|“结构”|“视图”，编辑“所有文章”视图，在“页面设置”栏中，将原来的普通菜单设置修改为“默认菜单标签”，并作为父菜单项，如图9-11所示。

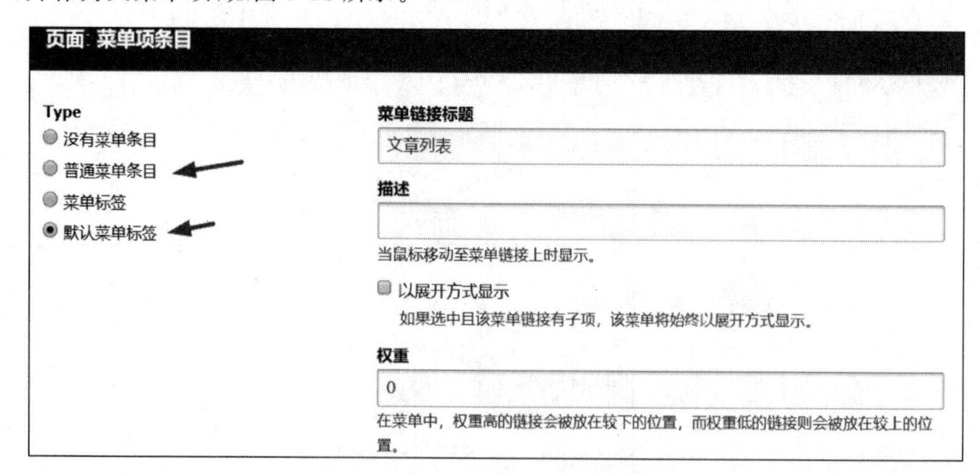

图9-11 将“文章列表”菜单修改为默认菜单标签

“文章列表”作为父菜单项，修改后的设置如图 9-12 所示。

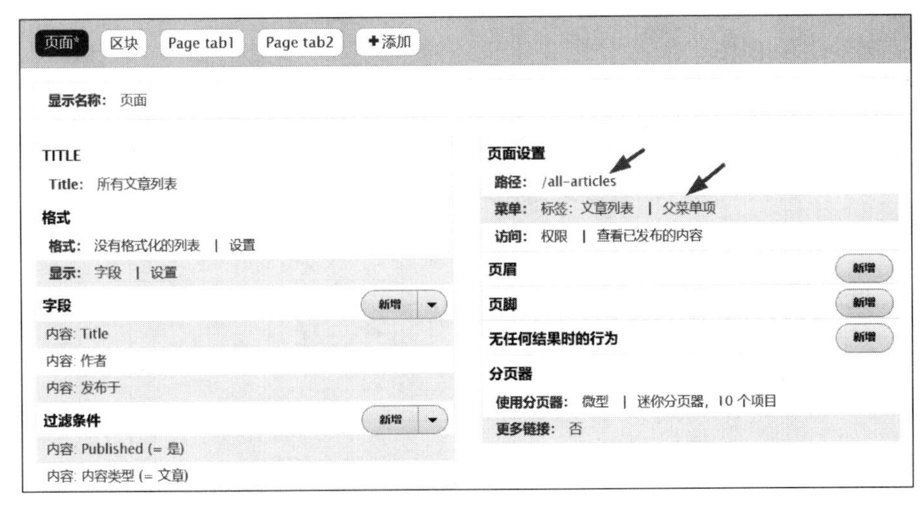

图 9-12　父选项菜单设置

接着复制两个页面，分别用来显示“菜单管理”和“内容管理”的文章，复制操作是在视图编辑页面的右上角的“查看页面”下拉菜单中，如图 9-13 所示。

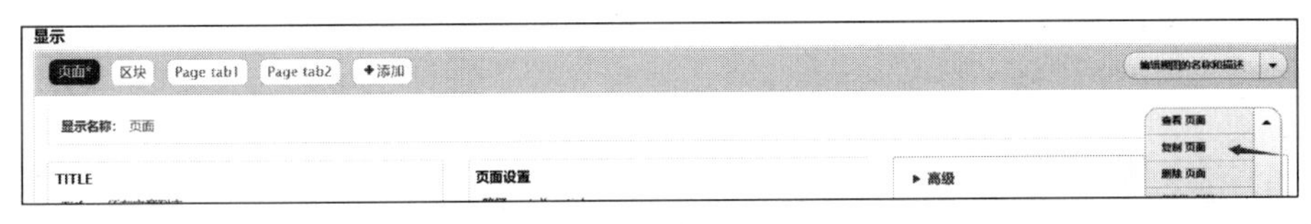

图 9-13　复制页面

分别修改页面“显示名称”为 Page tab1 和 Page tab2，Title 分别修改为“菜单管理的文章”和“内容管理的文章”，过滤条件分别添加“内容：含有分类术语（= 菜单管理）”和“内容：含有分类术语（= 内容管理）”。最主要的是在页面设置中，“路径”的设置必须是父菜单标签的路径/all-articles 下添加子菜单标签，所以两个子菜单标签路径分别为“/all-article/菜单管理”和“/all-article/内容管理”，“菜单”设置为菜单标签，如图 9-14 所示是菜单管理文章子选项菜单的设置。

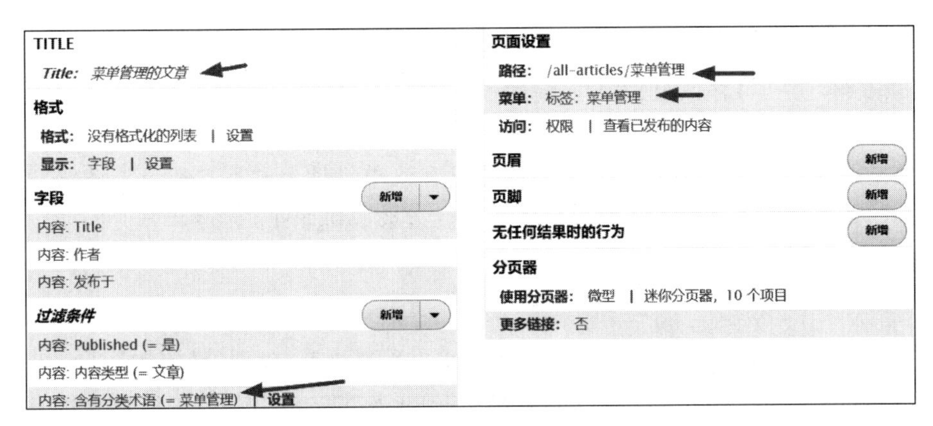

图 9-14　菜单管理文章子选项菜单设置

因为原"所有文章"的菜单已经改为菜单标签，所以要在系统菜单管理中，在主导航菜单下添加一个"所有文章"链接。最后，在首页中看到"所有文章"菜单，打开页面，会出现菜单标签风格，如图 9-15 所示。

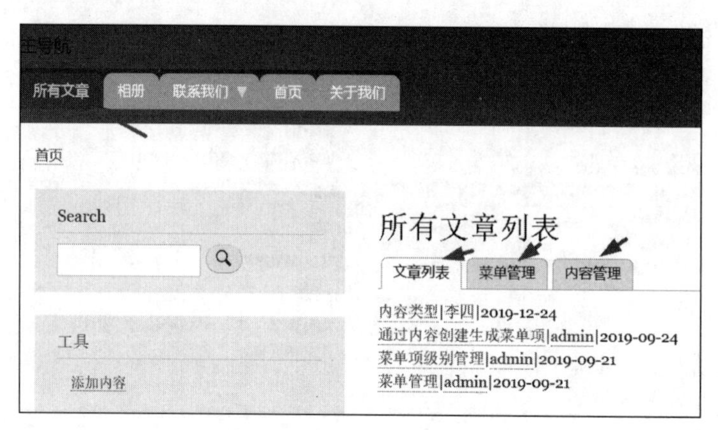

图 9-15　设置好的选项菜单

9.6　菜单的禁用和删除

Drupal 的菜单不仅是从菜单管理入口创建，也可以从其他工具模块中创建。例如，前面的内容显示章中，通过视图创建了"所有文章"和"相册"菜单，这些菜单是不能从系统的菜单管理中删除的，只能"禁用"(去掉"启用"勾选)，删除菜单需要从菜单创建的源头删除或取消。只有从系统菜单管理中创建的菜单，才可以直接删除，如"联系我们"，如图 9-16 所示。

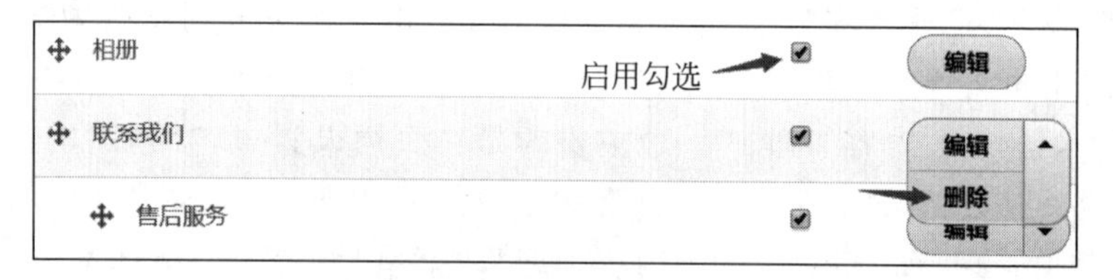

图 9-16　菜单禁用与删除

9.7　与菜单相关的模块

切换主题会改变菜单的显示风格，有些主题在菜单设计上并不是都令人满意，所以，需要第三方的菜单模块来改善菜单的显示风格，例如，水平和垂直扩展菜单。

9.7.1　Nice Menu 模块

首先下载、安装和启用 Nice Menu 模块。打开系统菜单"管理"|"配置"|"用户界面"，有 Nice Menu 的配置，主要是设置 Superfish jQuery 库的特效，例如，菜单打开和关闭的动画效果，这里保持默认值。

安装好的 Nice Menu 模块会生成一个区块组件，所以需要到区块管理中把依赖菜单设置成为 Nice Menu 菜单风格。打开系统菜单"管理"|"区块布局"，把主导航菜单改用 Nice Menu 菜单风格。首先移除原有的主导航菜单，再单击"放置区块"按钮添加 Nice Menu 菜单，如图 9-17 所示。

+添加自定义区块

使用区块名称过滤

BLOCK	分类	OPERATIONS
Page title	core	放置区块
Primary admin actions	core	放置区块
Tabs	core	放置区块
Help	Help	放置区块
Nice menus	Nice Menus	放置区块
热门内容	Statistics	放置区块

图 9-17 修改主导航菜单为 Nice Menu 菜单风格

接着，设置 Nice Menu 菜单，修改菜单 Title，去掉"显示标题"的勾选，在 Menu parent 中选择"<主导航>"，在 Menu depth 子菜单中选择"－1"表示显示所有子菜单，选择"0"表示不显示子菜单。Menu Style 是子菜单的扩展方式，有三个值：right，left 和 down。选项 Respect'show as expanded'option，选择"否"表示不展开子菜单。如图 9-18 所示是部分设置。

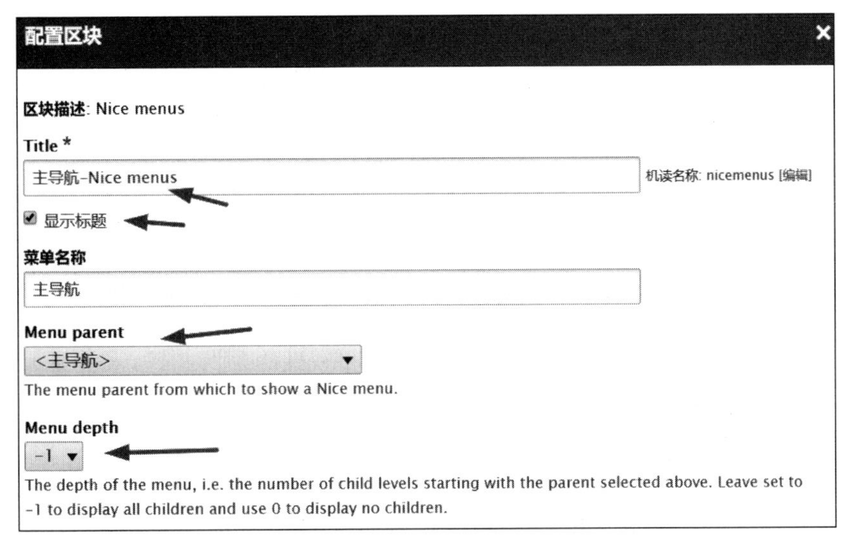

图 9-18 设置主导航菜单

最后看看主导航菜单 Nice Menu 的菜单风格，如图 9-19 所示。虽然不是很完美，但是它能很好地实现子菜单的展开方式。

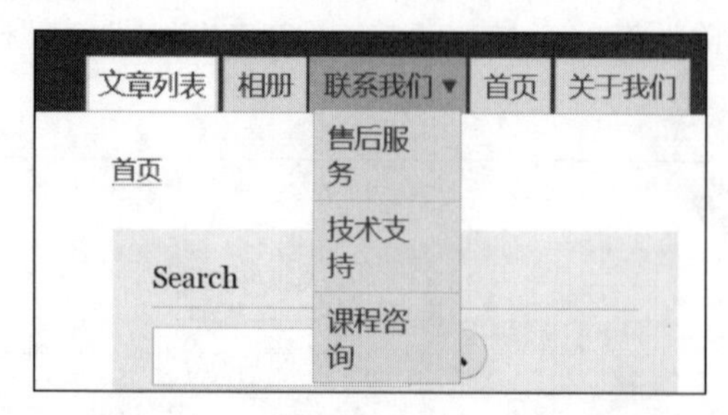

图 9-19 主导航菜单的 Nice Menu 风格

9.7.2 Superfish 模块

下载依赖库 Superfish Library 2. x(https://github.com/mehrpadin/Superfish-for-Drupal)，将下载的压缩包 Superfish-for-Drupal-2. x. zip 解压到 Drupal 项目的 libraries 目录下，将 Superfish-for-Drupal-2. x 目录改为 superfish。下载、安装和启用 Superfish 模块。

安装好的 Superfish 模块会把所有的菜单重新生成新的 Superfish 菜单，并保持原有菜单。所以，要到区块布局中使用 Superfish 菜单。打开系统菜单"管理"|"结构"|"区块布局"，重新布局主导航菜单。首先移除原有的主导航菜单，在主导航区块单击"放置区块"添加 Superfish 风格的主导航菜单，在分类栏中查找 Superfish，这里就是新生成的 Superfish 菜单列表，如图 9-20 所示，选择主导航菜单。

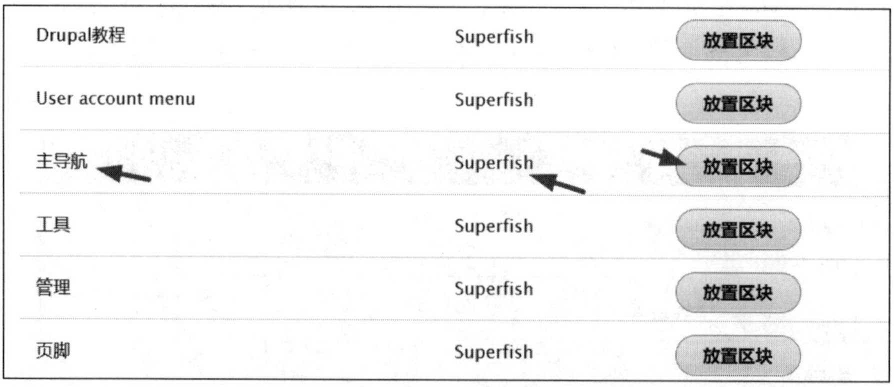

Drupal教程	Superfish	放置区块
User account menu	Superfish	放置区块
主导航	Superfish	放置区块
工具	Superfish	放置区块
管理	Superfish	放置区块
页脚	Superfish	放置区块

图 9-20 选择主导航为 Superfish 菜单风格

进入 Superfish 菜单设置，在"菜单层级"，"初始可视性级别"为"1"，表示显示 1 级菜单，"要显示的级别数量"为"不限"，表示可以扩展所有层级的子菜单，如图 9-21(a)所示。在"区块设置"，主要设置菜单的展开方式和特效样式，还有一些高级设置为默认，如图 9-21(b)所示。

最后看看主导航的 Superfish 菜单风格效果，如图 9-22 所示。子菜单下拉窗口背景太宽，还可以调整设置。

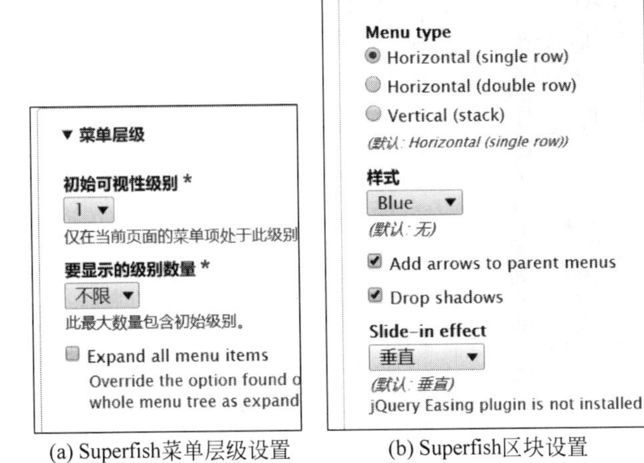

(a) Superfish菜单层级设置　　(b) Superfish区块设置

图 9-21　Superfish 菜单设置

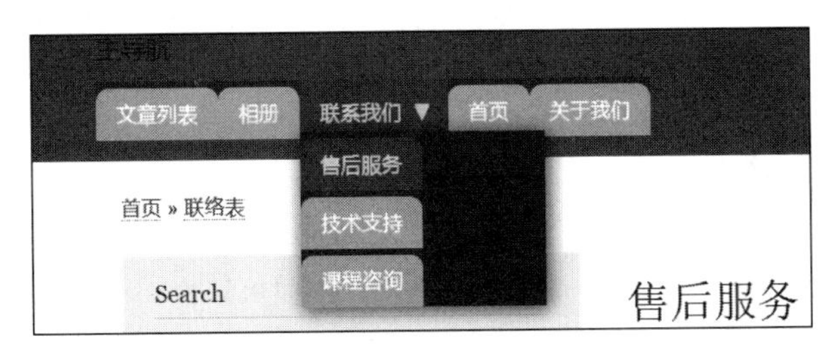

图 9-22　主导航 Superfish 菜单风格

9.7.3　Taxonomy menu 模块

分类也可以变成菜单，例如，我们给文章定义了分类，那么在主导航栏的“文章列表”菜单中只显示所有文章，如果想看到文章分类的菜单，Taxonomy menu 模块将帮助解决这个问题。

下载、安装和启用 Taxonomy menu 模块。打开系统菜单“管理”|“结构”|Taxonomy menu，进入分类菜单设置，单击＋Add Taxonomy menu，创建一个文章分类菜单设置，给菜单标签起一个名称，选择“词汇表”为“Drupal 文章分类”，“菜单”选择“主导航”，Parent menu link 父菜单设为原有的主导航菜单的“--文章列表”。

最后看看 Taxnomy menu 菜单的效果，如图 9-23 所示。

9.7.4　Pathauto 模块

每个页面或节点都对应一个 URL 地址，Drupal 系统还提供使用 URL Alias（别名）地址管理来手工修改自定义 URL 地址。由于系统默认的 URL 地址比较难记，如/node/123。而 Pathauto 模块可以根据预先定义好的模式来自动生成 URL 别名。模式的定义可以使用内部变量（Token），例如，我们希望所有文章的显示页面 URL 的模式是“/[文章内容类型]/[文章标题]”，“[]”里面就是内部变量。有时，在没有生成菜单的情况下，只要记住 URL 的

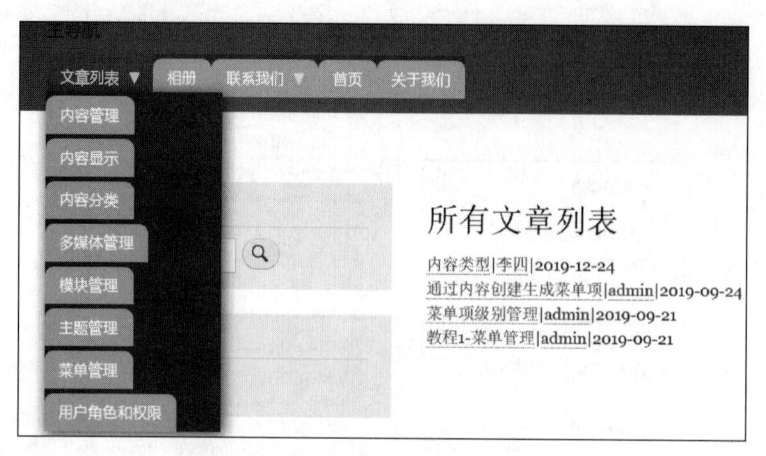

图 9-23 Taxnomy menu 菜单的效果

模式，就可以很快在浏览器端输入 URL 地址，找到相应内容。

下载、安装和启用 Pathauto 模块，以及两个比较常用的依赖模块 Ctools 和 Token。Token 模块可以帮助我们查找可用的内部变量。

现在可以定义自己的文章 URL 模式了。打开系统菜单“管理”|“配置”|“搜索与元数据”，选择“URL 别名”，这里有以下 5 个选项。

(1) 列表：列出所有链接和对应别名，可以手工添加修改 URL 别名。

(2) Pattern：安装 Pathauto 模块后，增加了 Pattern URL 模式定义，通过 Token 模块提供的内部变量，来写 URL 别名模式。

(3) 设置：对什么样的实体类型使用别名模式，以及别名产生的过滤方式，如字母小写、去掉标点符号等。

(4) Bulk gerarate：按照别名模式批量创建别名。

(5) Delete aliases：批量删除由别名模式创建的别名。

通过 Patterns 选项，定义文章的 Path pattern 为 articles/[node:title]，如图 9-24 所示。

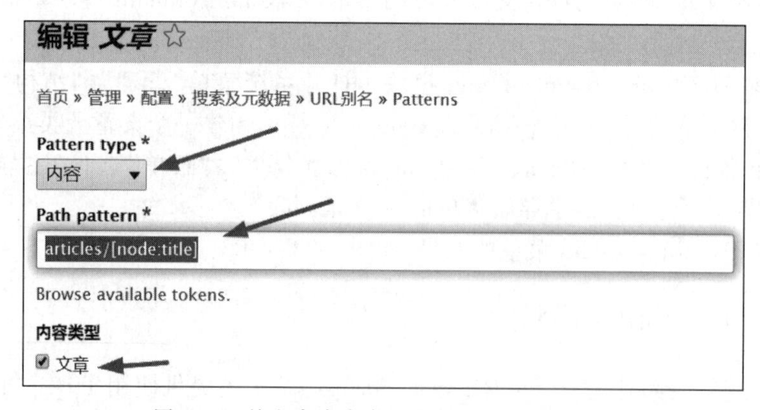

图 9-24 给文章内容类型定义 URL 别名模式

通过“设置”选项，我们希望在 URL 中保持中文标题，所以去掉 Transliterate prior to creating alias 的勾选，否则系统会自动把中文转换为汉语拼音，如图 9-25 所示。

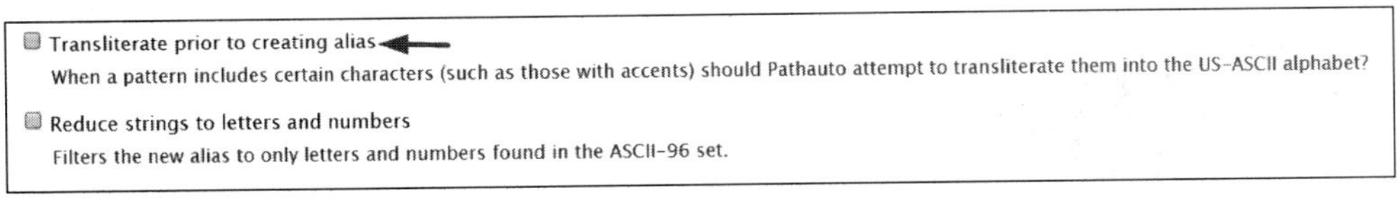

Transliterate prior to creating alias

When a pattern includes certain characters (such as those with accents) should Pathauto attempt to transliterate them into the US-ASCII alphabet?

Reduce strings to letters and numbers

Filters the new alias to only letters and numbers found in the ASCII-96 set.

图 9-25 保持中文 URL 设置

接着，通过 Bulk generate 对没有别名的文章内容 URL 链接按照前面定义的模式，批量生产别名。也可以通过手工去打开修改原文章，保存后，别名会自动产生。

最后，通过“列表”看到所有文章的别名是按照定义好的模式生成的，如图 9-26 所示。

别名	系统	LANGUAGE	OPERATIONS
/about	/node/1	Chinese, Simplified	编辑
/articles/内容类型	/node/14	Chinese, Simplified	编辑
/articles/菜单管理	/node/2	Chinese, Simplified	编辑
/articles/菜单项级别管理	/node/3	Chinese, Simplified	编辑
/articles/通过内容创建生成菜单项	/node/4	Chinese, Simplified	编辑

图 9-26 文章的别名列表

用户、角色与权限

用户、角色与权限是Drupal系统的一个最优秀的设计，它可以定义各种灵活的角色，并通过角色赋予用户一些权限。

通过图10-1可以理解Drupal用户、角色和权限的关系。把发布、修改和删除自己文章的权限赋予“文章作者”角色，再把“文章作者”角色赋予张三和李四用户，那么，张三、李四用户与普通用户的区别是：他们可以编写发布文章内容，而普通用户仅有阅读文章的权限。

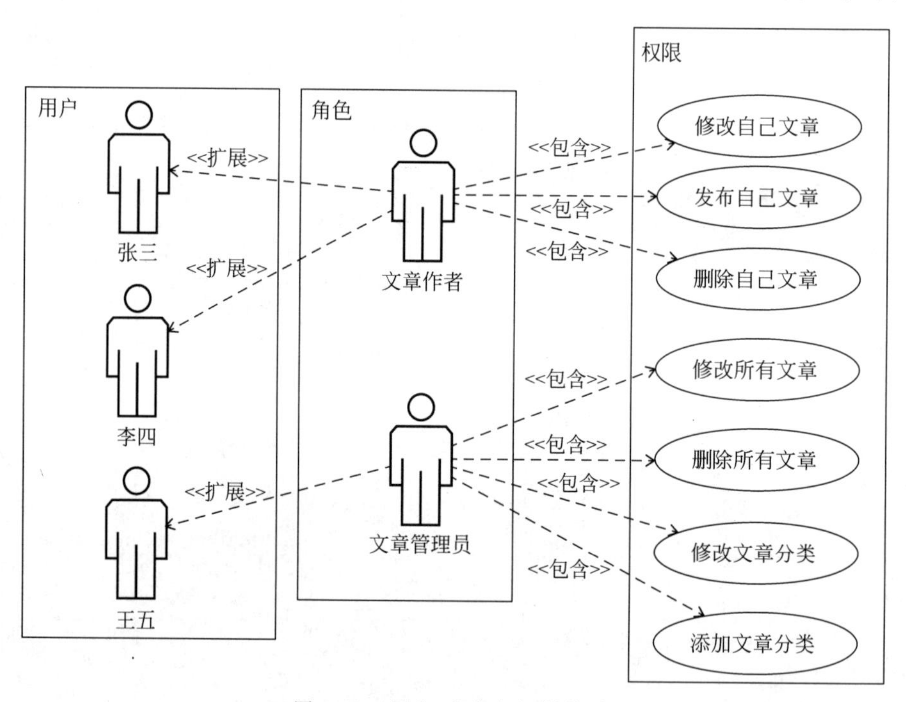

图10-1　用户、角色与权限关系

10.1　用户管理

10.1.1　用户注册与创建

Drupal系统默认有用户登录、注册模块，新用户有两种创建方式，可以通过自己注册方式创建，如图10-2(a)所示；也可以通过系统菜单由系统管理员创建，如图10-2(b)所示。系统管理员通过单击"＋添加用户"来创建新用户。

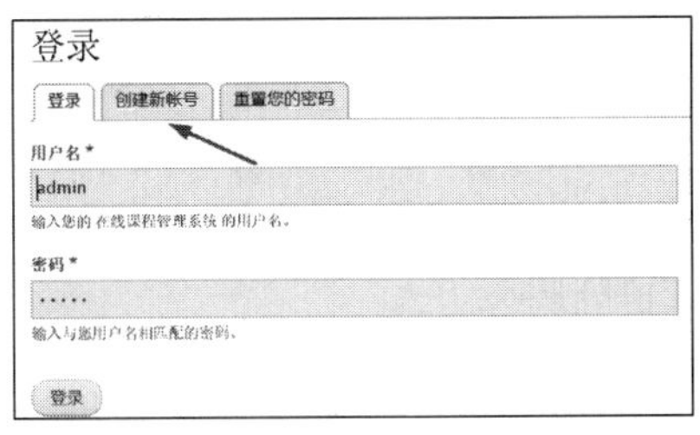

(a) 用户注册

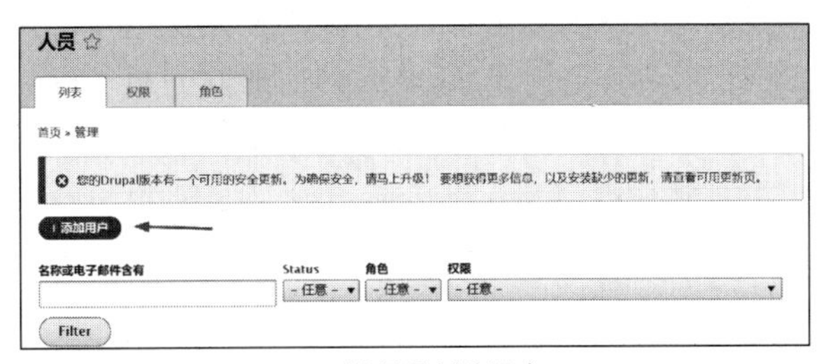

(b) 管理员创建用户

图 10-2 用户注册与创建

Drupal 创建用户最基本的数据要求是电子邮件、用户名和密码。其他选项包括头像、使用语言(多语种情况),时区及联络表单等。分别创建张三和李四用户,如图 10-3 所示,STATUS 显示"有效"表示用户是激活状态。

	用户名	STATUS	角色	注册了	上次访问	OPERATIONS
☐	李四	有效		1 小时 11 分钟	从未	编辑
☐	张三	有效		1 小时 12 分钟	从未	编辑
☐	admin	有效	• 管理员	3 个月	17 秒 ago	编辑

图 10-3 添加的新用户

10.1.2 用户账号设置

打开系统菜单"管理"|"配置"|"人员"|"账户设置",管理员可以对新用户注册和注销过程进行设置,如图 10-4 所示。

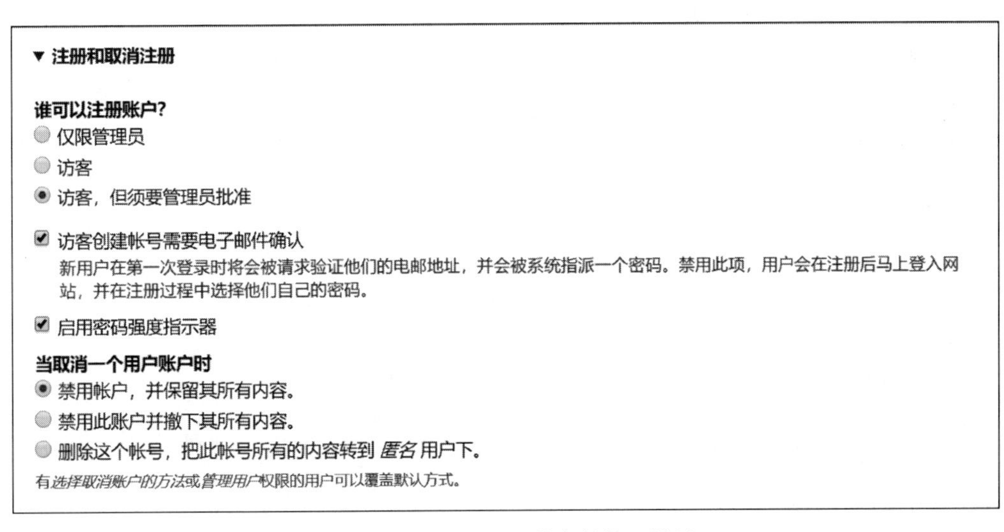

▼ 注册和取消注册
谁可以注册账户?
仅限管理员
访客
访客,但须要管理员批准
访客创建帐号需要电子邮件确认
新用户在第一次登录时将会被请求验证他们的电邮地址,并会被系统指派一个密码。禁用此项,用户会在注册后马上登入网站,并在注册过程中选择他们自己的密码。
启用密码强度指示器
当取消一个用户账户时
禁用帐户,并保留其所有内容。
禁用此账户并撤下其所有内容。
删除这个帐号,把此帐号所有的内容转到 匿名 用户下。
有选择取消账户的方法或管理用户权限的用户可以覆盖默认方式。

图 10-4 用户注册和销户的管理设置

Drupal 系统的用户账号产生变动时,系统会使用电子邮件通知用户。可以对用户账号管理过程中的电子邮件通知内容模板进行重新编写定义。用户邮件通知内容主要有以下三

种类型。

(1) 管理员创建用户时，给新用户发送电子邮件的内容。

(2) 用户自己注册时，收到的注册欢迎电子邮件内容。

(3) 用户账号激活时，发送电子邮件内容。

编写邮件内容模板可以使用内部变量(Token)作为数据显示，这些变量是用方括号括起来的，如图 10-5 所示是"密码修复"的用户邮件通知模板的内容。

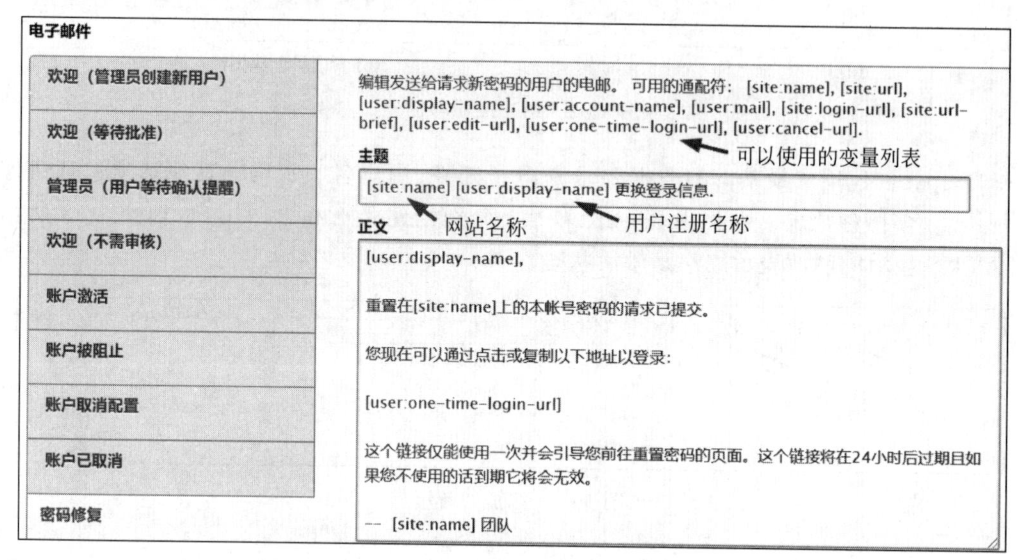

图 10-5　用户账号产生变动时的电子邮件通知内容

10.1.3　用户批量管理

打开系统菜单"管理"|"人员"，可以看到所有用户列表，通过 Filter 按钮查询用户，通过 Action 选择对用户的操作，包括"Add the Administrator role to the selected user(s)""封锁选中的用户""取消选中的用户账户"及上述操作的反操作。管理员用户还可以通过"编辑"按钮，修改用户基本信息，如图 10-6 所示。

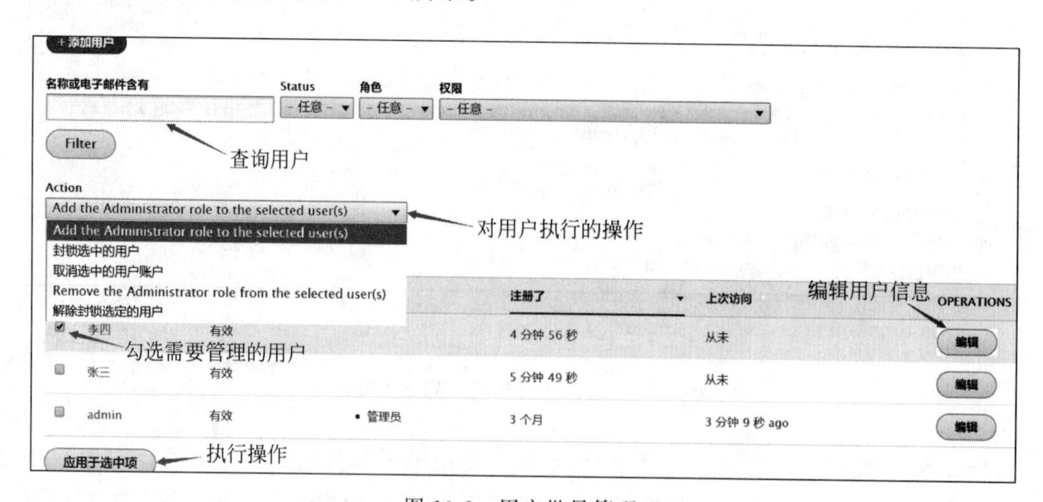

图 10-6　用户批量管理

10.2 创建角色

打开系统菜单“管理”|“人员”，除了看到用户列表外，还可以看到“权限”和“角色”选项卡，如图 10-7 所示。

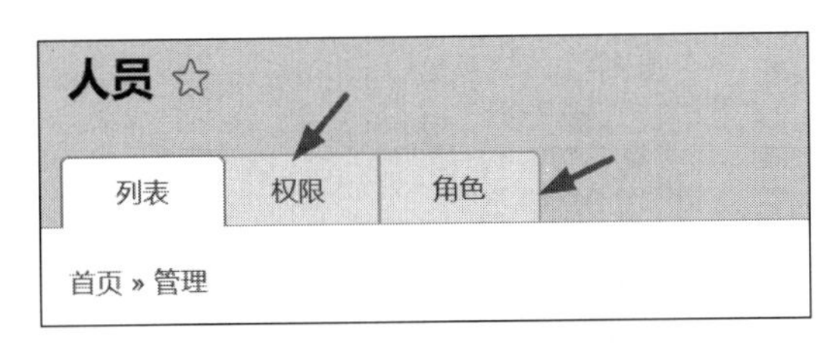

图 10-7 角色和权限选项

单击“角色”标签，进入角色管理界面，如图 10-8 所示。系统默认有匿名用户、已登录用户和管理员，还可以添加和编辑角色。单击“添加角色”按钮，分别添加文章作者和文章管理员角色。

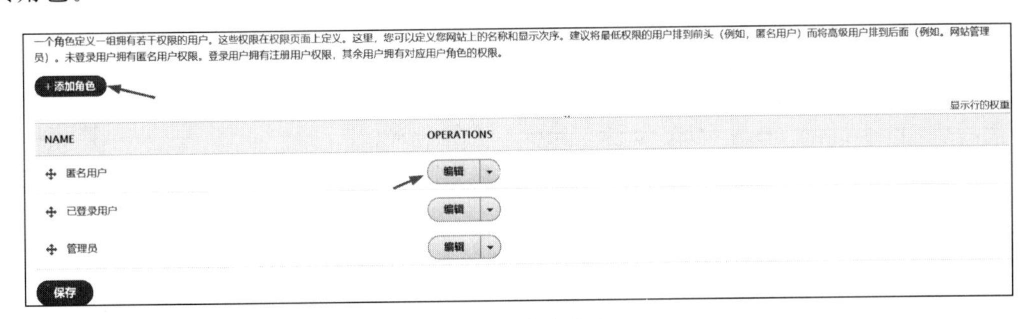

图 10-8 角色管理

10.3 赋予角色权限

打开系统菜单“管理”|“人员”，单击“权限”选项，进入“权限”管理界面，从权限列表中查找 Node 资源，在节点资源里面列有文章节点的资源权限，分别给文章作者和文章管理员勾选了具有“文章：创建新内容”的权限，如图 10-9 所示。继续添加更多的权限给文章作者和文章管理员角色，例如，“文章：删除自己的内容”权限给文章作者角色，“文章：删除任何内容”权限给文章管理员角色。

权限	匿名用户	已登录用户	管理员	文章作者	文章管理员
Node ← 资源					
基本页面 创建新内容	☐	☐	☑	☐	☐
文件下载 创建新内容	☐	☐	☑	☐	☐
文章 创建新内容 ← 资源的权限	☐	☐	☑	☑	☑
新闻 创建新内容	☐	☐	☑	☐	☐

角色 →

图 10-9 给角色赋予权限

10.4 赋予用户角色

打开系统菜单“管理”|“人员”，在用户列表中单击“编辑”，给用户李四添加“文章作者”角色，如图 10-10 所示。同样地，也可以给王五用户赋予“文章管理员”角色。

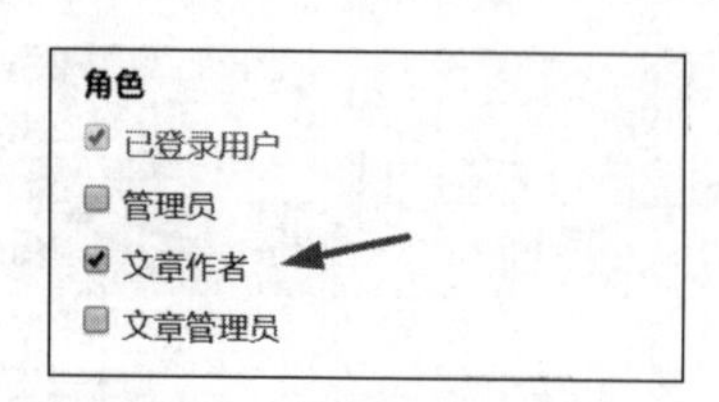

图 10-10 给用户赋予角色

最后看到李四和王五分别拥有了相应的角色，如图 10-11 所示。李四用户可以写文章，王五用户可以管理文章。

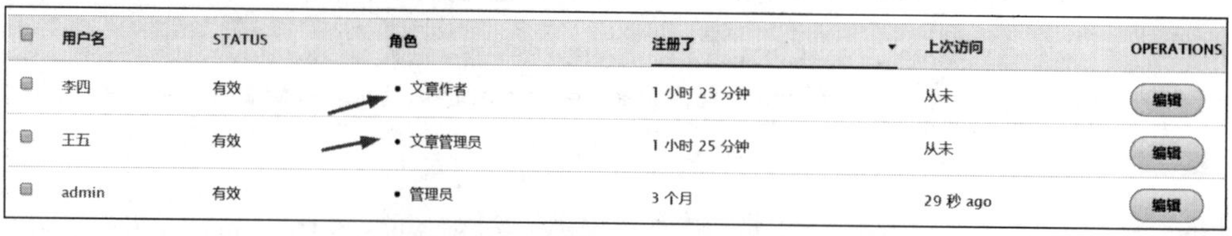

用户名	STATUS	角色	注册了	上次访问	OPERATIONS
李四	有效	• 文章作者	1 小时 23 分钟	从未	编辑
王五	有效	• 文章管理员	1 小时 25 分钟	从未	编辑
admin	有效	• 管理员	3 个月	29 秒 ago	编辑

图 10-11 用户被赋予相应角色

第11章 主题

主题是 Web 应用的页面布局风格，包括色调、字体、菜单和页面整体内容的分割（分栏），以及页眉页脚、logo 和站点信息等。Drupal 的主题又分为前台（用户端）和后台（管理员）主题，Drupal 默认安装了 Bartik 作为用户端主题，Seven 作为管理员主题，Drupal 生态圈也有很多的主题模块可以安装使用。

11.1 主题模块

除了 Drupal 官网提供的主题模块，第三方开发商也提供了丰富的主题模块，官网的主题模块基本是免费的，有一些第三方主题是要付费的。

11.1.1 主题模块安装

打开系统菜单“管理”|“外观”，进入主题管理界面，如图 11-1 所示。

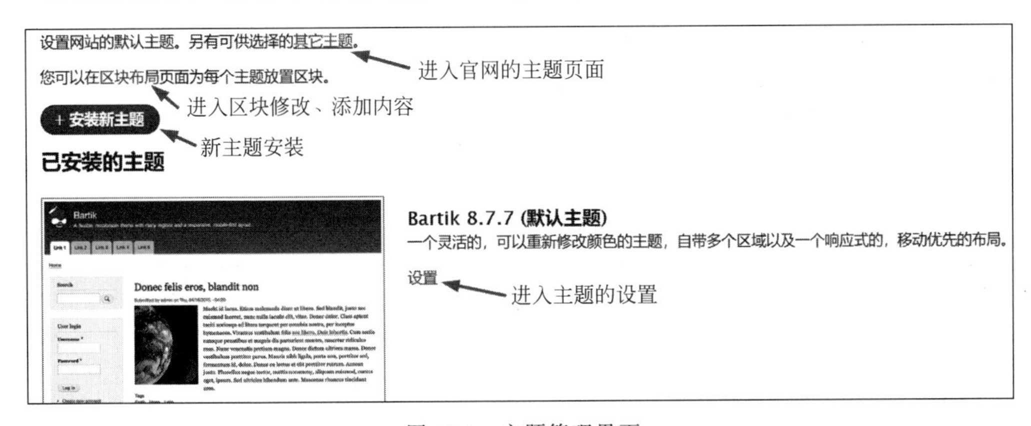

图 11-1 主题管理界面

单击“其他主题”，进入官网查找主题模块。在主题模块页面有模块下载的 URL 地址。主题安装和模块安装（参见模块章节）一样，分为在线安装和本地安装。这里查找并下载了一个针对移动设计的主题 Drupal 8 Zyphonies Theme。单击“＋安装新主题”按钮，完成主题安装。

11.1.2 主题启用

刚刚安装好的主题，和其他安装好的模块一样，还需要进一步启用和做配置才能工作。所以在主题列表中，又分为已安装主题和未安装主题两部分，新安装的主题出现在未安装（未启用）列表栏，如图 11-2 所示。单击“安装并设置为默认”，完成新主题的启用。

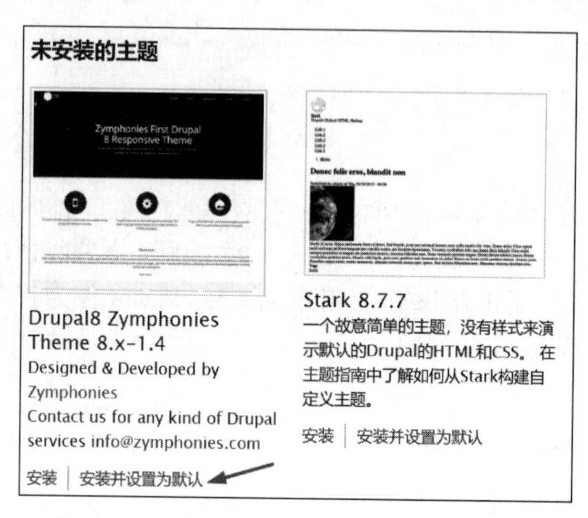

图 11-2 在未安装列表中出现新安装的主题

11.1.3 主题切换与卸载

主题启用后，会进入到已安装主题列表中，默认的主题排列在最前面，后面的列表是备选主题，可以单击“设为默认”，切换主题；单击“卸载”，删除主题；单击“设置”，进入主题设置，如图 11-3 所示。

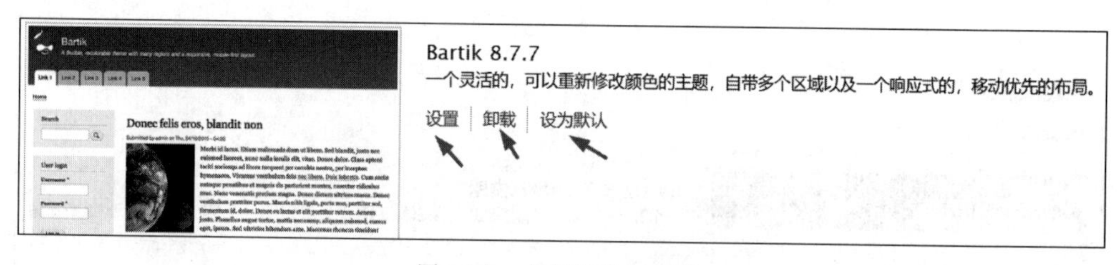

图 11-3 主题切换与卸载

11.2 主题设置

主题设置又分为全局设置和针对每一个主题的设置，如图 11-4 所示。因为一个网站可以出现多个主题，所以如果希望切换主题的时候保存一些设置不变，那么就使用全局设置，全局设置是针对所有主题都生效的设置，主要在以下三个方面。

（1）页面元素显示，例如，用户头像是否出现在系统中等。

（2）logo 的设置。

（3）收藏图标的设置。

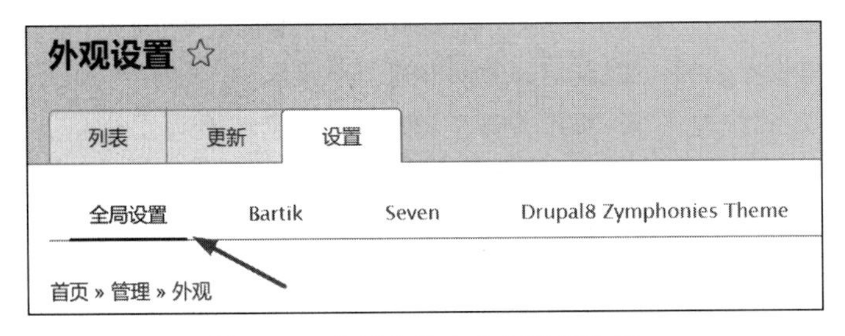

图 11-4　全局和单个主题设置选项

但是，在设置每个主题时，还可以修改和覆盖全局的设置。

11.2.1　配色方案

可以通过修改十六进制的颜色值，来修改主题默认的布局区域的颜色，例如，主背景、边栏背景、页头背景、页脚背景、文本颜色等，也可以直接从调色板取得颜色，如图 11-5 所示。并可以在预览区马上看到效果。

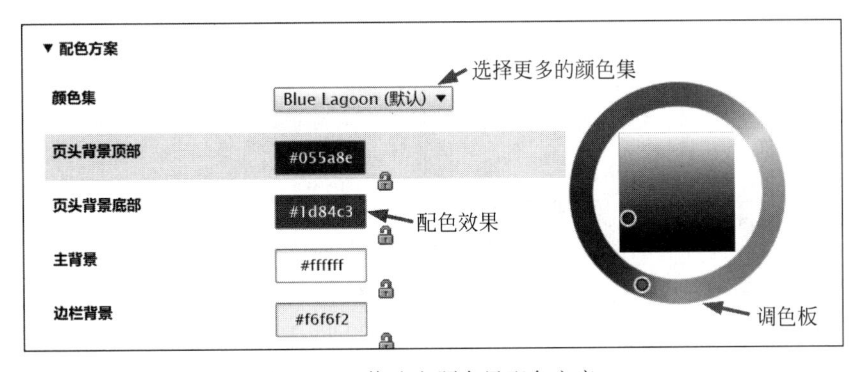

图 11-5　修改主题布局配色方案

可以选择默认预先定义好的配色方案“颜色集”，如图 11-6 所示，有“消防队”“冰”等风格可选。

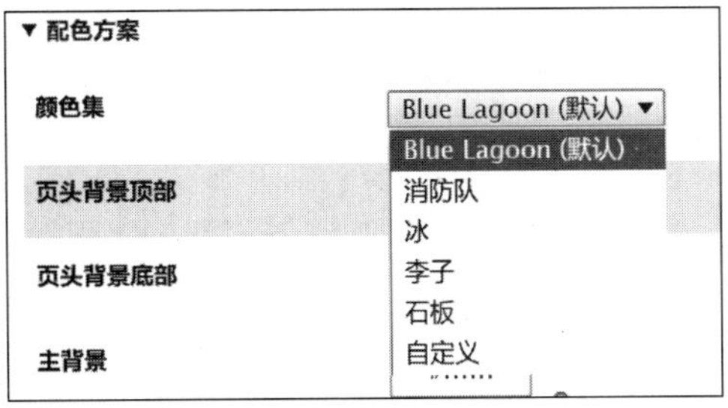

图 11-6　默认的颜色集

11.2.2　网站 logo 与快捷图标

每一个公司都有自己的商标或标志(logo)，一般会放在主题中的页头部分，可以上传替换系统默认的 logo。快捷图标(或收藏图标)是出现在浏览器的 URL 地址输入栏前面的小图标来代表网站的收藏特征,如图 11-7 所示,通过去掉勾选“使用主题提供的收藏图标”复选框,上传自己做好的快捷图标,简单方式是把 logo 图像转换为图标格式,并修改默认名称为“favicon. ico”。

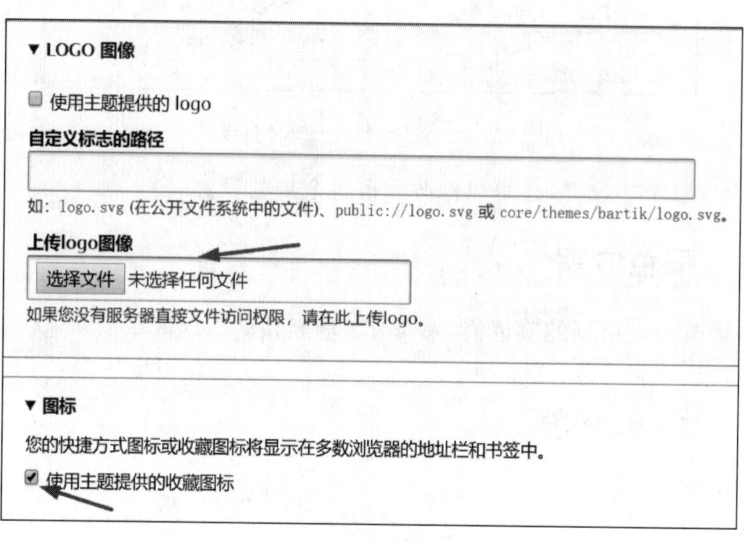

图 11-7 logo 与收藏图标的定义

11.2.3 第三方主题设置

系统默认的三大块设置:页面元素显示,配色方案及 logo 和收藏图标。此外,有些第三方主题会增加一些专有的设置,例如,前面安装好的 Drupal8 Zyphonies Theme 主题,增加了页头幻灯片设置,用户可以设置修改为自己的幻灯片图片,并修改循环播放的图片个数,如图 11-8 所示。

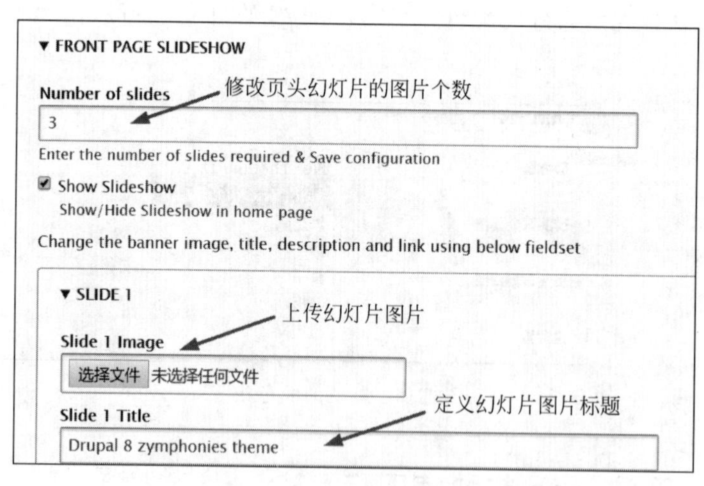

图 11-8 第三方主题设置

11.3 站点信息设置

打开系统菜单"管理"|"配置"，选择"网站基本设置"，如图 11-9 所示。设置与主题有关的其他信息，例如，站点名称、站点口号和系统发送 E-mail 时默认的发件人邮件地址，Drupal 建议采用以网站域名结尾的邮件地址，这样可以防止被邮件管理程序误认为是垃圾邮件。

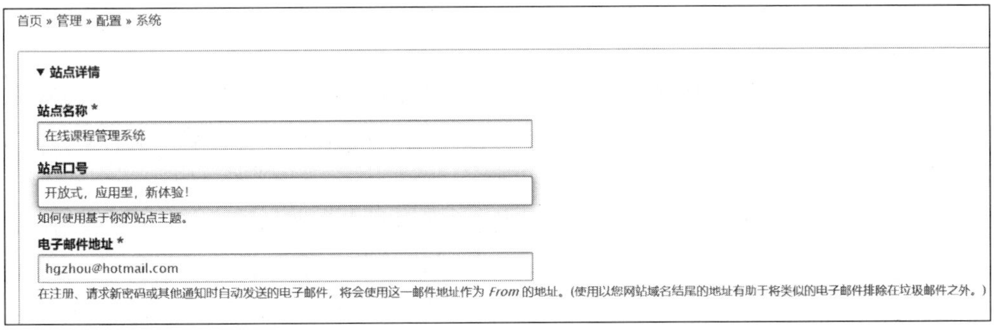

图 11-9 站点的基本信息设置

此外，还可以改变默认的首页地址和 403(拒绝访问)和 404(页面未找到)错误页面的地址，如图 11-10 所示。直接访问事先定义好的首页或错误页面，让网站更有个性，而不是千篇一律的错误信息。

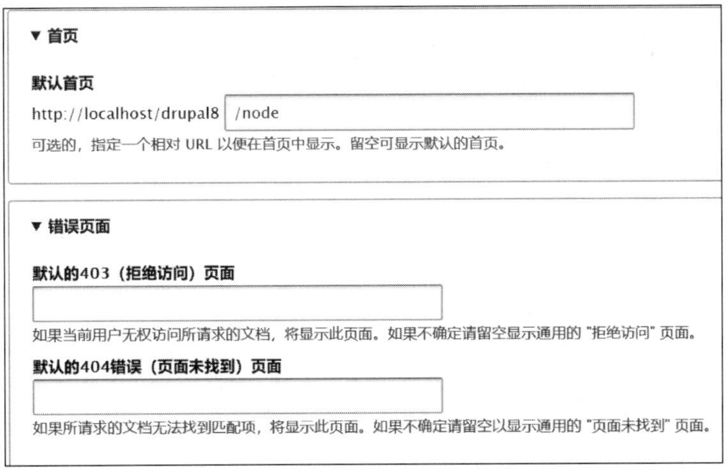

图 11-10 默认首页和错误页面地址修改

第12章 页面布局与首页设计

首页就是通过域名打开网站的第一页，默认首页的文件名为 index. html，根据服务器端的开发语言有所不同，例如，PHP 开发语言以 index. php 作为默认的首页文件，Java 语言以 index. jsp 作为默认的首页文件。

为了让用户一下子了解网站的内容，一般会将尽可能多的内容以标题、摘要等缩略方式布置在首页。首页的布局主要由主题定义，将一个页面切割成不同的行、列块，这个块相当于容器，可以通过区块布局管理放置内容。不同主题会改变首页布局效果，所以，每次换主题，可能需要通过区块布局管理重新编排内容。但是在主题布局设计上，每个主题都会有一个相对固定的主内容块，Drupal 的首页设计，就是在主内容(Main Content)块中再进行进一步分割布局，以便在主内容区块中塞入更多内容。这样，当主题切换时，可以保存首页布局相对固定。

12.1 Page Manager 和 Panels

要实现主内容块的再次布局，需要下载 Page Manager 模块及其依赖的第三方模块：

(1) Page Manager 模块。

(2) Chaos Tool Suite (Ctools)模块。

(3) Panels 模块。

在 Drupal 7 中，Page Manager 是 Chaos Tool Suite (Ctools)模块的一个子模块，到 Drupal 8 版本，Page Manager 分离为一个独立模块，启用 Page Manager 和 Page manager UI 模块后，会在系统菜单的“结构”菜单里面多了“页面”管理项，这是修改、添加一个页面布局的入口。在 Drupal 7 时代，面板(Panels)模块是自定义布局的核心模块之一，它有点像区块布局模块，是一个可视化的内容布局管理工具，但是它比区块布局更灵活，可以拖曳内容进行布局。它有独立的布局管理界面，可以针对一个节点页面更细微地重新布局。但是到 Drupal 8 时代，Panels 模块仅提供一个 API，没有提供管理界面，必须通过第三方模块；例如，Page Manager 和 Panelizer 模块的管理界面来实现自定义布局。Drupal 8 版本的 Panels 模块还需要启用 Drupal 8 内核自带的 Layout Discovery 依赖模块用于注册布局。

12.1.1 Panel Nodes 和 Pages

面板(Panels)模块除了提供可视化的布局,还可以改变代替主题页面模板(page. tpl. php)和节点页面模板(node. tpl. php)。还提供了两个重要概念 Panel Nodes 和 Panel Pages。Panels 模块利用了 Ctools 模块的"上下文(Context)"来抓取内容,将多张表的内容合并,并放到页面显示,有点像 Views 模块,但是 Views 不关心布局,它在关心产生内容,例如,创建区块组件或通过 Panels 模块的 View 插件创建面板块,还可以根据触发条件来决定内容的显示,通过 Panels 产生的内容是可缓存的。而区块布局是通过第三方工具生成内容组件,再通过区块布局管理内容。

Panels 模块提供的 API,可以作为 Views、Page Manager、Panelizer 和 Organic Groups 等模块的插件,让页面和区块拥有可定制的布局。

Panel Nodes 相当于一个新的内容类型,可以用于创建节点,其创建的节点可以被 Drupal 内容管理系统管理。它可以生成一种可以添加字段的面板块,甚至可以不通过预先定义的字段,直接添加文本或图片到 Panels Nodes,然后再作为面板显示组件。虽然节点是由同一个内容类型产生的,但 Panel Nodes 还是可以对一个节点单独定制自己的样式和布局。

Panel Pages 与传统的页面节点完全不同,它不被 Drupal 作为页面节点管理。它有 URL 路径,并可以接收参数传递,也可以作为菜单项。通过 Panel Nodes 创建的面板块作为内容,也可以通过 Page Manager 的 Varients 给某一个内容类型创建一个统一标准化的布局样式。

12.1.2 变体与页面管理

首先,Panel 模块通过面板页面(Panel Pages)的概念,可以把不同的内容通过上下文合并作为面板,添加到一个页面中。页面管理(Page Manager)依托面板页面的功能,进一步升级为一个重要概念——变体(Varients),它相当于传统页面的一种新页面的表示方式,但是它比传统页面更复杂,主要表现在以下几个方面。

(1) 页面面板称为变体,表示一个页面可以把"内容类型"作为变量添加到页面中。

(2) 可以添加条件规则来指定一个变体是否使用。

(3) 可以添加上下文对象作为内容的一部分到变体中。

(4) 可以添加访问控制,将用户角色添加到面板页面,来决定变体的访问权限。

12.2 创建自定义首页布局

12.2.1 创建首页页面(变体)

打开系统菜单"管理"|"结构"|"页面",进入"页面"管理。单击＋Add page 按钮添加页

面，填写管理标题为“首页”，路径为/homepage，最重要的是Varient Type，要选择Panels，其他设置可以放到后面，如图12-1所示。

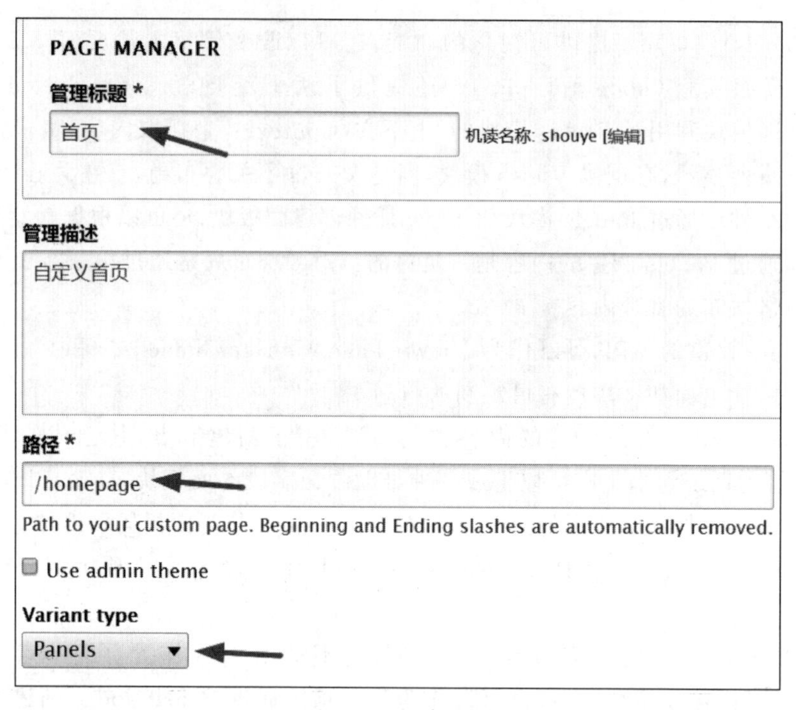

图12-1 创建首页

12.2.2 首页布局

接着，进入布局设置，Builder选择“标准”，“布局”选择“Three column(25/50/25)”，如图12-2所示。

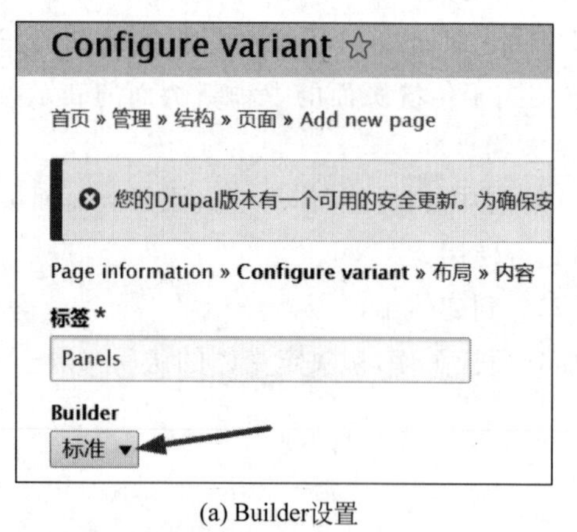

(a) Builder设置

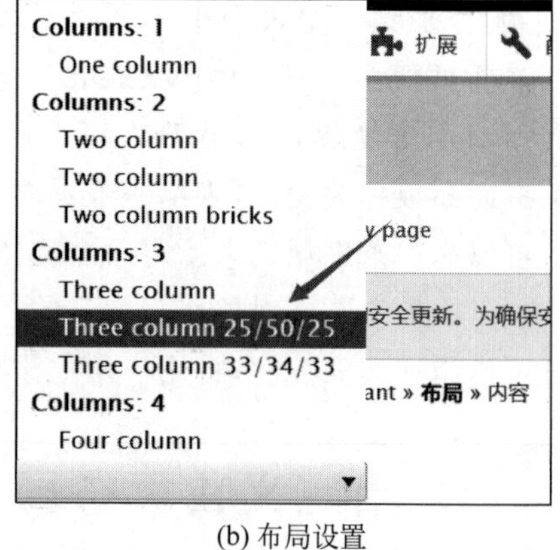

(b) 布局设置

图12-2 首页变体设置

接着，给这个新页面取标题为“首页”，基本可以看到一个类似于区块布局的管理界面，可以给新创建的布局页面添加区块组件。当然，也可以在后面完成添加。单击Finish按钮完成 Varient 变体的首页创建，如图 12-3 所示。

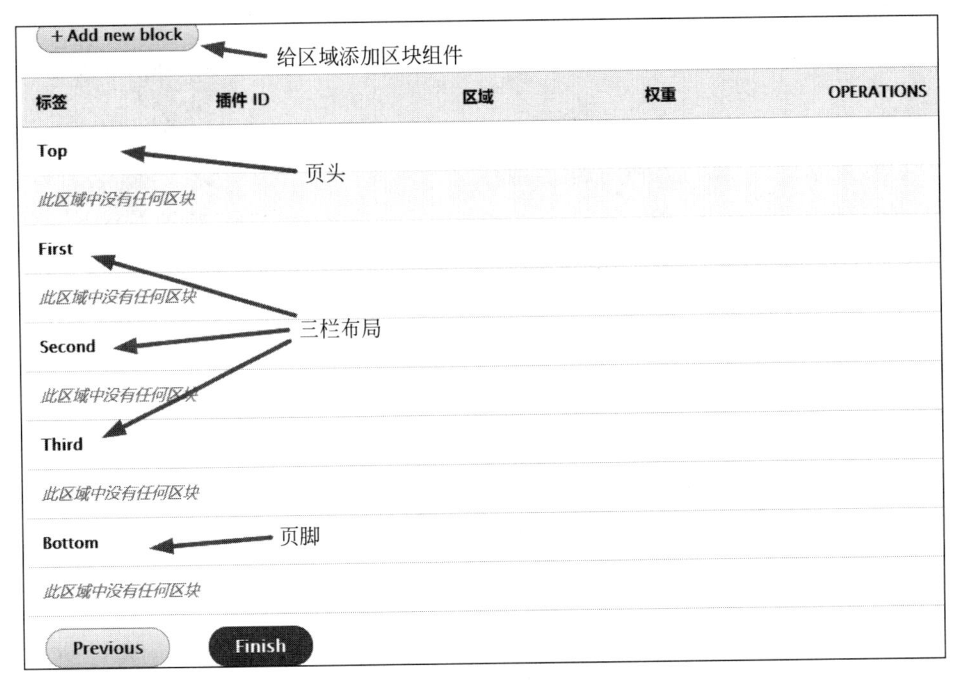

图 12-3 首页布局管理界面

最后，完成一个首页变体的创建，并进入变体管理界面，如图 12-4 所示。通过管理界面，可以修改 General，添加 Contexts 上下文，添加变体显示的触发条件 Selection criteria 和修改“布局”，给页面添加“内容”。

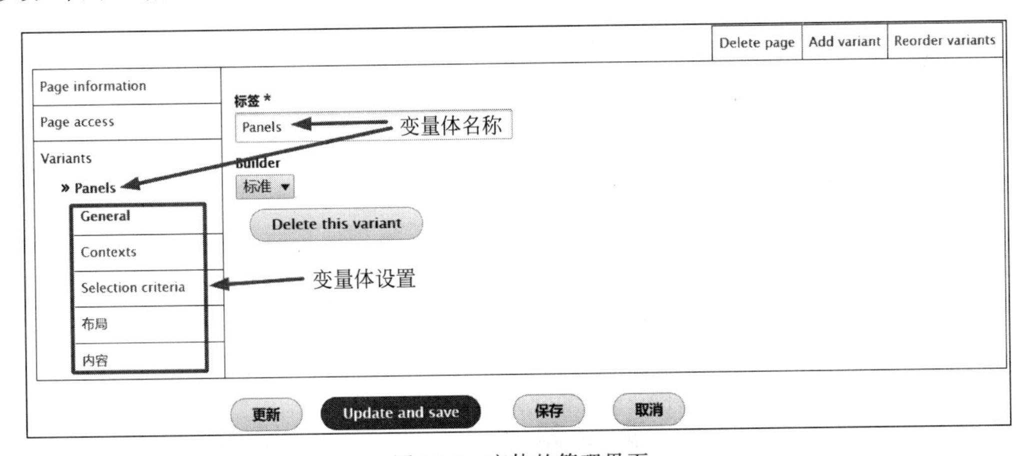

图 12-4 变体的管理界面

12.2.3 给首页添加内容

前面已经创建了一个首页 Panels 变体，进入变体管理界面，单击变体名称 Panels，展开设置菜单，单击“内容”，通过＋Add new block 按钮，给首页相应区域添加区块组件（内容），如图 12-5 所示，并单击 Update and save 按钮更新保存设置。

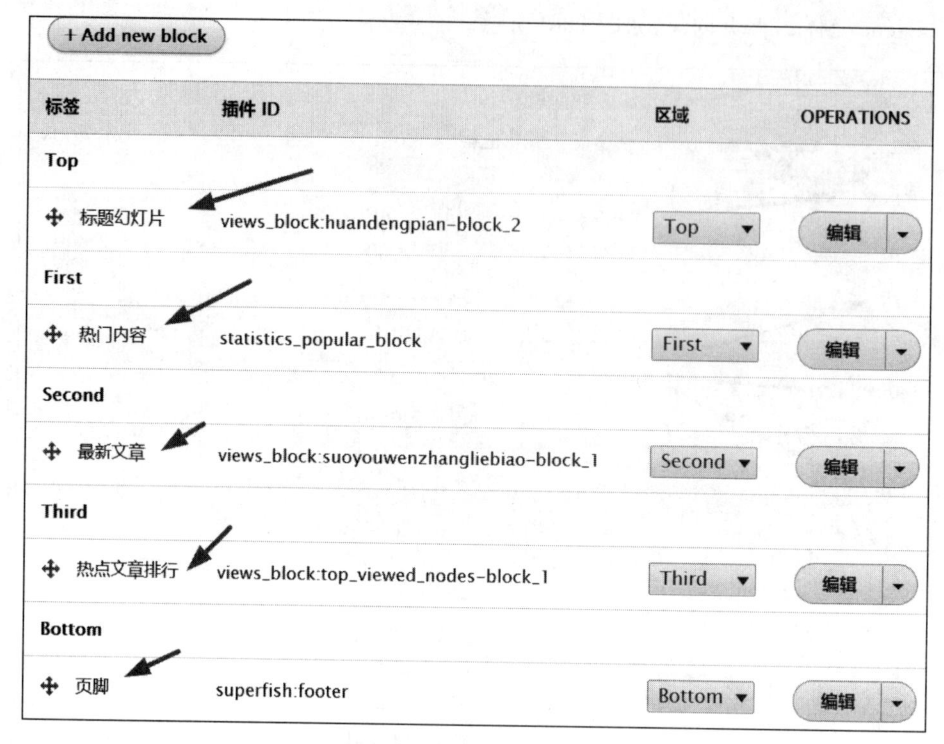

图 12-5 首页变体添加内容

12.2.4 重新定义首页 URL 地址

打开系统菜单"管理"|"配置"|"系统",进入"网站基本设置",修改首页 URL 为前面设置好的"/homepage",如图 12-6 所示。重新返回首页,可以看到首页的新布局。

图 12-6 修改设置首页 URL

12.3 Layout Builder 管理显示

Drupal 8 版本内核自带了内容类型的布局构造器工具,在系统菜单的"扩展"中,启用核心子模块 Layout Builder。该模块会成为"内容类型"的一个布局插件,通过这个插件,在内容类型的"管理显示"中,多了一个"管理布局"按钮,甚至还可以在内容类型中添加更多的显示字段和区块组件。那么,针对每个内容类型的内容创建,都会使用新的布局设置显示全文或摘要内容。

首先，采用布局构造器给“文章”内容类型的全文显示模式进行设置。通过系统菜单，进入“文章”内容类型的“管理显示”，并勾选布局选项，如图 12-7 所示。

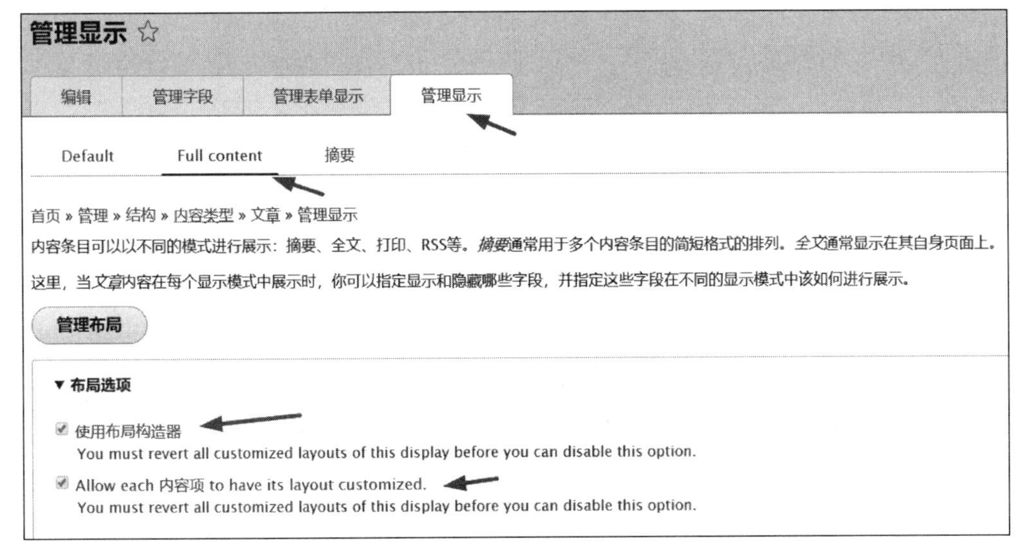

图 12-7　文章的全文显示模式使用布局构造器

单击“管理布局”按钮，进入“文章”主内容项的布局编辑界面，当前系统默认是 1 栏布局，去掉“显示内容预览”复选框的勾选，并单击＋ Add Section 按钮，改成 2 栏布局，如图 12-8 所示。

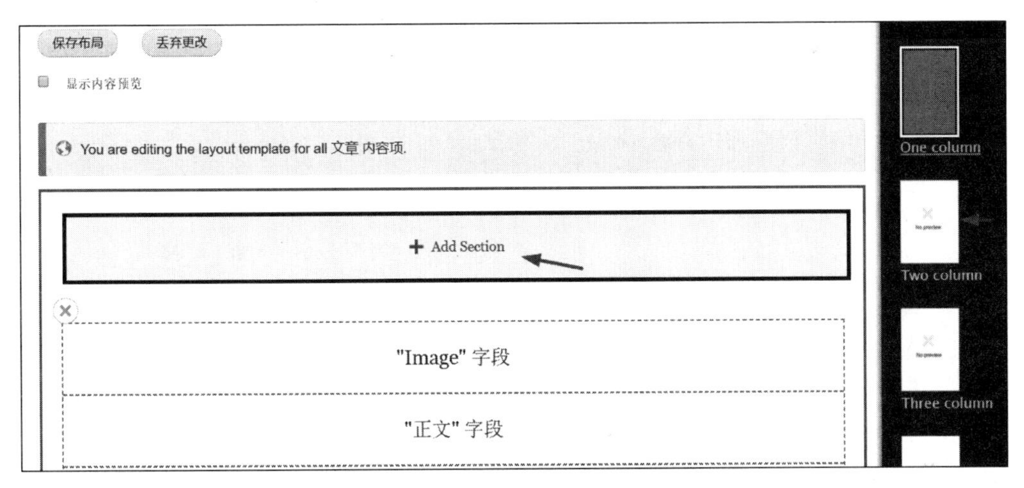

图 12-8　将“文章”主内容区修改为 2 栏布局

然后，通过拖曳方式将“文章”原有的显示字段放到两栏的区域中，也可以单击＋Add Block 按钮，添加新的区块组件。修改完成后，记住“保存布局”。重新布局的内容如图 12-9 所示。

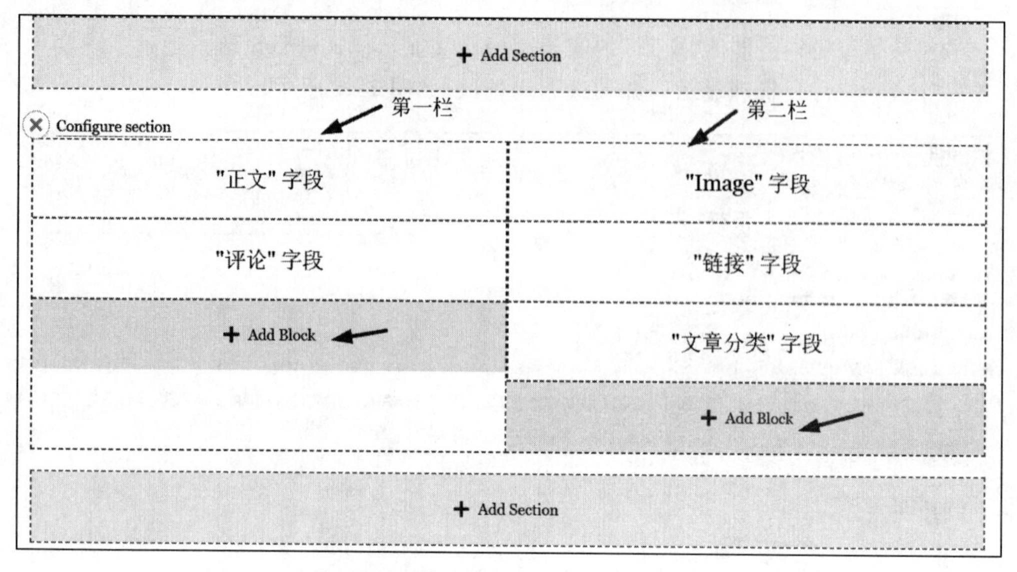

图 12-9 重新把"文章"内容类型的字段移动到新布局区域中

第13章 社交

网络社交已经成为人们日常生活中的一部分，社交的功能基本有内容分享、内容点赞和内容热点（阅读量最大）。下面通过这三个方面介绍 Drupal 相应社交模块和实现。

13.1 社交分享

社交分享就是将看到的内容分享到其他社交网站，例如，QQ 空间、微信、新浪微博和豆瓣网等。Drupal 的社交分享模块很多，以下是三个比较常用的社交分享模块。

（1）ShareThis 模块。

（2）Social Media Share 模块。

（3）AddToAny Share Buttons 模块。

AddToAny Share Buttons（以下简称 AddToAny）模块比较容易使用，而且它收集了互联网上比较流行的社交媒体，提供了社交媒体的按钮的 logo 和 URL 链接，更容易定制自己的分享按钮。

下载安装好 AddToAny 模块，然后打开系统菜单“管理”|“配置”|“Web 服务”，找到 AddToAny 的配置项，单击进入设置页面，如图 13-1 所示。

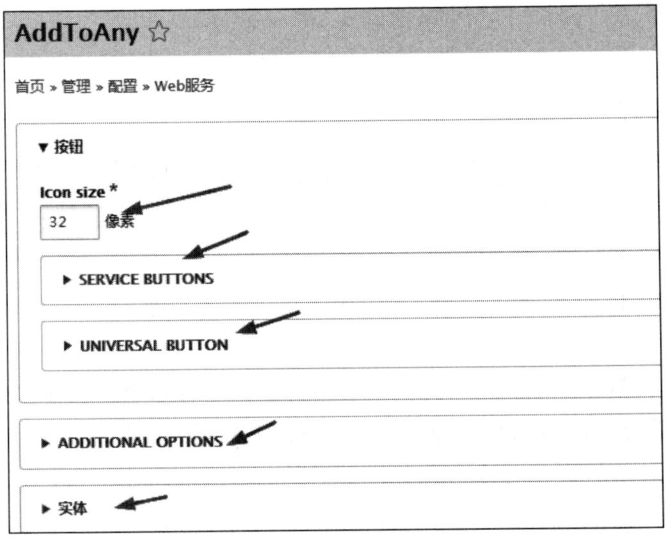

图 13-1　AddToAny 模块设置

以下共有五个方面设置 AddToAny 模块，设置完成后，打开系统菜单“管理”|“配置”|“开发”|“性能”，清空所有缓存，让配置生效。

1. Icon size

修改按钮的图标大小，默认是 32px。

2. SERVICE BUTTONS

添加分享按钮到工具栏，这里是通过添加 HTML 代码，并给按钮一个 class 的名称，实现按钮 logo 加载和社交媒体 URL 地址链接。这个 class 的命名规则是 a2a_button_service-code，最后的 service-code 就是社交媒体提供商的名称。可以通过 https://www.addtoany.com/services/ 服务器查询 service-code 和社交媒体服务商的 URL 链接。如图 13-2 所示是添加了微信、QQ 空间、新浪微博、豆瓣网的按钮设置。

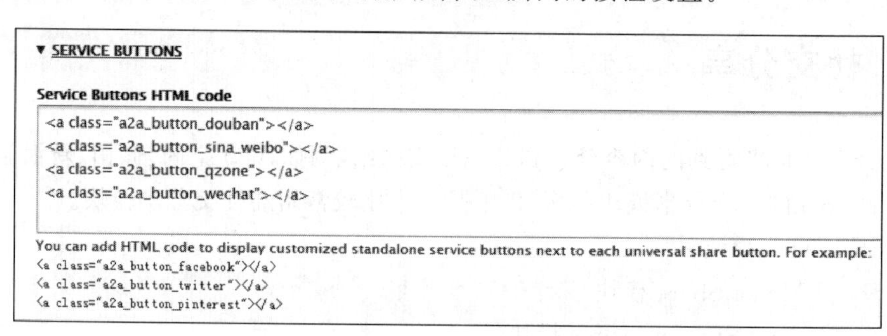

图 13-2 添加社交媒体服务商按钮

3. UNIVERSAL BUTTON

定义“+”按钮，设置是否允许用户选择更多分享媒体，Custom button 可设置修改“+”的图标，“无”表示不允许出现“+”分享更多图标，还可以修改“+”图标的位置。具体设置如图 13-3 所示。

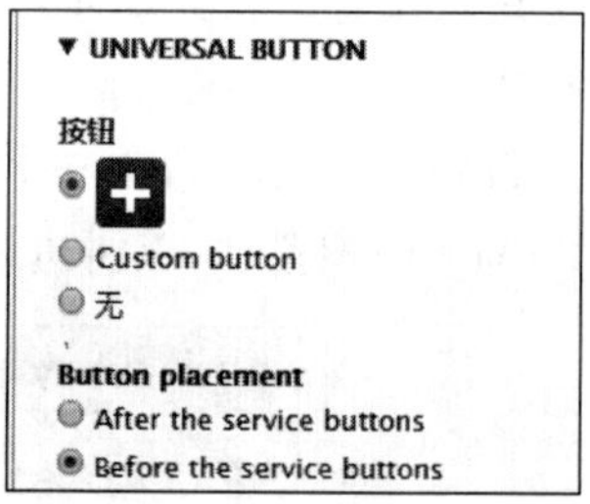

图 13-3 修改“+”更多分享按钮

4. ADDITIONAL OPTIONS

添加 JavaScript 和 CSS 代码改变行为和外观。

5. 实体

将分享工具栏绑定到具体的内容、页面或区块组件上。如图 13-4 所示，这里勾选了绑定到所有内容。

但是，我们不希望分享工具栏出现在“基本页面”中，所以，单击图 13-4 中的“基本页面”链接，打开“显示设置”，将 AddToAny 字段拖放到“已禁用”下面，如图 13-5 所示。

最后，可以看到一篇文章绑定了社交分享工具栏的效果，如图 13-6 所示。

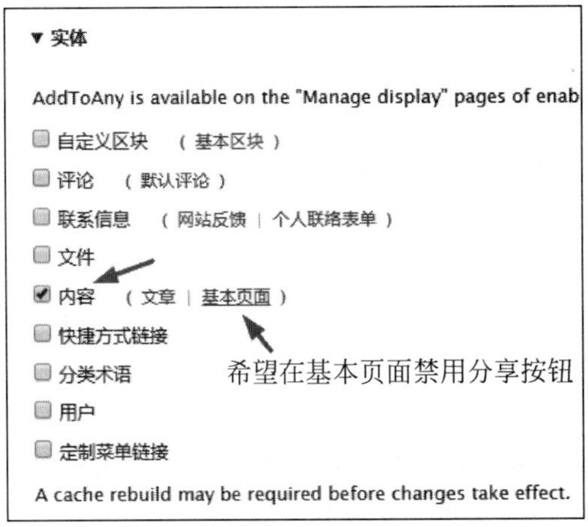

图 13-4 绑定分享工具栏到内容

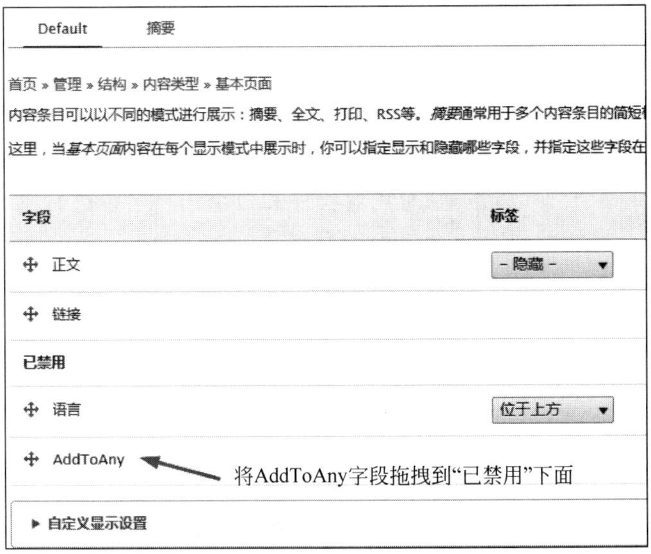

图 13-5 在基本页面内容类型禁用分享工具栏

图 13-6 社交分享工具栏

13.2 阅读统计

阅读统计可以统计每个内容被读者阅读的次数,可以按周、月、年统计或累计,统计数字会显示在内容页面,可以用来做最受欢迎内容排行。

常用的阅读统计模块有:

(1) Node View Count 模块。

(2) Statistics Counter 模块。

(3) Node Type Count 模块。

Node View Count 模块可以针对每个内容类型和用户角色进行阅读统计,所以,这里选择使用 Node View Count 模块来做一个阅读统计。

13.2.1 浏览统计的配置

下载安装 Node View Count 模块,并启用该模块及内核的统计模块。打开系统菜单"管理"|"配置"|"统计",勾选"计算内容浏览次数"复选框,如图 13-7 所示。

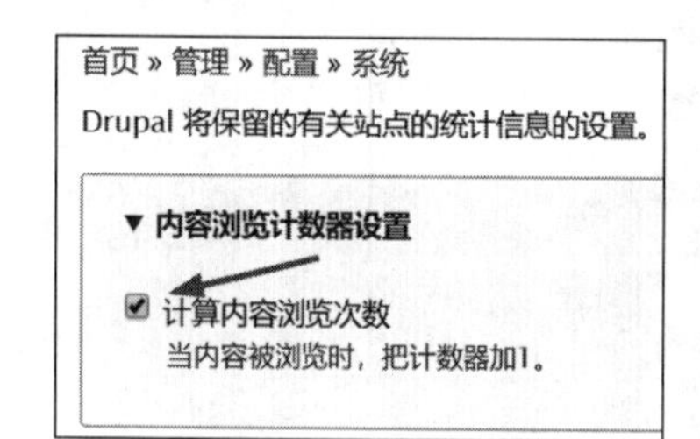

图 13-7 配置统计

接着,可以在所有创建的内容类型的页面左下方看到"X 次浏览"。该模块提供非常详细的配置,可以针对每个内容类型和每个用户角色进行统计。可以从以下 5 个方面做设置。

1. 节点类型

这里选择统计文章和视频内容的用户浏览次数,如图 13-8 所示。

2. 查看模式

这里选择在用户打开完整内容页面时才计数浏览次数,如图 13-9 所示。

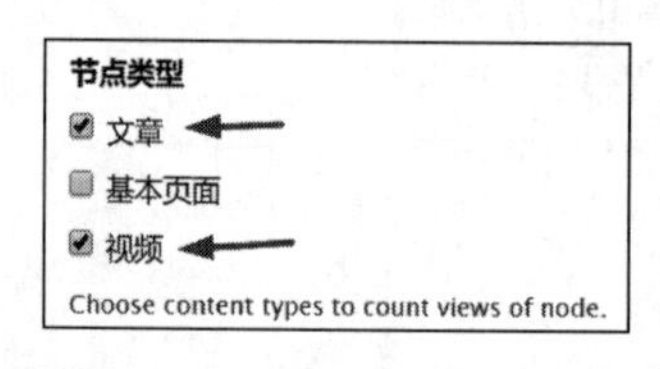

图 13-8 选择统计的节点类型

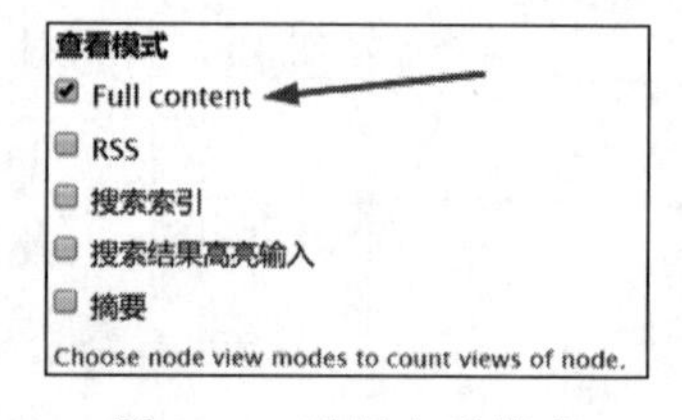

图 13-9 选择查看模式

3. 用户角色

选择对哪些用户角色的浏览行为进行统计,这里选择统计匿名和登录用户统计,如图 13-10 所示。

4. 例外用户角色

这里选择排除管理员角色的浏览统计,如图 13-11 所示。

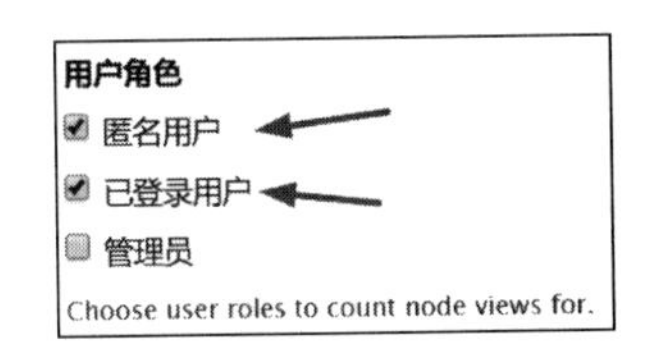

图 13-10 选择被统计的用户角色

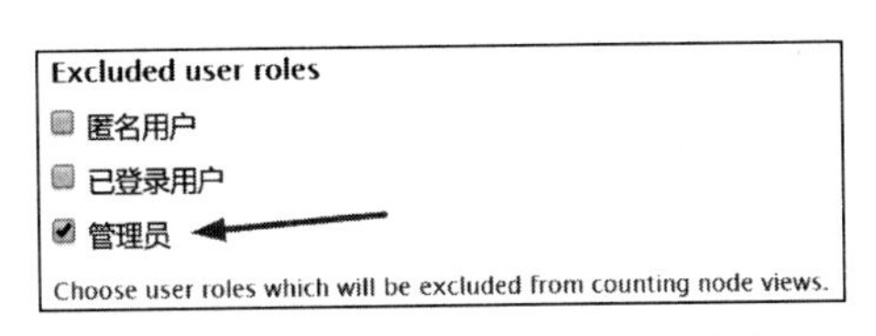

图 13-11 排除管理员角色统计

5. 清除统计数据

可以选择每天、周、月和年，或者永远不清除。

13.2.2 谁可以看到浏览统计

目前的设置，仅管理员可以看到浏览次数，如果没有用户以管理员登录，是不能看到内容页面浏览计数的，所以需要修改用户权限问题。打开系统菜单“管理”|“人员”，打开权限选项，让匿名和登录用户可以查看浏览次数，如图 13-12 所示。

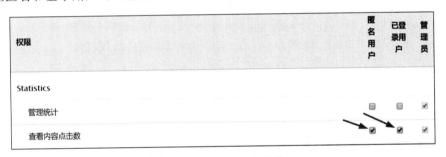

图 13-12 浏览统计权限设置

13.2.3 热点文章排行

在“视图”菜单下，可以发现系统自动生成了一个节点计数添加的页面，这是用作管理员后台查看所有内容的浏览次数列表。还生成一个热点浏览节点区块组件，这个区块是列出所有的统计内容类型的列表，需要对每个内容类型分开统计，所以需要对这个区块组件进行修改。进入 Top viewed nodes 区块编辑页面，保持原有的设置，在右上角单击“复制 Block”，生成一个新的克隆区块。这里先做一个文章热点排行，所以分别修改了标题和区块名、字段的“Count(节点计数：Node id)”为中文标签“(浏览次数)”，并添加了新的过滤条件“内容类型＝文章”，如图 13-13 所示。

打开系统菜单“管理”|“区块布局”，将热点文章布置到 Sidebar second，单击“放置区块”，找到在视图中创建的“热点文章排行”区块组件，在配置区块中设区块的项目数为“5”，可见性为浏览文章页面时出现，如图 13-14 所示。

最后得到的热点文章排行效果如图 13-15 所示。热点文章出现的统计应该是不同会话(Session)作为统计。在这里打开两个浏览器进行测试，使用其中一个浏览器打开 8 次“菜单项级别管理”文章内容，而热点文章排行只有一次计数，这样才可以防止某个用户为了让自己的文章上热点，在自己的计算机中作假单击量。

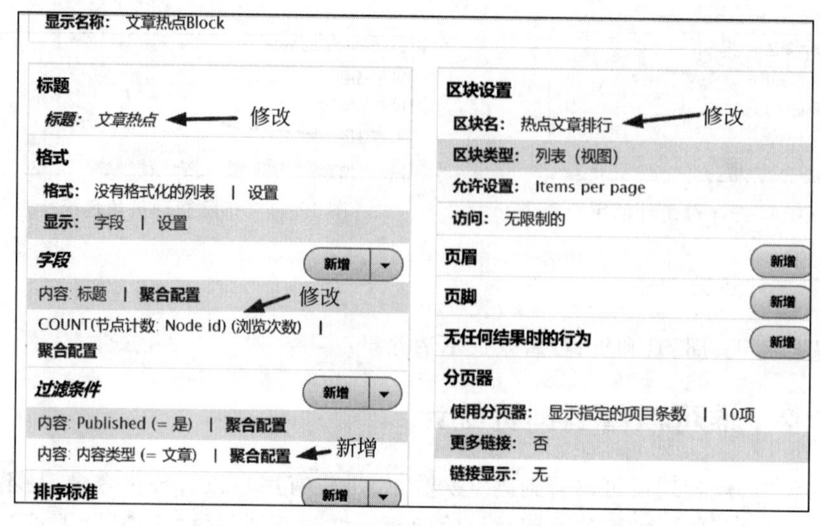

图 13-13 在视图中添加热点文章排行区块

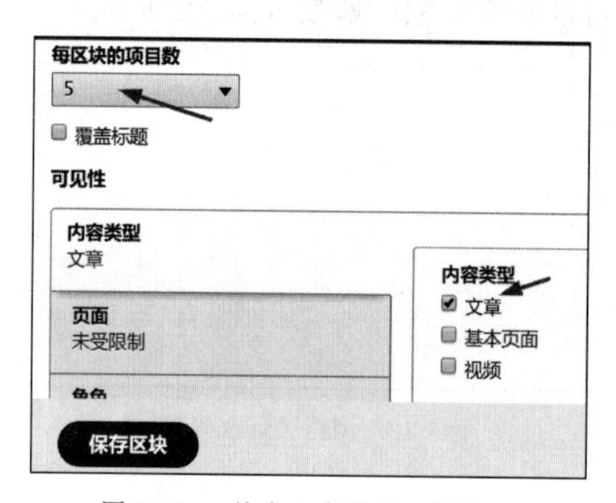

图 13-14 热点文章排行区块设置

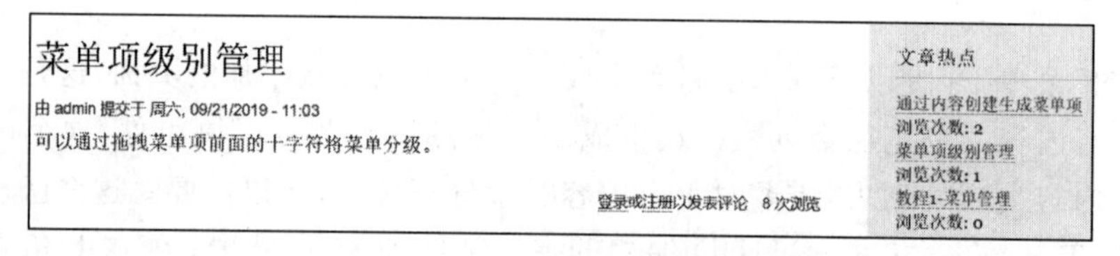

图 13-15 热点文章区块出现在右边栏

13.3 点赞统计

用户对内容表示赞赏或喜欢，可以通过内容页面显示的统计按钮，单击进行计数。Drupal 的点赞模块主要有：

（1）Flag 模块。

（2）LikeBtn 模块。

LikeBtn 模块是模仿 Facebook 的点赞，下载安装依赖模块 Voting API 投票及 LikeBtn 模块，并启用这两个模块。

13.3.1 Voting API 设置

点赞相当于投票行为，所以需要投票模块配合使用。打开系统菜单“管理”|“配置”|“搜索及元数据”，单击 Voting API Settings，主要有两个设置：匿名用户的投票设置为 1 天，表示在同一台计算机上，在一天内，不能有两个以上的匿名用户投票；注册用户投票设置为 5 分钟，表示同一个用户 ID，在 5min 内投票两次以上都认为是一次，如图 13-16 所示。

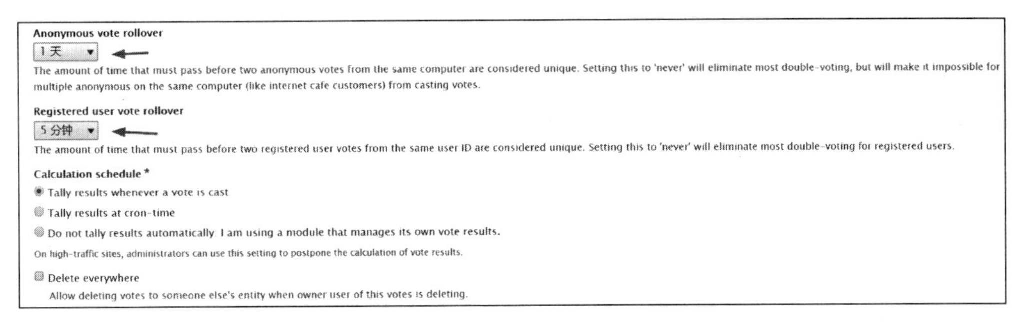

图 13-16 Voting API 设置统计方式

13.3.2 LikeBtn 模块设置

LikeBtn 模块是收费的，免费方式有功能限制。打开系统菜单“管理”|“配置”|“Web 服务”，选择 LikeBtn configuration，进入模块设置页面，可以看到设置分成三个选项：General Setting，LikeBtn Setting 和报告。

先从 General Setting 开始。

1. Website tariff plan

付费模式设置，这里设置为 FREE(免费)方式，如图 13-17 所示。

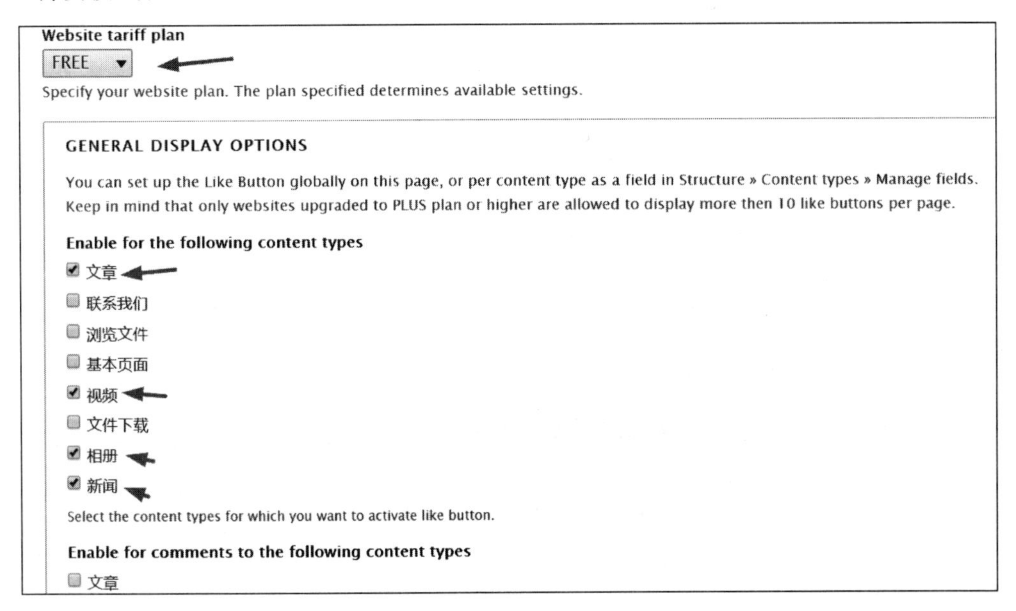

图 13-17 LikeBtn 模块内容类型设置

2. Enable for the following content types

对某个内容类型设置点赞按钮，这里对文章、视频、相册和新闻内容类型启用点赞按钮，如图 13-17 所示。

3. Enable for comments to the following content types

对某个内容类型的评论设置点赞按钮，一般不选择内容的评论点赞。

4. Entities view modes

按钮在实体内容中的显示模式，这里勾选了内容摘要和全文显示点赞按钮，如图 13-18 所示。

5. 位置

点赞按钮的位置设置，这里设置一个权重数，权重数越大，按钮的位置越低。

6. User authorization

用户授权设置，这里设置为 For all，表示所有用户都可以看到点赞按钮，如图 13-18 所示。

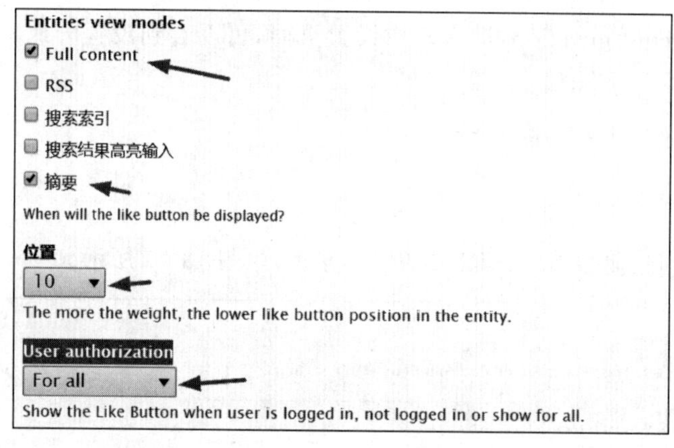

图 13-18 显示模式、按钮位置和用户权限设置

7. 其他设置

是关于付费用户的，需要到 likebtn. com 网站注册并付费，获得更多的点赞统计功能。
接着进入 LikeBtn Setting。
1) EXTRA DISPLAY OPTIONS
给按钮的前后添加 HTML 代码，以改变按钮显示。
2) STYLE AND LANGUAGE
选择按钮的主题和语言，这里选择主题为 White，语言为“简体中文”。

3）APPEARANCE AND BEHAVIOUR

这里有“喜欢”和“不喜欢”按钮，按钮显示方式有按钮、标签和图标，这里选择“喜欢”按钮、标签和图标，如图 13-19 所示。

4）Voting animation

按钮动画效果，有多种动画选择，这里选择 push(按压)效果，如图 13-20 所示。

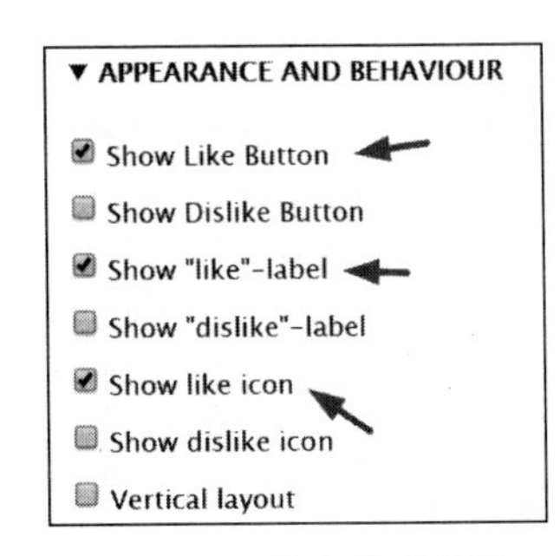

图 13-19　按钮外观设置

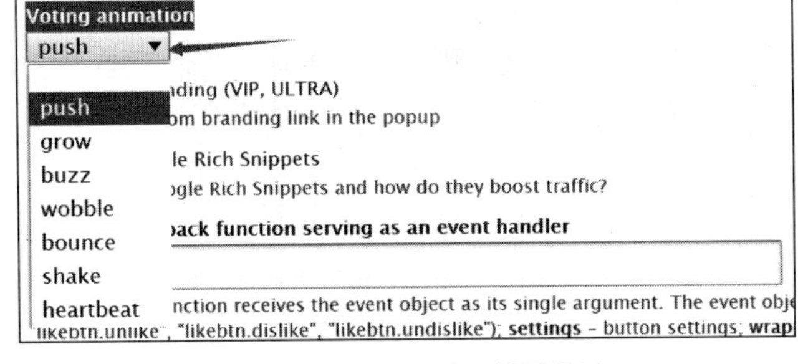

图 13-20　按钮的动画效果设置

5）POPUP

弹出窗口设置，例如，下面提到的分享窗口。其设置包括弹出的位置、弹出窗口外观样式、窗口宽度，及“捐赠”按钮弹出和付费方式(只有 VIP 和 ULTRA 在 likebtn.com 注册的付费用户可以使用这个功能)设置。

6）VOTING

投票方式，允许点赞或取消点赞，等等。

7）计数器

计数方式，设置是数字还是百分比、数字的格式，等等。

8）SHARING

分享方式，通过弹出窗口显示“分享”按钮，分享按钮的大小设置，等等。

9）TOOL TIPS

显示点赞的提示信息设置。

10）TEXTS

提示文本的内容，这里可以把提示信息直接翻译为中文，如图 13-21 所示。

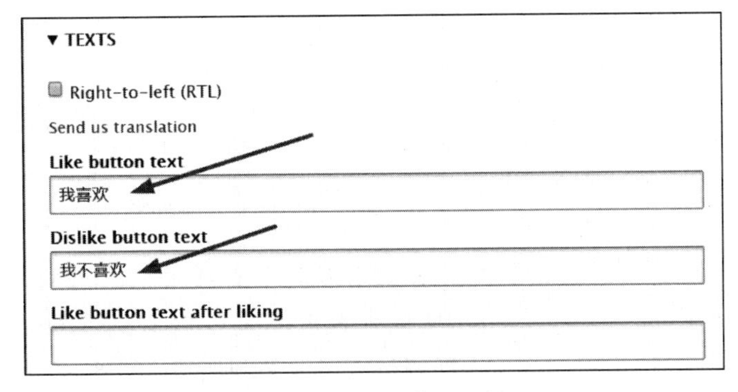

图 13-21　提示信息翻译

11）DEMO

检验设置效果。

12）点赞统计报告

只有付费用户可以使用。

13.3.3 点赞效果

打开一篇文章，在文章内容的最下面可以看到点赞按钮，单击按钮，会弹出前面设置好的分享按钮窗口，并可以看到点赞的次数为“27”，如图 13-22 所示。

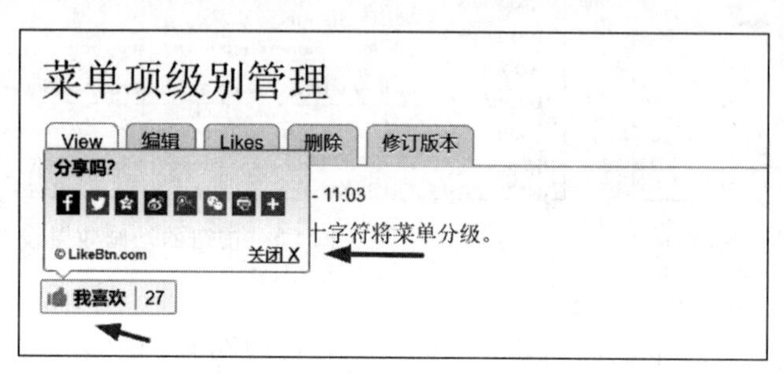

图 13-22 点赞按钮的效果

13.4 联系表单

Drupal 7，8 版本内核都包含联系表单(Contact)模块，在模块管理菜单中启用这个模块，因为 Drupal 把用户账号和电子邮件捆绑在一起，所以可以通过用户的联络表给用户发送电子邮件。

13.4.1 个人联络表单

首先是要授予使用用户个人联络表单的权限(见用户、角色与权限章节)。例如，通过系统菜单，给文章管理员角色授予 Contact：“使用用户个人联系表”，如图 13-23 所示。

权限	匿名用户	已登录用户	管理员	文章作者	文章管理员
Contact					
管理联系人表单和联系人表单设置	☐	☐	☑	☐	☐
使用站点联络表	☑	☑	☑	☑	☑
使用用户个人联络表	☐	☐	☑	☐	☑

图 13-23 赋予文章管理员使用联系表单权限

如果李四具有文章作者的角色，他发布了一篇文章，文章列表里面就可以看到文章作者的名字，当文章管理员查看文章列表，单击作者李四的链接，就可以看到李四的用户信息，并有一个“联络表”选项卡，如图 13-24 所示。

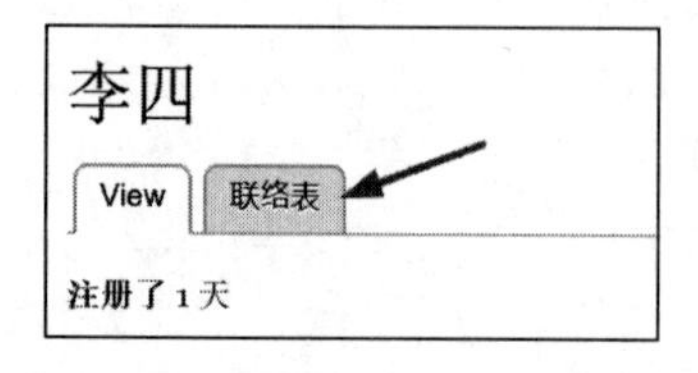

图 13-24 用户信息的联络表选项

那么,具有文章管理员角色的王五用户就可以通过联络表发送电子邮件给李四,如图 13-25 所示。

图 13-25　通过联络表给用户发电子邮件

13.4.2　自定义联络表单

如果是一个公司网站,用户可以通过电子邮件与公司不同部门联系,例如,技术支持、课程咨询、售后服务等。这时就需要一个定制的联络表单。

打开系统菜单“管理”|“结构”,选择“联系表单”,可以添加自定义的联络表,如图 13-26 所示。

+ 添加联系表

表单	收件人	已选择	OPERATIONS
个人联络表单	已选用户	否	管理字段
网站反馈	hgzhou@hotmail.com	是	编辑

图 13-26　添加联系表

可以分别添加技术支持、商品咨询和售后服务三个联络表单。除了输入表单名称和接收的电子邮件地址,还有表单提交后给用户显示的信息,或重定向到一个页面,或通过邮件自动回复用户的信息。

13.4.3　创建联络表单菜单

通过系统菜单,在主导航菜单中添加一个“联系我们(/contact)”的菜单项(见菜单管理章节)。用户就可以通过菜单“联系我们”发邮件了。Drupal 7 会在接收者的下拉菜单选项中显示“技术支持”“课程咨询”和“售后服务”。但是,Drupal 8 需要手工创建联系表单的菜单链接。在前面添加的技术支持、课程咨询和售后服务联系表单中,系统分别自动添加的机器名为 jishuzhichi,kechengzixun 和 shouhoufuwu,Drupal 系统默认的联系表单的链接是

"/contact"，所以，在"联系我们"菜单下添加二级菜单"技术支持(/contact/jishuzhichi)""课程咨询(/contact/kechengzixun)"和"售后服务(/contact/shouhoufuwu)"。

13.4.4 通过自定义联络表单发送邮件

通过"联系我们"菜单，打开了联络表单，并发送电子邮件给相应的部门，如图 13-27 所示。

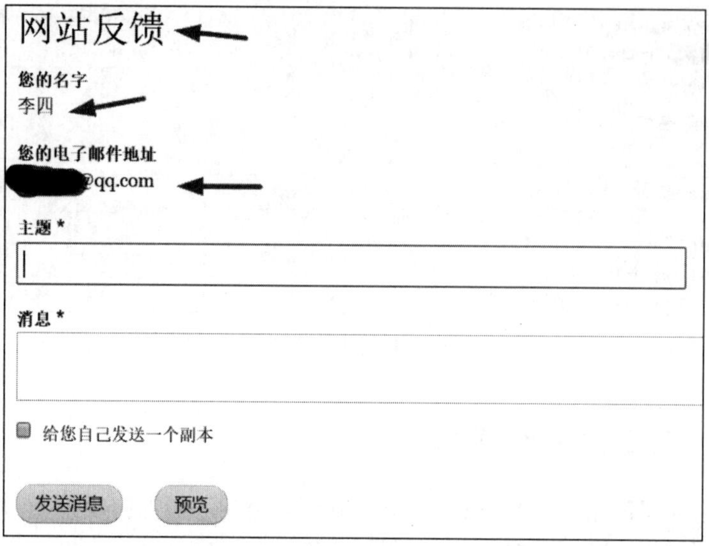

图 13-27 用户通过自定义联络表单发送邮件

13.5 Webform 表单

Webform 模块是一个更灵活的表单模块，可以定制表单或问卷调查，用户一旦提交了表单，就可以通过 E-mail 通知管理员。表单的提交结果可以导出为电子表格，也可以做简单的统计功能。

下载、安装和启用 Webform 模块，Webform 模块提供很多子模块，功能非常强大，这里只启用了 Webform、Webform Templates 和 Webform UI 子模块。

13.5.1 创建 Webform 表单

打开系统菜单"管理"|"结构"|Webforms，进入管理界面，除了＋Add Webform 按钮可以创建 Web 表单，为了节省设计，Web 提供了模板，所以可以选择 Templates 选项来创建表单。打开 Templates，共有 11 个模板可以选择，单击"预览"按钮可以看到表单的效果，单击"选择"按钮开始创建自己的表单，如图 13-28 所示。

这里选择了 Feedback 反馈模板来创建自己的文章反馈表单，单击"选择"按钮，进入填写表单标题，将 Feedback 修改为"文章反馈"，保存后，进入表单 Build 页面，从三个方面构建表单：＋Add element，＋Add page 和＋Add layout，如图 13-29 所示。

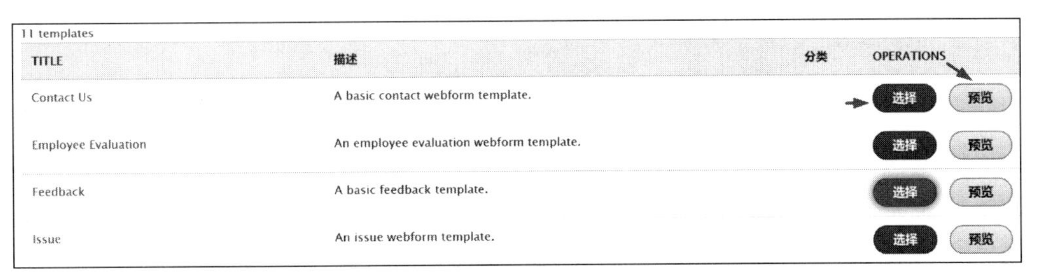

图 13-28 表单模板

+Add element +Add page +Add layout 显示行的权重

TITLE	键	TYPE	请求	OPERATIONS
Type of Feedback	type	Radios other	✔	编辑
Your Feedback	comments	Textarea	✔	编辑
Your Name	name	文本字段	✔	编辑
Your Email	email	电子邮件	✔	编辑
Submit button(s)	actions	Submit button(s)		编辑

Save elements Reset

图 13-29 使用 Feedback 模板创建文章反馈表单

单击+Add element 按钮,可以添加 HTML5 表单的所有元素外,还有一些高级元素,例如,COMPUTED ELEMENTS(可计算元素),CONTAINERS(容器元素),等等。

Web 表单共有 6 个选项卡,如图 13-30 所示。

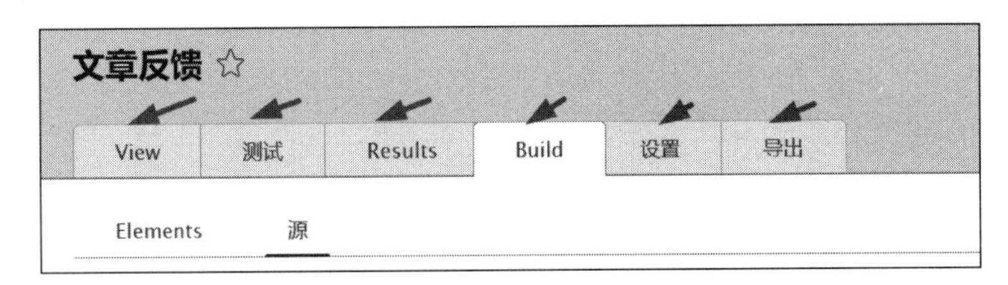

图 13-30 Web 表单的多个选项

下面分别说明每个选项卡的功能。

1. View

预览 Web 表单的效果,如图 13-31 所示。

2. 测试

自动随机生成测试数据填表。

3. Results

查看 Web 表单提交的统计结果。Results 还有三个子选项:①Submission,提交表单统计结果;②下载,以文本形式下载所有提交的表单;③Clear,清空提交的表单。

文章反馈

View 测试 Results Build 设置 导出

Type of Feedback *

Comments Report a Bug Questions 其它...

Your Feedback *

Your Name *

Your Email *

Submit feedback

图 13-31 表单预览效果

4. Build

构建表单，有两个子选项：①Elements，给表单添加元素，页面和布局；②源，打开YAML格式的元素代码，可以直接修改源码。

5. 设置

表单分为7个方面的子设置：①General，通用设置，修改表单标题，设置URL路径等；②表单，表单的状态设置，如开放、关闭等；③Submissions，提交表单的标签，行为，限制等；④Confirmation，提交表单的确认方式，确认信息和URL地址等；⑤Emails/Handlers，表单的提交，更新和删除的邮件通知，以及外部应用的数据路由方式；⑥CSS、JS，允许添加CSS和JS代码；⑦访问，表单的访问控制。

6. 导出

导出表单的YAML配置源码。

13.5.2 发布表单

创建好表单后，打开系统菜单"管理"|"结构"|Webforms，可以看到所有表单的列表，而且每个表单的标题都是带链接的，URL格式是：/form/[表单标题机读名称]。例如，前面创建的文章反馈(wenzhangfankui)表单，链接URL是/form/wenzhangfankui。有了URL地址，就可以把表单放到菜单中，让用户单击菜单使用表单。

另一种发布表单的方法是将表单作为引用字段，嵌入到某个内容类型中。例如，把文章反馈表单直接嵌入到文章内容类型中，通过修改文章内容类型，添加字段，选择Webforms，给文章添加"文章反馈"表单。在发布文章的时候，每篇文章后面都会有一个"文章反馈"表单供读者填写，提交。

第14章 中文与多语种网站

Drupal 的宿主语言是英文，其他语言为国际化语言。Drupal 的开发和第三方模块开发都必须用英文，如果要实现中文界面显示，就只能通过提供扩展名为.po 的翻译包完成，所有翻译包都放在官网(https://localize.drupal.org/download)管理，在中文翻译小组界面可以很快找到需要的汉化包(https://localize.drupal.org/translate/languages/zh-hans)。前面安装 Drupal 时，已经经历了中文 Drupal 安装。但是在开发过程中，还要安装一些模块，如果这些模块已经有别人贡献了汉化包，翻译包会在模块安装的时候在线安装，如果没有，还需要手工翻译。

14.1 多语种网站

Drupal 系统中可以建立多语种网站，通过语言菜单切换语种，整个网站就要翻译成不同的语言。翻译主要分成两个部分：用户界面翻译和内容翻译。用户界面翻译一般是以翻译包方式，由志愿者提供翻译服务。但是，用户界面翻译并不能 100%完成，所以，系统也提供用户界面翻译接口，由网站开发者自己完成其他部分界面翻译。在多语种网站系统，发布内容时会出现一个语言选项，根据输入的语言来发布内容，也可以先发布默认语言的内容后，再到内容管理界面，把内容翻译为其他语种。

Drupal 8 系统已经把多语种(Multilingual)模块设计在内核中，所以构建多语种比较简单，而 Drupal 7 系统需要安装第三方多语种 Internationalization(i18n)模块来实现国际化功能。

14.2 用户界面翻译

14.2.1 翻译包

Drupal 内核和第三方模块都会有相应的翻译包可以下载，包括 Drupal 5,6,7,8,9 所有版本翻译包。默认列出的是 Drupal 的内核，通过语言(Language)列表项，可以找到中文简体和繁体的翻译包。下载界面如图 14-1 所示。

也可以在搜索栏中输入想要的模块名称，例如 Panels 模块，单击 Show downloads 按钮，会找到不同版本的 Panels 模块用户界面语言翻译包，如图 14-2 所示。

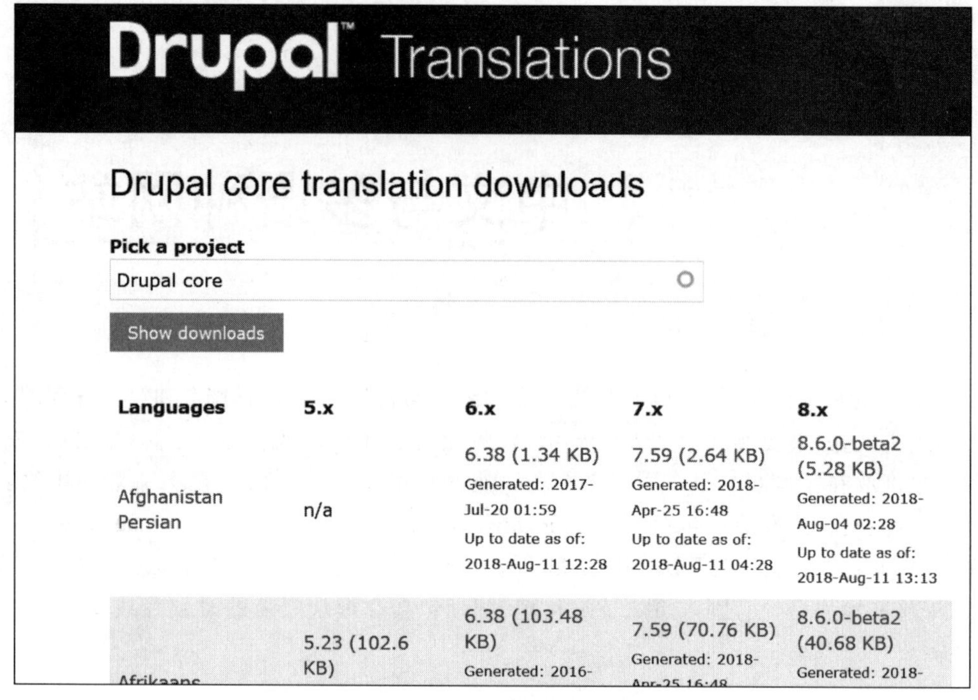

图 14-1　Drupal 内核翻译包下载界面

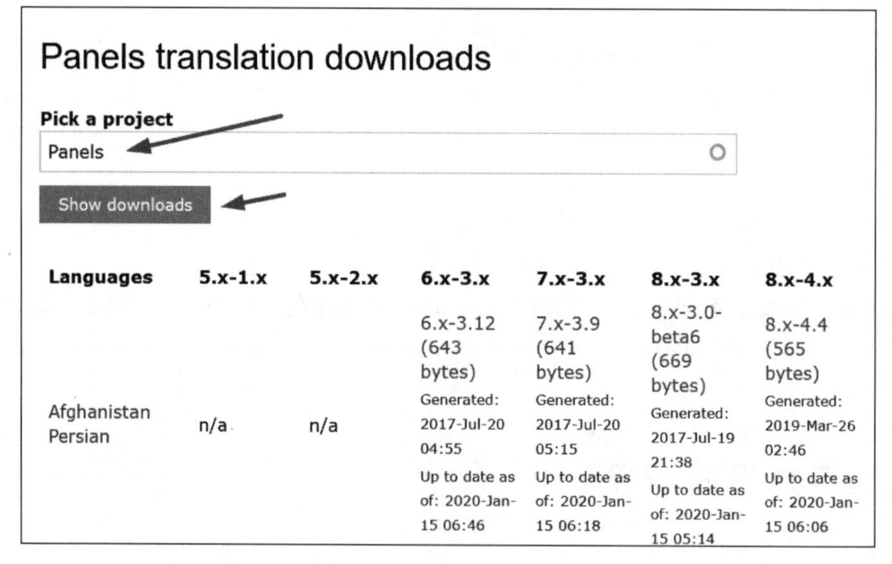

图 14-2　Panels 模块翻译包的下载界面

14.2.2　翻译用户界面

Drupal 8 版本已经实现所有用户界面(包括 Drupal 内核、模块和主题)的在线翻译更新。在安装新模块时,根据系统设置的语言,在线自动下载安装需要的语言包,完成用户界面翻译。但是和模块在线更新一样,需要修改/sites 目录的拥有者为 www-data,或要求系统安装 FTP 服务器(见基础篇的模块管理)。此外,由于 Drupal 内核和模块的更新和翻译可能不能同步,如果必要,还需要进行人工更新操作。对于 Drupal 8 系统,首先需要启用内核的两个模块：Interface Translation(用户界面翻译)和 Language(语言)。Drupal 7 版本没有在线更新翻译功能,需要通过安装第三方模块 localization update,实现翻译包在线自动更新服务。安装了这个模块后,翻译包文件自动下载到 sites/default/files/translations 目录下。这个模块已经包含在 Drupal 8 系统中。

解决用户界面翻译问题,可从以下步骤着手。

1. 检查翻译更新状态,完成在线更新

首先,打开系统菜单"管理"|"报告",都可以检查到翻译要更新的状态报告,Drupal 8 的"报告"菜单下有"可用的翻译更新"菜单,单击打开,在 Chinese, Simplified 的 LANGUAGE 列表下,发现 19 个模块项目没有翻译,如图 14-3 所示。如果在线更新正常工作,单击"手动检查",会引导到在线自动下载翻译包,完成更新。

可用的翻译更新 ☆

首页 » 管理 » 报告

上次检测时间：2 周 5 天 前 (手动检查)

LANGUAGE	STATUS
Chinese, Simplified	▾缺少19个项目的翻译。 • Chaos Tools (8.x-3.2). 文件未能在 *https://ftp.drupal.org/files/translations/8.x/ctools/ctools-8.x-3.2.zh-hans.po* 以及 *translations://ctools-8.x-3.2.zh-hans.po* 找到 • Drupal8 Zymphonies Theme (8.x-1.4). 文件未能在 *https://ftp.drupal.org/files/translations/8.x/drupal8_zymphonies_theme/drupal8_zymphonies_theme-8.x-1.4.zh-hans.po* 以及 *translations://drupal8_zymphonies_theme-8.x-1.4.zh-hans.po* 找到 • Juicebox (8.x-2.0-beta3). 文件未能在 *https://ftp.drupal.org/files/translations/8.x/juicebox/juicebox-8.x-2.0-beta3.zh-hans.po* 以及 *translations://juicebox-8.x-2.0-beta3.zh-hans.po* 找到

图 14-3　Drupal 8 的可用翻译更新项目列表

Drupal 7 的翻译更新直接在报告中显示,如图 14-4 所示。单击 Tanslation interface update 会引导在线自动更新界面,完成在线下载安装翻译包更新。

图 14-4　Drupal 7 的翻译更新状态报告

2. 手工下载翻译包,完成在线更新

如果没有打开在线自动更新功能(FTP 服务器和 Sites 目录拥有者问题),需要从翻译服务器手工下载相应翻译包文件,完成翻译更新。例如,在前面查找了 Panels 模块的翻译包,并下载简体中文翻译包 panels-8. x-4. 4. zh-hans. po,将其复制到 sites/default/files/translations 目录下。打开系统菜单"管理"|"报告",如图 14-5 所示,单击"可用翻译更新"界面的"手动检查",系统会通过在线和本地查找到更新翻译包。图 14-5 是发现 Panels 模块

的简体中文翻译包可用更新，单击“更新翻译”按钮，完成 Panels 模块的简体中文用户界面翻译。

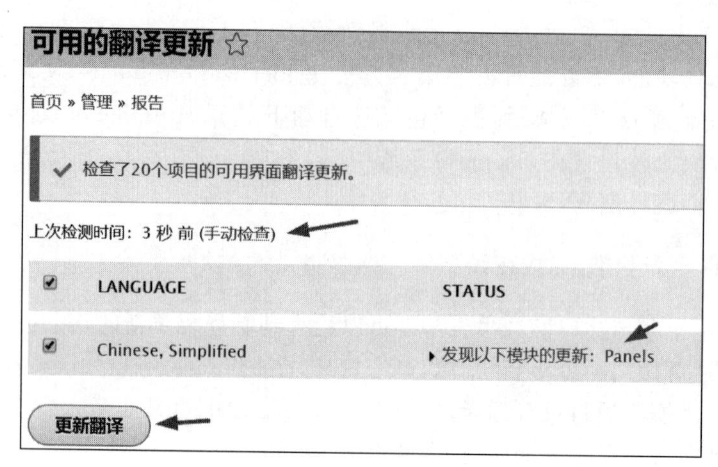

图 14-5　手动更新 Panels 模块的简体中文翻译包

3. 手工下载、导入更新翻译包

打开系统菜单“管理”|“配置”|“地区和语言”|“用户界面翻译”，如图 14-6 所示，选择“导入”选项卡，再选择上传需要更新的翻译包(这里是更新 drupal-8.7.11.zh-hans.po 内核简体中文翻译包)，单击“导入”后，系统会更新用户界面翻译，并把上传的.po 文件存放到 sites/default/files/translations 目录下。Drupal 7 系统也提供这种方式来更新用户界面翻译包。

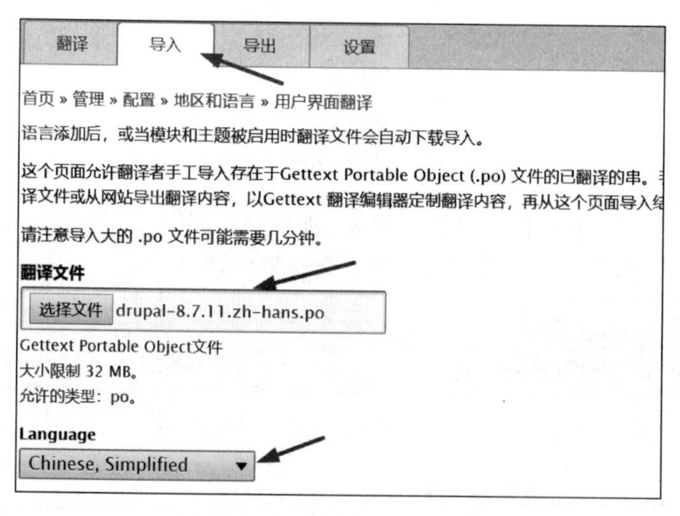

图 14-6　手动导入翻译包

4. 人工翻译

有时候，官网提供的翻译包并不能 100%地翻译所有用户界面，例如，我们安装并更新了 Module filter 模块简体中文翻译包，但是还是有一些条目没有翻译。在如图 14-7 所示的模块管理界面中，就有 All modules、Newly available 和 Recently enabled 没有翻译成中文，所以需要网站开发者完成人工翻译。

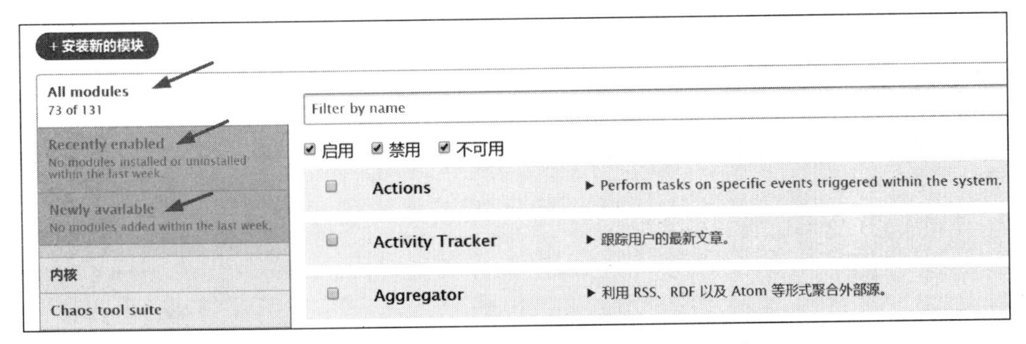

图 14-7　Module filter 模块界面没有翻译的英文条目

打开系统菜单“管理”|“配置”|“地区和语言”|“用户界面翻译”，输入“All modules”，单击 Filter 按钮，查找到未翻译的条目 All modules，然后，完成中文翻译，如图 14-8 所示。

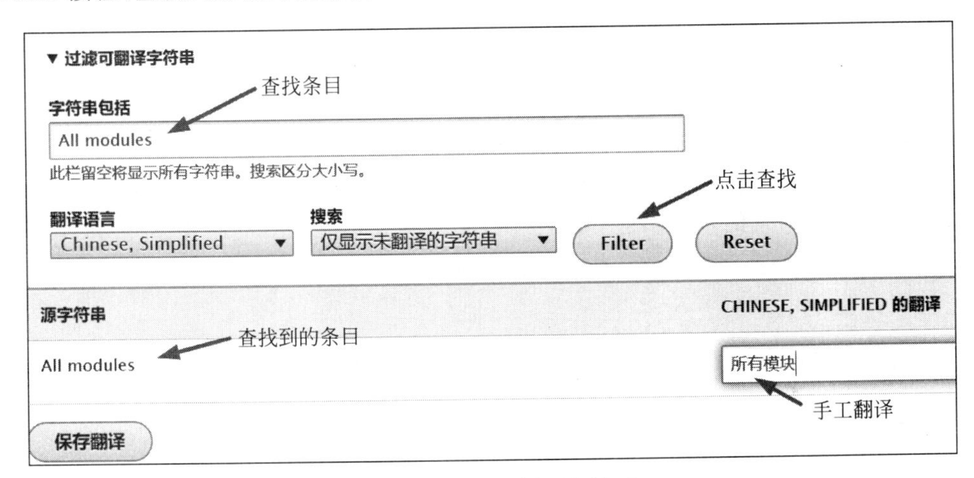

图 14-8　手工翻译用户界面

翻译的条目可能不会马上生效，需要打开系统菜单“管理”|“配置”|“性能”，做“清空所有缓存”。再回到模块管理界面，可以看到原来的英文 All modules 变成了“所有模块”。

14.3　创建双语网站

在安装 Drupal 时默认的语言是简体中文，虽然在内容类型中，系统会默认有语言选项字段，但是一般不会去选择发布内容的语言。可是，如果创建了双语网站，例如添加了英语，那么创建内容时就会有语言选项来决定发布的是简体中文还是英文内容。而且，我们也希望网站的界面也是可以选择语言的，这就需要通过语言切换按钮切换为简体中文或英文界面。

14.3.1　添加语言

在 Drupal 7 系统中，即使安装的默认语言是简体中文，系统仍然会保留英文语言，但是

Drupal 8 系统需要手动添加英文语言。打开系统菜单“管理”|“配置”|“地区和语言”，选择“语言”，进入语言管理界面，单击“＋添加语言”按钮，添加 English，如图 14-9 所示。

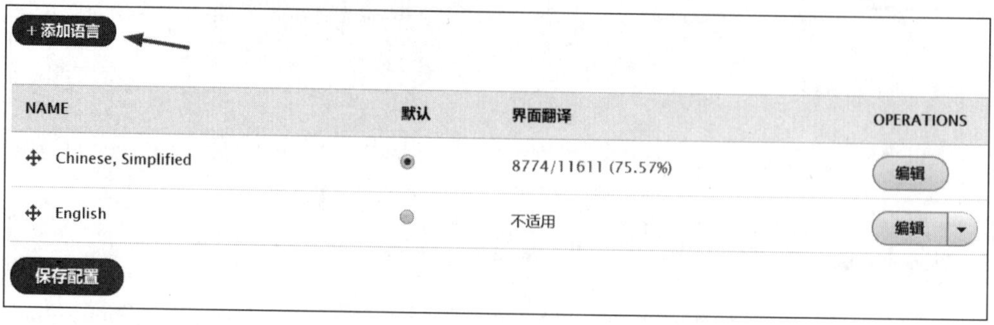

图 14-9　添加语言

14.3.2　语言检测设置

添加语言后，系统如何鉴定使用哪种语言呢？其实，在 14.3.1 节中，系统给语言一个默认选项，我们设置为简体中文，所以，打开网站时，系统默认的显示语言就是简体中文，除非用户通过语言切换按钮强制切换到英语。但是这种方式不太灵活，如果一个美国人打开我们的网站，显示的是简体中文，就显得不友好，即使他可以找到英语语言切换按钮。所以，Drupal 系统提供了语言的检测和选择设置。打开系统菜单“管理”|“配置”|“地区和语言”|“语言”，选择“检测及选择”选项，系统提供了 6 种检测方式来决定语言的选择，通过勾选启用这些检测设置，如图 14-10 所示。

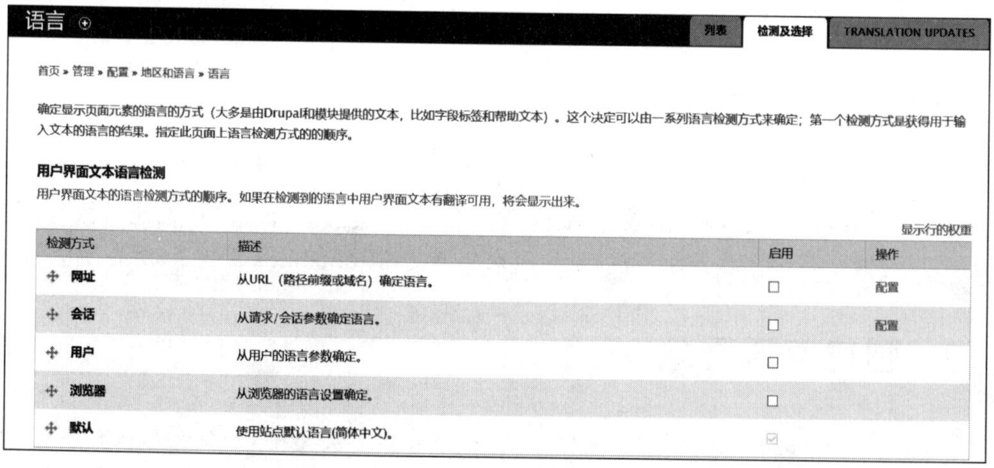

图 14-10　Drupal 7 的语言检测管理界面

1. 用户

一个系统管理员来管理一个多语种网站，也许他并不熟悉所有的语种，如果系统管理员是一个中国人，那么他希望的后台管理界面是简体中文，而且在系统管理员账户设置的默认语言也是中文，如果勾选，系统管理员登录后，将自动切换为简体中文。同样，普通用户注册时，也可以选择自己的默认语言，这样，只要用户登录，就自动切换到用户默认的语言环境。

2. 网址

在 URL 地址中加上语言标识是最常用的一种语言切换方式，在图 14-10 中，单击“网址”中的“配置”，可以通过以下两种方式给 URL 设置语言标识。

(1) 路径前缀：例如，http://localhost/drupal8/en，其中，“en”表示打开的网址使用英语界面，如果把前缀改为“zh”或不加标识，打开的网址是系统默认语言简体中文界面。

(2) 域：把语言标识放到域名的前面，例如，http://en.localhost/drupal8/，将打开英语界面。

3. 会话

浏览器打开网站的 URL 地址如果带上语言参数，例如，http://example.com?language=en，表示打开英语界面。

4. 浏览器

系统通过检查浏览器的语言设置，来决定网站使用哪种语言。所以，如果用户安装并设置为英文版的浏览器，则 Drupal 系统默认打开英语界面。

5. 默认

前面添加英语语言的时候，把简体中文设置为默认语言，如果没有选择上述语言检测，则打开默认语言界面。

14.3.3 添加语言切换按钮

多语种网站会在页面增加语言切换按钮，让用户自由选择语言。当添加了多个语言后，系统会自动生成语言切换区块组件，所以可以通过区块管理，把语言切换组件放置到页眉位置。打开系统菜单“管理”|“结构”|“区块管理”，添加“语言切换”组件，如图 14-11 所示。

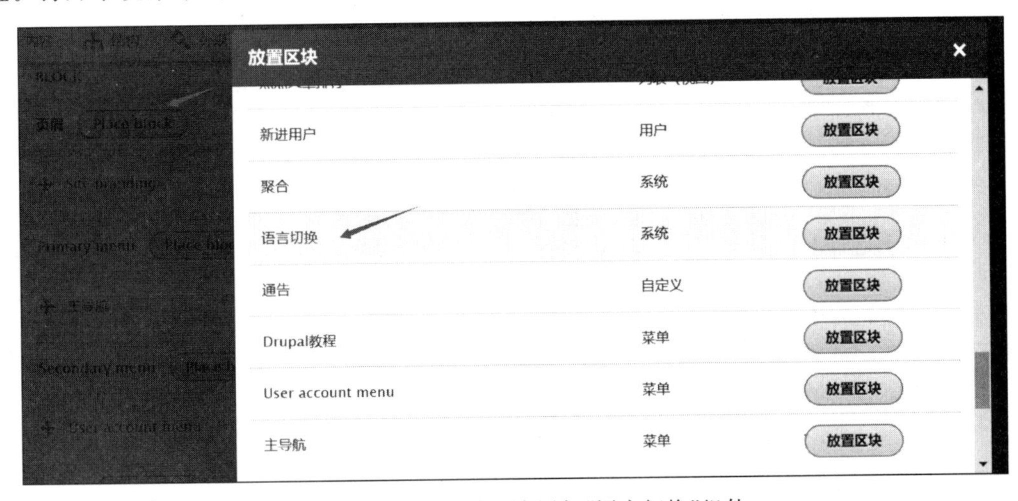

图 14-11 在区块管理中添加“语言切换”组件

返回首页，可以看到语言切换的按钮，如图 14-12 所示。

在线课程管理系统
语言切换
Chinese, Simplified
English

图 14-12　首页出现的语言切换按钮

14.3.4　第三方语言切换按钮

Drupal 系统内置的语言切换按钮比较简单，还可以安装更漂亮的语言切换按钮模块，主要有：

（1）Dropdown Language 模块。

（2）Language Switcher Dropdown 模块。

（3）Language Icons 模块。

安装并启用 Language Icons 模块，语言切换按钮中多了国家图标，如图 14-13 所示。

在线课程管理系统
Chinese, Simplified
English

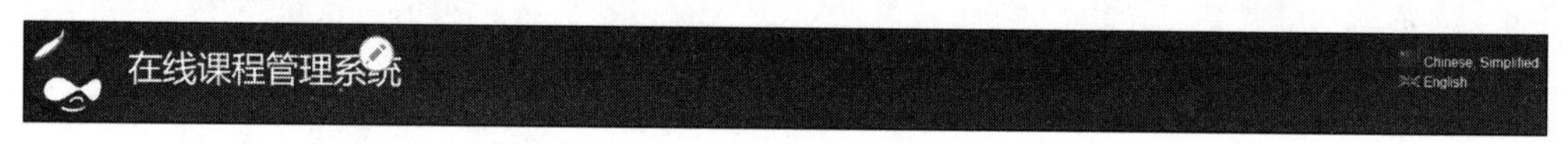

图 14-13　Langauge Icons 模块语言切换效果

14.4　内容翻译

一个 Web 系统的内容可能会与界面相关联，例如菜单、按钮、表单和区块组件的标题等，而大多数内容都是通过内容类型和分类（Taxonomy）创建的，如果设置了多语种网站，上面这些内容都需要翻译。所以，系统会在这些内容进入编辑状态时，提供一个翻译的选项。而内容类型会默认添加语言选择器字段，让用户选择使用哪种语言创建当前的内容。但是，每一种语言的内容都要单独创建一次，好像操作起来有点烦琐，所以，Drupal 系统在内容编辑界面里添加了内容翻译选项功能，这样，创建好的一个语言内容，可以通过内容管理编辑界面，再把内容翻译成为其他语言。

要实现内容翻译，需要启用 Drupal 8 内核的两个模块：Configuration Translation（翻译设置）和 Content Translation（内容翻译）模块。启用这两个模块后，打开系统菜单“管理”|“配置”|“地区和语言”，看到增加了两个菜单“内容语言和翻译”及“配置翻译”，如图 14-14 所示。

Languages
设置内容、界面和配置的语言。
内容语言和翻译
设置内容的语言和翻译支持。
用户界面翻译
管理翻译文件的导入，并添加或自定义界面翻译。
配置翻译
翻译配置

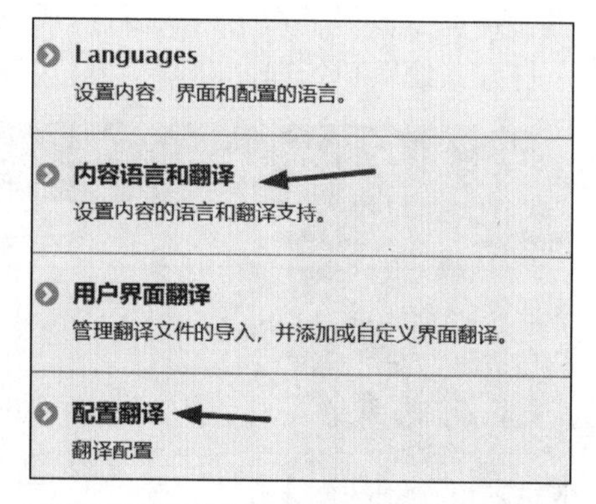

图 14-14　在地区和语言中新增加了与内容翻译相关的菜单

14.4.1　内容类型增加翻译和语言选择功能

在创建一个内容类型时，系统自动添加了语言选择器字段，但是该字段处于隐藏状态，多语种网站需要打开这个语言选择器字段，让用户在创建内容的时候，由用户选择发布的内容语言。同时,发布的内容也要增加翻译功能,让用户自己把内容翻译成其他语言。

打开系统菜单"管理"|"配置"|"地区和语言"|"内容的语言",如图 14-15 所示。系统列出了与多语种相关的实体,勾选这些实体后,会在创建这些实体内容的时候出现语言选择器和翻译编辑内容功能。

接着勾选了文章内容类型,并打开语言选择器,在图 14-16 中,还列出了可以翻译的字段,如果不想使用每一个字段翻译,可以取消勾选。

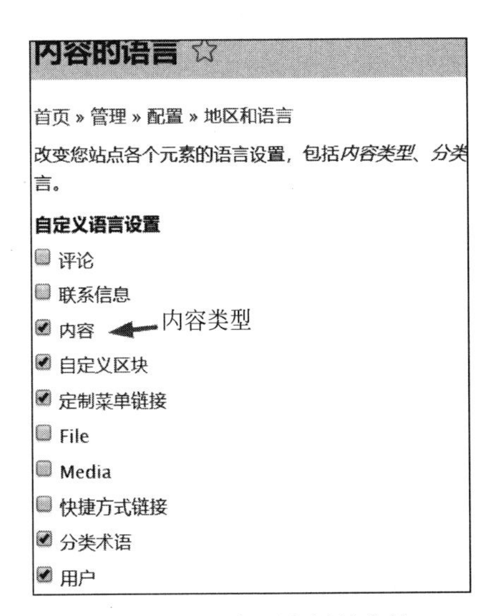

图 14-15 选择可翻译的实体

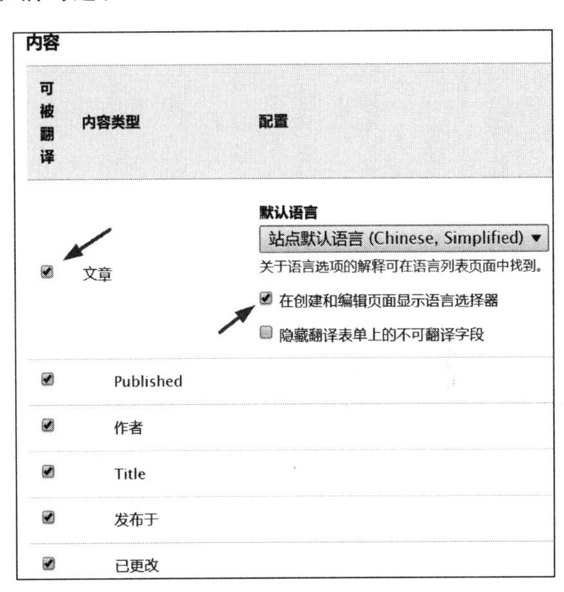

图 14-16 设置文章内容类型的翻译与语言选择器

14.4.2 语言选择器与内容创建

当用户创建一篇文章的时候,会出现语言选择器,如图 14-17 所示。

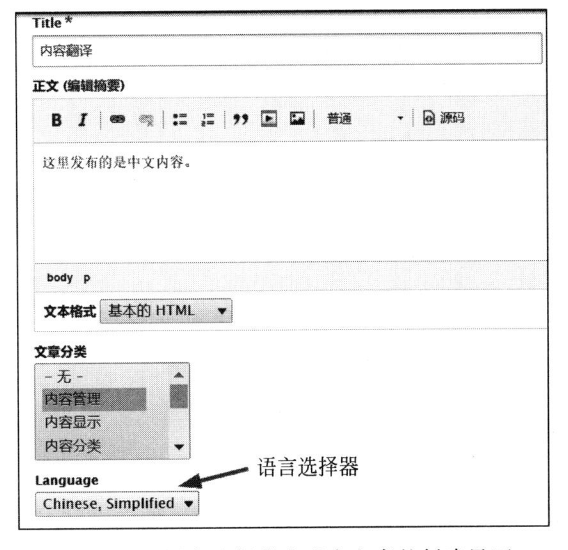

图 14-17 语言选择器出现在文章的创建界面

14.4.3 编辑翻译文章

文章内容发布后，发布作者在浏览文章全文时，可以看到“翻译”选项卡，如图 14-18 所示。

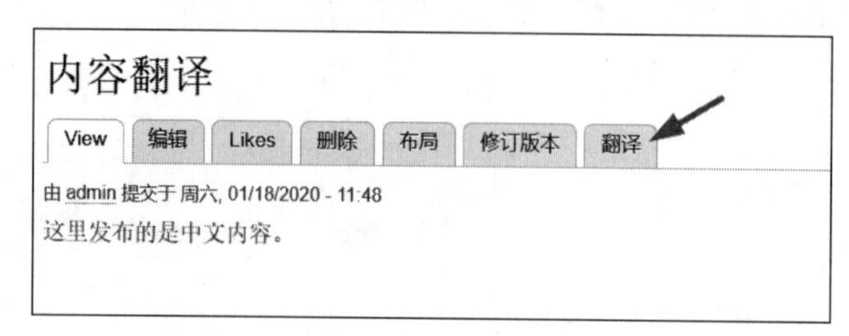

图 14-18　文章界面的“翻译”选项卡

单击“翻译”标签，进入翻译管理界面，如图 14-19 所示。

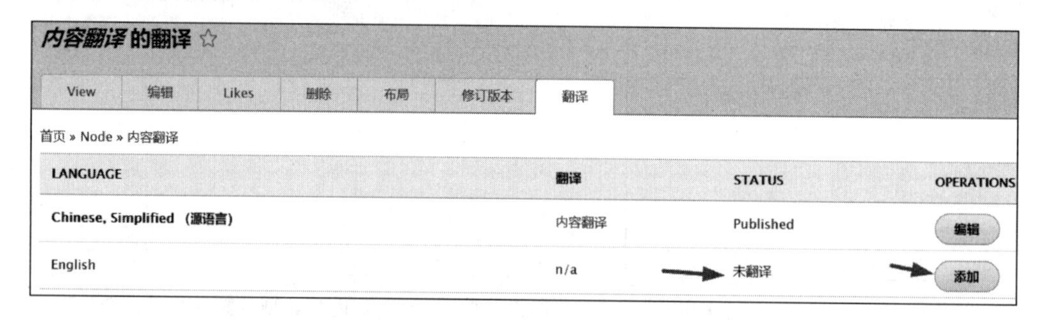

图 14-19　文章的英文内容处于未翻译状态

单击“添加”按钮，进入内容的翻译界面，如图 14-20 所示。

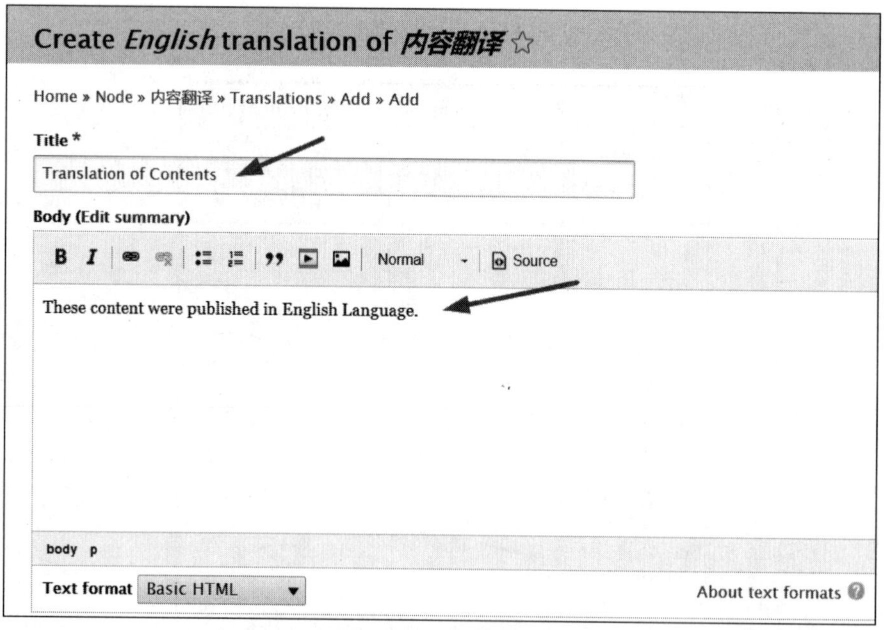

图 14-20　标题和内容翻译为英语

发布英语文章时，系统将自动切换语言为英语。

14.4.4　其他实体内容的翻译

1. 区块组件翻译

区块组件的翻译内容主要是标题，如图 14-21 所示，前面发布了一篇翻译好的英文文章，同时，在视图中创建的一个最新文章的区块组件中也列出了这篇英语文章，但是，“最新文章”标题却没有翻译为英语。

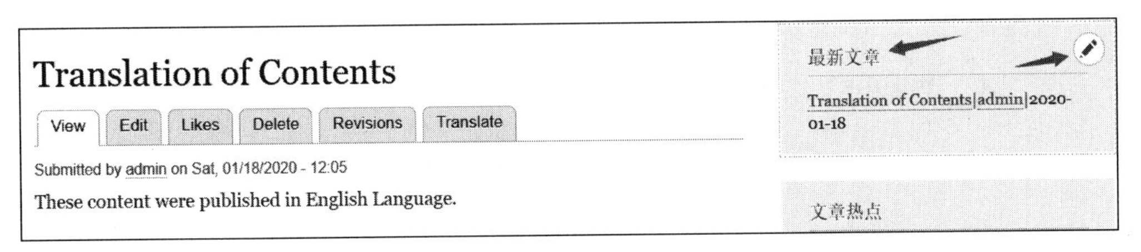

图 14-21　区块组件“最新文章”标题没有显示英语

打开系统菜单“管理”|“结构”|“区块布局”，修改翻译“最新文章”区块组件的标题，如图 14-22 所示。

Translations for *最新文章 block* ☆

Configure block　Translate block

Home » Administration » Structure » Block layout » Configure block

LANGUAGE	OPERATIONS
Chinese, Simplified (original)	Edit
English	Add

图 14-22　“最新文章”区块组件翻译管理界面

单击 Add 按钮，进入翻译编辑界面，完成区块组件标题翻译，如图 14-23 所示。

Add English translation for *最新文章 block* ☆

Home » Administration » Structure » Block layout » Configure block » Translate

▼ (EMPTY) VIEW BLOCK

Description
(Empty)

Description
list of all newest articles

Title
(Empty)

Title
Newest Articles

Save translation

图 14-23　将“最新文章”标题翻译为英语

2. 菜单翻译

首先，切换为英语后，首页主导航菜单仍然是中文，所以需要进一步把菜单翻译为英语。

打开系统菜单“管理”|“配置”|“地区和语言”|“内容语言和翻译”，勾选“定制菜单链接”复选框，并设置好“定制菜单链接”，如图 14-24 所示。

定制菜单链接
可被翻译
定制菜单链接包
配置
默认语言
站点默认语言 (Chinese, Simplified)
关于语言选项的解释可在语言列表页面中找到。
定制菜单链接
在创建和编辑页面显示语言选择器
隐藏翻译表单上的不可翻译字段
菜单链接标题
描述
已更改

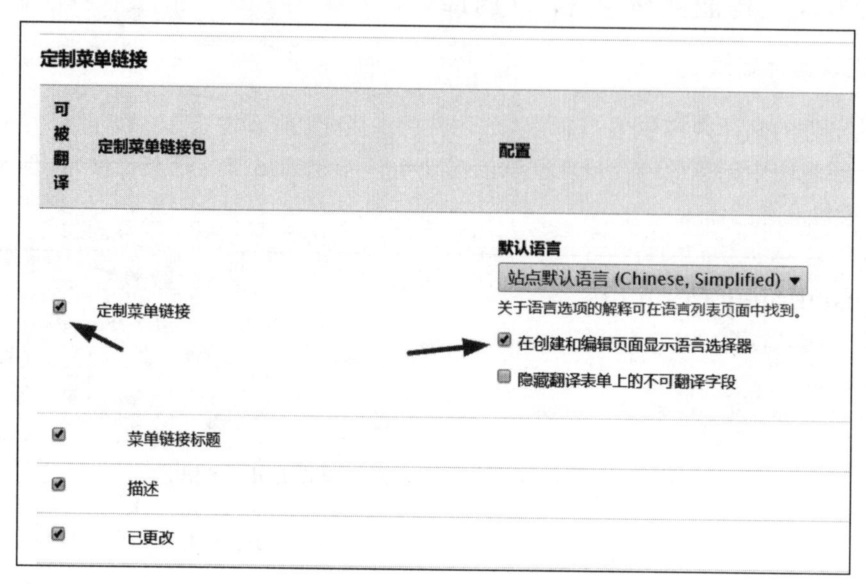

图 14-24 菜单翻译设置

打开系统菜单“管理”|“结构”|“菜单”，编辑“主导航”菜单，选择 Language 为 English，保存，再单击菜单条目中的“编辑”，进入菜单条目修改界面，可以看到语言选择器，如图 14-25 所示。

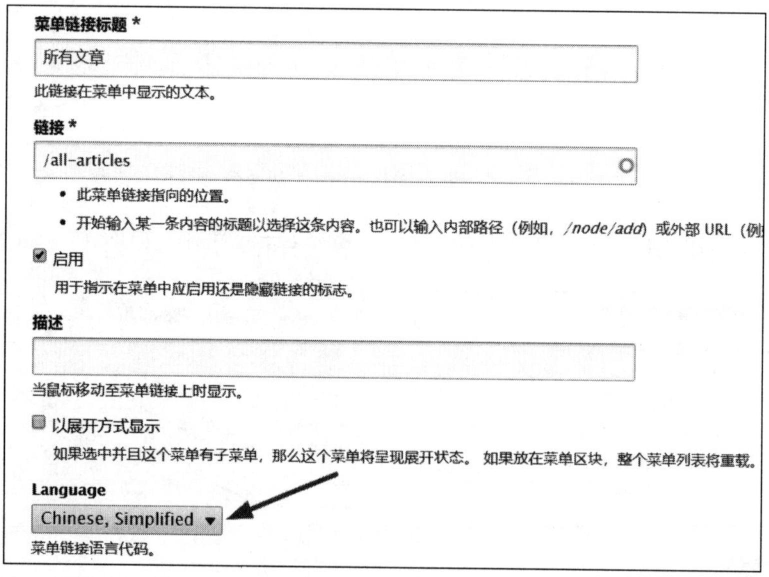

菜单链接标题 *
所有文章
此链接在菜单中显示的文本。
链接 *
/all-articles
此菜单链接指向的位置。
开始输入某一条内容的标题以选择这条内容。也可以输入内部路径（例如，/node/add）或外部 URL（例
启用
用于指示在菜单中应启用还是隐藏链接的标志。
描述
当鼠标移动至菜单链接上时显示。
以展开方式显示
如果选中并且这个菜单有子菜单，那么这个菜单将呈现展开状态。 如果放在菜单区块，整个菜单列表将重载。
Language
Chinese, Simplified
菜单链接语言代码。

图 14-25 菜单条目编辑界面的语言选择器

或者，在菜单条目的“编辑”下拉菜单下，直接选择“翻译”，将中文菜单条目翻译为英语，如图 14-26 所示。

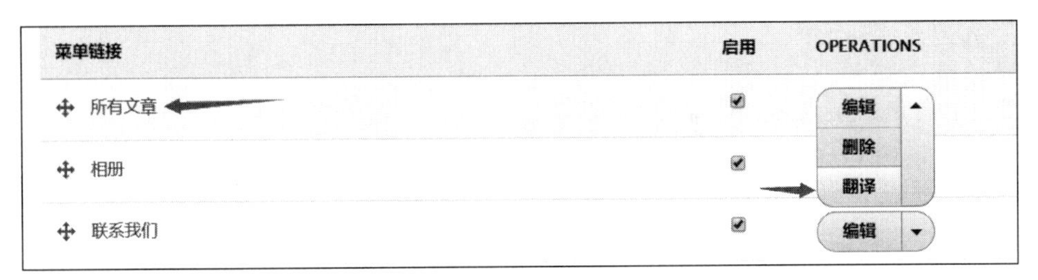

图 14-26　菜单条目翻译

进入菜单条目翻译管理界面，如图 14-27 所示，单击 English 后面的“添加”按钮，将“所有文章”修改为 All Articles 完成英语翻译。

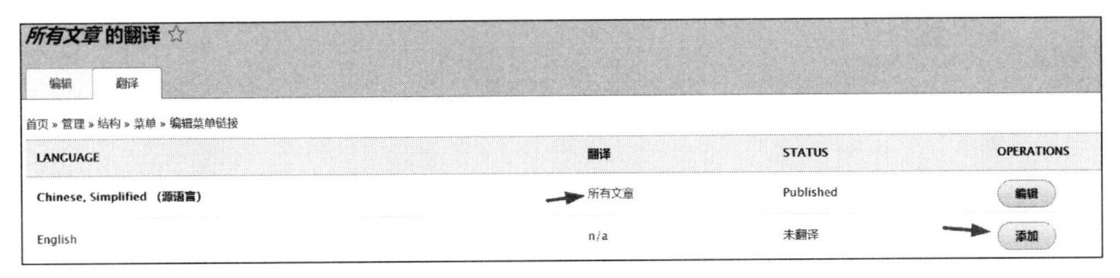

图 14-27　菜单条目翻译管理

3. 视图翻译

由于前面菜单翻译中，有一个菜单条目“相册”是由视图创建的，所以需要在视图中翻译。打开系统菜单“管理”|“结构”|“视图”，打开“相册”视图，选择“翻译 视图”，如图 14-28 所示。

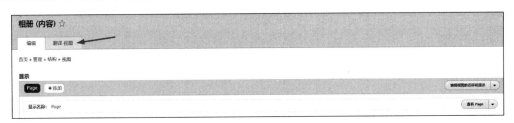

图 14-28　视图翻译

进入视图翻译编辑界面，添加 English 翻译，找到菜单部分，修改菜单名称“相册”为“Photo Album”，如图 14-29 所示。

▼ PAGE 显示设置

Title
Page

Title
Page

▼ 页面显示选项

▼ 相册 菜单

Title
相册

Title
Photo Album

翻译相册菜单为英语

描述
(空)

描述

图 14-29　翻译“翻译 视图”的菜单

4．站点信息翻译

站点信息包括站点名称和站点口号，我们的站点名称是“在线课程管理系统”，所以需要翻译为 Online Courses management System。打开系统菜单“管理”|“配置”|“系统”|“文章基本信息”，单击“翻译 system information”，单击“添加”按钮进行英语翻译，如图 14-30 所示。

图 14-30 站点信息翻译管理界面

5．菜单、站点标题英语翻译效果

如图 14-31 所示是完成菜单、视图和站点信息翻译后的网站英语页面效果。

图 14-31 英文页面的效果

第15章 实用管理模块和Drupal分发版

Drupal 提供了很多优秀的模块，来帮助用户实现无代码开发，而对于初学者，找到一些实用模块还是不容易的，所以本章将推荐一些实用模块，以提高开发效率，同时，也介绍一下 Drupal 的分发版——一种更快捷的开发方式。

15.1 高级帮助管理

Drupal 系统默认安装了帮助文档，提供核心模块和第三方模块的帮助，但是其帮助内容是相对简单。例如，在 Drupal 7 中安装了 Views 模块，我们在 Drupal 的帮助文档中看到的内容如图 15-1 所示。而 Advanced Help 模块可以让模块和主题开发人员将帮助文档独立出来，放到 Advanced Help 框架里面来写。如果开发人员没有提供帮助文档，Advanced Help 模块会读取模块的 readme 文件作为帮助文档。

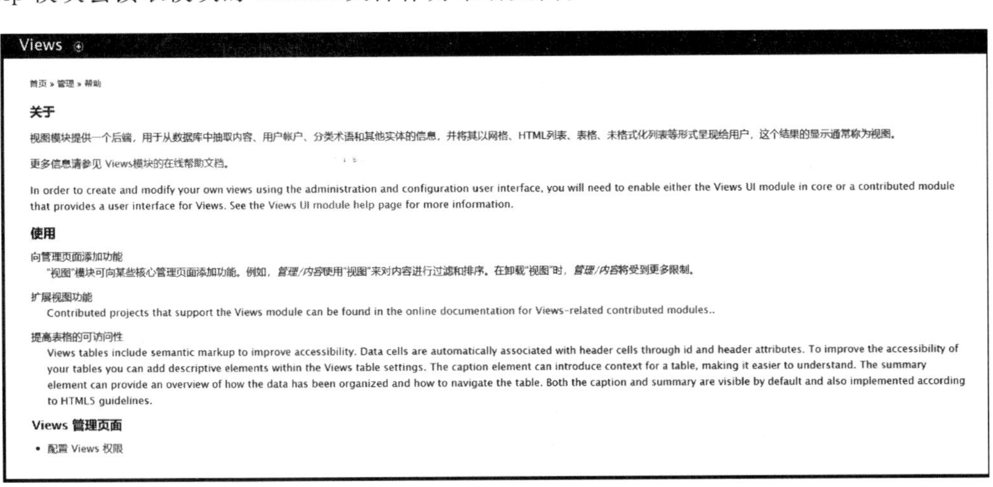

图 15-1 Views 模块的帮助文档

安装这个模块后，在系统菜单"帮助"中会多出一个 Advanced Help 标签，并可以看到系统包含的模块帮助条目，如图 15-2 所示。

在 Advanced Help 下，打开视图模块帮助文档，看到的帮助会非常详细，如图 15-3 所示。

图 15-2 高级帮助

图 15-3 Views 模块的高级帮助文档

15.2 开发管理

Devel 模块是一个针对 Drupal 开发者的模块。它通过 dpm()函数来打印变量，调试代码，在页脚下提供一系列的管理工具来监控数据库的查询、性能分析等。对于普通开发者来说，最有用的一个工具是内容创建，它可以快速产生模拟数据用来测试，例如，节点内容、评论、分类术语、图片和用户数据等，节省输入数据时间。开发好后，还可以快速清除数据。创建数据的语言是法语，其实开发者并不关心内容，而是关心内容的布局和显示效果。

安装好该模块后，启用 Devel generate 子模块，打开系统菜单“管理”|“配置”|“开发”，有创建内容的设置，如图 15-4 所示。

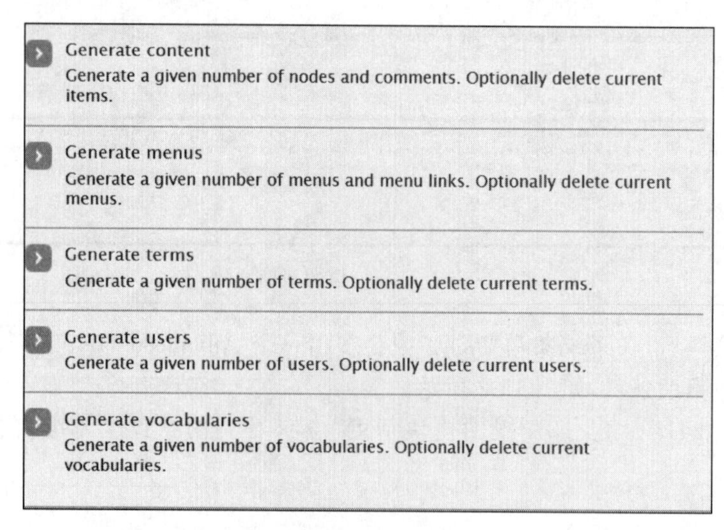

图 15-4 创建内容

15.3　分类管理

TaxonomyManager 模块提供非常强大的交互界面，来管理 Taxonomy 分类。这里使用 Drupal 7 版本来做功能演示。

安装好模块后，打开系统菜单“管理”|“结构”，菜单下多了 Taxonomy Manager 菜单项，也可以把它改到 Navigation 菜单下，让一般管理员用户使用。

如图 15-5 所示是创建一个标签分类的管理界面。有一个漂亮的工具栏可用来添加、移动分类术语等操作。

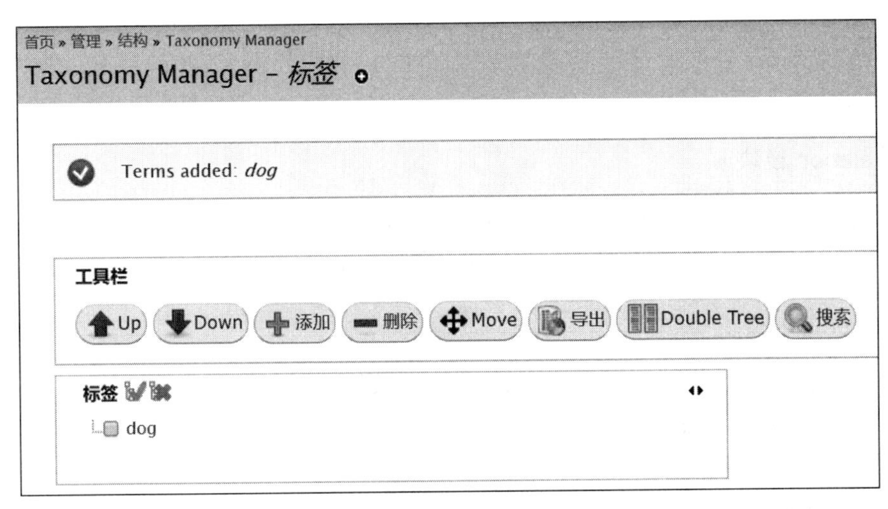

图 15-5　分类管理器的界面

单击已添加的分类术语，进入修改界面。可以修改术语名字，单击“保存变更”按钮，如图 15-6 所示。

图 15-6　分类管理器修改术语

15.4 关联-关系管理

数据库表之间有关联，实体(Entity)之间也有关联，例如，一个图书网站，会有书、书的作者、读者，这三个实体需要建立关联，关联后的实体，可以通过书找到作者和订阅的读者，通过作者可以找到他写过的书，通过读者可以发现他喜欢读的书和喜欢的作者等关系。

常用的关联-关系模块有 Relation，References 和 Entity Reference。通过内容类型的引用字段(Reference Fields)或关联字段(Relation Fields)来把两个或多个实体建立关联。

1. Entity Reference 模块

可以连接任何实体类型，如一个节点类型(Node type)和用户实体的连接，并可以在两个实体之间建立双向引用。

2. Relation 模块

这个模块相对复杂些，可以让任何实体之间建立联系，甚至还可以建立关联实体(Relation Entity)，例如，公司 A(实体)→捐赠 1 万元(关联实体)→学校 B(实体)。

3. Reference 模块

有两个子模块 Node reference 和 User reference，可以在视图中把多个数据库表用 join 建立连接，这个模块已经成为 Drupal 8 的内核。

15.5 批量处理

Views Bulk Operations (VBO)模块可以在 Views 中实现批量操作功能，例如，批量删除视图的列表内容。

15.6 规则

Rules 模块通过“事件>规则>动作”实现自动化业务处理。

15.7 电子商务

Web 应用的一大领域是在线电子购物，Drupal 生态圈提供了丰富的电子商务模块来构建电子商务网站，常用的模块有以下两个。

1. Ubercart 模块

提供了一个基于 Drupal 的电子商务平台，可以实现在线物品买卖、电子多媒体下载付费、信息订阅服务付费等，有商品分类、商品图片展示、购物车、结算、商品物流等功能，支付的方式有支票、信用卡、Paypal 等，快递服务包括 UPS、FedEx 和 USPS 等。

2. Drupal Commerce 模块

可以创建定制的商品类型，动态商品展示，管理订单，提供支付方式接口，允许各种支付中介(Gateways)接入，计算扣税，打折等。此外，通过第三方模块，如 Shipping、Stock、Coupons、Paypal 实现快递、库存管理、优惠券和付款等功能。

15.8 Drupal 分发版

就像 Linux 的分发版，Drupal 是一个开源 Web 应用开发平台，一些公司会在 Drupal 内核的基础上，针对某个领域，通过各种模块的集成来构建满足基本功能需求的一个产品级系统，用户下载安装就基本可以使用，减少开发过程。也可以在此基础上做二次开发，这样就大大节省了系统的设计和开发时间。这些由第三方开发发布的系统(https://www.drupal.org/project/project_distribution)基本上是开箱即用，例如：

(1) 在线购物系统(Commerce Kickstart)。

(2) 餐馆系统(Restaurant)。

(3) 在线学习管理系统(opigno_lms)。

第16章 移动与PWA设计

2007—2008 年，苹果发布第一代和第二代智能手机；2014 年，HTML 5 标准发布，移动应用成为软件开发热点。Drupal 生态圈也对移动应用提供了尽可能的设计方案，与移动相关的模块见官网（https://www.drupal.org/module-categories/mobile），总体设计思路主要由下面几个方面入手。

16.1 响应式移动设计

响应式移动设计主要是针对移动设备的屏幕尺寸，对 Web 应用的页面布局自动做出相应的调整，来适应不同屏幕尺寸和分辨率要求。移动设计还包括图片，字体大小切换，布局栏从多栏变为一栏，触摸屏事件响应，等等。

16.1.1 移动优先主题设计

移动优先主题，是在不改变整个 Drupal 结构的基础上，对页面布局的调整。主要的移动主题模块有以下两个。

（1）Bootstrap 主题模块：一个基于 Bootstrap 移动优先前端框架的响应式主题。

（2）Mobile Responsive Theme 主题模块：支持移动、平板和桌面主题。

16.1.2 移动和桌面应用切换

这种设计思想有两种实现方式，一是移动子域名切换，二是内容或布局切换。

1. 移动子域名切换

Mobile Subdomain 模块，这种设计方式是应用早期的移动应用设计思想，将桌面应用和移动应用分开来开发，如果检测到移动设备，重定向到移动子域名，切换到移动应用。例如，从主域名 http://mysite.com 重定向到移动域名 http://m.mysite.com。

2. 内容和布局切换

Mobile Detect 模块，这是一个基于 PHP 开源的轻量级 Drupal 移动设备识别检测库，通过识别移动设备，来决定是否显示一个区块或内容面板。类似的移动检测模块还有 Mobile Device Detection 模块，是在区块管理和视图管理中添加移动设备识别选项，来决定区块和视图的显示。

16.2 移动业务相关设计

移动最主要的功能之一是手机短消息服务(SMS),Drupal 提供 SMS Framework 模块结合短消息网关模块 SMS simple gateway,实现 Drupal 应用发布短消息给用户,或将 Drupal 的节点发布给手机。有关移动网关的更多信息可参见官网 https://www.drupal.org/docs/7/modules/sms-framework/gateways-for-sms-framework,与 SMS Framework 相关的生态模块见官网 https://www.drupal.org/project/smsframework/ecosystem。

16.3 PWA

PWA(Progressive Web App,渐进式 Web 应用)是 2015 年提出的下一代 Web 应用技术,得到 Google、微软、Intel 和主流浏览器厂商的支持,并成为 W3C 规范,其主要目的是解决传统应用与 Web 应用的差距问题,特别是移动端应用问题。例如,移动端用户更倾向于使用原生应用,而不是通过移动浏览器使用 Web 应用。为了提高 Web 应用在移动领域的生存问题,提高 Web 应用的优势,通过增强浏览器端软件开发接口(Web API),让 Web 应用达到原生应用的相似体验和功能。PWA 主要解决了以下问题。

1. 离线应用

WPA 实现离线缓存功能,在没有网络的情况下,解决传统 Web 应用出现网页打不开的问题,并保持一些非网络功能的正常运行。

2. 消息推送

和原生应用一样,可以订阅内容,并由服务器实时推送内容到客户端。

3. App Shell 架构

App Shell 架构构建了一个基本的 Web App 框架,离线状态下仍然可以看到 Web App 的基本界面展现,同时可以让运行于浏览器的 Web App 像原生应用一样,将应用 logo 添加至主屏幕,单击主屏幕图标,即时启动应用并隐藏浏览器外观,达到 Native App 的体验效果。

Drupal 通过 PWA 模块,实现 PWA 的离线应用功能,通过可设置的 mainifest.json 文件,修改添加应用的启动图标,实现添加应用到主屏的功能。

16.4 基于 Drupal 后端移动应用开发

Drupal 8 以后的版本,其设计理念是接口优先,通过 Drupal REST APIs 开发核心接口,让各种应用系统与 Drupal 后台接入,结合 Vue、React、Angular 和微信小程序等前端框架,实现移动应用开发。

第17章 产品上线

要正式发布系统，还需要做一些事情。首先，给系统选择一个域名，并到域名代理商处注册购买；然后，还要给系统申请一个服务器托管空间，用来存放代码和数据库；最后，将开发好的代码上传到远程虚拟主机服务器，并导入数据库到远程服务器，设置域名与网站项目绑定，产品就上线了。

17.1 申请域名

常用的商业一级(顶级)域名有".com"".net"和".cn"(中国)。二级域名根据个人喜好命名，一般很多好听易记的域名可能已经被别人注册，选择好的域名可以在域名代理商网站查询是否可用。域名是按年收费的，一般为30～100元/年，国内的华为云、阿里云和腾讯云都可以申请域名。

17.2 申请托管服务器

Drupal系统需要一个虚拟主机托管服务器，并且，这个虚拟主机是Linux系统，并默认已经安装了LAMP。一般提供域名注册服务商都会提供虚拟主机托管服务，如上面提到的阿里云和腾讯云。虚拟主机一般会按托管空间和每月访问流量来划分收费等级套餐，并按年收费，Drupal系统最好选择存储空间2GB以上，服务商的每月流量限制一般都会够用，按照这个要求，套餐总费用可能为500～1500元/年。此外，最好能选择可以托管多个网站或子网站的共享空间(泛域名或共享主机)的服务器，这样，一个服务器可以增加多个共享空间网站来节省费用，如图17-1所示是justhost.com托管服务器的主机类型和三年套餐的每月价格。如果是电子商务网站，还必须要有HTTPs网络协议支持，并有服务商提供SSL证书，否则还要到第三方购买证书。

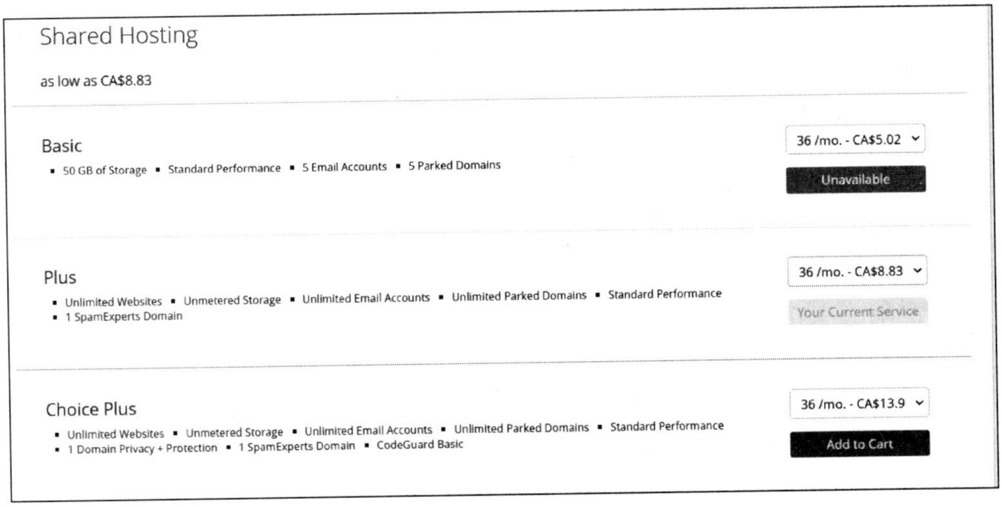

Shared Hosting

as low as CA$8.83

Basic

- 50 GB of Storage ▪ Standard Performance ▪ 5 Email Accounts ▪ 5 Parked Domains

36 /mo. - CA$5.02

Unavailable

Plus

- Unlimited Websites ▪ Unmetered Storage ▪ Unlimited Email Accounts ▪ Unlimited Parked Domains ▪ Standard Performance
- 1 SpamExperts Domain

36 /mo. - CA$8.83

Your Current Service

Choice Plus

- Unlimited Websites ▪ Unmetered Storage ▪ Unlimited Email Accounts ▪ Unlimited Parked Domains ▪ Standard Performance
- 1 Domain Privacy + Protection ▪ 1 SpamExperts Domain ▪ CodeGuard Basic

36 /mo. - CA$13.9

Add to Cart

图 17-1 justhost. com 通过的虚拟主机类型

17.3 安装 Drupal 到虚拟主机

1. 上传 Drupal 项目代码

使用 FTP 工具软件 FileZilla，把已经在本地机上开发好的 Drupal 项目代码原封不动地上传到远程虚拟主机上的 Web 根目录下（WWW 或 public_html），通过创建一个 addon Domain 或者 subdomain，将托管域名指定到 Drupal 项目目录。

2. 数据库导入导出

接着，导出和导入数据库（见维护篇的 Drupal 备份与恢复），唯一有点区别的是虚拟主机的 MySQL 是预先装好的，用户不知道数据库的 root 密码，但是可以使用 Cpanel 管理控制台的数据库管理工具，默认是 root 账户直接打开，不需要输入密码。通过数据库管理工具创建数据库名，数据库用户账户、密码，授权用户绑定到创建的数据库上。然后，再使用 phpMyAdmin 导入数据库表，或通过 SSH 工具远程登录到虚拟 Linux 主机终端，再使用新创建的数据库账户登录到 MySQL 终端，打开数据库，用 source 命令导入数据库表。

3. Settings. php 修改

在本地机开发 Drupal 的数据库是没有前缀名称的，但是，很多托管在虚拟主机服务器的数据库名称和数据库用户名都强制加前缀，前缀默认是虚拟主机账户名。例如，我的虚拟主机账户是“yukoner”，那么，在虚拟主机上创建的数据库名会是“yukoner_homework”，所以需要修改虚拟机上的 settings. php 里面的数据库配置参数，加上前缀（两种方法，保存原数据库和用户名称，设置“prefix=> true”，或者设置“prefix=> false”，在数据库和用户名前加前缀），如下。

```
$ databases = array (
  'default' =>
  array (
    'default' =>
    array (
      'database' => 'yukoner_homework',
      'username' => 'yukoner_homework',
      'password' => '123456',
      'host' => 'localhost',
      'port' => '',
      'driver' => 'mysql',
      'prefix' => false,
    ),
  ),
);
```

17.4 域名设置

下面是以 www.justhost.com 虚拟机服务器托管为例，进行虚拟机设置，让 Drupal 系统能正常运行。

17.4.1 域名绑定

为了让 Drupal 网站能够正常运行，除了上传 Drupal 代码安装数据库外，还要设置域名与网站关联，这里分为四个步骤完成域名指定网站关联。

1. 域名绑定虚拟机服务器账户

域名在使用前，需要与虚拟机服务器账户绑定，如果是在别的地方注册的域名，应该让 Web 服务器找到指定的域名，如图 17-2 所示，输入一个已经注册的域名。

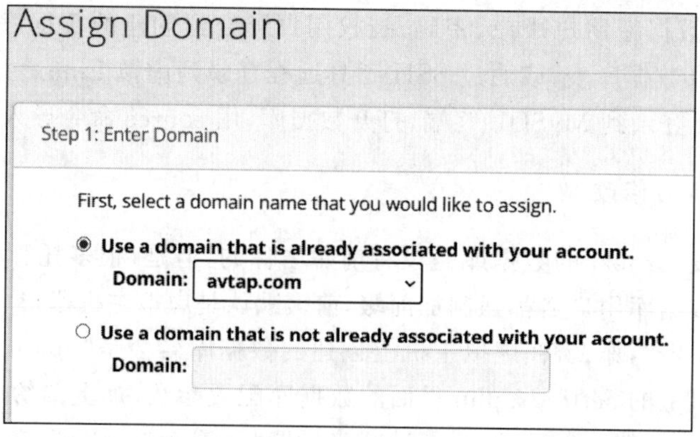

Assign Domain
Step 1: Enter Domain
First, select a domain name that you would like to assign.
Use a domain that is already associated with your account.
Domain: avtap.com
Use a domain that is not already associated with your account.
Domain:

图 17-2　为 Drupal 网站指定一个域名

2. 域名拥有者验证

验证这个域名是你的，如图 17-3 所示为验证了这个域名 avtap. com 目前不可用。

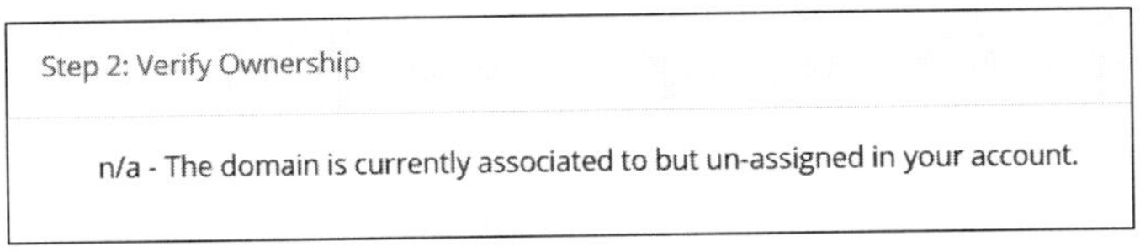

Step 2: Verify Ownership

n/a - The domain is currently associated to but un-assigned in your account.

图 17-3 验证域名拥有者

3. 选择域名绑定方式

把域名与网站绑定，即指向 Web 服务器根目录下（一般是 www 或 Public_html 目录）的 Drupal 项目目录，绑定方式有三种，如图 17-4 所示。

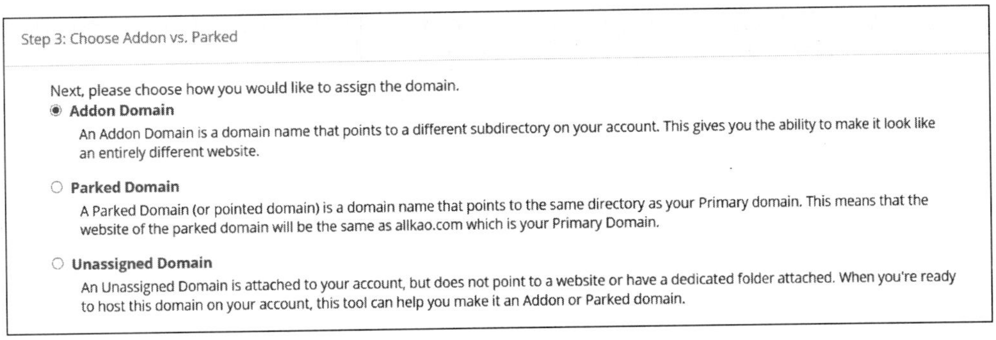

Step 3: Choose Addon vs. Parked

Next, please choose how you would like to assign the domain.

◉ **Addon Domain**

An Addon Domain is a domain name that points to a different subdirectory on your account. This gives you the ability to make it look like an entirely different website.

○ **Parked Domain**

A Parked Domain (or pointed domain) is a domain name that points to the same directory as your Primary domain. This means that the website of the parked domain will be the same as allkao.com which is your Primary Domain.

○ **Unassigned Domain**

An Unassigned Domain is attached to your account, but does not point to a website or have a dedicated folder attached. When you're ready to host this domain on your account, this tool can help you make it an Addon or Parked domain.

图 17-4 选择域名绑定方式

（1）Addon Domain：表示让绑定的域名指向 Web 服务器的项目目录，特别是一个服务器可以托管多个网站，那么，每个域名都指向自己的项目目录，也就是多个网站共享在一个 Web 服务器里面，可以节省费用。

（2)Parked Domain：表示一个网站如果有多个域名，例如美国雅虎网站同时有 yahoo. com 和 yahoo. us，都是指向雅虎的官网，那么其中一个域名选择了 Addon Domain，作为主域名，另外一个域名只能选择 Parked Domain，并指向主域名的项目目录。

（3）Unassigned Domain：表示仅绑定到 Web 服务器账户，并不指定一个项目目录，也就是这个域名没有与任何网站关联。

4. 确认项目目录

最后，需要选择一个已经创建好的 Drupal 项目目录，或在 Web 根目录下，创建一个新的 Drupal 项目目录，如图 17-5 所示。

17.4.2 重定向

如果虚拟机服务器提供主机共享服务，那么，在服务器上就可能绑定了多个域名或者子域名，可以把这些已经存在的某一个域名，设置重定向到另外一个域名（这个域名不一定是

Step 4: Choose Addon Directory and Sub-domain

Please specify a directory you would like the Addon to point to.

○ Use an existing directory.

avtaq.com

OR

◉ Create a new directory.

public_html/ avtap

Sub-domain: avtap .allkao.com

This subdomain is required for cPanel. You will still be able to access your domain name directly by going to avtap.com.

图 17-5 选择已有的项目目录或创建新项目目录

你拥有的,也不一定是托管在本机上的)。例如,把自己的域名 allkao. com 重定向到微软官网 msn. com,如图 17-6 所示,用户在浏览器地址栏中输入域名 allkao. com,都会跳转到微软官网上。

Redirects

Add Redirect

A permanent redirect will notify the visitor's browser to update any bookmarks that are linked to the page that is being redirected. Temporary redirects will not update the visitor's bookmarks.

◉ **Permanent (301)** ○ **Temporary (302)**

http://(www.)? allkao.com /

redirects to → http://msn.com

www. redirection:

○ **Only redirect with www**
◉ **Redirect with or without www**
○ **Do Not Redirect www**

图 17-6 设置我的域名重定向到微软官网

当然,把自己域名重定向到别人的域名,是帮人家做广告。其实,重定向设置的好处是可以把多个子域名或 URL 分支重定向到主域名,例如,homework. allkao. com 子域名或 allkao. com/homework 分支,都设置为统一重定向到 allkao. com,这样,用户在浏览器中输入子域名或 URL 分支时,都会跳转到 allkao. com 首页。

17.4.3 迁移

虚拟主机托管服务商,同时也是域名注册商,如果你的域名不是在他家注册的,可以使用迁移服务,从其他域名注册商迁移到这里,那么以后的域名缴费管理就托管给这家服务商了。迁移域名需要知道 EPP 授权码(EPP Authorization Code),来证明这个域名的拥有者,

EPP 授权码可以在原来的域名注册商网站获取，如图 17-7 所示。

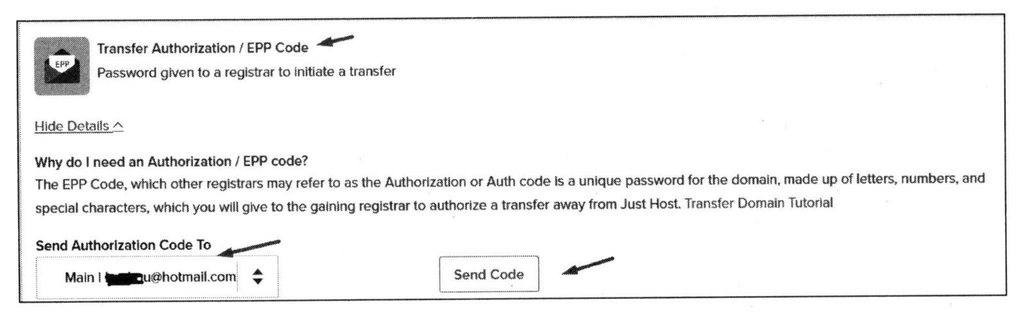

图 17-7 申请 EPP 授权码

迁移时还要确认域名没有被锁定（Locked），被锁定的域名需要在原来注册商网站解锁，如图 17-8 所示的域名状态是“Domain Locked. Transfer Disabled”，表示“域名被锁定，不可迁移”。

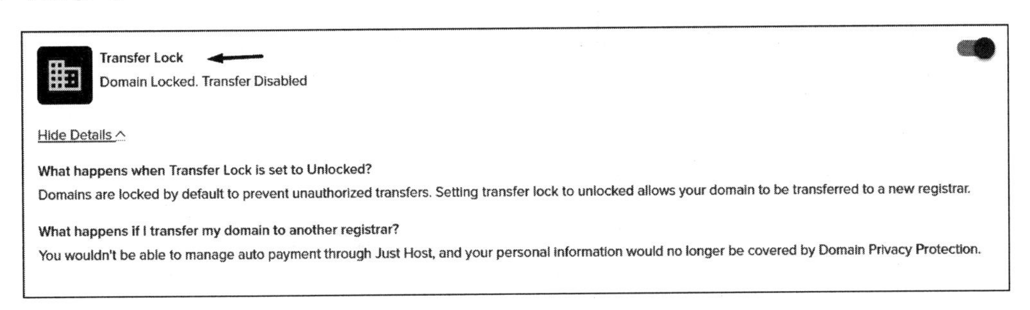

图 17-8 迁移解锁

17.4.4 子域名

子域名的好处是如果有多个网站，又不想为每一个网站申请域名，那么可以通过创建子域名（第三级名称），分配给每一个独立的网站使用。如图 17-9 所示创建一个 homework 子域名，并指向 Web 根目录下的 homework 项目目录，这个目录是存放在线课程管理系统的项目代码的地方。

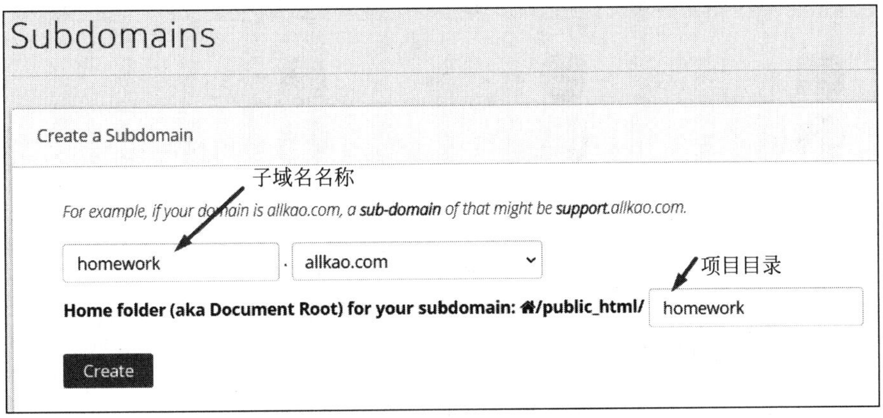

图 17-9 创建一个子域名作为独立网站

17.5 Cpanel 管理虚拟主机

每个虚拟主机服务网站都有类似的 Cpanel 管理仪表盘(控制台),这里以 www.justhost.com 的控制台为例,了解虚拟主机的管理方法。

17.5.1 文件管理

文件管理主要是与文件相关的工具集合,如图 17-10 所示。其中最常用的是图形界面的文件管理器,可以浏览用户主目录下的文件,对文件或目录进行删除、复制、移动、上传、下载、修改权限等操作。其次是 FTP 文件传输账户管理,如果虚拟主机有多人管理多个网站,可以为每个网站创建 FTP 账户,让每个网站管理员通过 FTP 文件传输工具软件登录到网站服务器管理自己网站的代码文件。

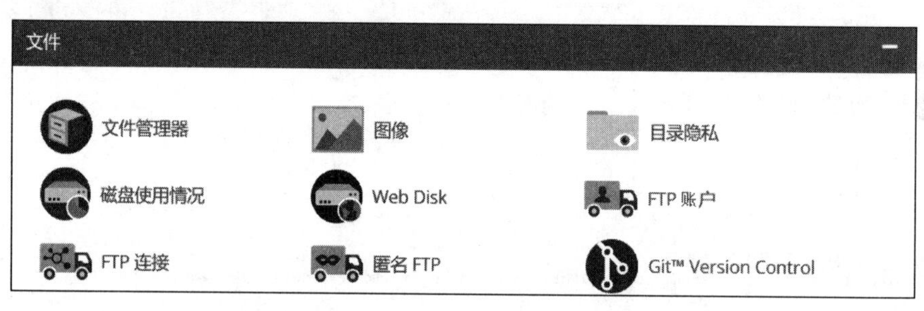

图 17-10 文件管理工具

17.5.2 数据库管理

收集了所有的数据库管理工具集合,如图 17-11 所示。JustHost 服务器提供 MySQL 和 PostgreSQL 两种数据库服务,可以选择使用通用的 phpMyAdmin 管理 Drupal 网站 MySQL 数据库,也可以使用 JustHost 提供的数据库管理工具管理数据库,包括创建数据库、创建数据库用户、给用户授予权限等操作。

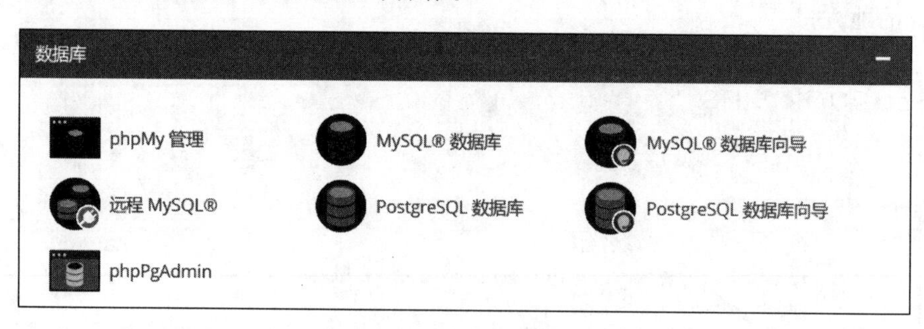

图 17-11 数据库管理工具

17.5.3 邮件管理

大多数虚拟主机会提供基于域名相关的邮件服务,如图 17-12 所示是邮件管理服务的工具集合。如果是一个公司网站,可以为员工创建公司邮件账户。由于托管在虚拟主机的邮件服务会占用服务器空间资源,有些虚拟主机服务商,会限制邮件账户的数量或邮件使用空间限制。

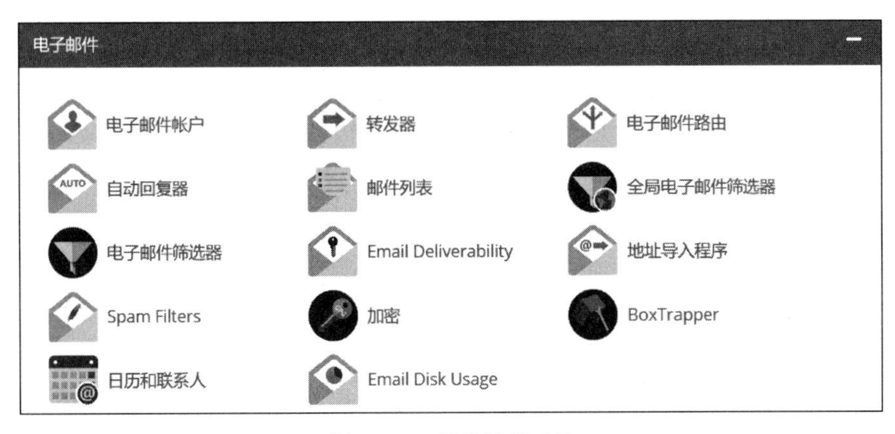

图 17-12 邮件管理工具

17.5.4 监控管理

通过监控管理工具,查看网站访问流量、访客报告、网站日志等信息,如图 17-13 所示。

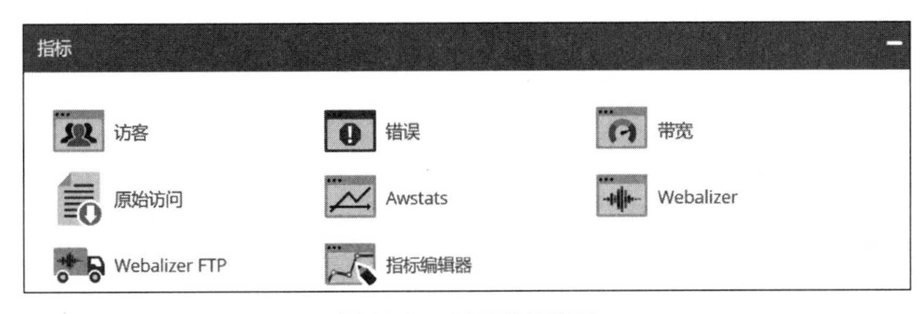

图 17-13 网站监控管理

17.5.5 安全服务

如果网站使用 HTTPS 安全协议,需要使用 SSL/TLS 证书管理,安全服务提供生成 SSL 证书、证书签名请求和私钥管理,及其他简单防火墙功能,如图 17-14 所示。

图 17-14 安全服务

第二篇 实 战 篇

开发一个 Web 应用系统，如果从底层 HTML＋CSS＋JavaScript＋PHP 写代码，前后台开发，不仅开发周期长，设计和实现过程中都会出现不可预测的问题，甚至失败。也就是说，软件开发的风险非常大。

实战篇是用 Drupal 开发一个学校在线课程管理系统。开发方法完全颠覆了传统软件工程学思想，没有面向对象和函数的代码设计概念，也无需代码实现。Drupal 开发平台所面对的是模块、数据定义、参数、实体、节点、面板控件、视图、页面、菜单、区块等设计理念。这是一种敏捷开发模式，通过需求找到模块原型，快速实现需求和修改需求。

所有的开发是基于 Drupal 平台的后台(系统管理)完成，系统的设计实现可达到所见即所得的效果。虽然和其他软件开发生态系统平台一样，都是基于模块的，但是像 NodeJS 或 Python 的开发模块，提供的是代码开发 API，需要写代码完成功能的实现。而 Drupal 的模块，下载安装后，直接就是功能的可视化设计实现。

通过实战篇的应用开发，逐步学习如何利用 Drupal 开源模块实现所需功能，并学习复杂的业务流程设计实现，及复杂的页面布局。这里主要从几方面来实现系统的设计开发：用户角色和权限设计，课程、班级和内容设计，课程、班级的显示和页面布局，题库管理，多媒体资源的设计与消息管理。

最后，留下首页设计，由学习者作为练习完成，建议首页功能有：能显示头像和名字的老师列表，显示课程名称和封面的课程列表，课程封面在首页标题栏作为幻灯片轮播。还可以添加更复杂的功能，如视频观看次数统计、文档下载统计、文章点赞等，来分析学生学习情况。

踏破铁鞋无觅处，得来全不费工夫

第18章 在线课程管理系统分析

18.1 系统概要

根据大学的教学模式和教学环境，并考虑到系统的通用性，设计一个能满足各个学校的在线课程管理系统。在系统功能需求方面，在线提供课程多媒体学习资源，例如，课程大纲、课件、学习文章、讲课视频等；另一个主要功能是课程题库，主要目的是做到课程作业无纸化、智能化，减少老师的批改作业负担，学生做作业电子化，减少纸张的费用。

为了便于管理，在线课程管理系统是按照二级学院设计的，一个学校有多个二级学院，例如，信息工程学院、土木工程学院、会计审计学院、文学艺术学院、机电学院等。通过设置子域名，让每个二级学院拥有独立的在线课程管理系统，并实现多站点共享虚拟主机空间。

本系统采用 Drupal 7 平台开发，目的是 Drupal 7 生态圈比较成熟，可用模块多，开发完成后，等到 Drupal 8 或 9 生态圈成熟后，通过系统迁移完成系统的大版本升级。

18.2 参与者

一个在线课程管理系统的参与者应该包括老师、学生和系统管理员等。

18.2.1 老师角色职能

可以创建一个课程，在课程组里面发布课程教学大纲、课程视频等课程资源，发布课程相关文章，创建题库，管理题库；创建班级小组，发布在线作业，讨论答疑，群发邮件通知，作业评分，作业统计，查找学生信息，如图 18-1 所示。

老师的注册信息有：名字，工号，电话，电子邮件，专业（教研室），研究方向，个人介绍等。老师注册需管理员确认并赋予老师身份。

18.2.2 学生角色职能

学生可以加入到一个课程组所属的班级；学生可以查看课程资源，如教学大纲、课程视频等教学资源，下载课件及作业或实验模板文档；学生会收到作业通知邮件，登录网站，完成作业；学生可以在班级小组发布作业提问，其他学生或老师可以互动讨论，如图 18-2 所示。

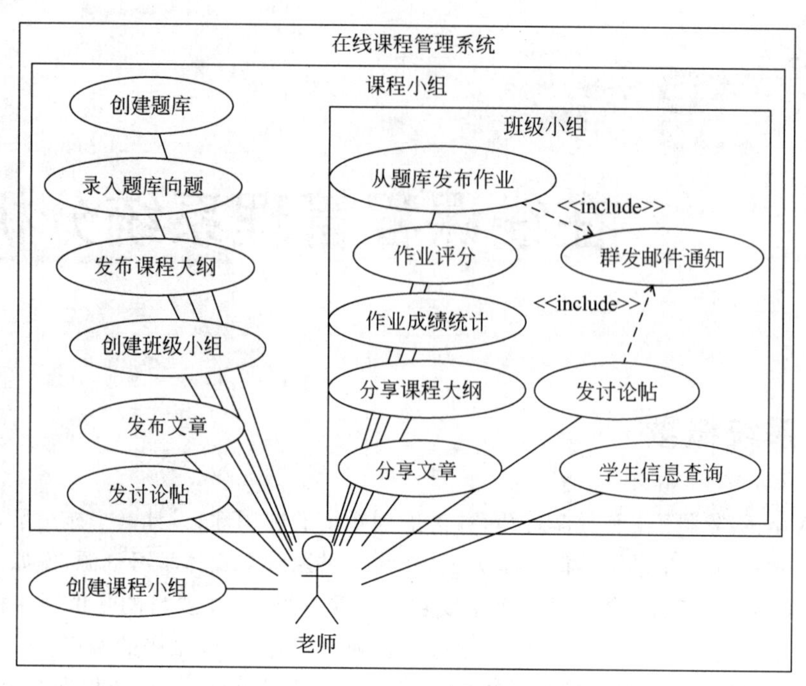

图 18-1　老师角色用例图

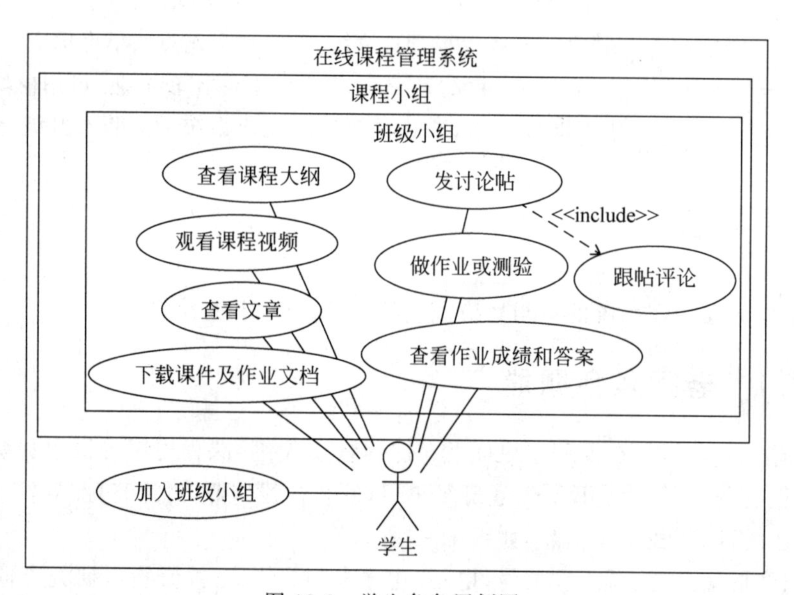

图 18-2　学生角色用例图

学生的注册信息有：学生名字，专业，学号，班级，年级，电子邮件，手机号。

18.2.3　系统管理员角色职能

系统管理员可以管理系统的基本设置，例如各种分类设置，添加修改教研室分类，专业方向分类，学期分类等，给注册为老师角色的用户进行确认，以及用户遗忘密码重置和找回操作。

18.3　系统主要功能需求

18.3.1　课程管理

老师可以创建新课程，关闭课程，删除课程，以及在课程小组下面创建班级；进行班级的开放时间控制，在开放时间段内应许学生加入；给加入课程班级的学生群发邮件通知；查看加入该课程的学生列表。

18.3.2　课程资源管理

老师可以上传课程的视频、教学大纲、教学文档等多媒体资源，学生可以查阅、下载资源，在线观看课程视频。

18.3.3　题库和作业管理

每个课程都有自己的题库，题库是在课程小组中创建管理，作业是在班级小组中创建管理，并从课程题库中选择题型。题库和作业的主要需求如下。

1. 题型

作业题型包含选择题、对错题、填空题、问答题、以附件形式提交的作业题。

2. 评分

选择题、对错题和填空题由计算机智能打分，问答题和附件形式题由老师手工打分。

3. 时间控制

在线作业要求学生在一定时间内完成提交，老师可以设定时间作业开始和关闭时间，若过期学生不能提交作业。

4. 做作业过程

学生做作业时，可以先做会做的题目，在提交前检查答案，可以中途退出，下次继续做完。计算机自动改题的作业，在作业提交后会马上显示错误的题目，并显示正确答案。

5. 作业成绩统计需求

(1) 统计显示学生的作业分数。

(2) 显示学生提交作业名单列表。

(3) 按分数段优秀(90～100)、良好(80～89)、一般(70～79)、及格(60～69)、不及格(＜60)统计学生成绩分布。

(4) 可以显示饼图、条形图。

18.3.4 课程班级讨论帖管理

学生和老师都可以在某一课程班级下发帖子，可以跟帖子发评论，可以查看每个课程班级的帖子。

18.3.5 查询功能

1. 学生查询

老师可以按学生名字、学号、专业等信息查询注册到课程班级的学生信息。

2. 课程查询

学生可以查询课程，了解课程的基本信息。

3. 班级查询

学生可以查询课程下的班级，并加入到班级进行课程学习。

第19章 用户与系统角色设计

19.1 Drupal 内核的用户管理

Drupal 7 核心模块 user profile 保存了简单的用户信息，主要信息见表 19-1。

表 19-1 默认的用户信息

字段名	值 要 求
用户名	允许空格；英文句号(.)、横线(-)、单引号(')和下画线(_)，数字，字母
密码	无要求
状态	阻止，有效
电子邮件	必需
角色	匿名用户，注册用户，系统管理员
头像	图片尺寸大于 1024×1024px 将被自动等比例缩减
联系	允许其他用户通过个人联络表与你取得联系

19.2 自定义用户信息

在线课程管理系统的主要用户是学生和老师，用户在注册时，除了 Drupal 系统最低要求的注册信息外，还需要填写收集更多信息，用户数据结构分为三种：通用信息，如表 19-2 所示；老师信息，如表 19-3 所示；学生信息，如表 19-4 所示。

表 19-2 用户通用信息字段定义

字 段 名	类 型	长 度
真实姓名	文本	30
电话号码	电话类型	默认
QQ 号	整数	默认

表 19-3 老师用户信息字段定义

字 段 名	类 型	长 度
员工号	文本	30
教研室	分类术语	默认
职称	分类术语	默认

表 19-4 学生用户信息字段定义

字 段 名	类 型	长 度	字 段 名	类 型	长 度
学号	文本	30	年级	分类术语	默认
专业	分类术语	默认	班级	分类术语	默认
方向	分类术语	默认			

19.3 系统用户角色

19.3.1 用户角色定义

一个在线学习管理系统的用户角色可以分成以下四个。

(1) 课程系统管理员：主要做一些系统设置，权限分配。

(2) 课程题库管理员：专业负责人，管理审核课程题库。

(3) 老师：开课，创建课程班级，管理课件，教学资料。

(4) 学生：课程学习资料浏览、下载，观看视频，课程讨论，完成在线作业和考试。

19.3.2 用户角色添加

系统菜单，选择“人员”，进入用户管理，如图 19-1 所示。

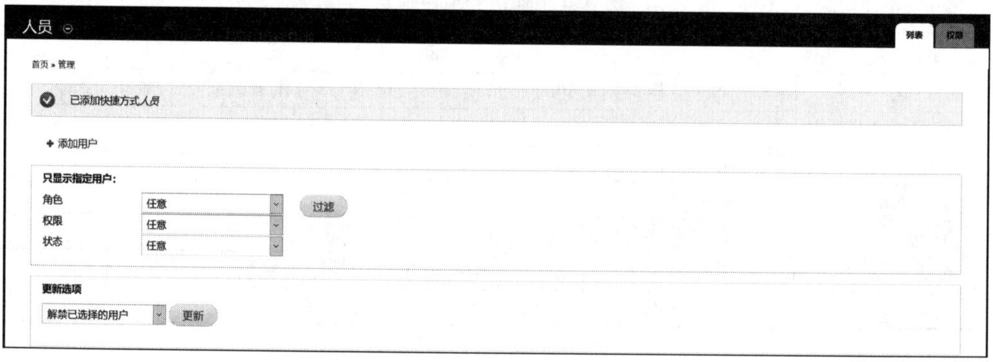

图 19-1 用户管理界面

单击右上角的“权限”标签，进入权限管理，如图 19-2 所示。

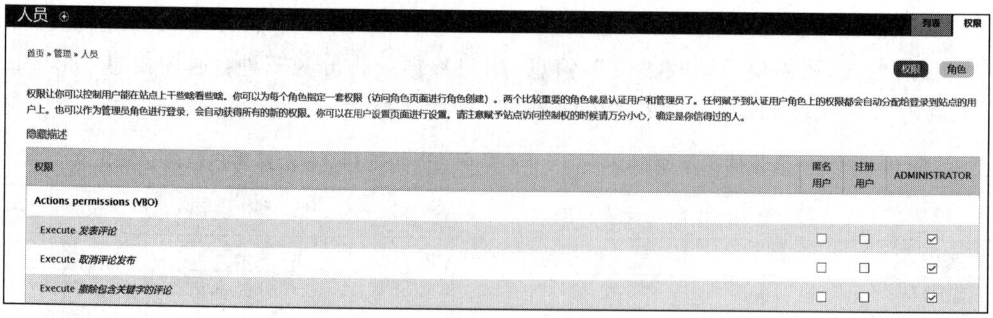

图 19-2 用户权限管理界面

单击右上角的“角色”按钮，进入角色管理，并添加角色，如图 19-3 所示。

19.3.3 用户注册的角色选择

用户注册时，列出学生和老师角色，让用户选择，如果选择的是“老师”，还需要管理员确认其他用户角色，例如，课程系统管理员和题库管理员，因为系统里面不会出现太多，应由系

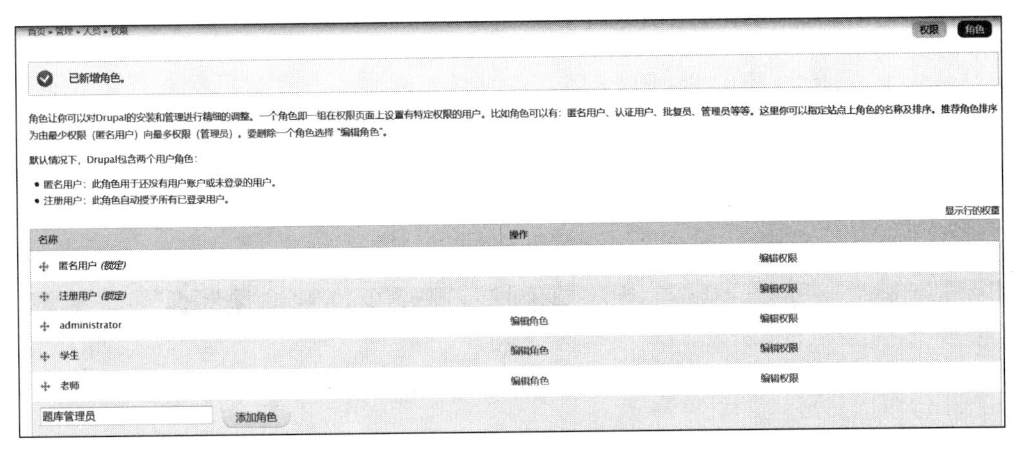

图 19-3　添加角色界面

统管理员创建这些管理员级用户并赋予角色。与用户注册角色相关的第三方模块有以下两个。

（1）Registration Role With Approval 模块。

（2）Select Registration Roles 模块。

Registration Role With Approval 模块可以设置哪些角色可以暴露到用户注册表单中，同时还可以设置哪个注册的角色需要管理员确认，如图 19-4 所示。

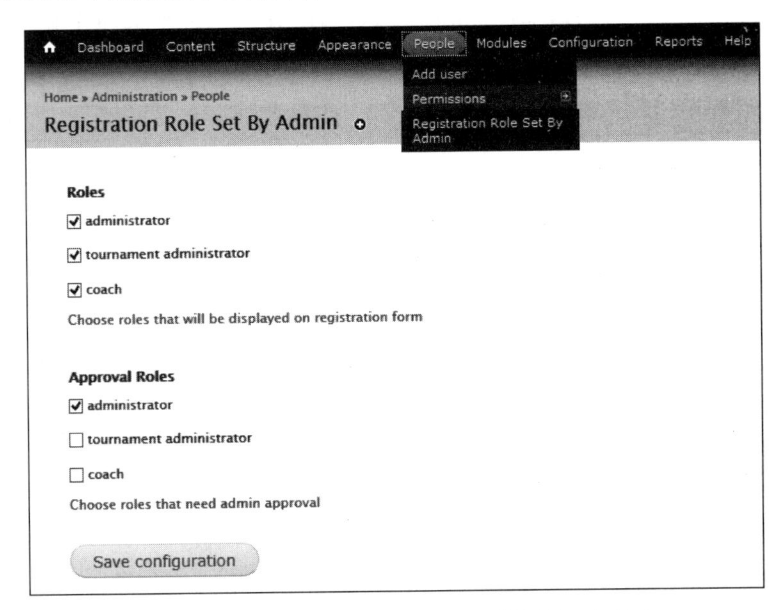

图 19-4　Select Registration Roles 模块的设置页面

19.4　给用户添加自定义字段

除了 Drupal 的用户账户默认的用户名、密码和电子邮件等基本信息外，还需要添加更多的用户信息，通过 Drupal 7 的内核自带的 field API 模块（在模块管理中，启用核心 field

模块)，可以给用户资料添加更多自定义字段。

19.4.1 添加用户通用字段

打开系统菜单“管理”|“人员”|“账户设置”，单击“管理字段”标签，添加“真实姓名”字段，机读名称是字段的变量名，单击“编辑”可以修改变量名，字段类型相当于数据库的存储类型，控件相当于HTML表单类型，如图19-5所示。

帐户设置

设置 管理字段 管理显示

首页 » 管理 » 配置 » 人员 » 帐户设置

已保存 *真实姓名* 配置。

此表单让管理员添加、删除和重排存储的用户数据字段。

显示行的权重

标签	机读名称	字段类型	控件	操作	
用户名和密码	account	用户模块的账号表单元素。			
时区	timezone	用户模块时区表单元素			
Group membership	og_user_node	实体引用	OG reference	编辑	删除
真实姓名	field_real_name	文本	文本字段	编辑	删除
添加新字段		- 选择一个字段类型 -	- 选择一个控件 -		

图 19-5 用户自定义字段

保存以后，进入字段的设置，如图19-6所示，勾选“在用户注册表单中显示”复选框，意味着新用户注册账户时，这个字段应该出现在注册页面中。

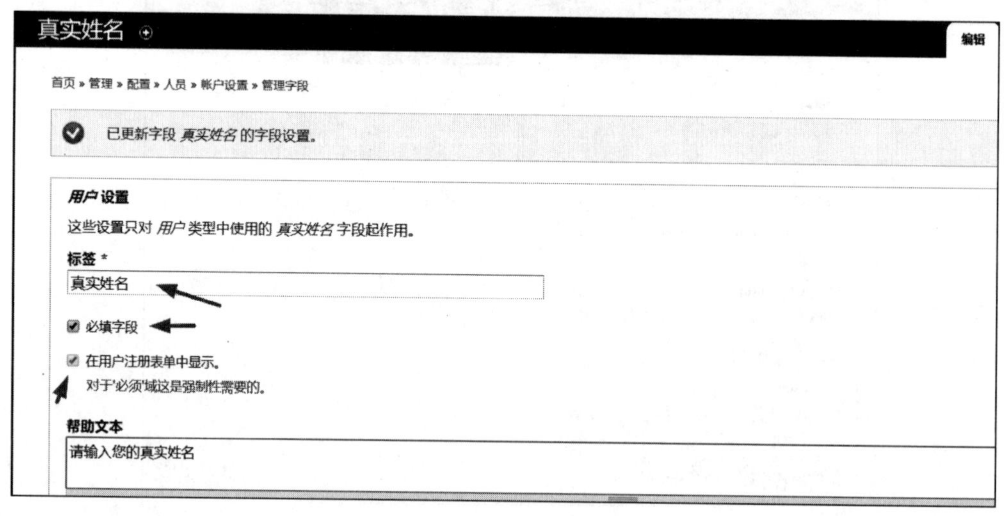

图 19-6 字段的约束管理

接着，完成QQ号和电话号码字段添加。虽然HTML 5已经支持电话字段类型，它已经内置在Drupal 8版本中，但是Drupal 7版本还需要添加Phone field模块，来实现电话字段类型。

19.4.2　添加老师和学生用户字段

因为 Drupal 系统核心用户设计归为一张数据库用户表，为了能区分老师和学生的字段，只能通过字段的权限设置解决这个问题。所以，需要使用 Field Permissions 模块，这个模块可以给字段设置权限，让学生有权限可以看到和编辑属于学生自己的用户信息，老师编辑自己的用户信息。

打开系统菜单"管理"|"配置"|"人员"，单击"账户设置"，进入设置页面，选择"管理字段"标签，分别给学生和老师添加不同的字段。每个字段都需要设置学生或老师角色的归属，如图 19-7 所示，添加了一个学生号字段，并勾选"Users with 学生 role"复选框。如果"必填字段"复选框没有勾选，则勾选"This field is required for"下面的复选框。重复上面的步骤，完成所有老师和学生的附加字段。

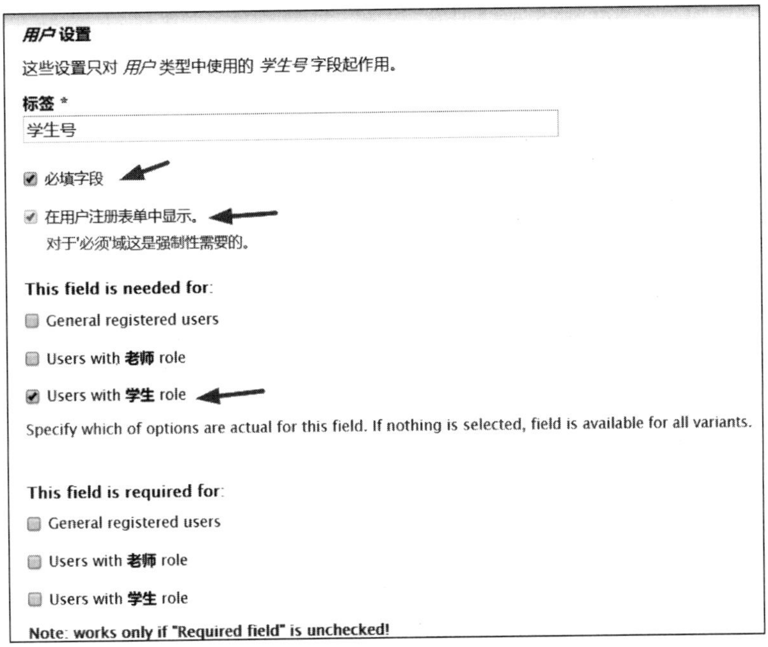

图 19-7　学生和老师的用户字段设置

考虑到今后有可能会通过系统管理员来修改用户信息，由于统管理员拥有最大权限，而学生和老师用户的字段分配是在一张数据库用户表里，而不是分开的两张表，所以，系统管理员在修改每个用户时，会同时显示所有的用户字段，包括学生的和老师的，所以在前面的字段设置时，通用字段可以勾选"必填字段"，例如电话和真实姓名，其他字段最好不要勾选"必填字段"，这样可以让系统管理员更灵活地修改用户信息。

19.4.3　老师和学生用户信息字段加权限

由于老师和学生的注册用户信息是不同的，所以分别需要给前面添加老师和学生的字段设置权限。其原理是针对学生和老师角色，分别给字段分配属于每个角色的字段有编辑和查看的权限。如图 19-8 所示是老师角色员工号字段的权限分配。

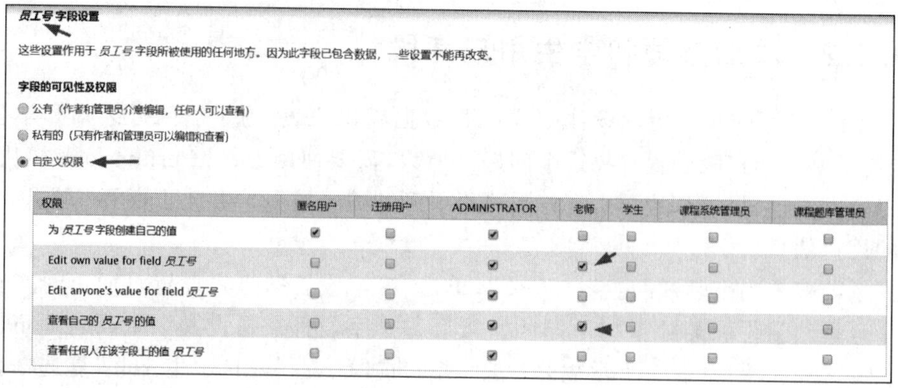

员工号 字段设置

这些设置作用于 员工号 字段所被使用的任何地方。因为此字段已包含数据，一些设置不能再改变。

字段的可见性及权限

公有（作者和管理员介意编辑，任何人可以查看）

私有的（只有作者和管理员可以编辑和查看）

自定义权限

权限	匿名用户	注册用户	ADMINISTRATOR	老师	学生	课程系统管理员	课程题库管理员
为 员工号 字段创建自己的值	✓		✓				
Edit own value for field 员工号			✓	✓			
Edit anyone's value for field 员工号			✓				
查看自己的 员工号 的值			✓	✓			
查看任何人在该字段上的值 员工号			✓				

图 19-8　员工号字段添加权限

19.5　学生和老师用户注册方式

由于学生和老师的用户信息会有不同，需要根据不同角色显示不同的注册信息，实现这个注册方式有以下两种。

1. 直接在用户注册时

填写普通用户信息，并通过前面提到的 Registration Role With Approval 模块，让注册用户选择角色，完成注册。登录后，通过修改自己的账户信息，补充完成用户学生或老师附加的信息。

2. 根据角色来区分用户注册页面

学生使用学生的注册页面填写学生注册信息，老师有自己的注册页面来填写老师的信息。实现这个功能需要安装、启用 Multiple Registration 模块，使用 Field Permissions 模块来区分字段的权限。

本案例中，考虑使用 Registration Role With Approval 模块和 Multiple Registration 模块组合来解决学生和老师注册用户问题。

19.5.1　给特定角色添加注册页面

Multiple Registration 模块可以把学生和老师注册的页面分开来，所以，首先要定义学生和老师的注册页面的 URL 地址。打开系统菜单“管理”|“配置”|“人员”| Multiple registration pages，单击 Go to Roles managing page，如图 19-9 所示。

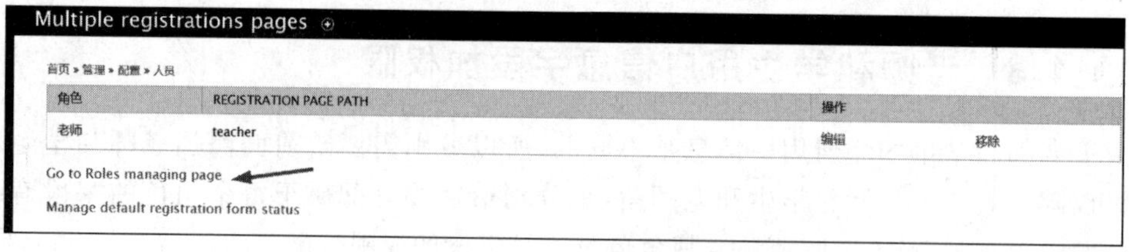

Multiple registrations pages

首页 » 管理 » 配置 » 人员

角色	REGISTRATION PAGE PATH	操作	
老师	teacher	编辑	移除

Go to Roles managing page

Manage default registration form status

图 19-9　Multiple Registration 模块设置页面

单击 add own registration page，给学生添加一个注册页面 URL，如图 19-10(a)所示。输入自定义的 URL 地址 register/student，如图 19-10(b)所示。同样方法，也给老师角色添加注册页面 URL 地址 register/teacher。

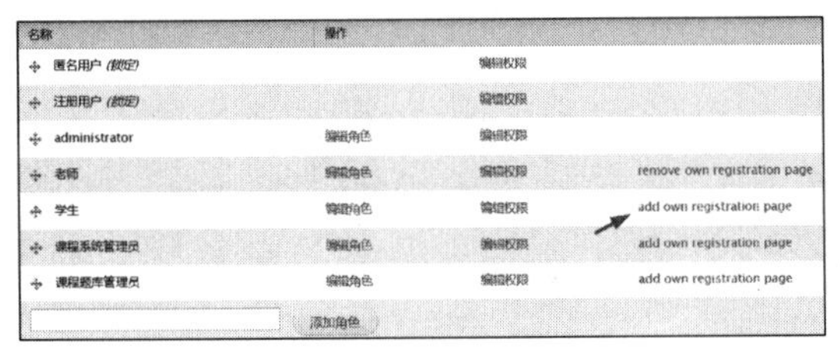

(a) 给学生角色注册页面添加URL

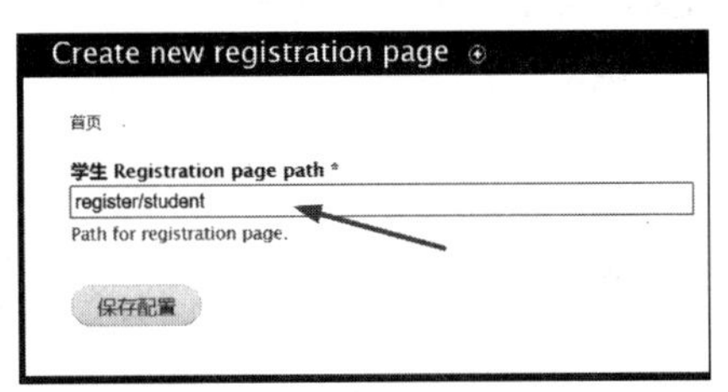

(b) 输入自定义的URL

图 19-10　学生注册页面链接设置

19.5.2　老师和学生的注册界面

在用户登录和创建新账号菜单中，新添加了学生和老师的注册链接，如图 19-11(a)所示，单击“Create new 老师 account”，进入注册页面，如图 19-11(b)所示。

(a) 学生和老师的注册链接

(b) 老师注册表单界面

图 19-11　老师和学生的注册界面

19.5.3　老师角色注册需要管理员确认

我们希望注册为老师角色的用户需要管理员确认，要实现这个功能，需要安装 Registration Role With Approval 模块。启用这个模块后，打开系统菜单“管理”|“配置”|“人员”，选择 Registration Role With Approval，进入设置页面，这里会列出所有角色，因为我们设计的注册角色仅暴露老师和学生，所以，勾选“老师”和“学生”角色，并要求老师角色注册需要确认，如图 19-12(a)所示。确认是通过发送邮件给相关人员（管理员），在 Mailing list 设置中，可以添加多个邮件地址，相关管理人员收到邮件后确认。邮件的标题和内容默

认是英文,可以修改为中文方式,但是注意邮件内容里面有"!username"和"!roles"是系统变量,用来显示用户名和角色名,不要改动,如图 19-12(b)所示。

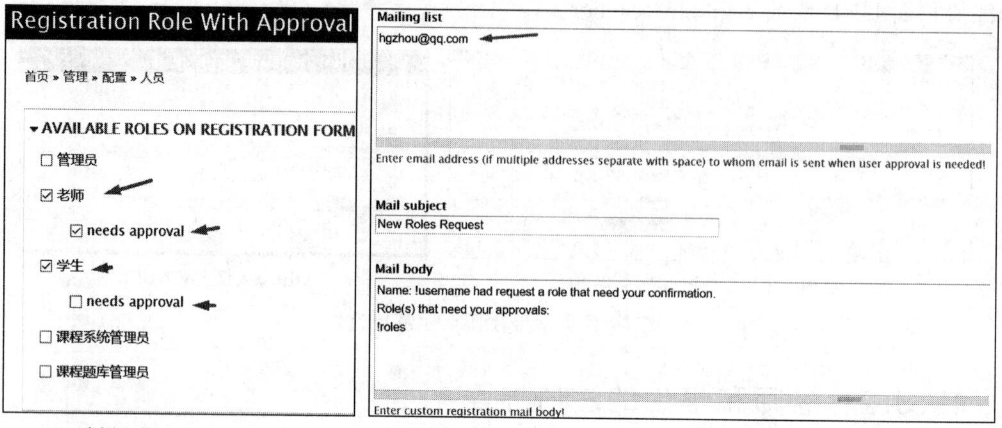

(a) 选择老师角色需要确认

(b) 定义角色确认邮件设置

图 19-12 设置用户角色的管理员确认

如果使用其他用户注册(直接"创建新账号"),注册表单仅显示通用字段,并可以选择"老师"和"学生"角色,如图 19-13 所示。注册成功后,如果选择了"老师"和"学生"的角色,可以登录进入系统,进一步完善填写用户信息。

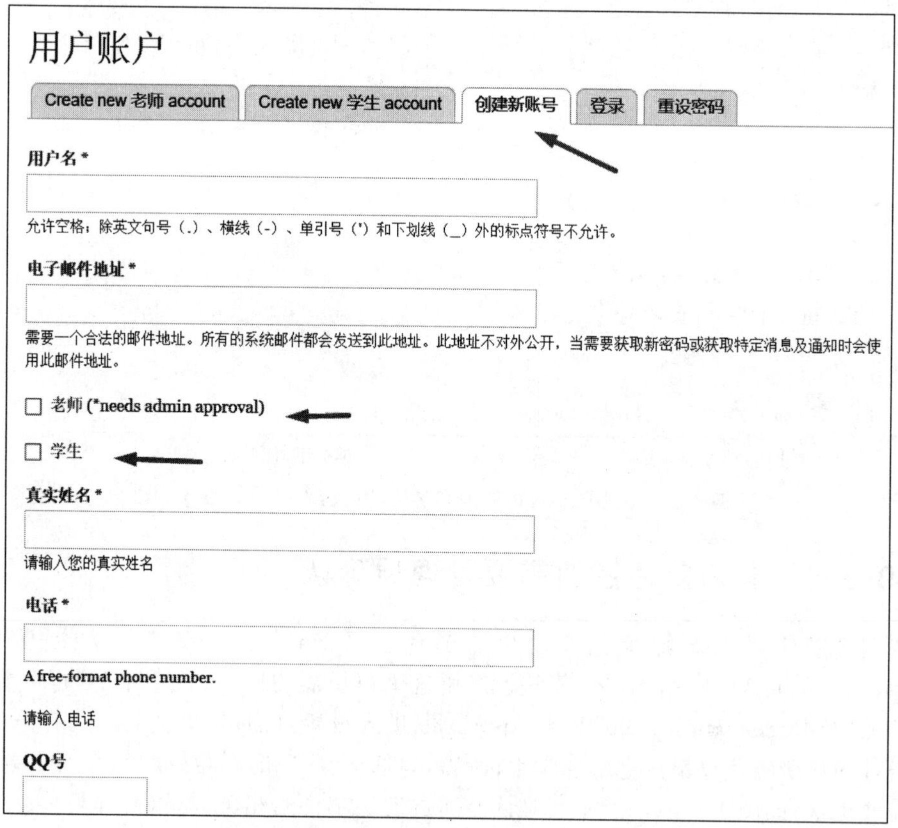

图 19-13 通过其他用户方式注册的表单信息

19.6　登录用户查看自己信息

用户登录后，单击“我的账户”，可以查看用户信息，其中有一个 Group membership 是用户加入的群组的列表，如图 19-14 所示。这里包括课程和班级群组(具体概念参见第 20 章)。

图 19-14　查看用户信息

第20章 课程、班级和内容设计

我们用群组的概念来做课程和教学班级管理。Drupal 的群组可以实现相当于 QQ 群和微信群的功能,用户可以创建、加入群,在群中发布内容。群有群主和成员,创建群的用户是群主,加入群的用户是成员。那么,一个在线课程管理系统,老师可以创建一个课程,也可以创建教学班,学生加入教学班。

20.1 课程与教学班级设计

我们在设计上把课程和班级都看成容器,在容器里可以添加用户、内容。那么,将课程和班级设计成容器,里面就以内容形式存放标准题库、课件、视频,及其他教学资源。课程群组里面还可以创建教学班级的子群组,它继承了课程容器的所有资源,这种设计方式主要是实现以下两个教学管理目标。

1. 实现并解决了同一门课的教学资源共享问题

例如,《C 语言程序设计》课程,课程容器中建有标准题库、课件库、视频资源库等教学资源,一个学期可能会分成三个教学班上课,那么,系统可以从《C 语言程序设计》课程容器发布教学资源给三个班级小组(教学班)A,B,C 使用,同时,班级小组 A 的老师制作的教学资源也可以在其他课程小组相互分享,发布给班级小组 B 和 C,如图 20-1 所示。

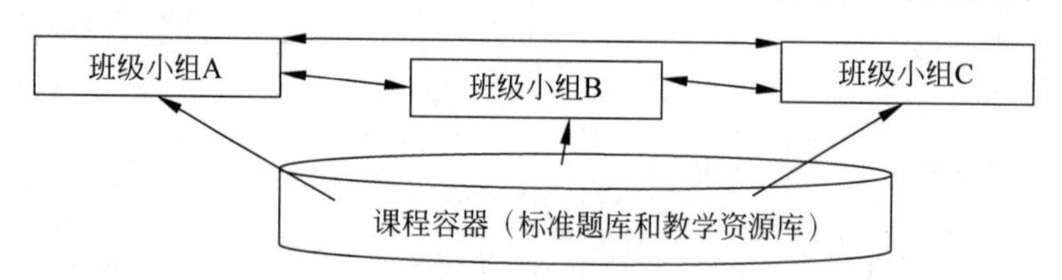

图 20-1　一门课的教学资源、标准题库共享

2. 实现课程团队的协同工作

一门课程的标准题库、课件和视频由课程负责人创建,课程团队老师加入课程群组,课程负责人和课程团队老师被系统管理员授予题库管理员权限。他们可以随时修改、添加课程群组里面的教学资源,再发布到课程下面的教学班级子群组中。

图 20-2　课程和班级的关系用例图

课程和班级关系的设计如图 20-2 所示。

20.2 安装群组模块

Drupal 有很多可以实现群组的模块，如 Organic Group(OG)、Group、Party。OG 模块功能强大，设置复杂，而 Group 模块比较直观，设置简单，但是比较新，功能有待加强。本节简单介绍一下 Group 模块，然后使用 OG 模块作为实现课程和班级的群组。

20.2.1 使用 Group 模块

通过 Drush 安装 Group 模块和依赖模块 Entity，在系统菜单中启用 Entity 和 Group 模块及其子模块，这里会出现要求"重建权限"的按钮，单击完成启用。

系统菜单栏会多一个"群组"菜单。打开"群组"菜单，单击"群组类型"标签，如图 20-3 所示。

群组
群组
群组类型
群组角色
GROUP MEMBERS
首页 » 管理 » 群组
添加 group type
导入 group type
显示行的权重
名称
权限
状态
动作
There are no group types available.
保存次序

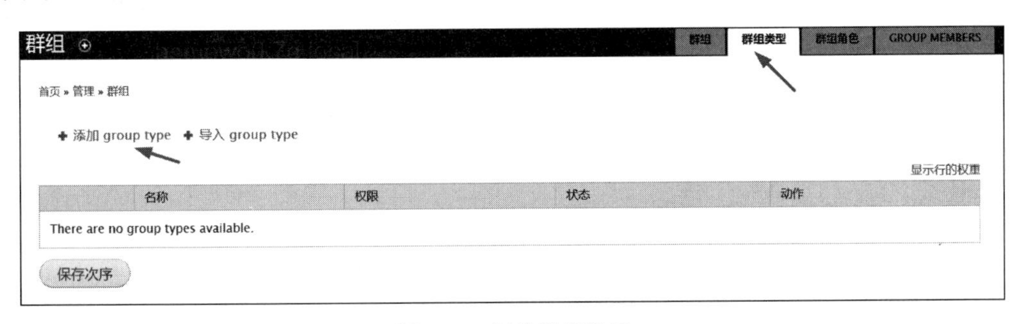

图 20-3 创建群组类型

单击"添加 group type"，创建一个"课程"群组类型。输入群组名称和变量名称，同样方法，创建一个"教学班"群组类型，完成两个群组创建，如图 20-4 所示。

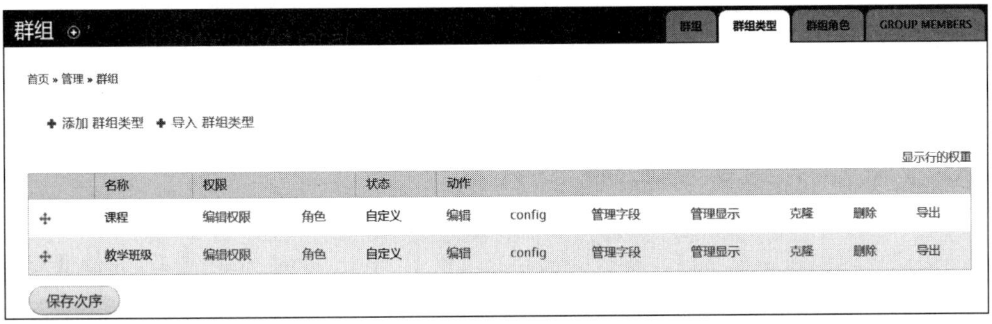

群组
群组
群组类型
群组角色
GROUP MEMBERS
首页 » 管理 » 群组
添加 群组类型
导入 群组类型
显示行的权重
名称
权限
状态
动作
课程
编辑权限
角色
自定义
编辑
config
管理字段
管理显示
克隆
删除
导出
教学班级
编辑权限
角色
自定义
编辑
config
管理字段
管理显示
克隆
删除
导出
保存次序

图 20-4 创建一个课程和教学班级群组类型

由于篇幅有限，这里对 Group 模块只做一个引导介绍，下面将使用 OG 模块搭建课程和班级群组。

20.2.2 使用 OG 群组模块

安装 OG 模块及其依赖模块。

(1) Entity API 模块：开放实体接口，让其他实体使用。

(2) Entity reference 模块：将实体相互引用。

(3) Entity reference prepopulate 模块：可以让“创建内容”链接出现在群组节点，创建的内容自动发布到群组里面。

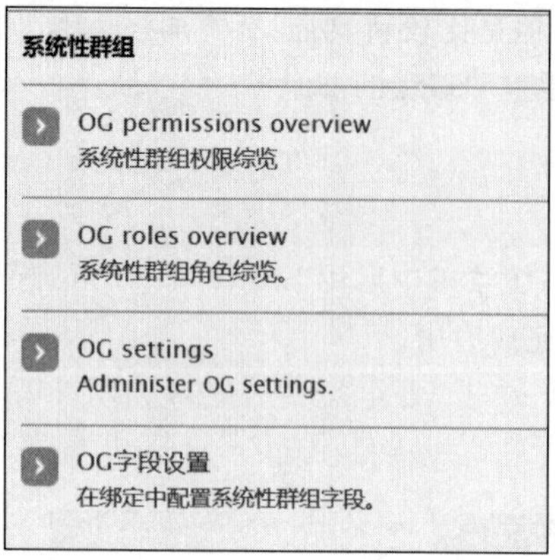

系统性群组

OG permissions overview
系统性群组权限综览

OG roles overview
系统性群组角色综览。

OG settings
Administer OG settings.

OG字段设置
在绑定中配置系统性群组字段。

图 20-5　OG 配置菜单

(4) Chaos tools 模块：主要用到 Page manager 子模块，用来修改群组页面。

(5) Panels 模块：在 Page manager 中设置 layout，例如，群组成员列表，创建内容链接。

(6) Views 模块：使用视图创建课程列表等实体输出显示。

(7) Views Bulk Operations 模块：批量对多行数据进行操作，例如，删除。

勾选启用所有的 OG 模块及其子模块和依赖模块，系统自动完成在线翻译更新。

打开系统菜单“管理”|“配置”，会出现“系统性群组”配置菜单，后面会使用这些设置，如图 20-5 所示。

20.2.3　OG 群组概念

群组的概念又分为群组实体(Group Entity)和群组内容实体(Group Content Entity)，群组实体相当于容器，群组内容实体相当于创建在群组容器里面的物品。任何一个内容类型都可以是一个群组实体或群组内容。而用户是一个特殊的群组内容，相当于群组的成员实体(OG Membership Entity)，他们可以被赋予角色和权限来控制他们在群组里面的行为。

群组和群组内容的关系就是容器实体包含内容实体的关系，任何类型的实体(Entity)可以成为容器，也可以成为内容，群组容器本身也可以成为其他群组内容，这样就形成子群组容器。

20.3　课程群组数据结构设计

一门课程应包括课程名称、课程性质、开课教研室、学分、学时、适用专业、先修课程等信息。数据字段定义如表 20-1 所示。

表 20-1　课程小组主要字段定义

字 段 名	类　　型	长　　度
课程名称	文本	200
课程介绍	长文本	默认
课程封面	图片	预览 100×100
学时	整数	默认
学分	浮点数	保留 1 位小数

续表

字 段 名	类 型	长 度
课程性质	分类术语	默认
教研室	分类术语	默认
适用专业	文本	200
先修课程	长文本	2 行

20.4 创建课程群组内容类型

首先创建课程小组的内容类型，打开系统菜单“结构”|“内容类型”，创建新的内容类型，修改“提交表单设置”的“标题字段标签”为“课程名称”，如图 20-6 所示。

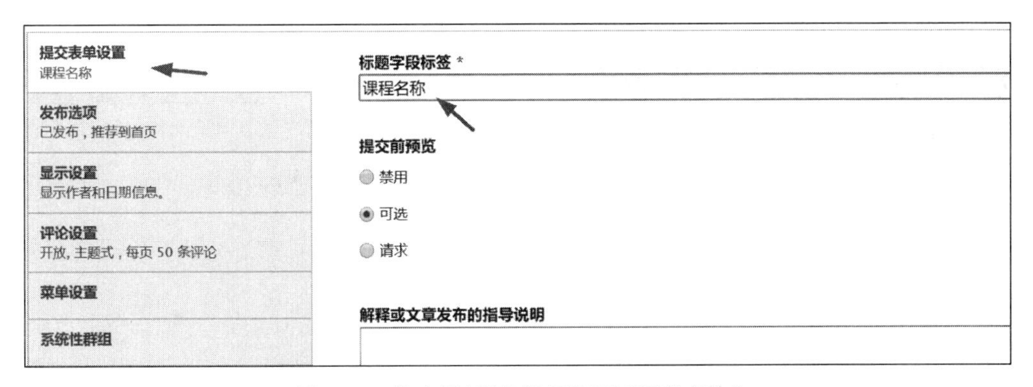

图 20-6 修改“标题字段标签”为“课程名称”

在“系统性群组”设置中，选择该内容类型为“组”，如图 20-7 所示。

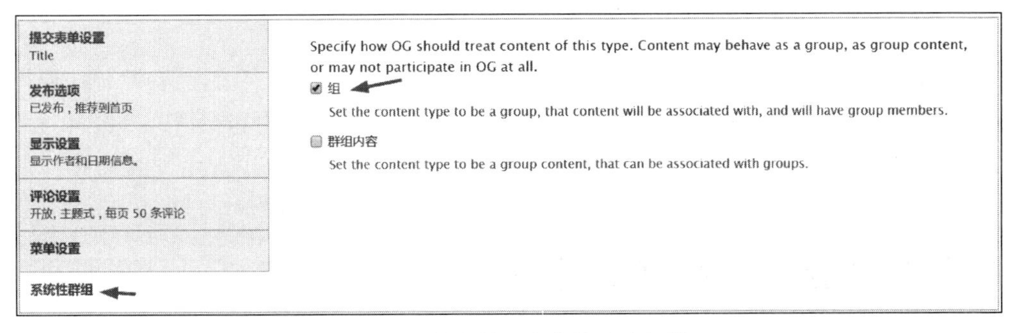

图 20-7 定义课程内容类型为组群

20.4.1 创建课程性质和教研室分类

大学课程通常分类为公共基础课、公共选修课、创新创业课、学科基础课、专业必修课、专业选修课等。

打开系统菜单“管理”|“结构”|“分类”，添加词汇表，创建课程性质分类表，同时创建教研室分类表，让课程有教研室信息。后面将使用教研室分类作为菜单，查找课程。两个创建好的分类表如图 20-8 所示。

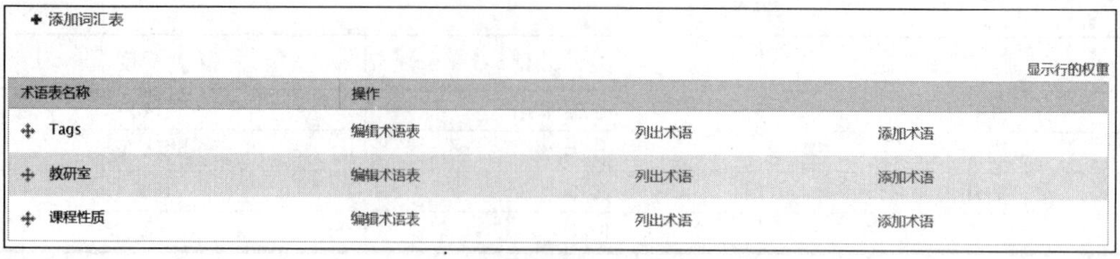

✚ 添加词汇表

显示行的权重

术语表名称	操作		
✣ Tags	编辑术语表	列出术语	添加术语
✣ 教研室	编辑术语表	列出术语	添加术语
✣ 课程性质	编辑术语表	列出术语	添加术语

图 20-8　创建课程性质与教研室分类表

20.4.2　课程小组添加课程性质和教研室分类

修改课程小组的内容类型，打开系统菜单“管理”|“内容类型”，单击“课程”中的“管理字段”标签，分别添加“课程性质”和“教研室”两个术语分类字段，如图 20-9 所示是添加了“课程性质”的分类字段。

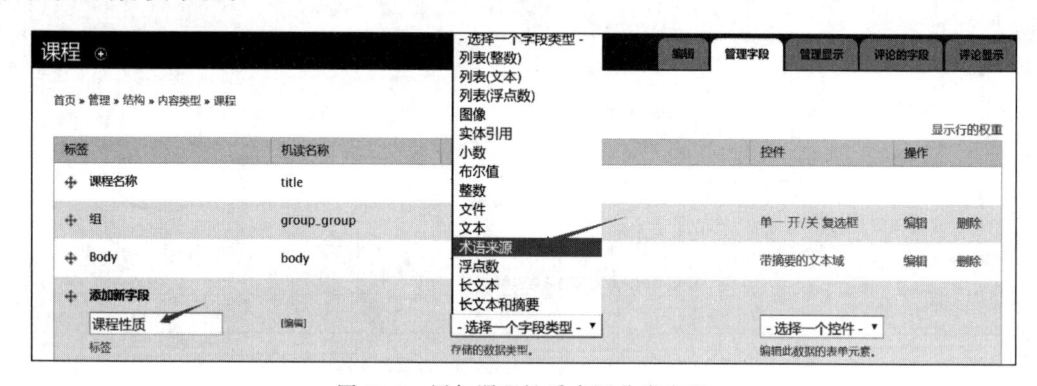

图 20-9　添加课程性质术语分类字段

20.4.3　添加课程图片封面

为了让课程列表看起来更美观，我们给课程小组添加一个图片封面，其实就是在课程小组内容类型中添加一个图片字段，打开系统菜单“管理”|“结构”|“内容类型”，单击“课程”内容下的“管理字段”标签，接着添加“图像(image)”字段类型，并设置了一个默认的课程封面图片，如图 20-10 所示。

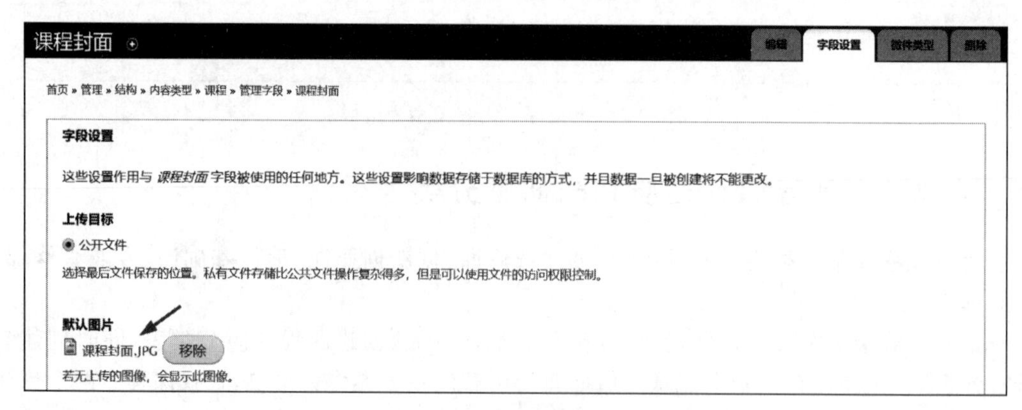

图 20-10　给课程添加图片封面

20.4.4 添加其他字段

通过“管理字段”，给“课程”内容类型添加小数类型的“学分”“学时”字段，添加“适用专业”为文本字段，“先修课程”为长文本字段。

20.5 班级群组数据结构设计

这里系统定义的班级是教学班级，不是行政班级，相当于每一个学期开课的班级，除了班级名称、班级介绍外，还应该有一个学期分类字段，及所属课程，如表 20-2 所示。

表 20-2 班级小组的主要字段定义

字 段 名	类 型	长 度
班级名称	文本	200
班级简介	长文本	默认
所属课程	实体引用	默认
学期	分类术语	默认

20.6 创建班级群组内容类型

创建班级内容类型，它是课程组的子群组，也就是说，班级组可以是课程群组的内容，本身也是群组，学生可以加入到班级群。

20.6.1 设置班级群组为课程群组的内容

打开系统菜单“管理”|“结构”|“内容类型”，创建一个班级群组，选择“系统性群组”，并勾选“组”和“群组内容”复选框，目标类型是“节点”，Target bundles 是“课程”群组，如图 20-11 所示。

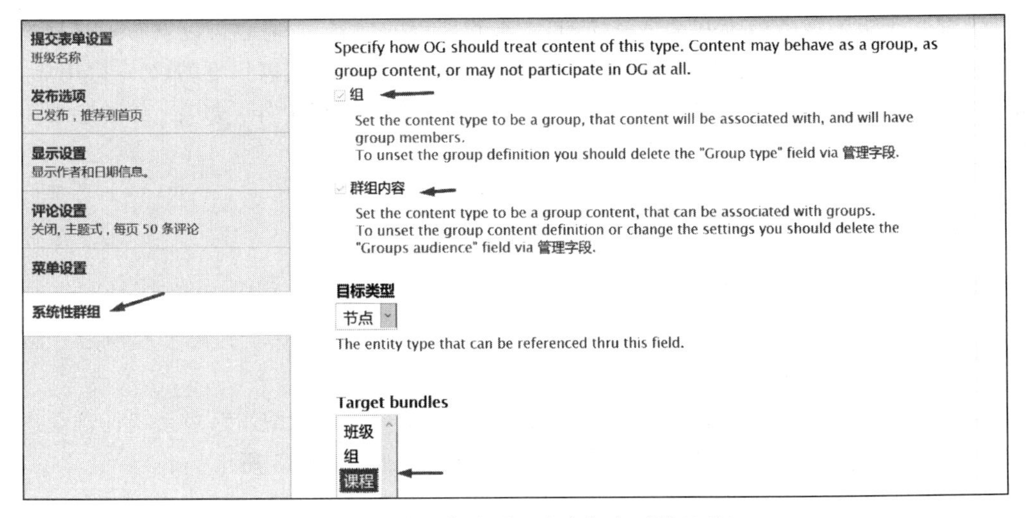

图 20-11 班级作为课程内容绑定到课程群组

上面的设置，表示班级本身既是群组，也是课程群组的内容。其原理是通过 Entity API 和 Entity reference 模块把班级群组和课程群组联系起来，从而实现了班级群组作为子群组包含到课程群组里面。通过这个设置，系统会自动在班级群组内容类型中添加一个实体引用(reference)字段类型。这个字段非常有用，将在群组内容设置中进一步讲解。

20.6.2 修改字段名称

接着打开系统菜单“管理”|“结构”|“内容类型”|“班级小组”，单击“管理字段”进入字段修改界面，首先需要修改字段 body 的标签为“班级简介”，修改 og_group_ref 字段的标签为“所属课程”，如图 20-12 所示。

班级 ⊕ 编辑 管理字段 管理显示 评论的字段 评论显示

首页 » 管理 » 结构 » 内容类型 » 班级

显示行的权重

标签	机读名称	字段类型	控件	操作	
班级名称	title	节点模块元素			
组	group_group	布尔值	单一 开/关 复选框	编辑	删除
OG Menu	og_menu	Enable OG Menu			
班级简介	body	长文本和摘要	带摘要的文本域	编辑	删除
所属课程	og_group_ref	实体引用	OG reference	编辑	删除
学期	field_academic_term	术语来源	选择列表	编辑	删除
群组可见性	group_access	布尔值	复选框/单选按钮	编辑	删除

图 20-12 修改班级小组内容类型的字段

20.7 建立群组与内容关系

课程和班级群组的内容基本是一样的，发布到课程的内容，同时也可以发布到课程里面的班级群组，在线课程管理系统包含文章(系统默认的内容类型)、群组发帖(OG 启用后，自动创建的内容类型)、教学大纲(包含课程视频、课件和作业模板附件)、题库(可以发布为作业、测验和考试)，及班级群组(作为课程的子群组)。

20.7.1 内容绑定到课程和班级群组

课程或班级小组创建好后，我们希望老师可以在这个课程群组里面可以发布文章、群组帖、教学大纲、题库及创建班级内容。班级群组里面可以发布文章、群组帖和作业等。这里以绑定文章内容为案例，其他内容绑定以此类推。

打开系统菜单“管理”|“结构”|“内容类型”，单击“文章”后的“编辑”，对系统性群组进行修改，将文章以节点的形式作为课程和班级小组的内容，如图 20-13 所示。

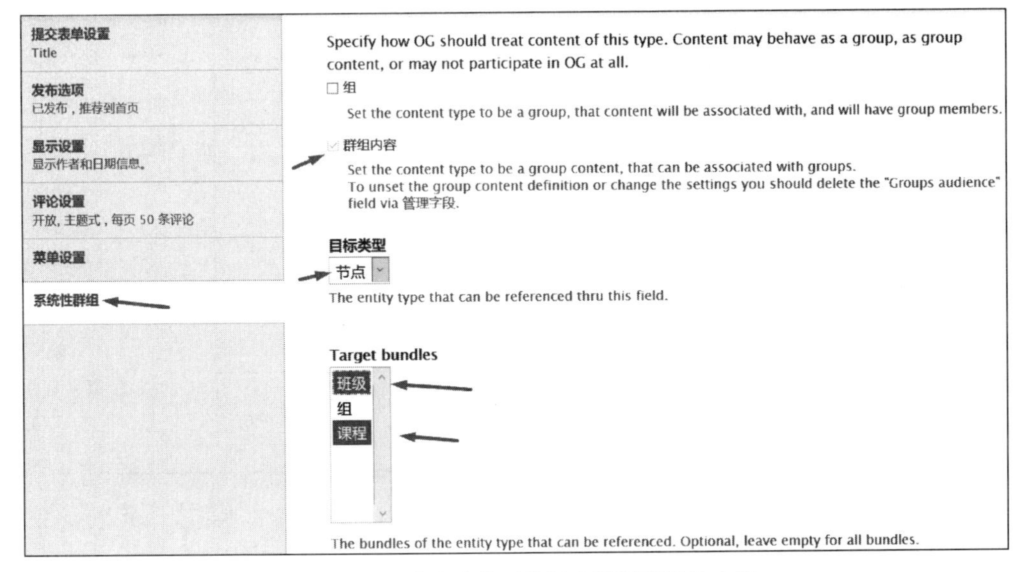

图 20-13　文章内容类型设置为课程群组的内容

20.7.2　设置创建内容链接

在系统默认的导航菜单下有一个系统级的"添加内容"菜单，系统所有的内容类型都会自动在这个菜单下生成创建内容链接菜单。但是，OG 群组模块会以面板的形式提供自己的"创建内容"菜单，通过"页面"管理布局到群组页面，在群组内创建内容。

下面通过设置 Entity reference prepopulate 这个模块提供的功能，让创建"文章"内容出现在群组页面的"创建内容"菜单下，其他内容类型的设置以此类推。

打开系统菜单"管理"|"结构"|"内容类型"|"文章"|"字段管理"，编辑修改"文章"的"群组读者"字段，如图 20-14 所示。

文章　编辑　管理字段　管理显示　评论的字段　评论显示

首页 » 管理 » 结构 » 内容类型 » 文章

Show row weights

标签	机读名称	字段类型	控件	操作	
Title	title	节点模块元素			
Body	body	长文本和摘要	带摘要的文本域	编辑	删除
Tags	field_tags	术语来源	自动完成术语挂件（标签）	编辑	删除
Image	field_image	图像	图像	编辑	删除
群组读者	og_group_ref	实体引用	OG reference	编辑	删除

图 20-14　"文章"内容类型字段管理

勾选 Entity reference prepopulate 复选框，如图 20-15 所示。

这样设置好以后，创建"文章"的链接就会绑定到群组"创建内容"菜单下，效果如图 20-16 所示。如何布局群组页面的"创建内容"菜单，将在第 22 章讲解。

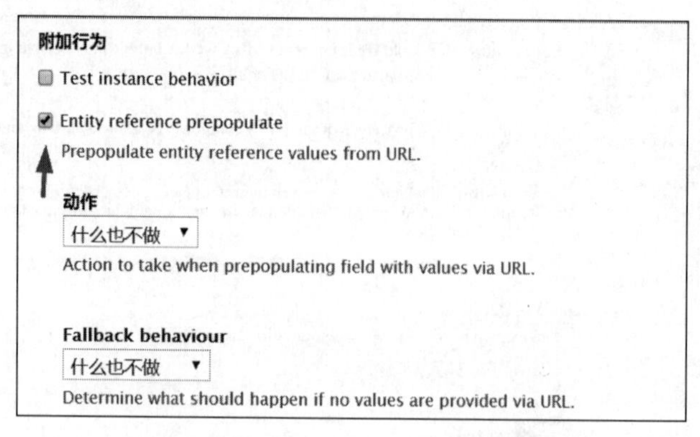

图 20-15　设置从 URL 传递引用的实体值

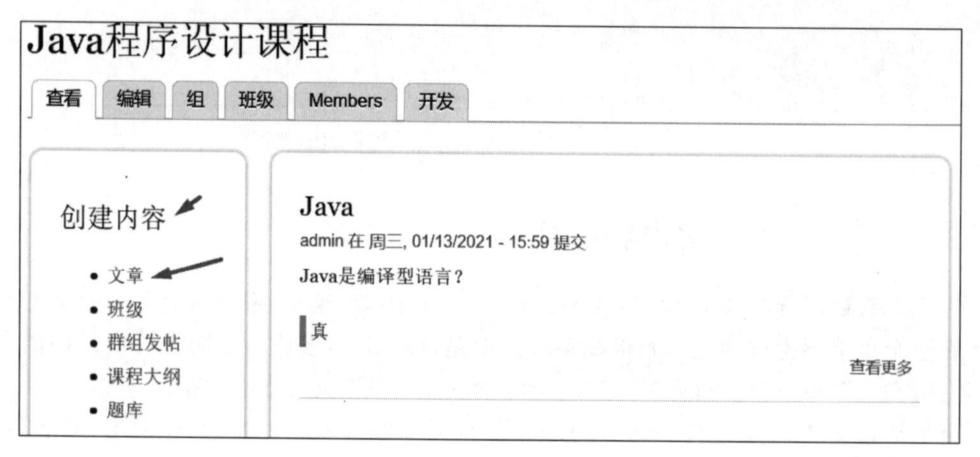

图 20-16　创建文章的链接

20.8 群组和内容的创建

在下面的操作中，将创建一个课程群组实例，并在这个课程群组里面发布一篇文章，体验群组和内容的管理效果。

20.8.1 创建课程实例、发布文章

1. 创建课程群组

打开首页菜单“导航”|“添加内容”|“课程”，创建一个“Java 程序设计课程”小组实例，如图 20-17 所示是创建计算机科学与技术教研室开设的“Java 程序设计课程”专业必修课。

2. 发布文章到课程群组

打开首页菜单“导航”|“添加内容”|“文章”，打开添加文章页面，输入文章标题和内容后，最重要的是选择发布到群组读者——“Java 程序设计课程”小组中，也可以同时发布到其他小组里，如图 20-18 所示。

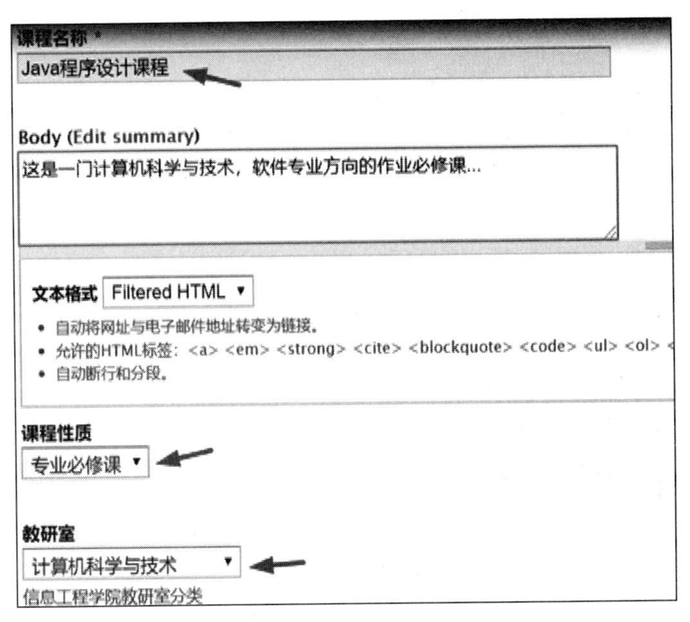

图 20-17　创建“Java 程序设计课程”小组

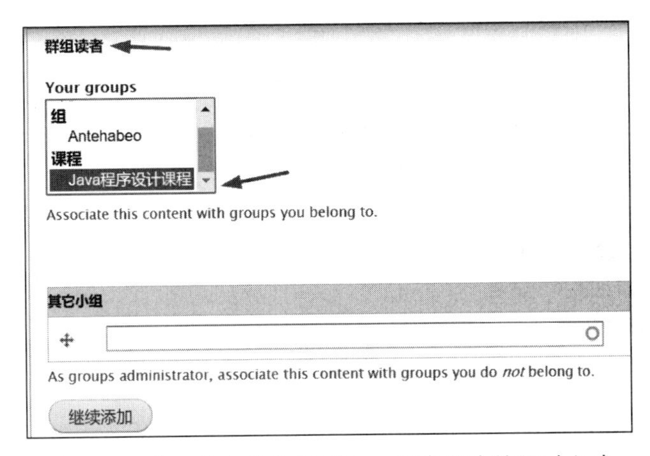

图 20-18　将一篇文章发布到“Java 程序设计课程”小组中

20.8.2　课程小组和文章的发布效果

因为 Drupal 系统默认创建的内容类型是发布到首页(以后可以通过修改内容类型，去掉“发布到首页”设置)，在首页可以看到如图 20-19 所示的文章和课程发布效果。

20.8.3　课程群组和文章页面效果

打开“Java 程序设计课程”小组页面，发现里面没有文章内容，如图 20-20(a)所示。打开“文章”页面，发现多了一个群组读者属性为“Java 程序设计课程”小组的链接，如 20-20(b)所示，这说明课程小组和文章内容建立了关系。

但是从上面的显示效果看，存在一个问题：文章作为课程小组的内容，却没有出现在

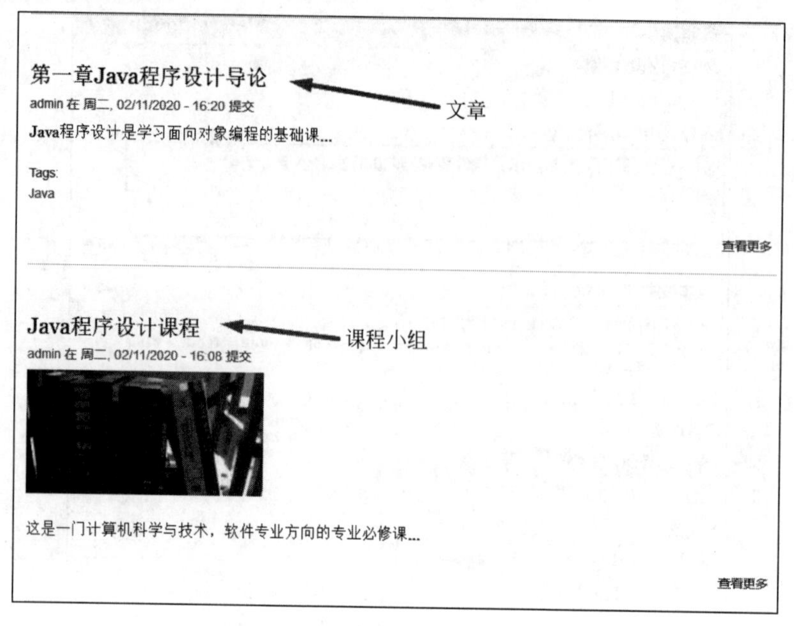

图 20-19　课程小组与文章的发布

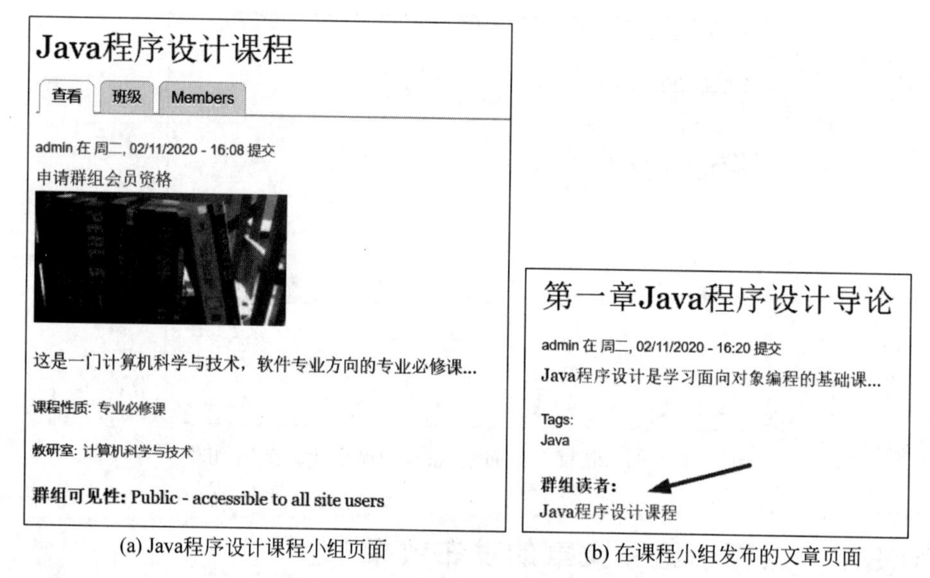

(a) Java程序设计课程小组页面　　(b) 在课程小组发布的文章页面

图 20-20　课程群组和文章页面效果

"Java 程序设计课程"小组的页面上，也就是说，"Java 程序设计课程"小组的成员打开群组页面，至少应可以看到发布的文章标题。所以，在第 22 章将解决这个问题。

20.9　设置群组公有、内容私有

OG 模块把群组分为公有(Public)和私有(Private)。公有群组是公开的，非群组成员也可以看到，反之，私有群组只有群组成员可以看到。群组里面的内容也一样，分为公开和私有。

首先，确认已经启用 Organic groups access control 模块，然后给群组内容类型添加"群组可见性"字段，给群组内容添加"群组内容可见性"字段，这样，在创建群组或发布内容的时候，可以选择设置公有或私有。下面以课程小组和文章内容为案例进行设置，班级及其他内容类型的设置以此类推。

20.9.1 设置课程小组公有

课程可以开放给所有用户，让用户看到所有课程。但是，我们希望加入到课程小组的成员才能看到和使用课程的资源。这里需要给课程小组添加一个字段，可以在创建和编辑课程小组时多一个"群组可见性"选择。

打开系统菜单"管理"|"配置"|"系统性群组"|"OG 字段设置"，设置"包"值为"课程"，"字段"值为"群组可见性"，接着单击"添加字段"按钮，完成字段添加，如图 20-21 所示。

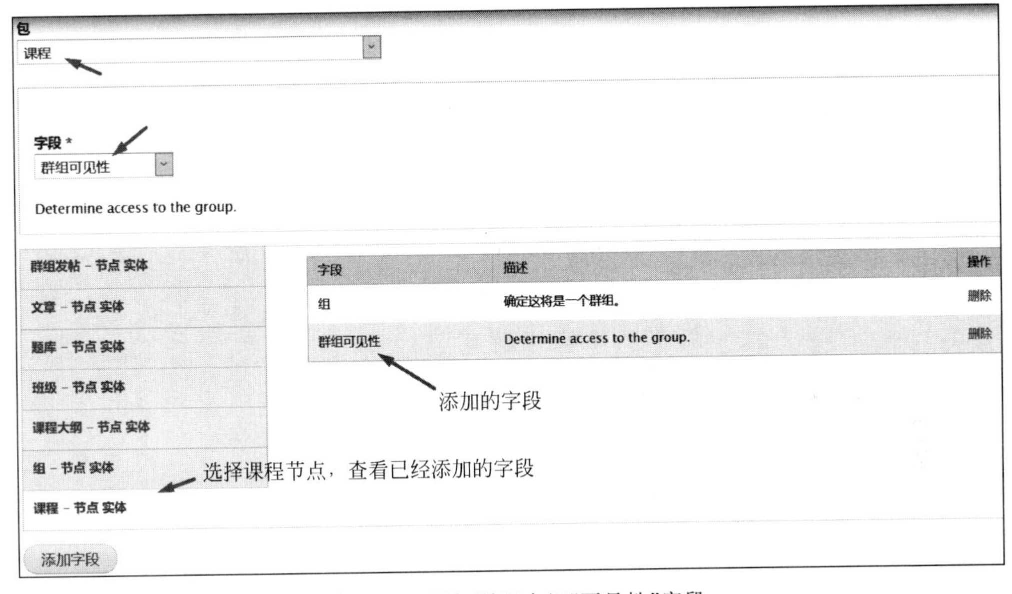

图 20-21　添加课程小组"可见性"字段

编辑"Java 程序设计课程"小组，可以看到多了一个选择字段"群组可见性"选择项，选择 Public - accessible to all site users 单选按钮，意味着让所有用户可见，如图 20-22 所示。

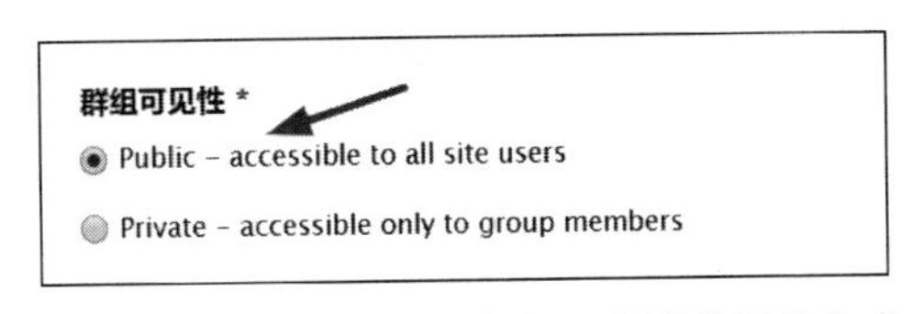

图 20-22　"Java 程序设计课程"课程设置为公有

20.9.2 设置课程小组文章内容私有

这里要给文章内容类型添加一个"群组内容可见性"的字段。

打开系统菜单“管理”|“配置”|“系统性群组”|“OG 字段设置”，设置“包”为“文章”，“字段”为“群组内容可见性”，如图 20-23 所示。

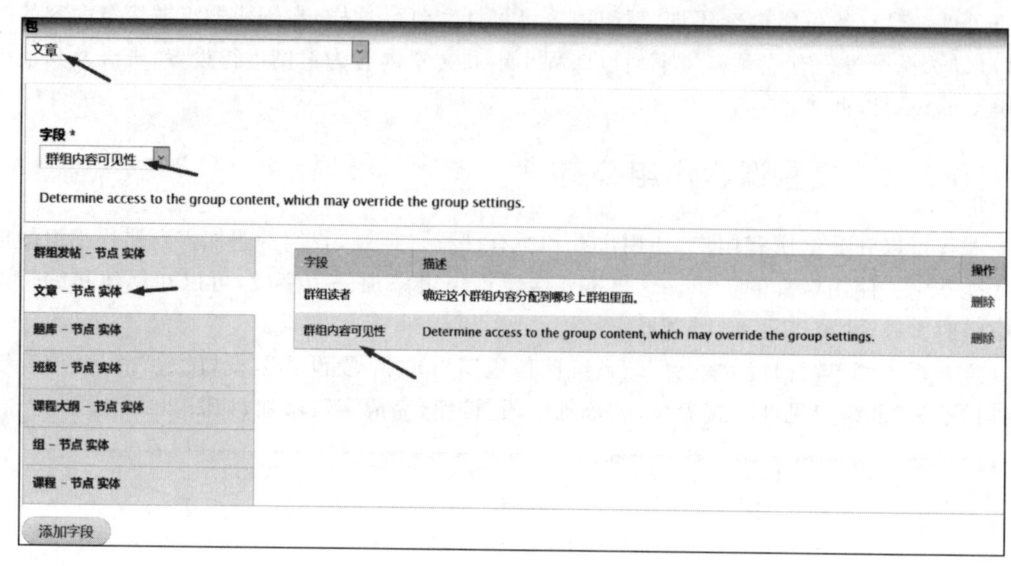

图 20-23　给文章内容类型添加访问控制字段

重新编辑“第一章 Java 程序设计导论”文章，可以看到多了一个“群组内容可见性”字段，这里选择 Private-accessible only to group members，如图 20-24 所示，这样，这篇文章仅仅是 Java 程序设计课程的成员才能看到。

图 20-24　文章内容设置为私有

课程与班级显示

当课程和班级增多的时候，用户希望有一个菜单来查看课程和班级列表页面。快速找到课程，并加入到课程所属班级。实现这些功能，主要通过视图模块完成。

21.1 OG 模块默认的视图

OG 模块安装完成后，已经在视图里面创建了一些 OG 视图模板列表，如图 21-1 所示。

视图名称	描述	标签	路径	操作
OG all user group content 显示: *内容面板* 在程序 类型: 内容	Show the content from all the group the current user belongs to	og		编辑 ▾
OG content 显示: *内容面板* 在程序 类型: 内容	Show all content (nodes) of a group.	og		编辑 ▾
OG members 显示: *内容面板, 区块* 在程序 类型: 用户	Newest group members.	og		编辑 ▾
OG members admin 无 在程序 类型: 用户		og		编辑 ▾
OG User groups 显示: *内容面板* 在程序 类型: OG会员	Show groups of a user.	og		编辑 ▾

图 21-1　OG 模块生成的模板视图

这些 OG 模板视图主要有：

(1) OG all user group content：以内容面板方式显示一个用户加入的所有群组里面的所有内容列表。

(2) OG content：以内容面板方式显示一个群组的所有内容。

(3) OG members：以内容面板方式和区块组件方式显示，默认显示最新加入群组的 5 个成员。

（4）OG members admin：以选项（Tab）菜单方式，提供群组成员的管理页面。

（5）OG User groups：以内容面板方式显示一个用户加入的所有群组列表。

21.2 OG Extras 模块

这是一个 OG 群组的增强模块，安装启用后，默认自动添加群组视图列表 Groups 到主菜单，如图 21-2 所示。

图 21-2 通过 OG Extras 模块生成的群组视图，出现在主菜单中

同时，创建群组成员视图 Members 附加到群组标签菜单中，如图 21-3 所示。

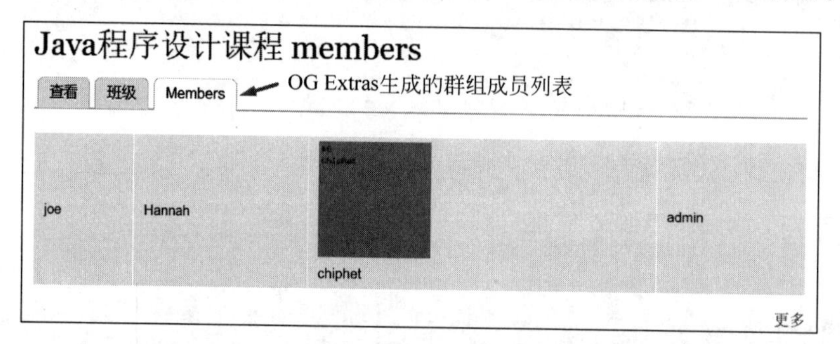

图 21-3 OG Extras 模块生成的群组成员列表菜单

在群组页面的左边栏会添加“小组的详细信息”区块，如图 21-4(a)所示，以及群组“Java 程序设计课程”Members 成员列表区块，如图 21-4(b)所示。

图 21-4 OG Extras 模块生成的群组信息区块

这个模块除了帮助我们提供更多的群组管理界面外，还可以通过克隆这些视图模板，来进一步定制更多的群组管理设置。如图 21-5 所示是 OG Extras 模块生成的视图模板。

视图名称	描述	标签	路径	操作
OG Extras group members 显示: 区块, 页面 在程序 类型: 用户	Group members.	OG Extras	/node/%/members	编辑
OG Extras Groups 显示: 页面 Database overriding code 类型: 内容	A listing of all node groups.	OG Extras	/groups	编辑
OG Extras content 显示: 种子 在程序 类型: 内容	Show all content (nodes) of a group.	OG Extras	/node/%/feed	编辑

图 21-5　OG Extras 模块生成的视图模板

21.3　所有课程列表显示

通过视图添加“课程列表”显示，创建设置过程如图 21-6 所示。我们创建了一个“课程列表”视图，见图 21-6(a)；接着，创建视图页面，设置路径，见图 21-6(b)，目的是今后可以添加“课程列表”菜单到主菜单中；同时，创建一个“课程列表”区块，见图 21-6(c)，目的是在以后的首页布局中把课程列表放到首页里。

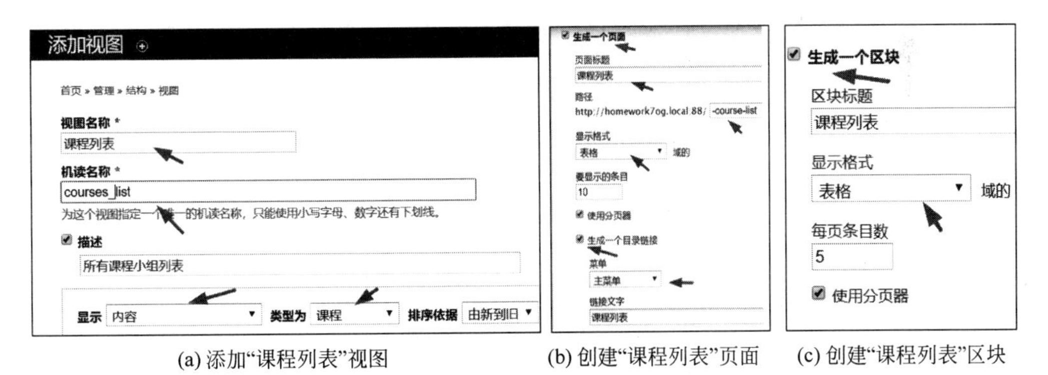

(a) 添加“课程列表”视图　　(b) 创建“课程列表”页面　　(c) 创建“课程列表”区块

图 21-6　创建“课程列表”视图

课程列表视图创建后，分别对页面和区块视图做设置。

21.3.1　设置课程页面

我们在字段设置中添加了“内容：(课程性质)”“字段：(教研室)”“内容：(课程介绍)”，在页面设置中添加路径/-course-list，添加菜单“普通：课程列表”，并设置到“主菜单”下，同时也要设置过滤条件“内容：类型(＝课程)”，如图 21-7 所示。

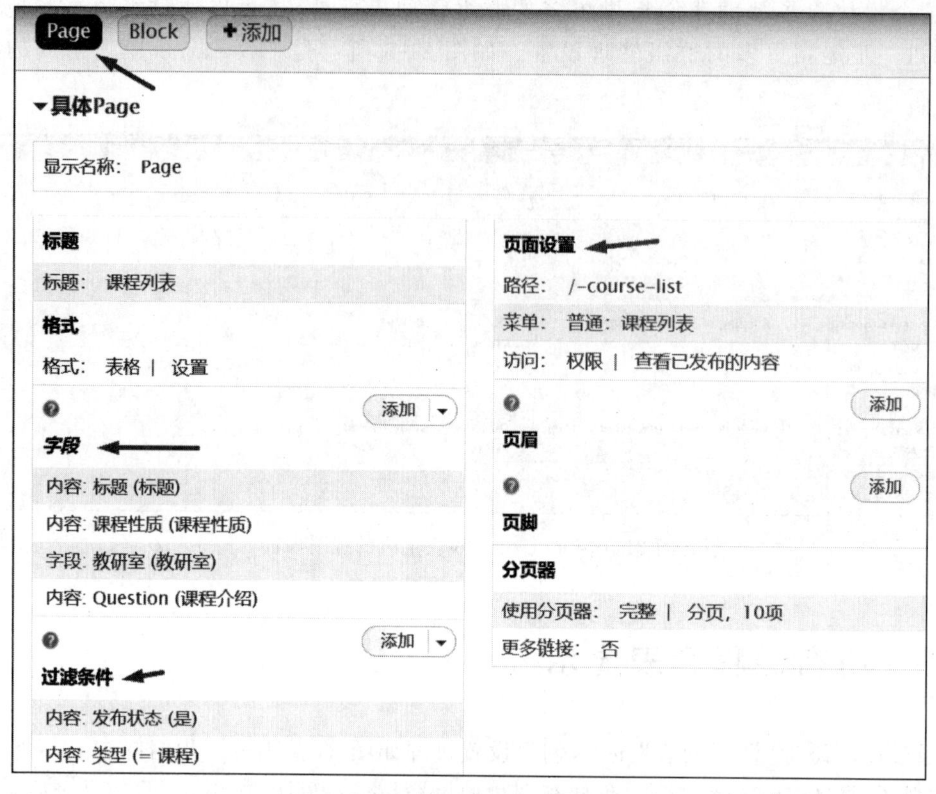

图 21-7 课程列表视图的页面设置

最后，实现的课程列表效果如图 21-8 所示。

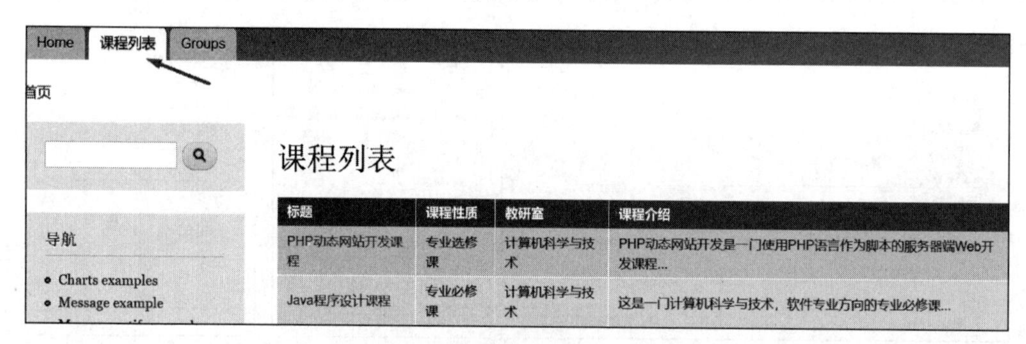

图 21-8 通过视图创建的课程列表

21.3.2 设置课程区块

同时，设置一个简化的课程列表区块，显示字段仅有课程标题和课程性质，如图 21-9 所示。

通过系统的区块管理，定义到页面的左边栏，可以让用户快速选择切换课程，如图 21-10(a)所示。最后，在系统页面左边栏显示的课程列表效果如图 21-10(b)所示。

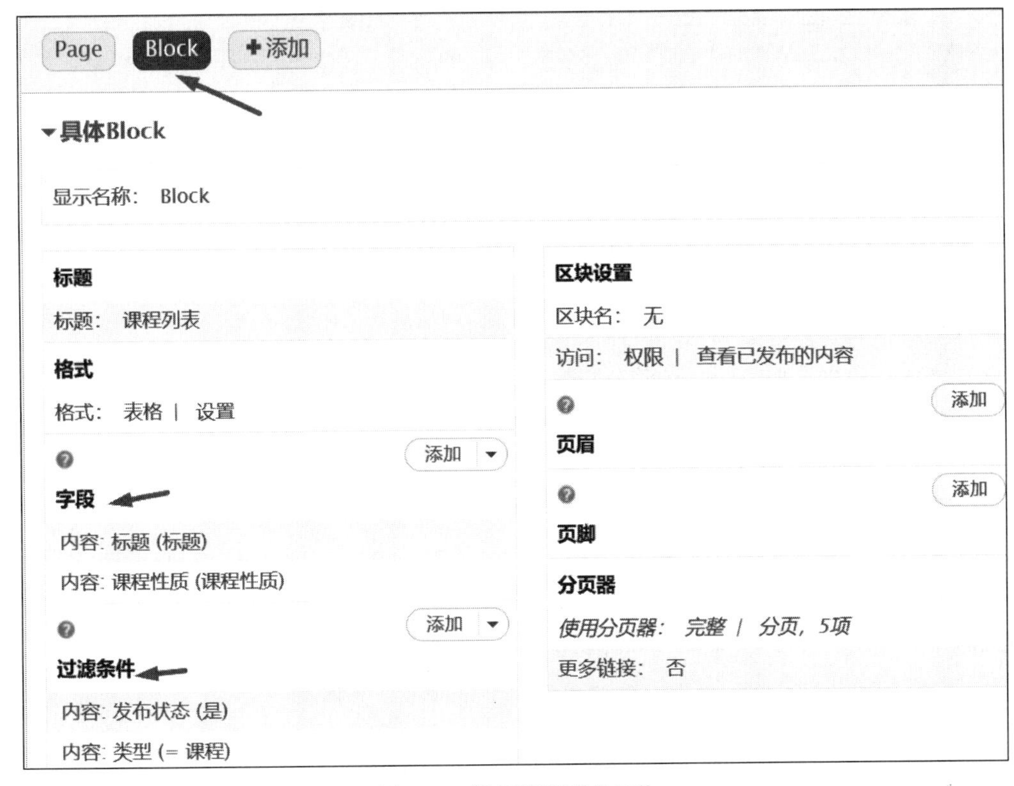

图 21-9 设置课程列表区块

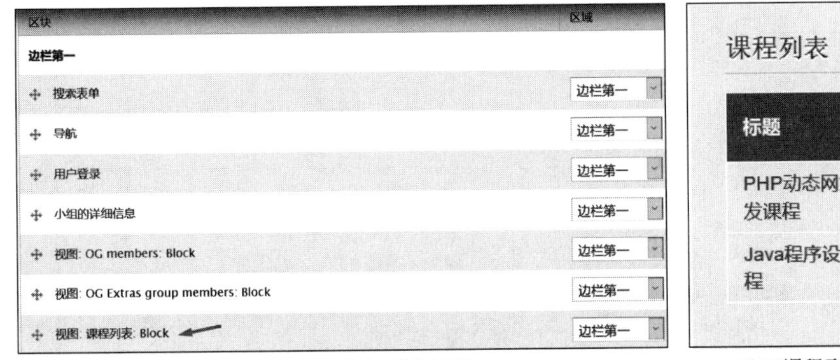

(a) 设置“课程列表”到左边栏

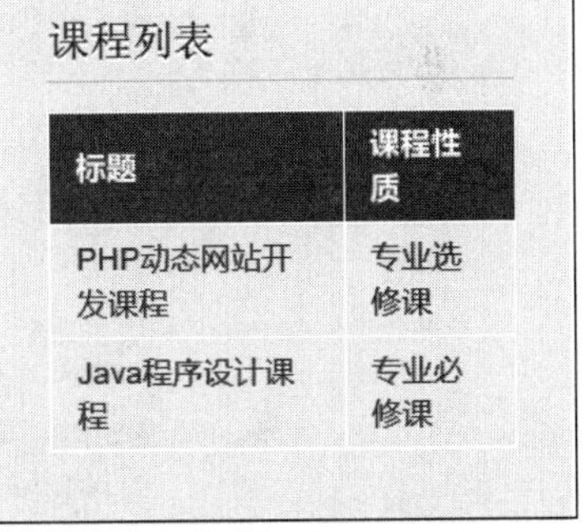

(b) “课程列表”区块显示效果

图 21-10 通过区块管理设置“课程列表”区块

21.4 课程小组下的所有班级列表显示

21.4.1 创建班级列表视图

通过视图添加班级列表显示。打开系统菜单“管理”|“结构”|“视图”，克隆 OG 默认视

图模板 OG content，这个模板是显示某一个群组下的所有节点的内容，如图 21-11 所示。

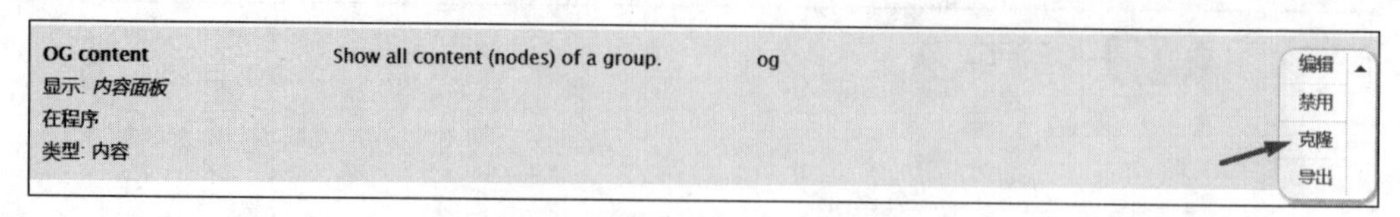

图 21-11 克隆 OG content 视图模板

单击“克隆”，按照步骤，修改视图名称为“class of OG content”，完成克隆，进入视图编辑页面。由于克隆过来的视图默认是一个 Content pane，这是一个班级面板控件，可以通过区块管理或页面管理添加到课程群组页面布局里面。但是，我们希望班级作为一个标签菜单形式出现在课程页面中，所以需要添加一个“页面”实现标签菜单。单击“＋添加”按钮，选择“添加页面”。将过滤条件的内容类型修改为“班级”，格式显示为“内容|摘要”，如图 21-12 所示。

21.4.2 设置班级标签菜单

在视图的“页面设置”中，路径设置为/node/%/class，这里的 URL 表示所有的内容类型实例都是 node，%是 node 的 ID 的变量形式表示，菜单选择“标签：班级”，如图 21-13 所示。

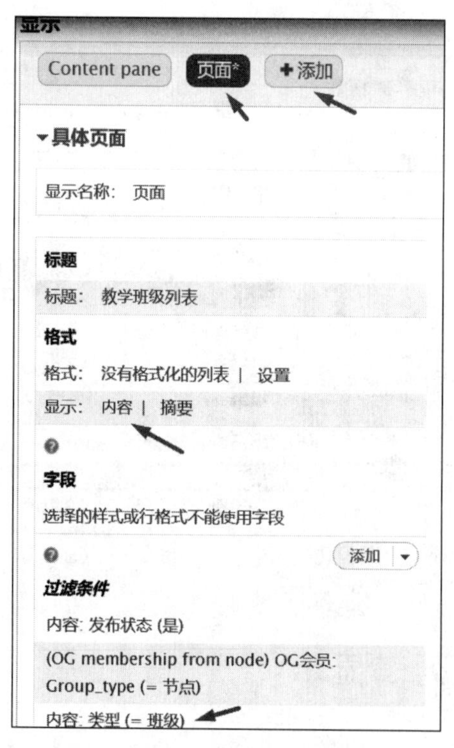

图 21-12 设置班级列表视图

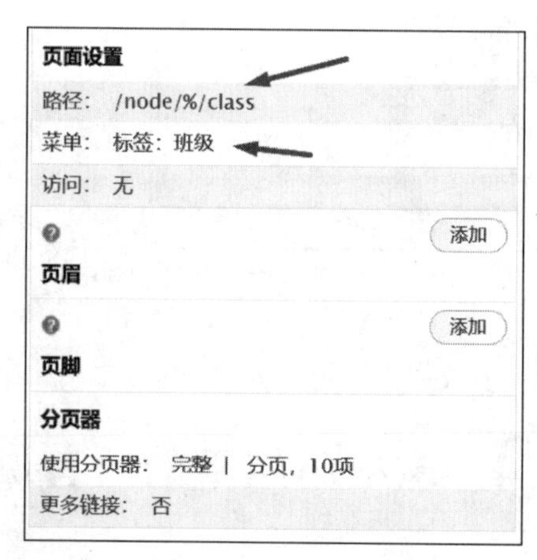

图 21-13 标签菜单设置

21.4.3　设置班级视图页面上下文过滤器

因为班级本身也是群组，在班级列表视图访问路径/node/%/class中，节点ID并不知道这个节点是课程还是班级群组，所以需要设置一个上下文过滤器和关联，让班级列表视图仅出现在课程页面中，如图21-14所示。过滤值选择"群组ID"。

图21-14　设置上下文过滤器和关联

修改覆盖班级列表标题，在班级列表前面加上课程标题，而课程的标题来自视图URL的第一个ID变量"%1"，如图21-15(a)所示。同时，添加验证条件，过滤条件是内容类型为"课程"，如图21-15(b)所示。也就是说，只有在课程页面中，班级列表视图才能显示。这样就排除了班级列表菜单出现在班级群组中的问题。

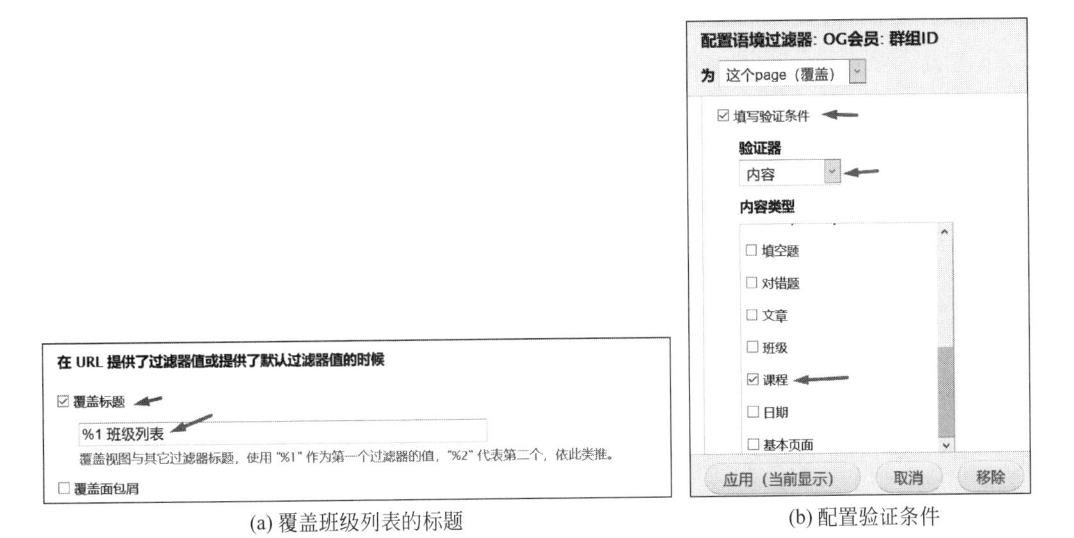

(a) 覆盖班级列表的标题　　(b) 配置验证条件

图21-15　设置班级视图页面上下文过滤器

21.4.4　班级列表显示效果

从图21-16看到，班级列表作为课程的内容，出现在课程的页面里面，并设置了一个课程内部的标签菜单。

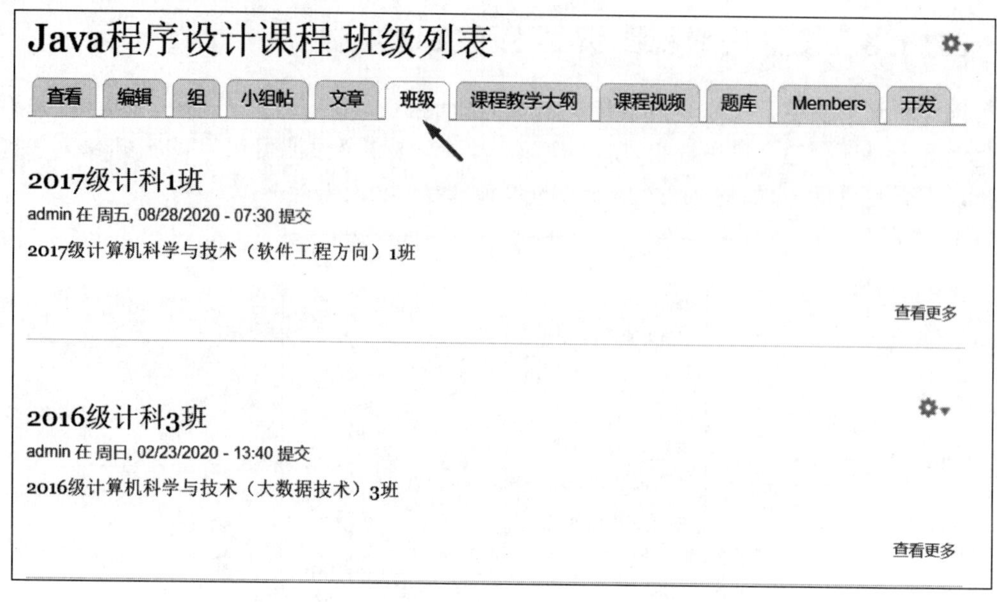

图 21-16 班级列表作为内容出现在课程页面里面

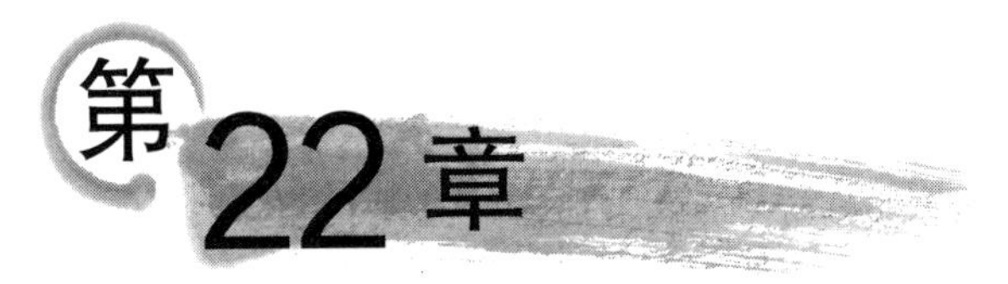

第22章 课程与班级页面布局设计

前面发现，发布到群组的内容并没有出现在群组页面里面，所以需要进一步重新修改群组页面布局，让群组相关的内容在群组页面里面出现。

首先，确认系统已经添加了三个模块：Panels（为页面布局提供面板控件），Entity reference prepopulate（在群组页面中提供创建内容链接），以及 Ctools 模块（提供页面布局管理）。并启用下面的模块。

（1）Views Content Panes（来自 Ctools 的子模块）。

（2）Page manager（来自 Ctools 的子模块）。

（3）Panels。

（4）Entity reference prepopulate。

（5）Views Bulk Operations（来自 Views 的子模块）。

（6）Views UI（来自 Views 的子模块）。

打开系统菜单“管理”|“结构”，多了一个“页面”和“面板”，下面需要用“页面”来管理课程页面的布局，让群组的内容显示在群组页面里面。

22.1 构建课程群组页面布局

这里要用到 Page manager 模块来修改群组节点页面，Panels 模块提供页面布局模板，Entity reference prepopulate 模块用来在课程页面中添加“创建内容”链接，而不需要从系统菜单的创建内容菜单来创建课程小组的内容。

22.1.1 Page manager 修改节点模板

打开系统菜单“管理”|“结构”|“页面”，进入节点页面的编辑界面，如图 22-1 所示。选择“节点模板”，单击“启用”，这是系统所有节点的页面模板，但是通过添加一些触发过滤条件，让系统在显示课程节点页面的时候，显示重新定制的页面布局。

22.1.2 添加课程群组新变体

变体相当于在显示页面中定义变量，当变量符合选择规则时，其布局和内容就会显示在页面中，一个页面可以定义多个变体，系统会从第一个变体的选择规则查询，最先满足规则

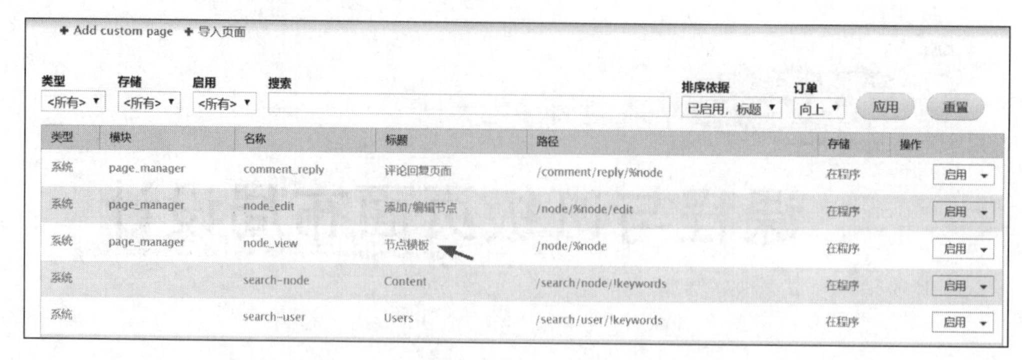

✚ Add custom page ✚ 导入页面

类型 <所有> 存储 <所有> 启用 <所有> 搜索 排序依据 已启用, 标题 订单 向上 应用 重置

类型	模块	名称	标题	路径	存储	操作
系统	page_manager	comment_reply	评论回复页面	/comment/reply/%node	在程序	启用
系统	page_manager	node_edit	添加/编辑节点	/node/%node/edit	在程序	启用
系统	page_manager	node_view	节点模板	/node/%node	在程序	启用
系统		search-node	Content	/search/node/!keywords	在程序	启用
系统		search-user	Users	/search/user/!keywords	在程序	启用

图 22-1　用 Page manager 修改节点模板

的变体会被用于显示。

单击节点模板中的“编辑”，进入节点页面编辑，单击“添加新变体”，命名为“课程群组布局”，变体类型是“面板”，勾选可选功能为“选择规则”，单击“创建变体”按钮，如图 22-2 所示。

禁用 添加变体 导入变体 重新排列变体

添加变体

为此页面添加新的变体

标题

课程群组布局 机读名称: [编辑]

变体的管理标题，如果留为空白将会自动分配

变体类型

面板

可选功能

☑ 选择规则

☐ 上下文

勾选任意你需要的功能，如果你不确定使用它们，也可以在页面创建以后再选择

创建变体

图 22-2　添加变体

22.1.3 设置课程变体显示规则

进入“选择规则”设置页面，这里添加两个规则，选择添加规则 OG：Node is an OG group，单击“添加”按钮，规则意思是“节点内容属于一个群组，并且正在被查看时，启用这个变体”，如图 22-3 所示。

第二个规则是“节点：类型”是“课程”。最后，两个选择规则如图 22-4 所示。

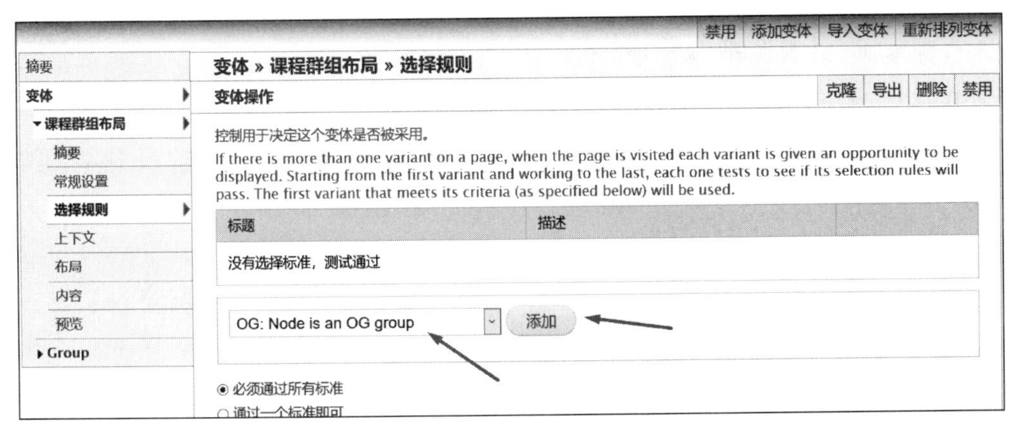

图 22-3　选择变体规则

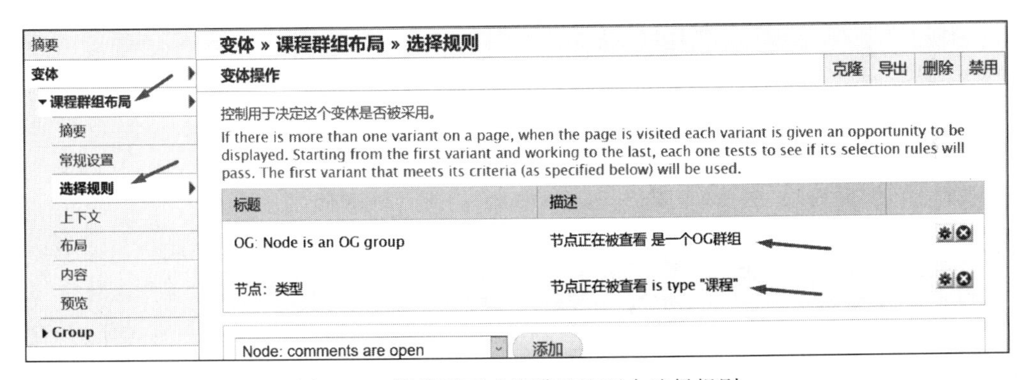

图 22-4　课程页面应该满足这两个选择规则

22.1.4　定义课程页面布局

在课程群组布局菜单下，选择“布局”，给新变体设置布局为“两栏”，如图 22-5(a)所示。并勾选“禁用 Drupal 区块/区域”复选框，如图 22-5(b)所示，也就是说，去掉系统的布局，完全使用现在的布局。

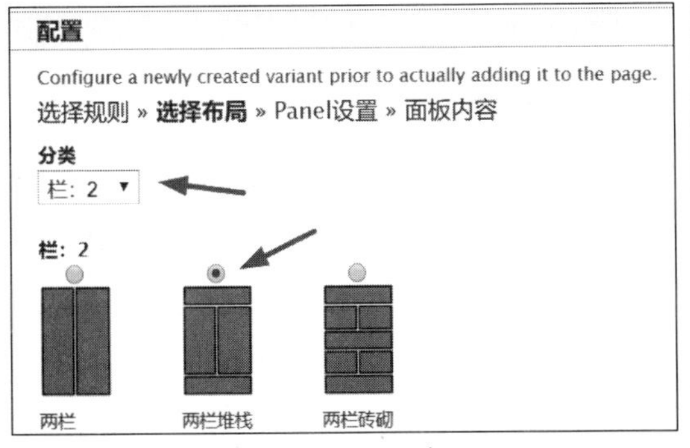

(a) 选择“两栏”布局

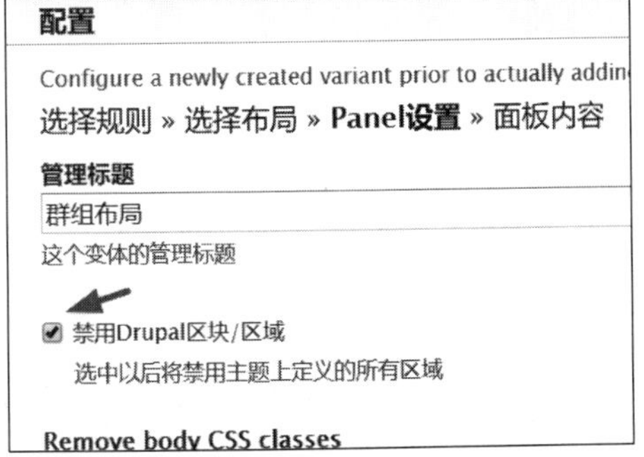

(b) 禁用系统默认区块布局

图 22-5　课程页面布局设置

布局模板效果如图 22-6 所示，后面会给布局页面添加内容。变体添加完成后，最好把变体的次序整理一下，因为如果添加的“课程群组布局”变体和默认的 group 变体的显示触发条件设置是一样的(目前是不一样的)，在前面的变体会先触发。

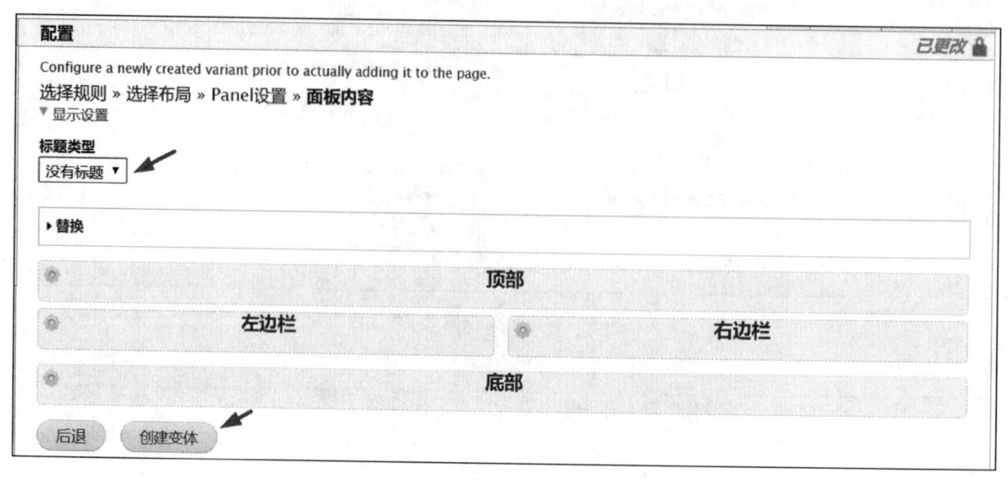

图 22-6 课程变体页面布局模板

22.2 给课程变体添加内容

在创建好的变体“课程群组布局”菜单下面，选择“内容”，开始给群组页面添加内容，内容可以添加到页面布局的四个区域(顶部，底部，左边栏，右边栏)中，如图 22-6 所示。

22.2.1 添加节点的正文

在顶部栏，单击左上角的齿轮按钮菜单，选择“添加内容”，从“Node 替换符”中选择添加“正文”，表示添加群组的介绍正文字段，设置到顶部栏，如图 22-7 所示。

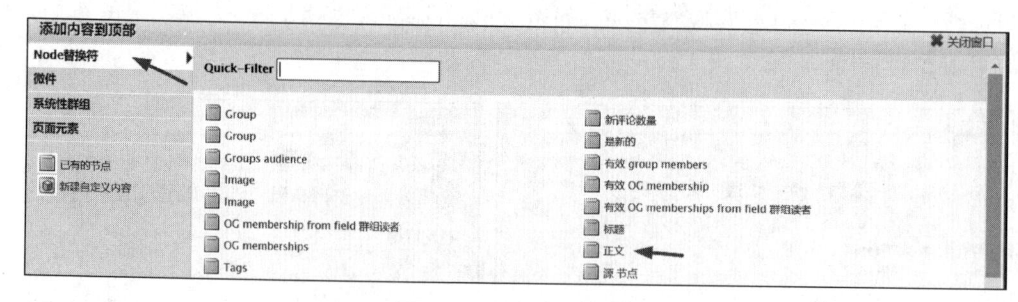

图 22-7 添加节点正文

22.2.2 添加“创建内容”面板

单击左边栏齿轮按钮，选择“添加内容”|“系统性群组”，“创建内容”放置到群组页面的左边栏，如图 22-8(a)所示。在 Restrict to content types 设置中，勾选哪些内容类型出现在

"创建内容"菜单下,如果不选,表示列表下所有内容都可以出现,目前与群组绑定的内容类型有"群组发帖"和"文章",如图22-8(b)所示。

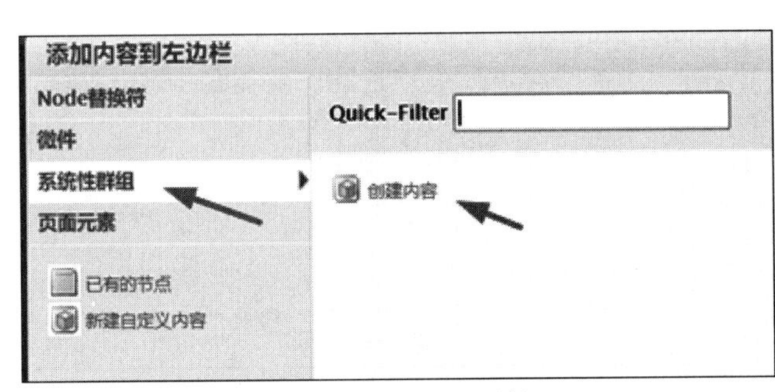

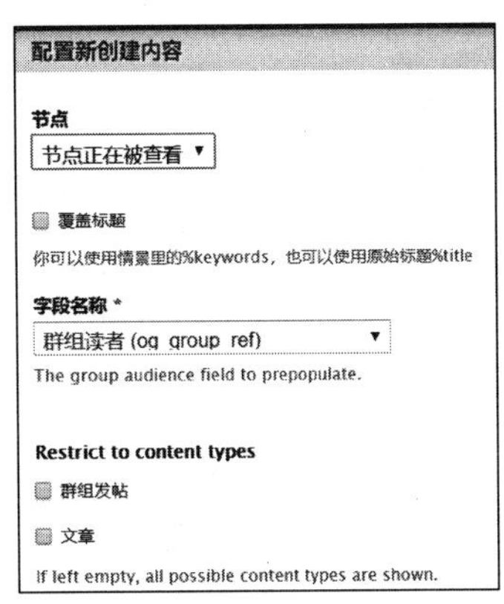

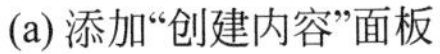

(a) 添加"创建内容"面板　　(b) 配置"创建内容"

图22-8 添加"创建内容"面板设置

22.2.3 添加内容面板

在视图中已经默认创建好了"视图：OG content：Content panes",这个群组面板是显示所有绑定到群组的内容。我们把它放到右边栏,如图22-9所示。

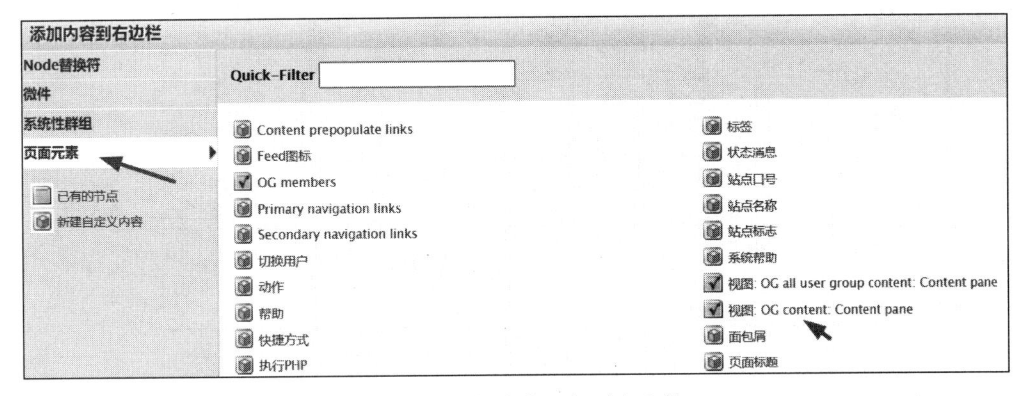

图22-9 添加内容面板到右边栏

22.2.4 群组成员列表

在左边栏添加"群组成员"列表,如图22-10所示。

22.2.5 添加群组成员状态

添加群组成员状态,如图22-11所示。

设置Select a formatter为OG subscribe link,如图22-12所示。如果登录的用户不是群组成员,会显示"申请群组会员资格"链接,如果用户已经是成员,会显示角色信息。

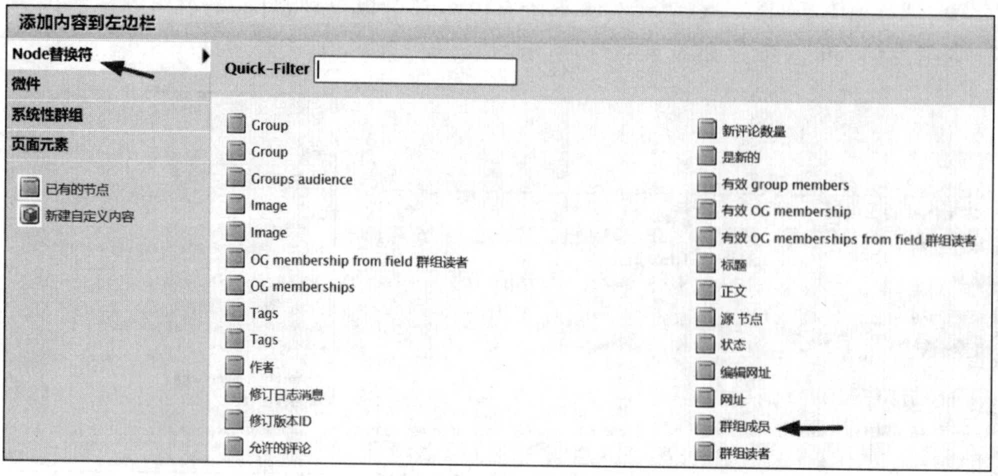

图 22-10　添加群组成员

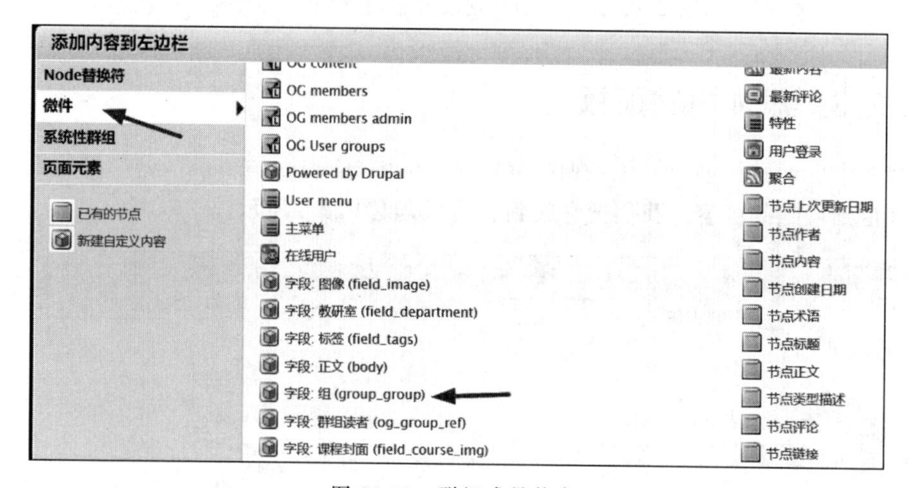

图 22-11　群组成员状态

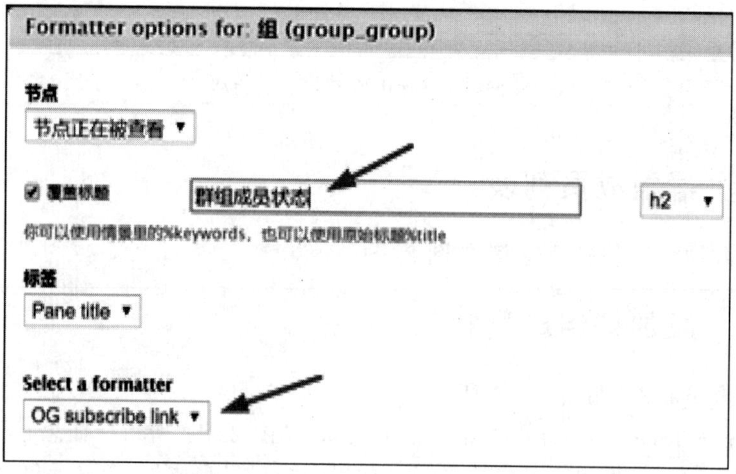

图 22-12　设置 Select a formatter

22.3 课程自定义布局

前面"课程群组布局"使用了默认的两栏布局格式,其实可以重新自定义整个页面的布局。在"课程群组布局"菜单下,选择"布局",分类选择"构造器",如图 22-13(a)所示。接着,单击"内容"菜单,进入内容布局模板页面,单击"显示布局设置器"按钮,进入自定义布局设计,我们添加了左边栏和右边栏,并调整了左右边栏的比例,如图 22-13(b)所示。

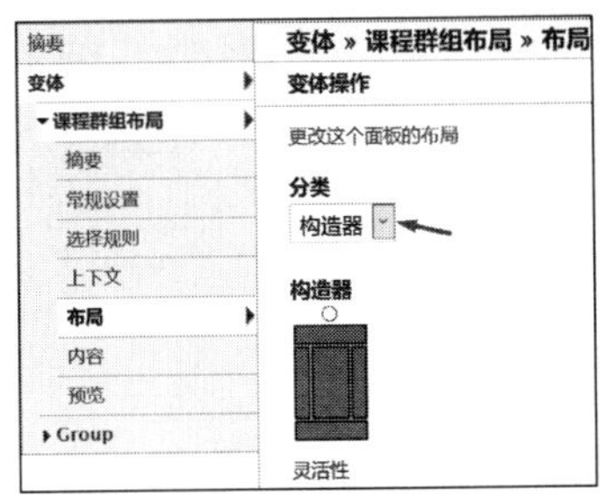

(a) 通过构造器重新定义布局

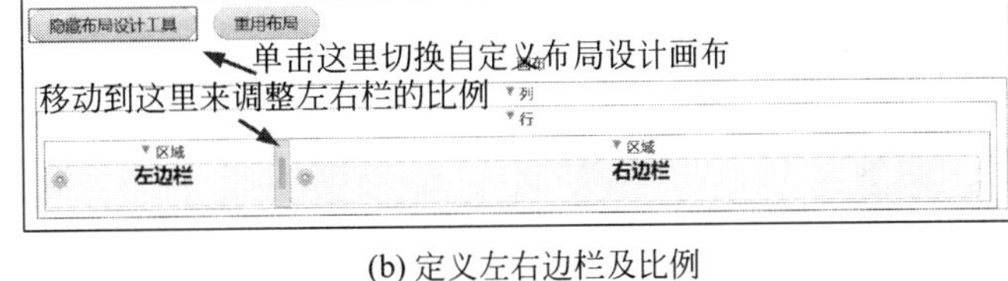

(b) 定义左右边栏及比例

图 22-13 课程自定义布局设置

最后,单击"隐藏布局设计工具"按钮,进入内容布局页面,通过拖曳内容,重新在左右边栏排列,如图 22-14 所示。

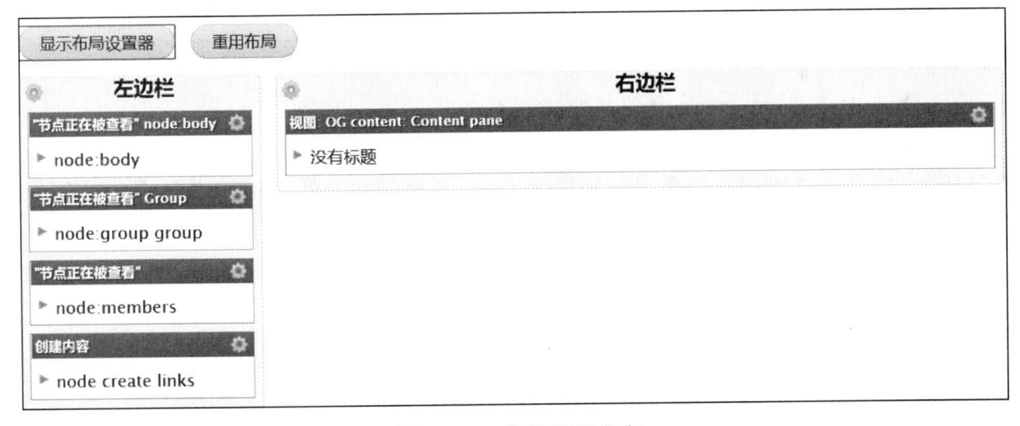

图 22-14 重新排列内容

22.4 课程小组页面布局显示效果

通过 Page manager 模块,完成了课程小组页面的重新布局设计,打开"Java 程序设计课程"小组页面,其显示效果如图 22-15 所示。

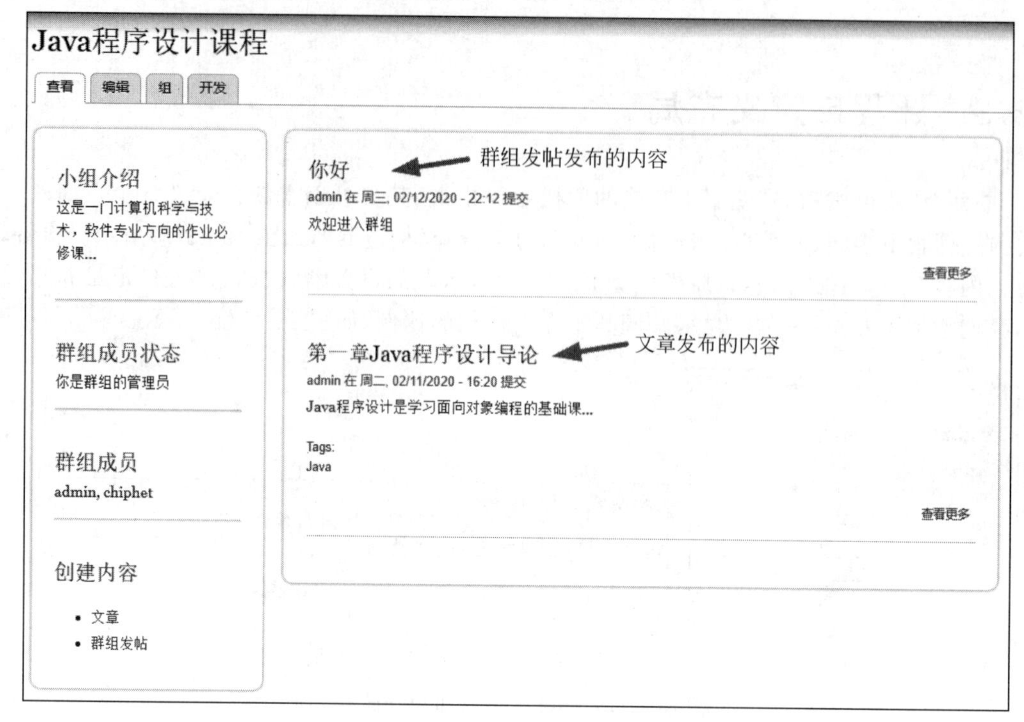

图 22-15 课程小组页面重新布局效果

22.5 班级小组布局

22.5.1 默认群组节点的显示效果

打开班级小组，系统默认的布局如图 22-16 所示，出现这样的显示效果是因为系统默认节点模板中有两个变体，第一个变体是前面创建的“课程群组布局”，第二个变体 Group 是原系统默认的群组变体，如果打开的页面经过变体“选择规则”过滤后，不是课程群组的节点页面都会以 Group 变体方式显示。

22.5.2 查看 Group 变体的内容

重新打开“页面”，修改班级的页面布局。打开系统菜单“管理”|“结构”|“页面”，编辑“节点模板”。选择 Group 变体，选择“内容”，可以看到整个节点布局如图 22-15 所示，其显示效果对应图 22-17。

22.5.3 修改 Group 变体名称为“班级群组布局”

因为我们的课程管理系统只有两个群组，分别是课程和班级，所以把这个默认的 Group 变体修改名称为“班级群组布局”，如图 22-18 所示。

图 22-16　班级默认的布局

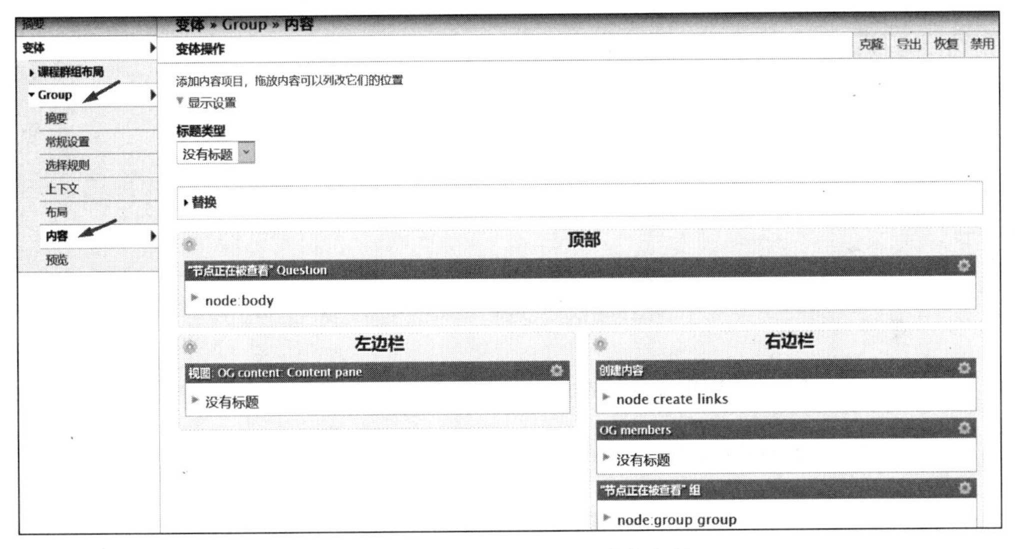

图 22-17　系统默认的群组节点布局

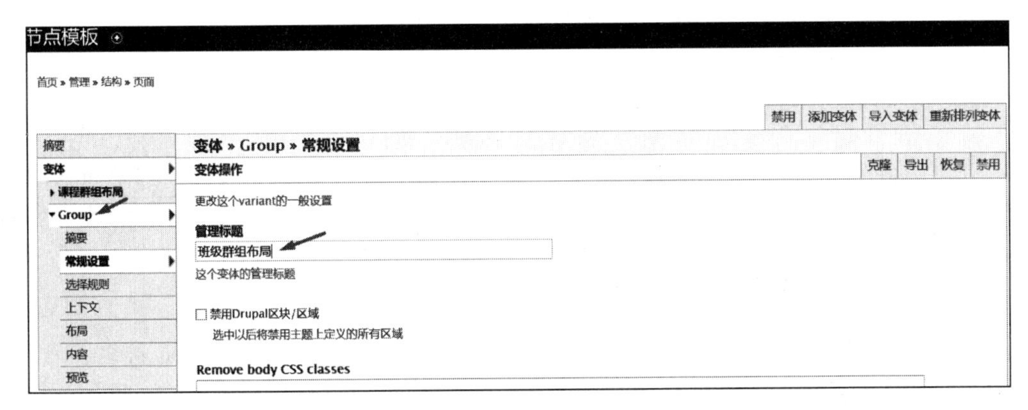

图 22-18　修改“Group”名称为“班级群组布局”

22.5.4 修改“班级群组布局”变体的选择规则

在默认“选择规则”上，再添加一个过滤条件，“节点：类型”是“班级”，如图 22-19 所示。

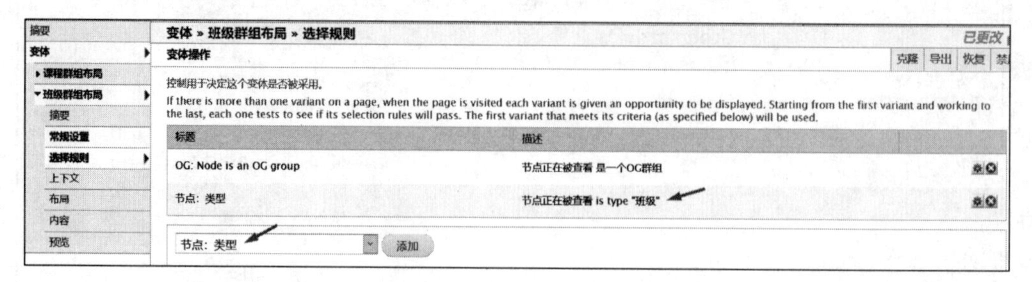

图 22-19 添加节点类型为“班级”的选择规则

22.5.5 重新定义“内容”布局

我们希望显示班级的标题，所以“标题类型”选择“手工设置”。在“内容”管理栏下，通过拖曳方式把群组的内容显示“OG content：Content pane”放在右边栏，并且群组的成员状态显示和内容创建等放到左边栏，如图 22-20 所示。

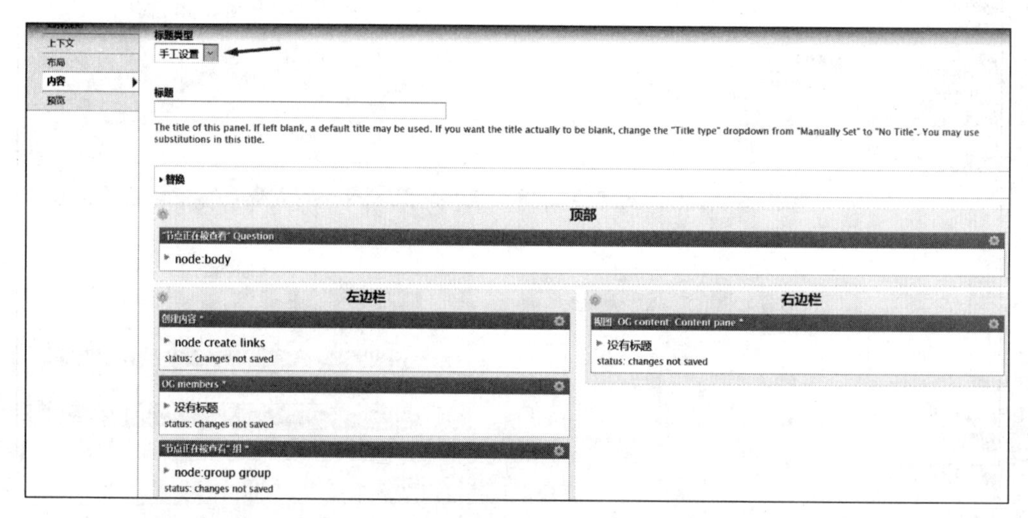

图 22-20 重新定义班级群组布局的内容

22.5.6 选择创建内容链接

在班级群组里面，只允许创建群组发帖、文章和题库内容，因此需要修改内容布局的“创建内容”配置（位于图 22-20 左边栏区域里面），选择上面提到的内容链接，如图 22-21 所示。

22.5.7 显示班级所属课程

单击图 22-20 左边栏中的齿轮符号，添加内容，选择“Node 替换符”下的“群组读者”，这里有两个同名的，选择实体引用字段为 Groups audience 的替换符，如图 22-22 所示。

配置创建内容

节点

节点正在被查看

☐ **覆盖标题**

你可以使用情景里的%keywords，也可以使用原始标题%title

字段名称 *

群组读者 (og_group_ref)

The group audience field to prepopulate.

Restrict to content types

☑ 群组发帖

☑ 题库

☑ 文章

☐ 班级

☐ 课程大纲

If left empty, all possible content types are shown.

图 22-21　配置创建内容的链接

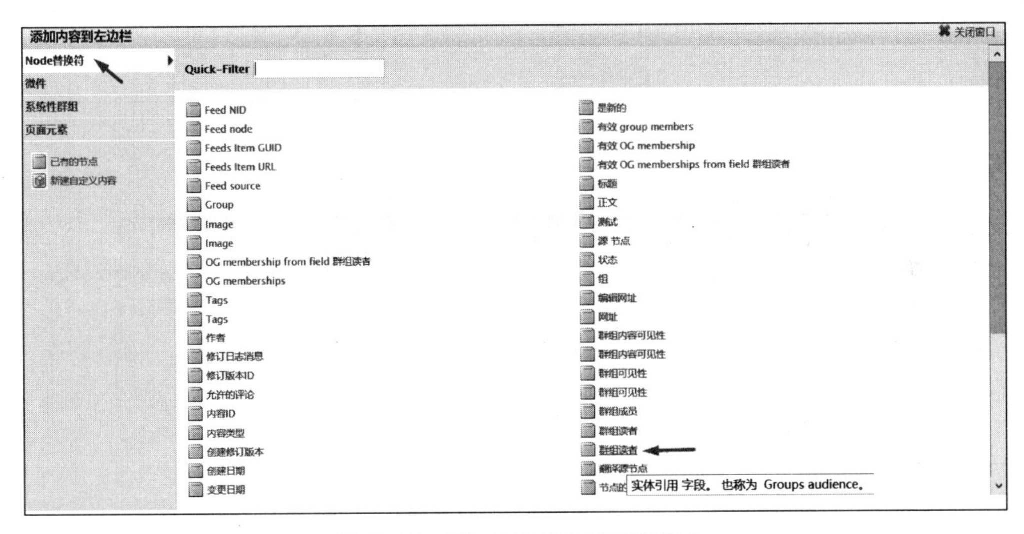

图 22-22　添加显示班级归属的课程

接着，设置覆盖“群组读者”这个标题为“所属课程”，如图 22-23 所示。

22.5.8　给布局添加样式

接着，通过“显示设置”(如图 22-24(a)所示)，修改布局外观。首先，给班级页面的每个内容块设置为圆角框，如图 22-24(b)所示；为每个内容区域加框，如图 22-24(c)所示。

22.5.9　班级布局效果

班级布局效果，如图 22-25 所示。

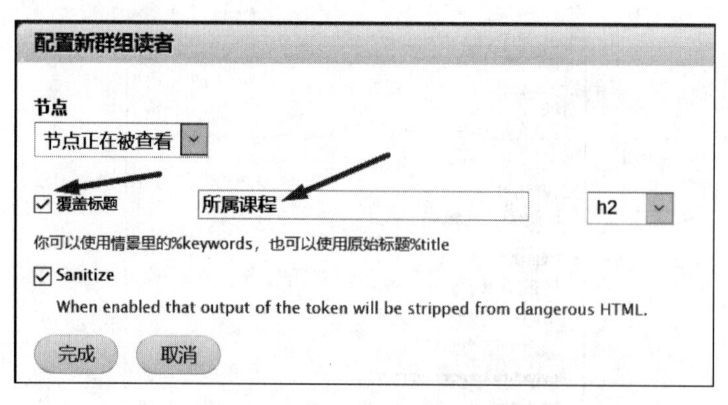

图 22-23　覆盖群组读者标题

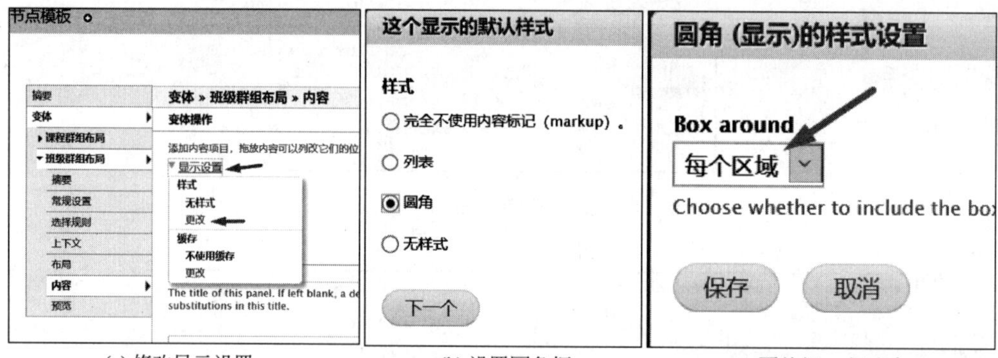

(a) 修改显示设置　　(b) 设置圆角框　　(c) 覆盖每一个区域

图 22-24　给布局添加样式

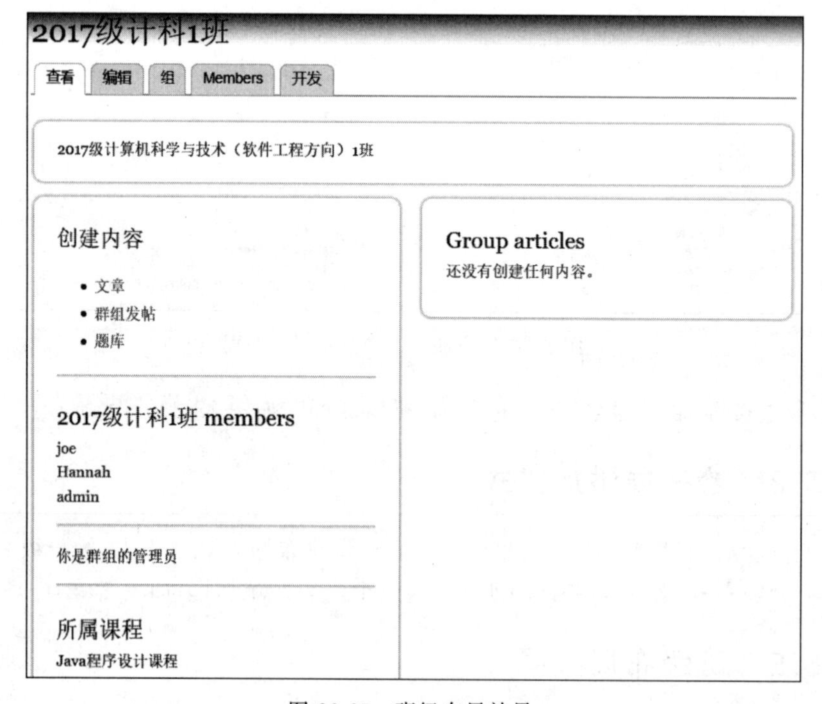

图 22-25　班级布局效果

第23章 题库设计

23.1 Quiz 模块

Quiz 模块是非常著名的测验题库模块，功能强大，有基于 jQuery 的计时器，给问题自动计分，显示最后答题通过率结果，可以实现在线作业和考试功能。它提供了 6 种常见题型，例如，对错题(True false)，选择题(Multichoice)，填空题(Short answer)，问答题(Long answer)和配对题(Matching question)等。Quiz 的依赖模块有 Ctools，Views，Views_bulk_operation，Entity API，Rules 和 Token，安装并启用这些模块。

Quiz 包含许多子模块，核心模块是 Quiz 及作为问题容器的 Quiz question 模块，其他为题型模块。

23.2 Quiz 的设置管理

安装好 Quiz 模块后，在管理员系统菜单中出现“测试”菜单(这个中文翻译有点误导用户为做软件测试了)，它是 Quiz 模块配置的地方，但是它没有像 OG 模块一样，应该放到系统“配置”菜单里面。

首先，应简单修改 Quiz 的中文名称，打开系统菜单“管理”|“测试”|“测试 settings”，修改 LOOK AND FEEL 的显示名设置为“题库”，其他可以保持为默认设置，如图 23-1 所示。

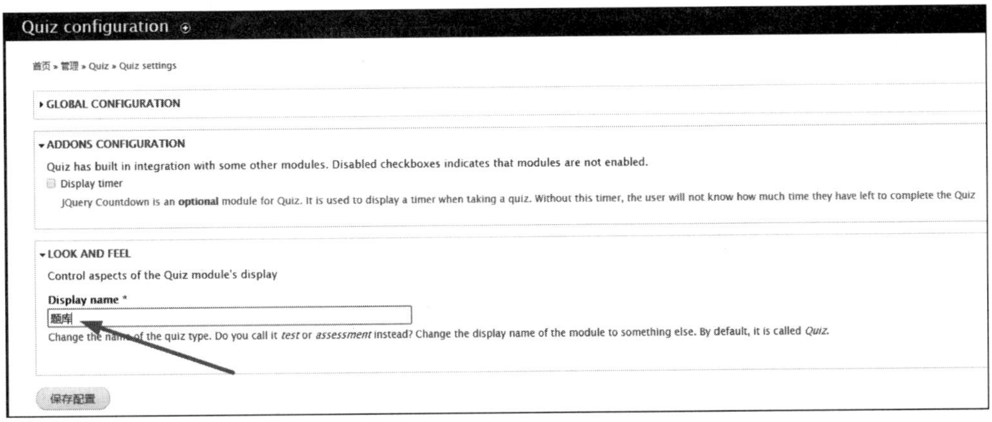

图 23-1　Quiz 改成“题库”

23.3 Quiz 的基本原理

Quiz 有三个基本概念：中心题库，题库和题型。题库是一个具体的内容类型，通过题库，可以创建一个测验、作业或考试，题库里面包含各种问题的题型集合。题型就是问题的形式，如选择题、对错题和填空题等。在一个系统中，Quiz 默认只有一个数据库表存放和管理所有的题型(这个表称为 Question Bank，这里简称为中心题库)，也就是说，所有课程的题型都是存放在一起，例如，Java 题库是中心题库的子集。那么，Quiz 是如何管理问题的分类？每一道题是属于哪一门课的？后面在“添加题型实例”中会采用一些方法来解决这个问题。

中心题库、题库和题型三者的关系是：通过题库内容类型，创建一个题库、测验或考试，从中心题库添加问题到题库的实例对象中(测验或考试)，或创建新的题型问题。

23.4 题库内容类型设置

安装好 Quiz 后，在系统内容类型菜单里面自动添加了“测试”内容类型，这里要对“测试”内容类型进行修改。打开系统菜单“管理”|“结构”|“内容类型”，在“测试”内容类型中，单击“编辑”进入修改界面，首先把“测试”改成“题库”，如图 23-2(a)所示。然后在系统性群组选项中，勾选定义题库类型为“群组内容”，在 Target bundles 中，将题库类型设置为“课程”和“班级”小组的内容部分，如图 23-2(b)所示。

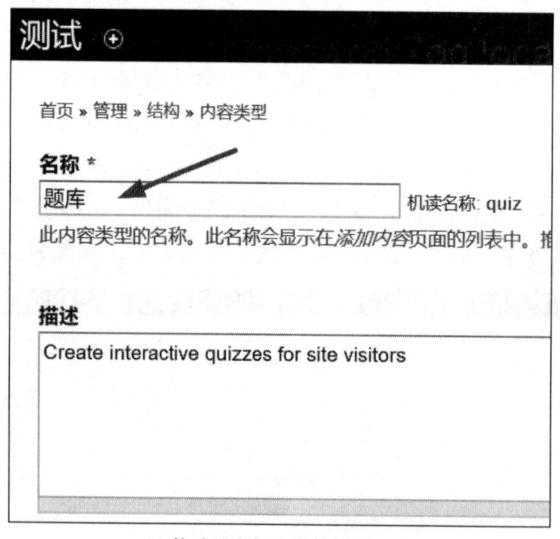

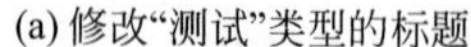
(a) 修改“测试”类型的标题

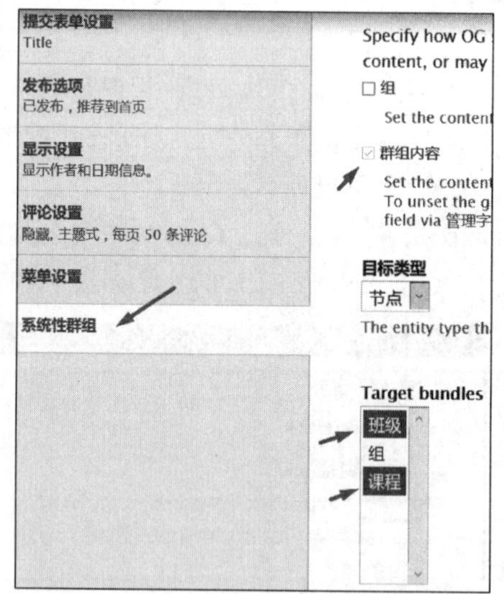

(b) 将题库类型绑定到“课程”和“班级”群组中

图 23-2 题库内容类型设置

同时，在“字段管理”中，为了便于理解，还要修改一下题库类型的 body 字段为“题库简介”，如图 23-3(a)所示。为了让“创建题库”菜单链接出现在课程小组里面，还需要勾选“群组读者”字段的 Entity reference prepopulate 复选框，如图 23-3(b)所示。

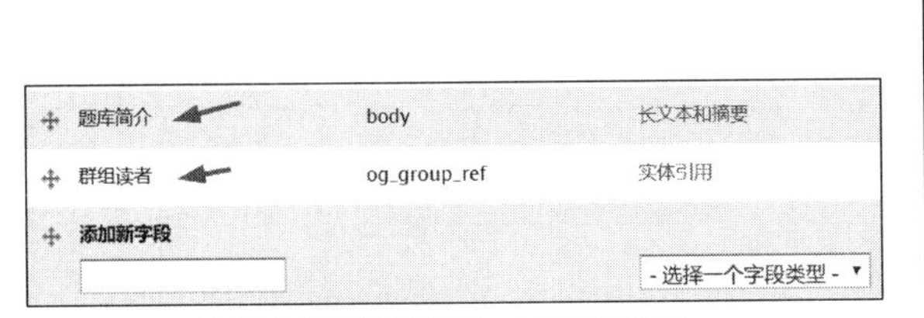

(a) 修改题库类型的“Body”字段名称

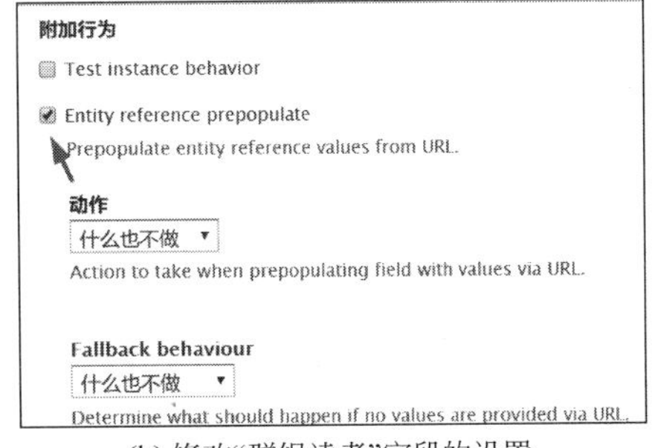

(b) 修改“群组读者”字段的设置

图 23-3 题库内容类型修改

23.5 题型内容类型设置

在模块管理中，启用常用的题型如 Multiple choice question，Short answer question，True/false question，Long answer question 及“匹配”题之后，它们会出现在系统的内容类型菜单中，如图 23-4 所示。

Long answer question (机器名： long_answer) Quiz questions that allow a user to enter multiple paragraphs of text.	编辑	管理字段	管理显示
Multiple choice question (机器名： multichoice) 这里提供竞赛模块使用的多项选择试题。	编辑	管理字段	管理显示
Short answer question (机器名： short_answer) Quiz questions that allow a user to enter a line of text.	编辑	管理字段	管理显示
True/false question (机器名： truefalse) Quiz questions that allow a user to select "true" or "false" as his response to a statement.	编辑	管理字段	管理显示
匹配 (机器名： matching) Matching question type for quiz module. A question type for the quiz module: allows you to create matching type questions, which connect terms with one another.	编辑	管理字段	管理显示

图 23-4 题型的内容类型

为了能让学生提交有文件附件的项目、实验作业或小论文，可以通过安装第三方的 Quizfileupload 模块实现一个文件上传题型。

接着，需要对这几个题型内容类型进行修改。和前面的题库内容类型一样，修改题型标题为中文，去掉“摘要”设置，及在“系统性群组”中，将每一个题型的内容类型与课程群组绑定，同时，启用“群组读者”字段的 Entity reference prepopulate 设置，让所有的题型类型的“内容创建”链接出现在群组里面。

23.6 创建题库实例

从“Java 程序计课程”小组中，创建 Java 题库。首先，进入“Java 程序计课程”小组，在“创建内容”栏下，单击“题库”。输入题库标题和题库简介内容，保持其他默认设置，如

图 23-5(a)所示。完成一个题库创建后，题库在小组页面的显示效果如图 23-5(b)所示。目前，显示题库里面没有问题存在(问题为“0”)。

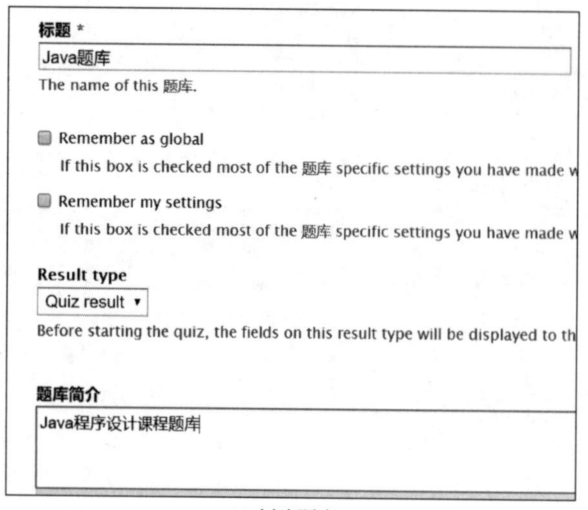

(a) 创建题库

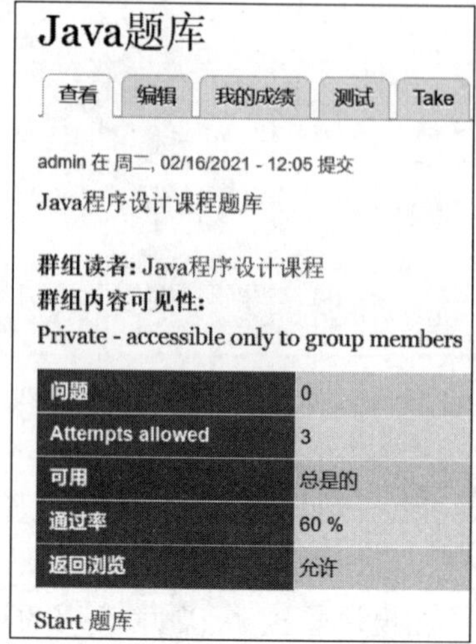

(b) 创建题库的显示效果

图 23-5 题库创建与显示效果

23.7 添加题型实例

这里有两种方式添加题型，其一是作为独立内容添加题型，其二是通过中心题库添加题型。不管是哪种方式，所有的题型都会保存在中心题库中。在题库设计中，隐藏了独立内容添加题型的方式，仅保留从题库实例中添加题型。

23.7.1 独立内容添加题型

直接从系统菜单“添加内容”添加题型，这里创建一个 Java 题库的对错题型，如图 23-6(a)所示。这里的标题是用来做题库分类，输入“Java”，表示是 Java 程序设计课程的问题题型。创建的题型也可以作为普通内容显示出来(直接显示问题及答案)，如图 23-6(b)所示，并可以在系统内容管理菜单中批量管理这些题型内容。所以，以后可以通过视图列出某个课程题库试题表，用来审查题库和打印试题库。

这种方式创建的题型直接保存到中心题库中。打开前面创建好的“Java 题库”，选择标签菜单“测试”|“管理题目”，可以看到一个 Java 对错题型保存到 Question bank 里面，如图 23-7 所示。这些问题题型添加到“Java 题库”实例以后，才能成为试题，让学生在线参加测验或考试。

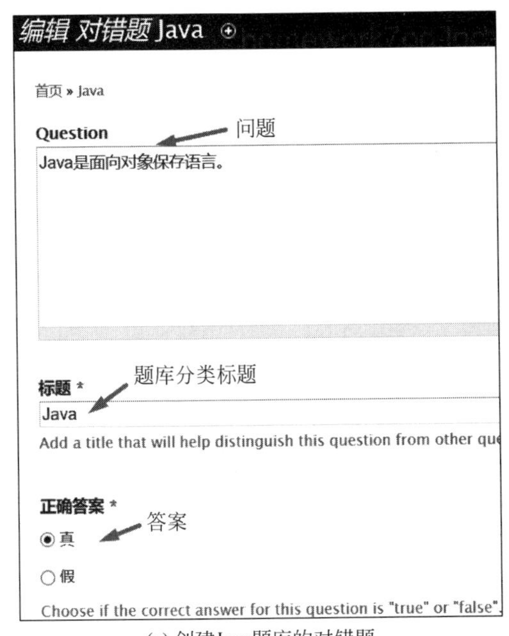

(a) 创建Java题库的对错题

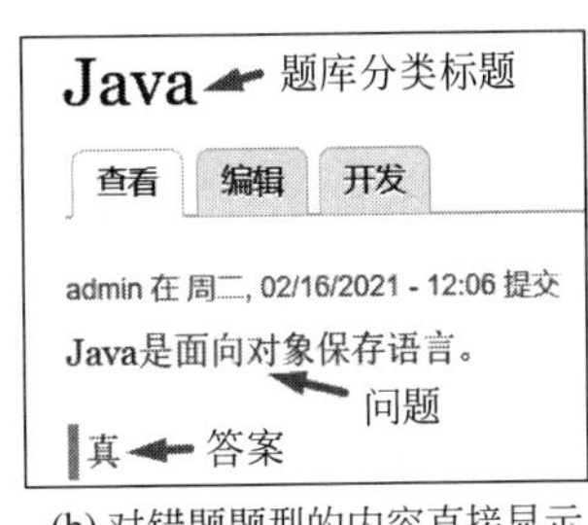

(b) 对错题题型的内容直接显示

图 23-6　独立内容添加题型及显示效果

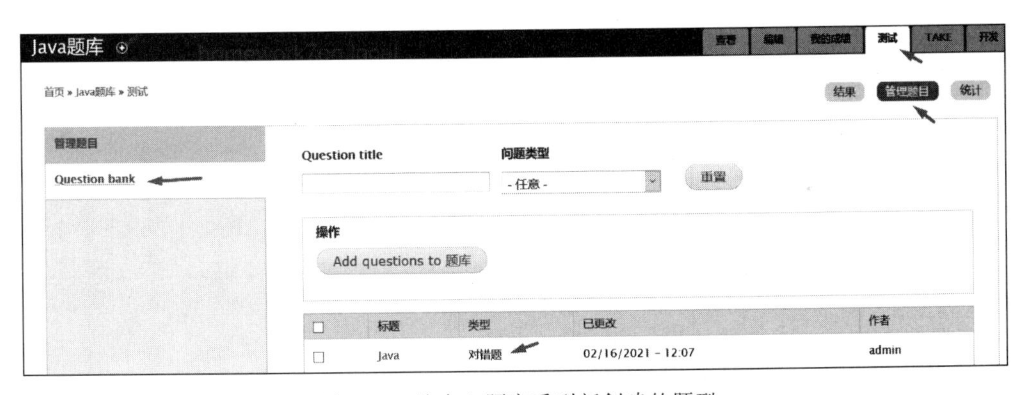

图 23-7　从中心题库看到新创建的题型

23.7.2 题库添加题型

1. 打开题库实例

在“Java 程序设计”课程小组里面，单击打开前面创建好的“Java 题库”，在选项栏中，单击“测试”，进入题库结果、题型和统计管理界面，如图 23-8 所示。

2. 创建新问题

在这里有创建新问题的菜单，从这里创建题型(我们在每个题型内容类型中已经修改了中文标题，这里还是英文标题，看来还需要通过系统翻译来修改为中文)，这里有两种管理题型方式：一个是“管理题目”选项，这是针对当前打开的题库实例“Java 题库”的题型列表，目

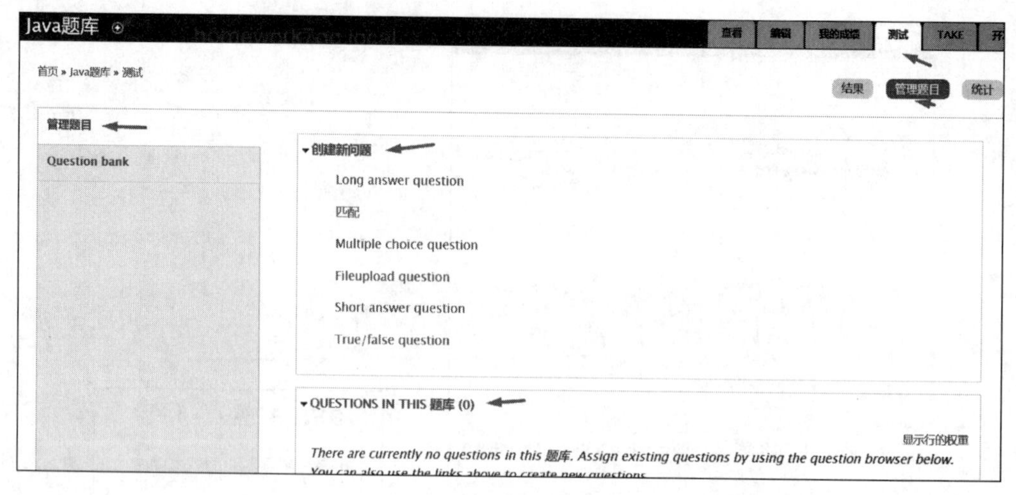

图 23-8　题型管理

前该题库的问题为空(0),表示还没有注入题型;另一个是 Question bank 的题型列表,可以查看系统总的题型列表。

我们创建一个 Short answer question,创建好以后,直接进入 Java 题库中,如图 23-9 所示。

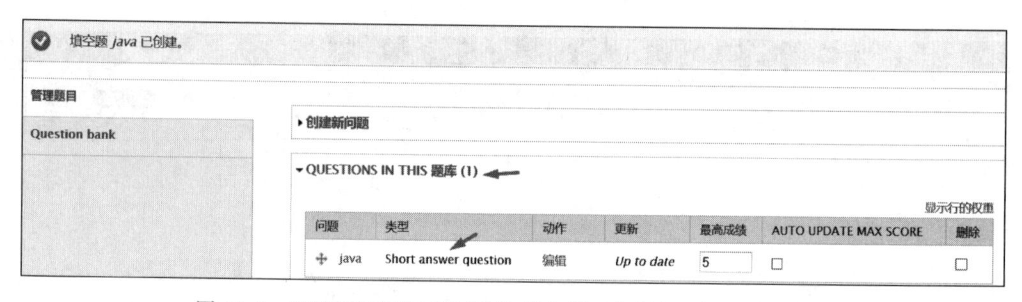

图 23-9　通过“管理题目”创建的填空题已经添加到 Java 题库中

3. 从中心题库添加题型到题库实例

也可以从中心题库中添加已有的题型到 Java 题库,如图 23-10 所示勾选一个 Java 对错题,单击“Add question to 题库”按钮,就会从中心题库添加到 Java 题库中。为了避免重复,已经添加到“Java 题库”实例的问题题型,不会再在中心题库列表中出现。

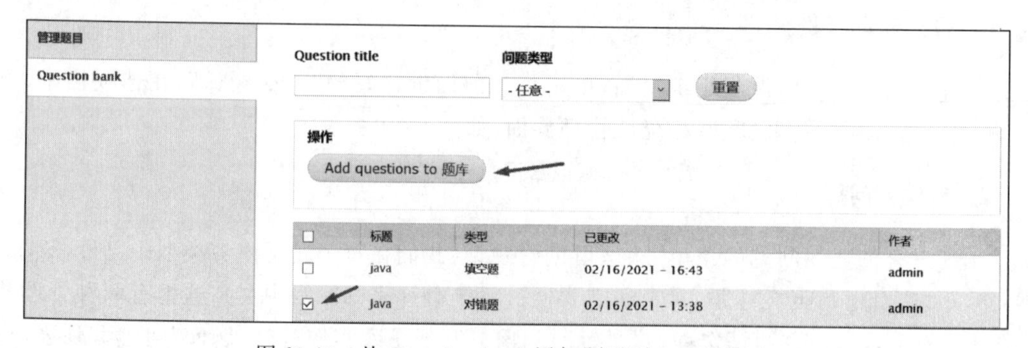

图 23-10　从 Question bank 添加题型到 Java 题库中

23.8　题库的题型分类设计

由于 Quiz 模块使用一个中心题库管理所有的问题题型，作为题库管理者，需要知道哪个问题是属于哪门课或知识领域的。这就需要给每一个问题贴上一个分类标签。本节介绍两种方法解决问题分类。

23.8.1　以问题"标题"为分类字段

Quiz 中每种题型都有一个"标题"字段，这就是用来做问题分类的，这种人工分类方式输入分类术语比较随意，所以需要注意确保每个分类术语要一致。也就是说，"Java 程序设计"课程的问题，分类术语统一使用"Java"；"PHP 动态网站开发"课程分类术语统一使用"PHP"。

这是比较简单灵活的分类方式，但是当课程题库多了，题库使用时间长了，或者换了一个题库管理者，分类术语无法记住。如果要添加一门新课程的题库，还要确认使用的分类术语不能与其他课程的术语重复。解决方法如下。

1. 在题库中标记分类术语

解决这个问题最简单的方法是在创建每一门课的课程题库时，在"题库简介"字段填写使用的分类术语词条说明。如图 23-11 所示是创建"PHP 动态网站开发课程"题库时，填写的题库简介注明"题库问题分类术语＝PHP"。

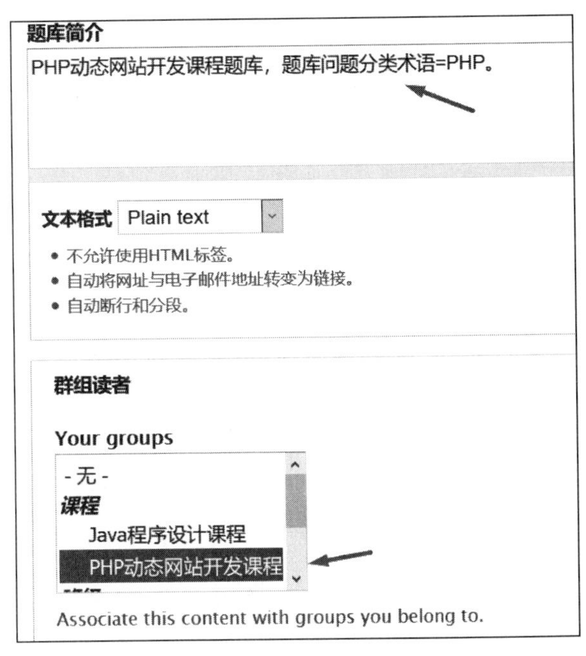

图 23-11　创建题库时注明问题分类术语

2. 在中心题库使用分类标题过滤

使用问题的“标题”作为分类后，在中心题库中可以看到有 PHP 和 Java 课程的问题题型，如图 23-12 所示。通过 Question title 过滤，例如，输入“Java”，显示 Java 课程题库的所有问题题型。

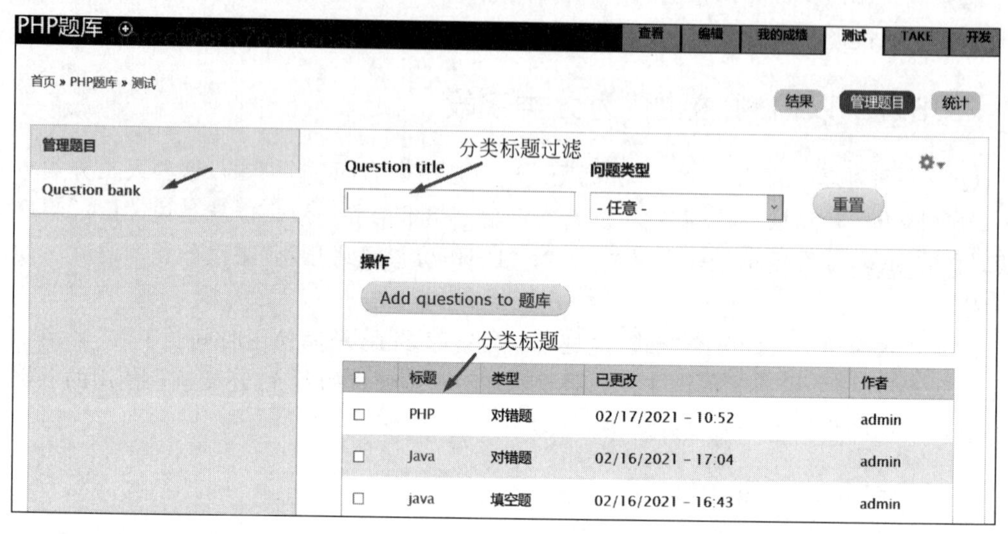

图 23-12 通过问题标题(Question title)分类过滤显示某个课程题库问题

23.8.2 通过系统分类术语分类题库问题

使用系统的分类术语(Taxonomy)给题库问题分类，可以解决人工定义题库问题分类词条的随意性问题，题库管理员创建每个问题题型，都可以通过系统分类术语，选择其所归属的课程。

1. 定义课程分类术语

可以以课程名称方式预先定义好课程分类术语，甚至可以做到三级分类：“专业”|“课程性质”|“课程名称”。具体定义参见入门篇的内容分类章。

2. 添加课程分类术语字段

给每一个 Quiz 的题型内容类型添加课程分类术语字段，这样在以后创建问题时，可以通过课程分类术语选择问题归属的课程。

3. 中心题库暴露课程分类术语

Quiz 启用后，会自动创建 Question_bank 视图，打开系统菜单“管理”|“视图”，从菜单里面找到这个视图。编辑这个视图，如图 23-13 所示。在过滤条件设置中，以暴露的方式添加课程分类术语，这样在中心题库管理中(如图 23-12 所示)，除了以标题和问题类型作为过滤条件外，会多出一个课程分类的过滤条件。

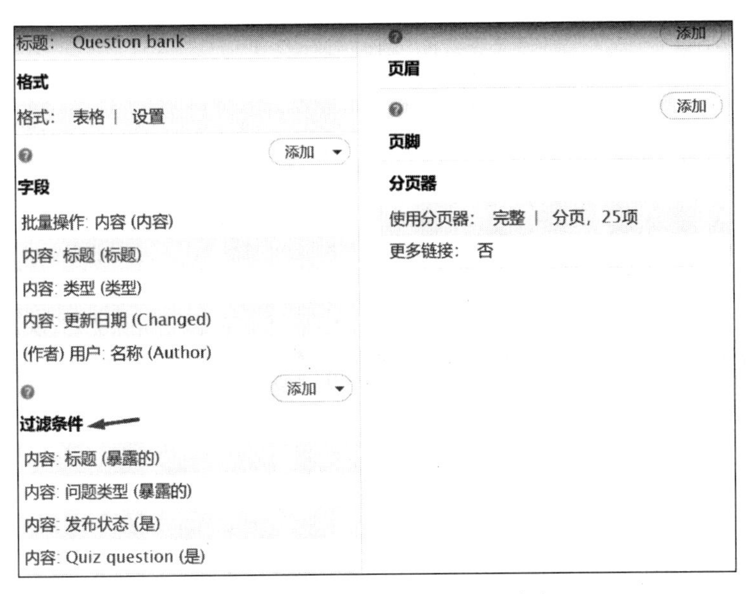

图 23-13　中心题库视图的过滤条件

23.9　在线测验与测验结果

打开 Java 题库，单击左下角的"Start 题库"或 Take 标签，如图 23-14(a)所示，进入在线答题，如图 23-14(b)所示。

Java题库

查看 | 编辑 | 我的成绩 | 测试 | Take | 开发

admin 在 周二, 02/16/2021 - 12:05 提交

Java程序设计课程题库

群组读者：Java程序设计课程

群组内容可见性：Private - accessible only to group

问题	2
Attempts allowed	3
可用	总是的
通过率	60 %
返回浏览	允许

Start 题库

(a) 从题库进入答题

Java题库

查看 | 编辑 | 我的成绩 | 测试 | Take | 开发

Page 1 of 2

Question 1

java接口内的方法都是公共的、________的，实现接口就要实现接口内的所有方法。

答案

在这里输入您的回答

Leave blank　下一个

(b) 在线答题

图 23-14　在线答题过程

完成答题后，直接显示分数和结果，或者在 Java 题库中单击"我的成绩"标签，查看测验的所有结果及每一道题的详细答案，如图 23-15 所示。

作为老师，希望查看所有测试者的成绩，那么，打开 Java 题库页面菜单"测试"|"结果"，可以查看每个测试者的成绩列表，并可以在这里给需要手工评分的题型打分。

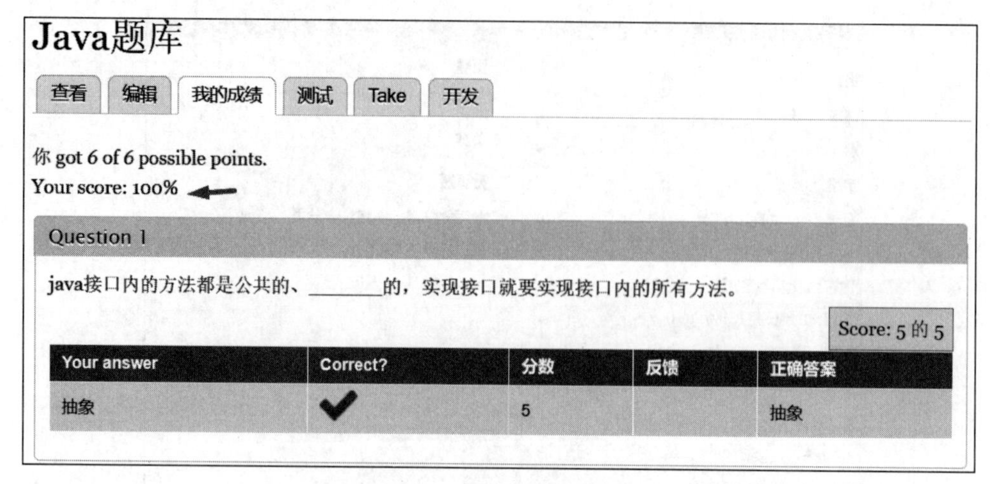

图 23-15 查看每题答题结果

23.10 成绩统计

23.10.1 统计图模块安装

首先，要启用 Quiz 模块的一个 Quiz Statistics 子模块，及其依赖模块 Charts 和 Libraries API。Charts 模块还需要两个子模块 Google Charts 和 Highcharts 的任何一个来完成统计图的显示，由于国内无法访问 Google 服务器，所以选择 Highcharts 模块，如图 23-16 所示。而 Highcharts 模块需要到官网(https://www.highcharts.com/blog/download/)下载 JS 库文件，从下载的压缩文件包中，复制 highcharts.js 文件到 Drupal 项目下的 sites/all/libraries/highcharts/js 目录里面。

▾图表

启用	名称	版本	描述	操作
☑	Charts	7.x-2.1	A charting API for Drupal that provides chart elements and integration with Views. 支持: Google Charts (禁用), Highcharts (启用), Quiz statistics (启用)	帮助 权限 配置
☐	Google Charts	7.x-2.1	Charts module integration with Google Charts. 需求: Charts (启用)	
☑	Highcharts	7.x-2.1	Charts module integration with Highcharts library. 需求: Libraries (启用), System (启用), Charts (启用)	

图 23-16 启用 Charts 和 Highcharts 模块

23.10.2 题库修订版本

在查看成绩统计前，这里会涉及一个题库修订版本问题。我们知道 Drupal 对每个内容类型的节点的修改都允许保存或不保存修订版本。但是，在 Quiz 模块的题库全局设置中，如果勾选 Quiz 要求强制使用版本控制(Auto revisioning)，如图 23-17 所示，即使在题库内容类型的设置中没有设置修改版本控制。其目的是为了防止用户测验结果可能和问题题目不匹配问题，因为如果题库的题型发生了改变，原来用户的测验结果在没有重新做测验的情况下是不会改变的,这就会造成错误。

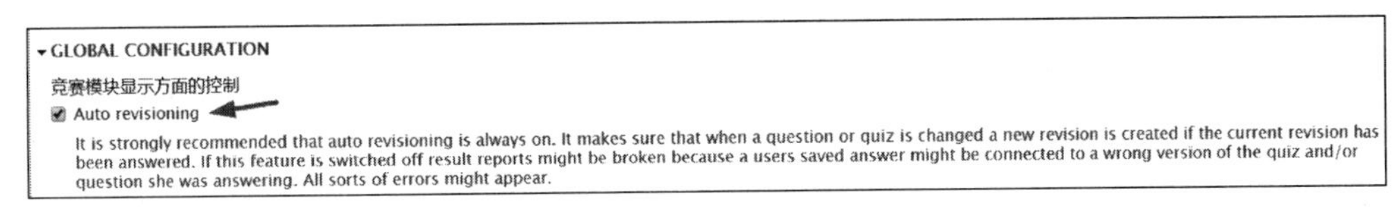

图 23-17 题库要求使用版本修订

23.10.3 查看题库成绩统计

打开 Java 题库,单击"测试"标签进入测验结果管理界面,单击"统计"按钮,如图 23-18 所示。

竞赛结果

查看 编辑 我的成绩 测试 TAKE 修订版本 开发

首页 » Java题库

结果 管理题目 统计

操作

删除条目

	用户名	DATE STARTED	DATE FINISHED	分数	EVALUATED	操作
	admin	02/16/2020 - 12:07	02/16/2020 - 12:18	100	是	查看
	admin	02/16/2020 - 12:19	02/16/2020 - 12:28	100	是	查看

图 23-18 查看 Java 题库的成绩统计

如果题库有版本变化,需要选择统计的题库版本,接着进入成绩统计图,主要有以下几个部分。

1. 动态图

表示最近 30 天内,每天有多少用户参加了题库测验,如图 23-19 所示。图中表示在 2020 年 2 月 16 号有两个测验参与者。

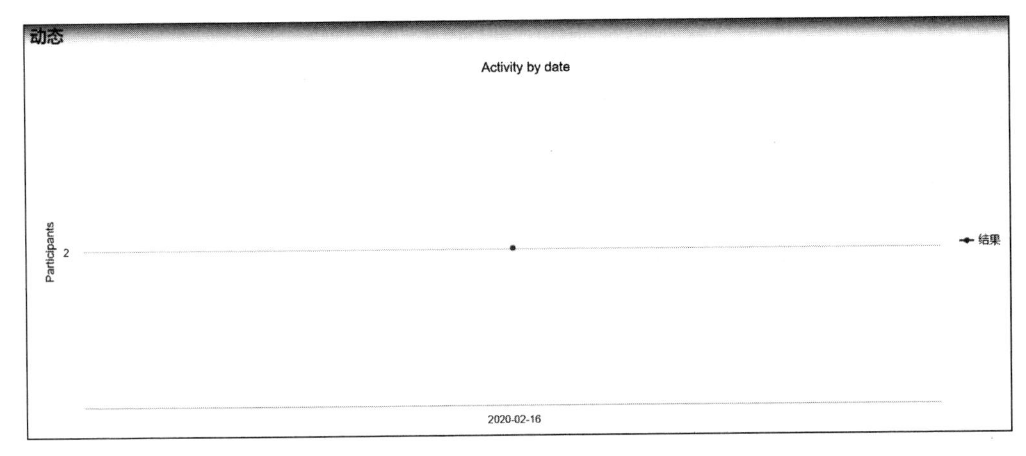

图 23-19 动态图

2. 最高分参与者

如图 23-20 所示，表示有一个 admin 用户的分数是 100 分，如果有多位高分用户，会一起以柱形图方式显示在图里面。

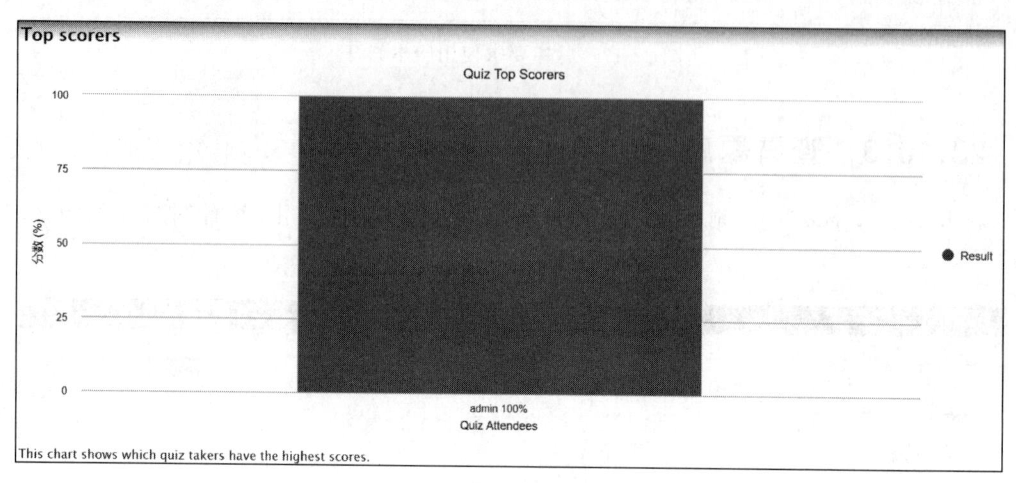

图 23-20 最高分参与者

3. 成绩状态

以饼形图显示通过测验的参与者所占比率，没有完成测验参与者所占的比率和没能通过的参与者比率。如图 23-21 所示，将鼠标移动到饼状里面，显示总共有 2 位参与者通过测验，也就是说，100%通过测验。将鼠标移动到白线条的饼形部分，会显示 0 人总共 0 不通过。

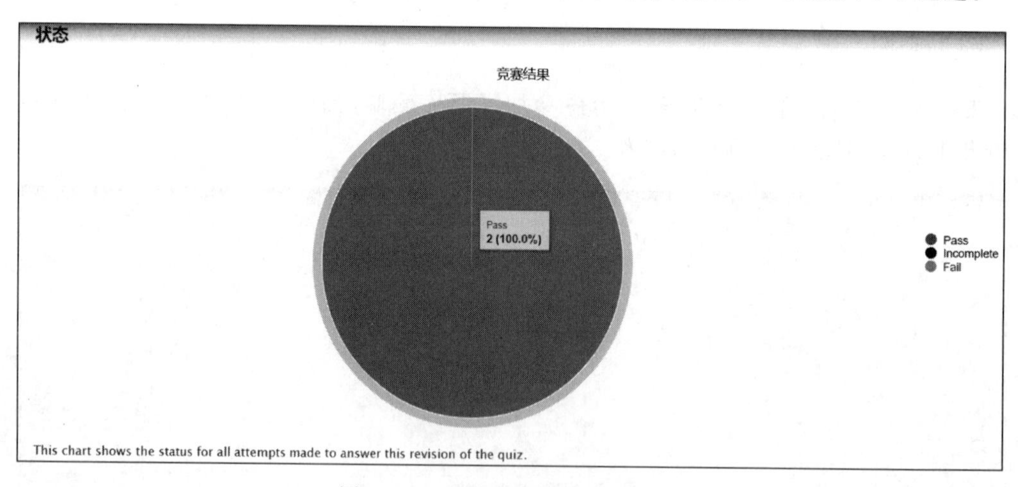

图 23-21 测试者完成测试的状态

4. 分数分布状态

使用柱形图，按 20 分的跨度，显示 0～100 分的参与者所占的比率，如图 23-22 所示，表示 100%的参与者都达到 80～100 分的成绩范围。

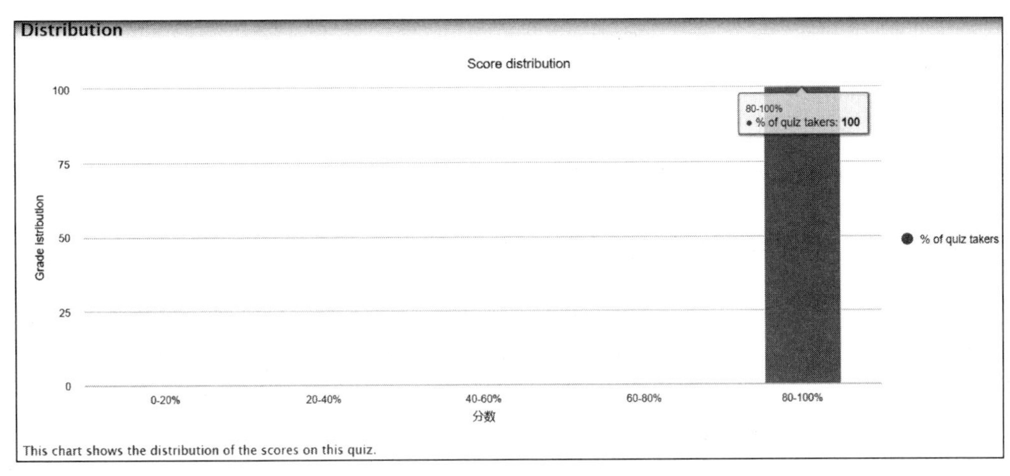

图 23-22　参与者成绩分布

23.11　一些关键设置

题库设置分成两部分，一部分设置是系统级设置，通过系统菜单"管理"|"题库"，进行全局修改，如图 23-23(a)所示。还有的设置是针对实例化题库进行设置，在创建或编辑题库实例时进行设置，该设置会覆盖全局设置，如图 23-23(b)所示。

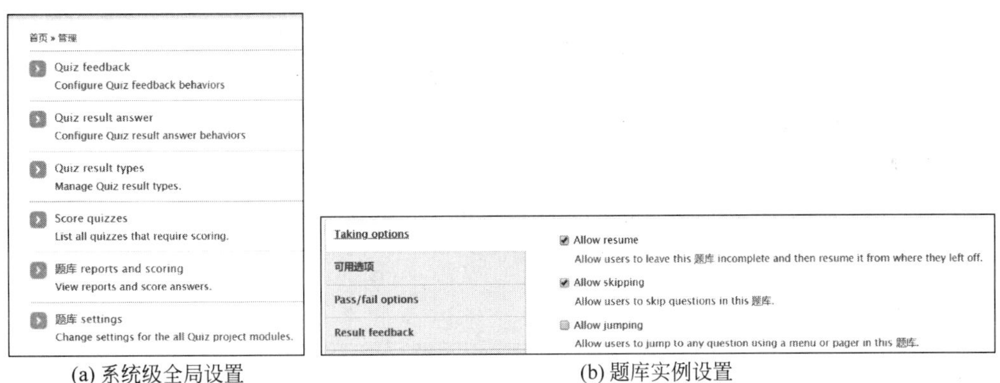

(a) 系统级全局设置　　(b) 题库实例设置

图 23-23　题库的关键设置

实例题库设置有如下四个方面。

(1) Taking options：针对答题过程中的设置，例如，允许用户中途退出，并可以下次恢复答题，允许用户跳过下一题，等等。

(2) 可用选项：设置题库的开放和关闭时间。

(3) Pass/fail options：设置测验的及格线。

(4) Result feedback：设置结果反馈，对不同的分数给出反馈意见，让答题者了解自己的问题所在。

在题库创建和修改编辑时的设置，也可以把本题库的设置上升为全局设置，如图 23-24 所示。

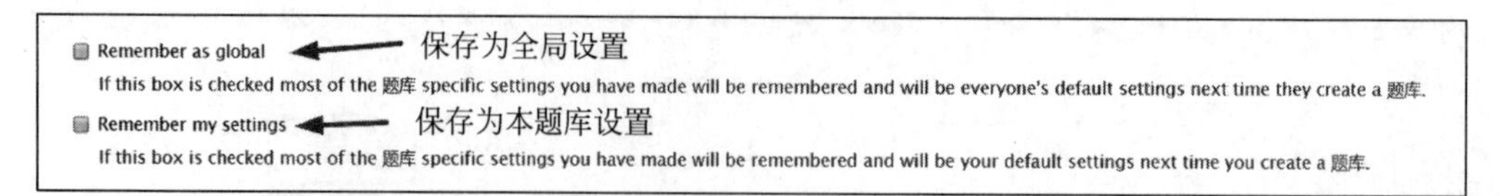

图 23-24 创建和编辑修改题库实例时决定全局或自我设置

23.11.1 用户可以测验的次数

一般允许学生可以在线答题 3 次,用完 3 次机会就不能再做了。要实现这个功能,需要修改设置。在 Taking options 选项中,找到 MULTIPLE TAKES,设置次数为"3",并把可测验的次数显示在题库中,如图 23-25 所示。

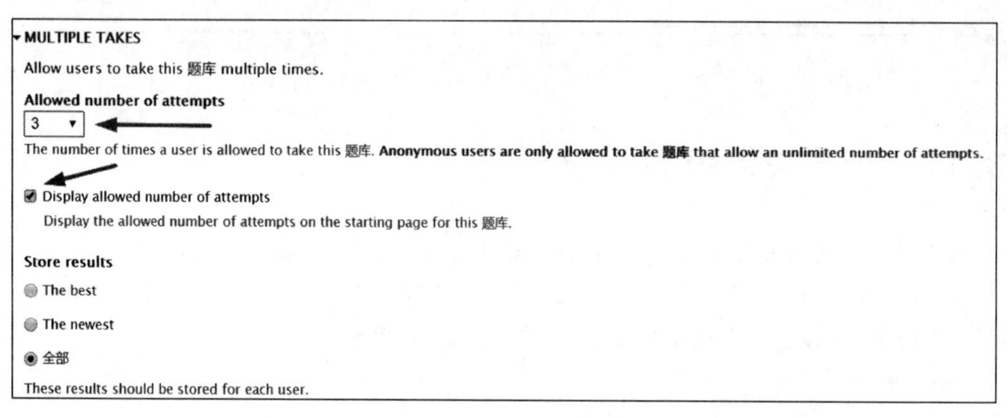

图 23-25 测验次数控制设置

23.11.2 通过率(及格率)

在 PASS/FAIL OPTIONS 选项中,修改及格率为 60%,如图 23-26 所示。

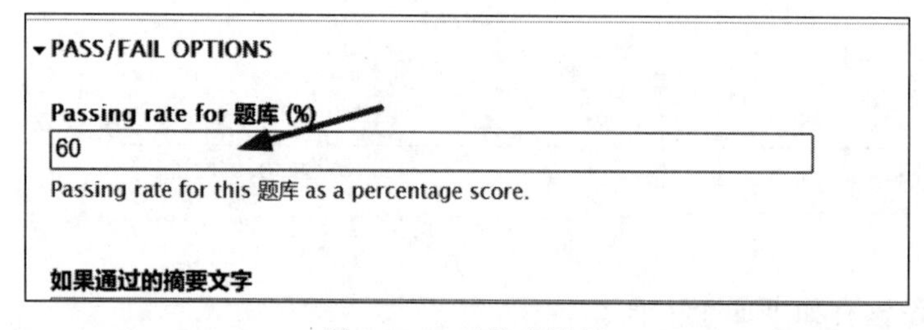

图 23-26 及格率设置

23.11.3 测试开放时间设置

题库需要在某一个时间段才可以在线答题,其他时间是处于关闭状态。这个设置需要事先安装 date 模块。并启用 date API,Date 和 Date popup 子模块。

1. 安装 jquery-timepicker 库

打开系统菜单"管理"|"配置"|Date API,设置要求从 https://github.com/wvega/

timepicker/archives/master 下载 jquery-timepicker-1.2.2.zip 软件包，解压并复制文件到 sites/all/libraries/wvega-timepicker 目录下，并将两个文件 jquery.timepicker-1.2.2.js 和 jquery.timepicker-1.2.2.css 命名为 jquery.timepicker-.js 和 jquery.timepicker.css。

2. 设置开放和关闭时间

在“可用选项”中，修改开放时间和关闭时间，如图 23-27 所示。

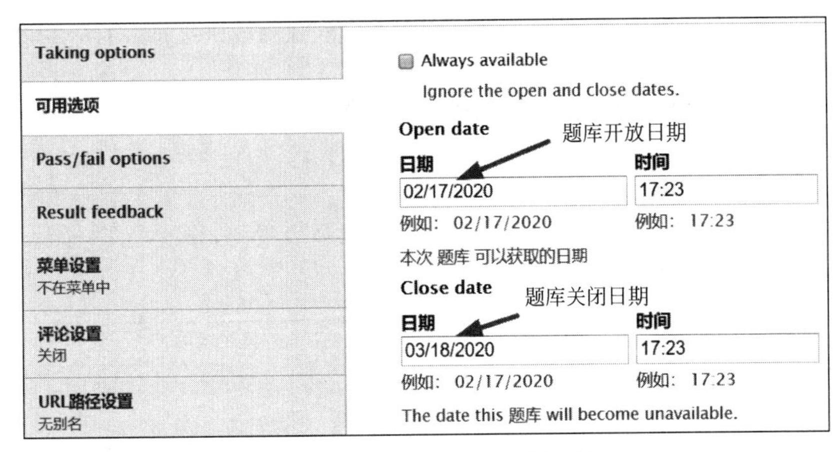

图 23-27　设置题库开放和关闭时间

23.12 批量题型导入

对于一个课程题库，需要导入大量的题型，一条一条输入是比较耗时的，幸好有第三方开发的题型批量导入模块来实现这个功能，需要安装启用以下模块。

(1) Quiz Questions Import 模块：这是导入题型的主模块。

(2) Feeds 模块：这是导入格式化数据集的接口模块。

(3) Job Scheduler 模块：这是任务安排接口模块。

安装启用这个模块及其依赖模块后，在内容添加中出现了“导入”菜单。

打开“导入”菜单，可以看到我们启用的 5 个题型都可以批量导入，如图 23-28 所示，并可以在线下载批量导入的模板格式。

导入 ⊕

首页

导入	描述
Long answer question	Importer for long answer question.
Matching	Importer for matching question
Multichoice	Importer for multichoice questions. See http://example.com/admin/quiz/import to set default values.
Short Answer	Importer for short answer question. Evaluation code values: 0 - automatic & case sensitive, 1 - automatic & case insensitive, 2 - regex, 3 - manual
True or False	Importer for True/False questions. In import file mention 1 for true and 0 false.

图 23-28　可以批量导入的题型及简单使用说明

23.13 课程和班级的题库设计

一门课程的题库是汇聚所有问题的集合，老师或题库管理员，在课程小组下，管理添加、编辑修改问题题型。而班级小组的题库是作业、测验或考试，由老师创建，并从课程题库中(应该是从中心题库过滤出课程题库)选择添加到作业题库，并设定开发和关闭时间，让学生完成线上作业。为了管理方便，这里设置将题库绑定到课程或班级小组的标签菜单上。

23.13.1 课程的题库标签菜单设置

1. 课程题库视图设置

打开系统菜单“管理”|“结构”|“视图”，克隆班级列表视图，修改视图、标题、格式、过滤条件及页面设置的路径和菜单，如图 23-29 所示。

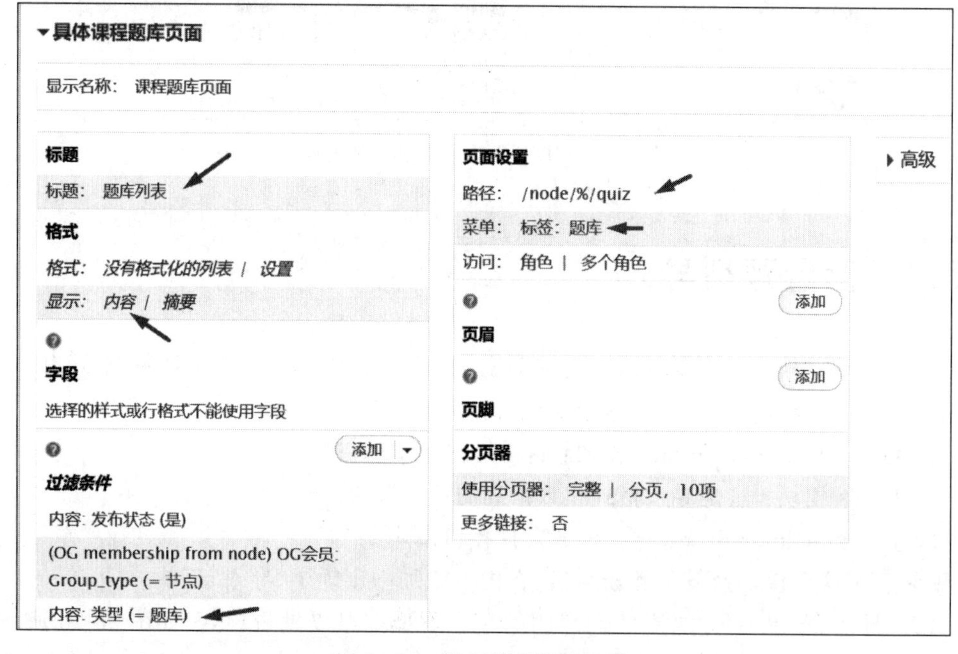

图 23-29 课程题库视图设置

2. 课程题库视图上下文设置

课程题库和班级作业(题库)是有区别的，一个课程小组可能只有一个题库，而班级小组可以发布多个不同的作业(题库)。所以，需要修改课程题库的视图页面高级设置中的“上下文过滤器”，验证器的内容类型为“课程”，限制这个课程题库视图页面只出现在课程小组页面，如图 23-30 所示。

3. 课程题库的标签菜单显示效果

如图 23-31 所示是设置好的课程题库标签菜单的显示效果。

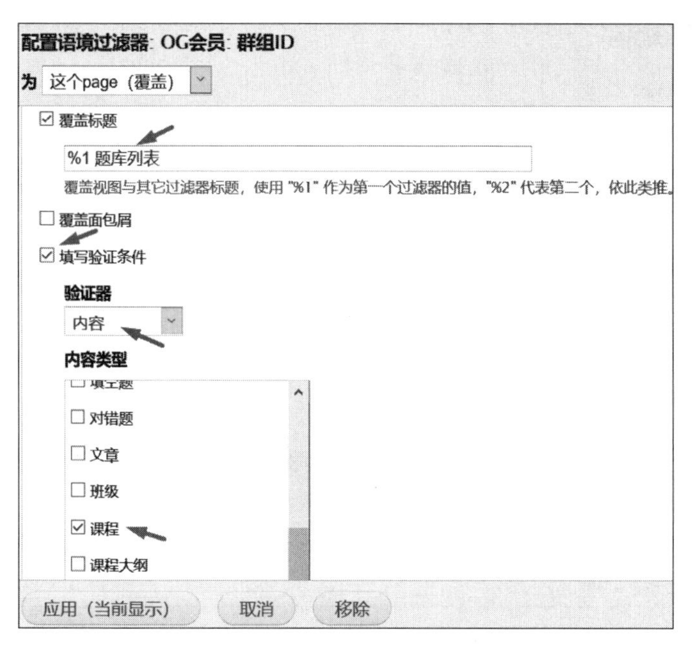

图 23-30　课程题库视图的上下文过滤器设置

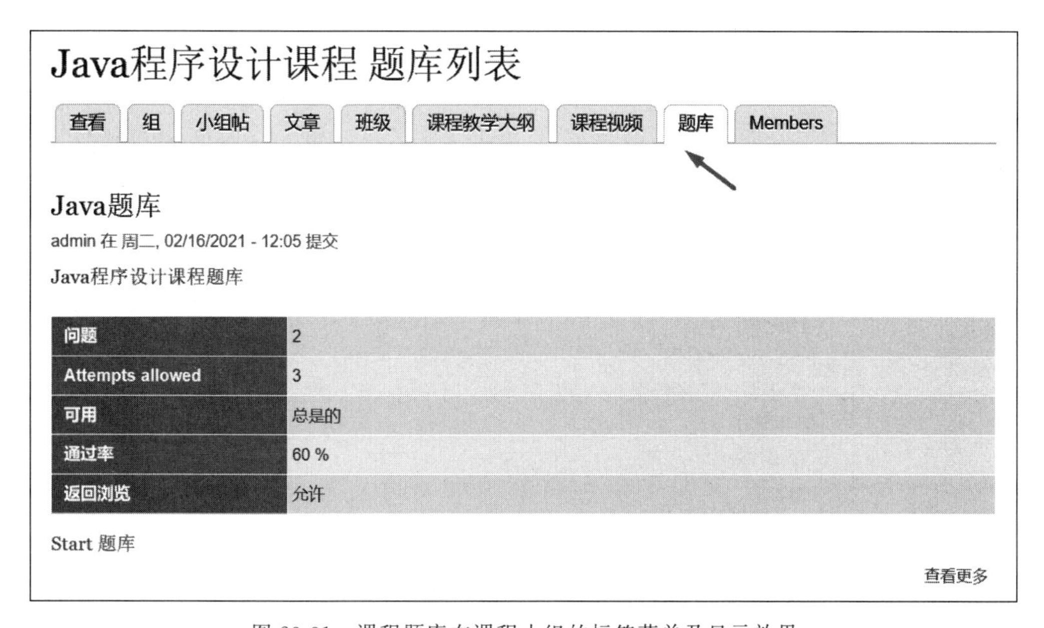

图 23-31　课程题库在课程小组的标签菜单及显示效果

23.13.2　班级的题库设置

1. 创建班级题库视图

首先，克隆前面做好的课程题库视图页面，注意这是克隆页面，而不是克隆视图，修改相应的标题、页面设置的路径和菜单，如图 23-32 所示。

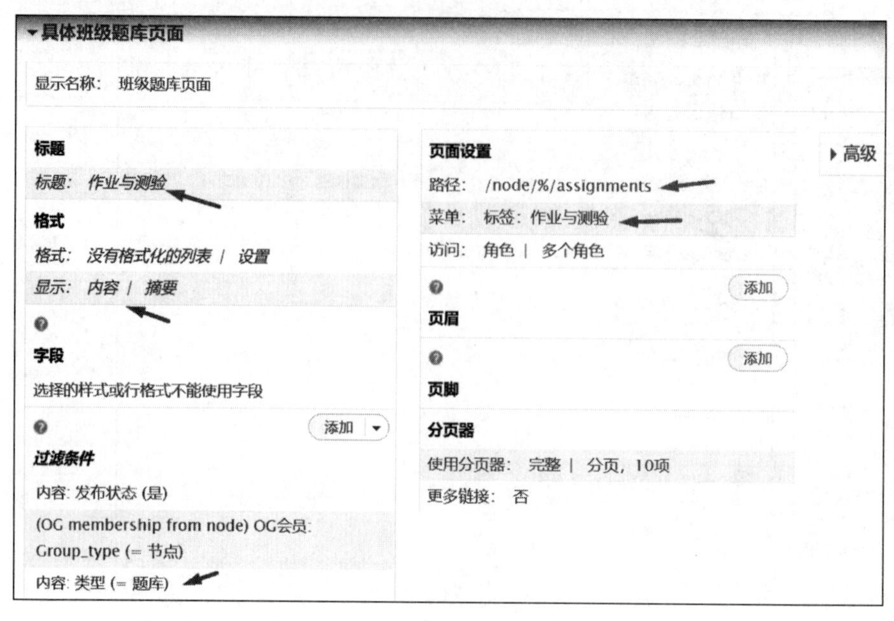

图 23-32 班级题库视图创建与设置

2. 班级题库上下文设置

为了与课程题库区分开来，通过班级小组创建发布的作业题库，只能在班级小组页面显示，所以需要修改班级题库页面的"高级设置"中的上下文过滤器"OG 会员：群组 ID"，其验证器内容是来自于"班级"，如图 23-33 所示。

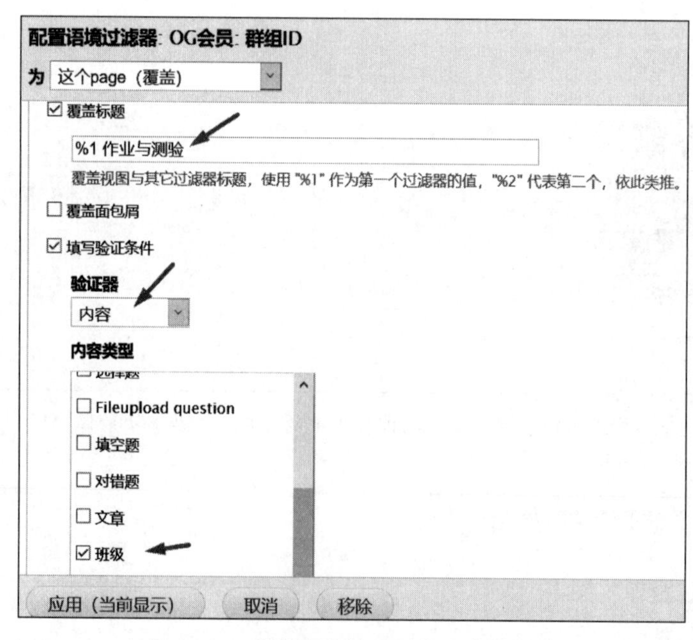

图 23-33 班级题库的上下文过滤器设置

3. 班级题库标签菜单显示效果

设置好的“作业与测验”标签菜单会出现在班级小组页面中，如图 23-34 所示是打开班级小组“2017 级计科 1 班”看到的“作业与测验”标签，这里发布有一个“作业 2”。

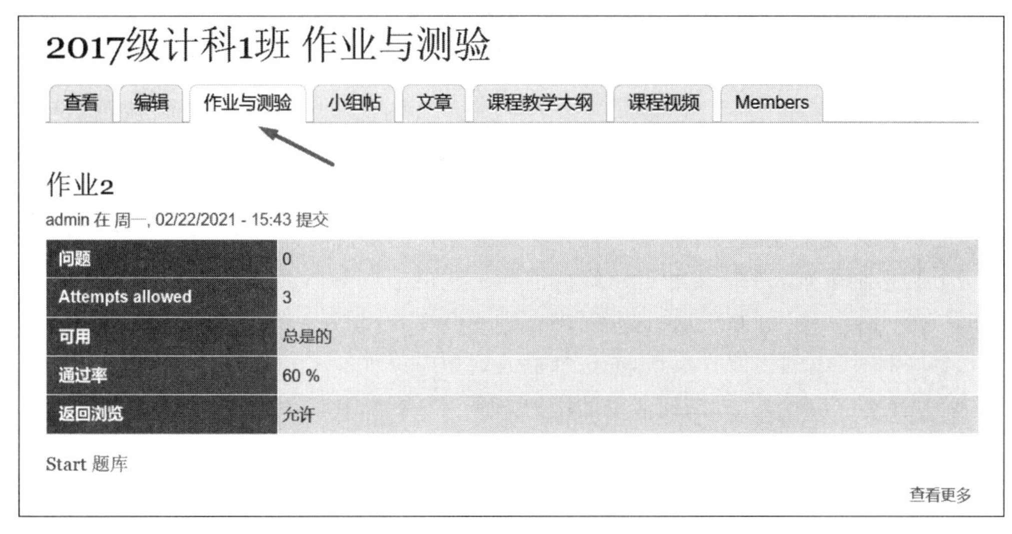

图 23-34 班级小组的“作业与测验”显示效果

第24章 课程与班级用户权限管理

一个应用系统是通过授予角色给用户来限制用户的资源访问，安装了 OG 群组模块后，角色被分为两个级别：系统级和群组级。前面创建的老师和学生角色是系统级的，用户在注册时被分配了系统级的角色。这些用户在进入群组前，受到系统级角色的资源访问限制，所以，老师用户可以创建课程小组，或选择加入到相应课程群组；学生用户可以选择加入到某一个课程的班级小组。进入到群组的用户，有重新给用户分配群组角色来限制群组资源的访问权限。

24.1 系统级角色权限分配

从整个系统看，老师和学生可以访问和操作的资源分配如表 24-1 所示。

表 24-1 老师和学生的权限分配

资源权限	老 师	学 生
创建、编辑、删除课程及班级群组	√	×
创建、编辑、删除题库	√	×
创建、编辑、删除课程大纲	√	×
创建、编辑、删除群组发帖和文章	√	√
编辑、删除任何群组发帖和文章	√	×

24.2 系统级角色权限设置

选择系统菜单“管理”|“人员”，单击“权限”选项菜单，进行设置，主要设置 Node 下的资源分配，例如，题库、群组发帖、文章和课程大纲的资源使用权限。如图 24-1 所示是针对老师和学生角色对群组发帖和题库资源的限制。

但是这种系统级方式设置开放过多的权限会出现一个问题，让用户可以在群组外发布和创建内容。例如，如果一个注册的用户 alan 已经授予了老师角色，但是他还没有加入到任何课程和班级群组，他依然可以通过系统导航菜单的“添加内容”创建一个群组发帖，如图 24-2 所示，这是不符合正常的行为规则的。

所以，在系统级权限设置中，只能给用户查看课程和班级群组信息，加入群组的权限，并

权限	匿名用户	注册用户	ADMINISTRATOR	老师	学生	课程系统管理员	课程题库管理员
组: 删除任何内容	☐	☐	☑	☐	☐	☐	☐
群组发帖: 创建新内容	☐	☐	☑	☑	☑	☐	☐
群组发帖: 编辑自己的内容	☐	☐	☑	☑	☑	☐	☐
群组发帖: 编辑任何内容	☐	☐	☑	☑	☐	☐	☐
群组发帖: 删除自己的内容	☐	☐	☑	☑	☑	☐	☐
群组发帖: 删除任何内容	☐	☐	☑	☑	☐	☐	☐
题库: 创建新内容	☐	☐	☑	☑	☐	☐	☑
题库: 编辑自己的内容	☐	☐	☑	☑	☐	☐	☑
题库: 编辑任何内容	☐	☐	☑	☐	☐	☐	☑
题库: 删除自己的内容	☐	☐	☑	☑	☐	☐	☐
题库: 删除任何内容	☐	☐	☑	☐	☐	☐	☑

图 24-1　老师和学生的权限分配

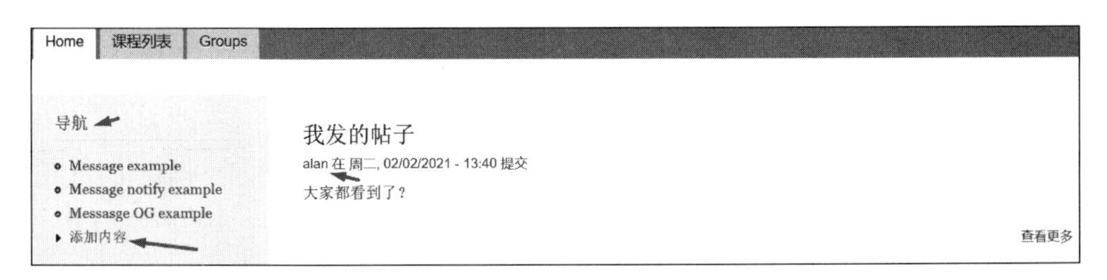

图 24-2　用户利用系统级权限在群组外发帖

且,允许有老师角色的用户通过系统级“添加内容”菜单创建“课程”,所有用户不能在系统级范围创建发布内容。

24.3　群组角色权限设置

除了完成系统级的权限设置外,还需要从群组层面设置老师和学生的资源权限,这里的设置是针对某一个具体群组的权限。需要按照两个步骤完成:一是群组的角色和权限设置,二是群组用户角色授权管理。

24.3.1　群组角色定义

OG 群组模块没有直接继承系统的用户角色,还需要重新定义群组角色。而且,每个群组之间的角色是独立的,毫不相干,所以还需要分别给课程和班级群组设置老师和学生角色。

打开系统菜单“管理”|“配置”|“系统性群组”|OG roles overview,打开群组角色管理页面,这里共有三个群组类型,如图 24-3 所示。

分别需要给课程和班级群组添加老师和学生的角色,单击“节点-班级”后的“编辑”,给班级群组添加学生和老师角色,如图 24-4 所示。以此类推,也给课程群组添加老师和题库管理员角色。

OG roles overview

首页 » 管理 » 配置 » 系统性群组

群组类型	操作
节点 - 班级	编辑
节点 - 组	编辑
节点 - 课程	编辑

图 24-3　系统中目前只有三个群组

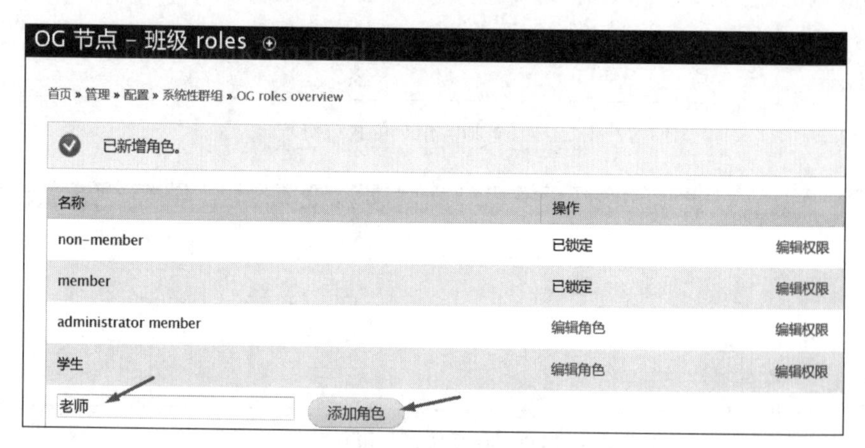

图 24-4　班级群组添加学生和老师角色

24.3.2　群组角色权限设置

打开系统菜单“管理”|“配置”|“系统性群组”|OG permissions overview，打开群组级权限设置页面，可以看到课程和班级节点，如图 24-5 所示，可以分别对课程和班级的群组资源权限进行设置。

OG permissions overview

首页 » 管理 » 配置 » 系统性群组

群组类型	操作
节点 - 班级	编辑
节点 - 组	编辑
节点 - 课程	编辑

图 24-5　针对不同的群组进行权限设置

单击“编辑”进入设置页面，群组的默认角色有：NON-MEMBER(非成员)，表示没有加入到群组；MEMBER(群组成员)，表示用户成功加入到群组后，默认授予 Member 角色；ADMINISTRATOR MEMBER(群组管理员)，表示默认授予创建群组的用户，权限最大。

下面分别从群组内容资源和群组加入限制两方面进行权限设置。

1. 群组内容访问权限设置

对于班级群组，成员（Member）仅可以发帖，查看群组帖，老师和学生可以查看所有内容资源及答题的权限，其他权限如表24-2所示。

表24-2 班级内容资源权限设置

资 源 权 限	Member	老 师	学 生
创建、编辑、删除自己的群组贴	√	√	√
创建、编辑、删除课程大纲	×	√	×
创建、编辑、删除自己的文章	×	√	√
创建、编辑、删除题库	×	√	×

对于课程群组的内容资源权限设置，非成员（Non-Member）仅可以查看班级资源，其目的是为了让学生加入课程班级，课程群组主要由老师管理，权限设置如表24-3所示。

表24-2 班级内容资源权限设置

资源权限	Non-Member	老 师	题库管理员
创建、编辑、删除自己的群组贴	×	√	√
创建、编辑、删除课程大纲	×	√	×
创建、编辑、删除自己的文章	×	√	×
创建、编辑、删除题库	×	√	√
创建、编辑、删除班级	×	√	×

2. 加入课程和班级的权限设置

除了对群组内容资源权限进行设置外，还有Organic Group UI群组界面权限设置，如图24-6所示为课程群组的设置。"订阅到组"设置，允许非成员加入群组，但是需要群主管

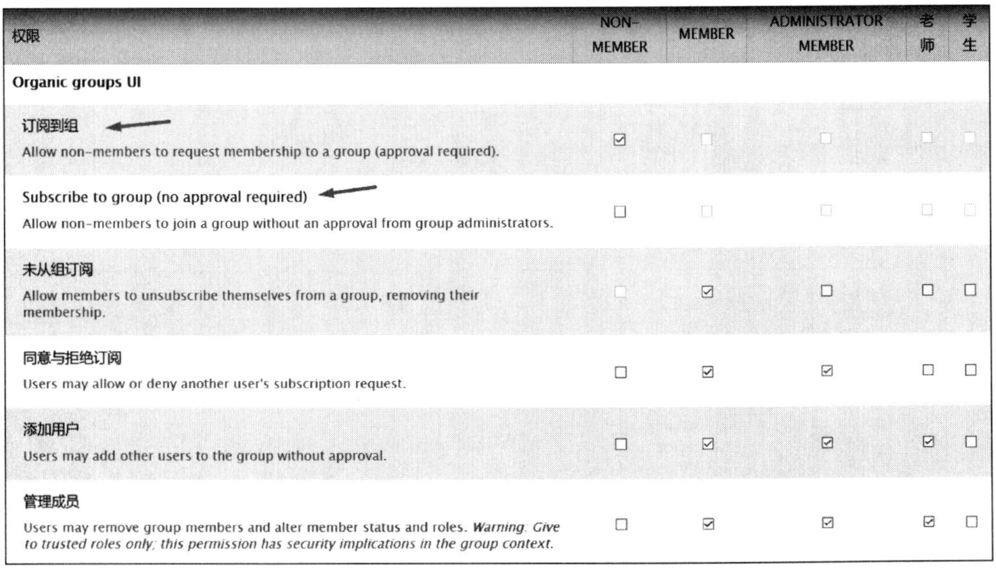

权限	NON-MEMBER	MEMBER	ADMINISTRATOR MEMBER	老师	学生
Organic groups UI					
订阅到组 Allow non-members to request membership to a group (approval required).	☑	☐	☐	☐	☐
Subscribe to group (no approval required) Allow non-members to join a group without an approval from group administrators.	☐	☐	☐	☐	☐
未从组订阅 Allow members to unsubscribe themselves from a group, removing their membership.	☐	☑	☐	☐	☐
同意与拒绝订阅 Users may allow or deny another user's subscription request.	☐	☑	☑	☐	☐
添加用户 Users may add other users to the group without approval.	☐	☑	☑	☑	☐
管理成员 Users may remove group members and alter member status and roles. *Warning: Give to trusted roles only; this permission has security implications in the group context.*	☐	☑	☑	☑	☐

图24-6 加入课程群组的用户需要确认

理员确认，而选择 Subscribe to group (no approval required)时，不需要确认，直接加入。这里对于课程群组设置，我们希望加入的成员需要管理员确认，而加入班级群组的成员可以不需要确认。“未从组订阅”设置的字面翻译有点别扭，实际是“退出群组”的意思。

24.4 群组角色授权管理

首先，老师和学生通过系统注册并登录进入系统；接着，老师角色可以直接创建课程，或者加入到已有的课程群组，学生找到需要学习的课程，并在课程群组内部找到班级，加入到班级群组。

下面是通过 Joe 用户加入到“Java 程序设计课程”群组来看群组角色授权管理过程。课程小组只能老师加入，学生不能加入，用户加入到课程小组，需要群主管理员确认。

1. 打开课程群组

首先，Joe 已经在系统注册，并被授予系统级的老师角色，打开“Java 程序设计课程”群组页面，在“小组的详细信息”下，有“申请群组会员资格”链接，如图 24-7 所示。

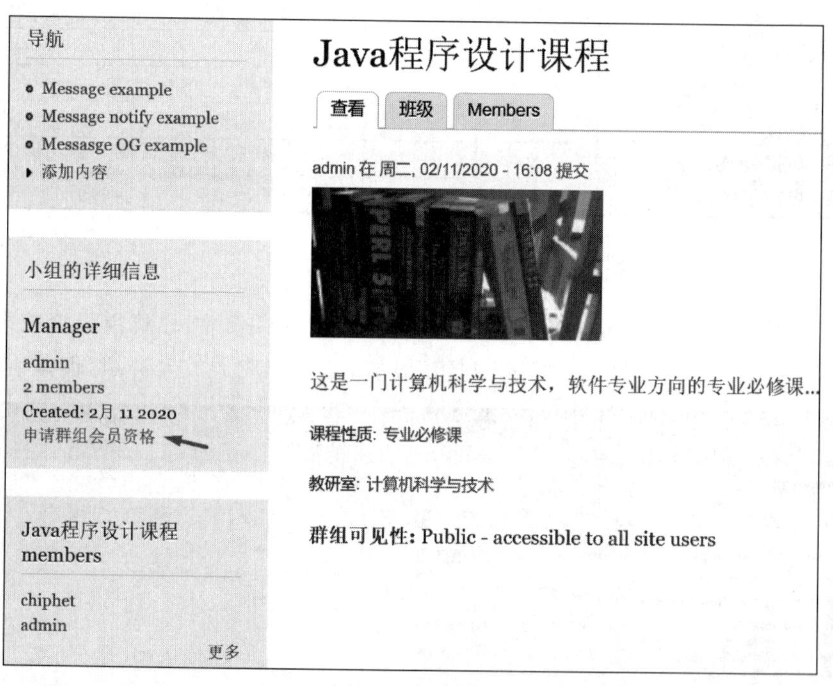

图 24-7 加入群组会员的入口

2. 填写申请信息

由于前面已经设置课程群组的会员加入需要管理员确认，所以，单击“申请群组会员资格”链接后，需要填写发送给管理员的请求消息，如图 24-8 所示。

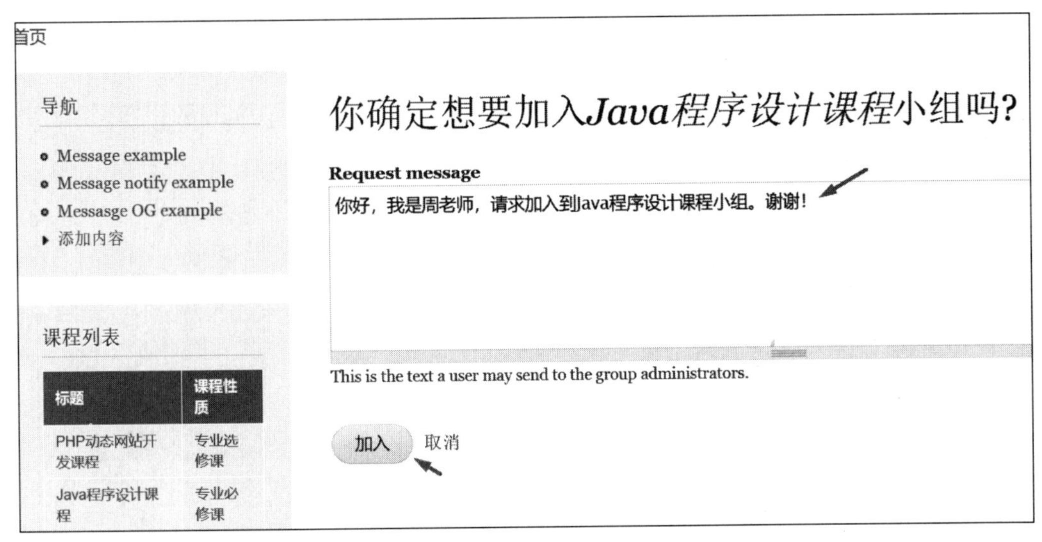

图 24-8　老师填写加入请求信息

3. 管理员确认

课程管理员登录系统，并进入“Java 程序设计课程”小组页面，有一个“组”标签菜单，是群组管理员手工添加用户、分配用户角色、查看角色和权限的地方，如图 24-9 所示。

Java程序设计课程
查看　编辑　组　班级　MEMBERS　开发
首页 » Java程序设计课程
人员
管理组成员
权限（只读）
查看群组权限。
添加用户
添加组成员
菜单
Manage group menus.
角色（只读）
查看群组角色。

图 24-9　群组的“组”管理界面

单击“人员”，进入群组会员管理，如图 24-10 所示，Joe 用户的状态是“待处理”。

单击“编辑”，进入修改 Joe 用户页面。如图 24-11 所示，在“状态”设置中，选择用户为“有效”，单击 Update membership 按钮，完成用户 Joe 的申请会员确认。

4. 授予用户群组角色

如果不给用户授予角色，加入群组的用户默认是 Member 成员角色（这个角色不显示）。由于在用户没有激活的情况下，是不能授予用户角色的，所以重新回到“人员”管理界面，继续编辑 joe 用户，在角色下勾选“老师”，单击 Update membership 按钮，完成用户 Joe 的老师角色授权，如图 24-12 所示。

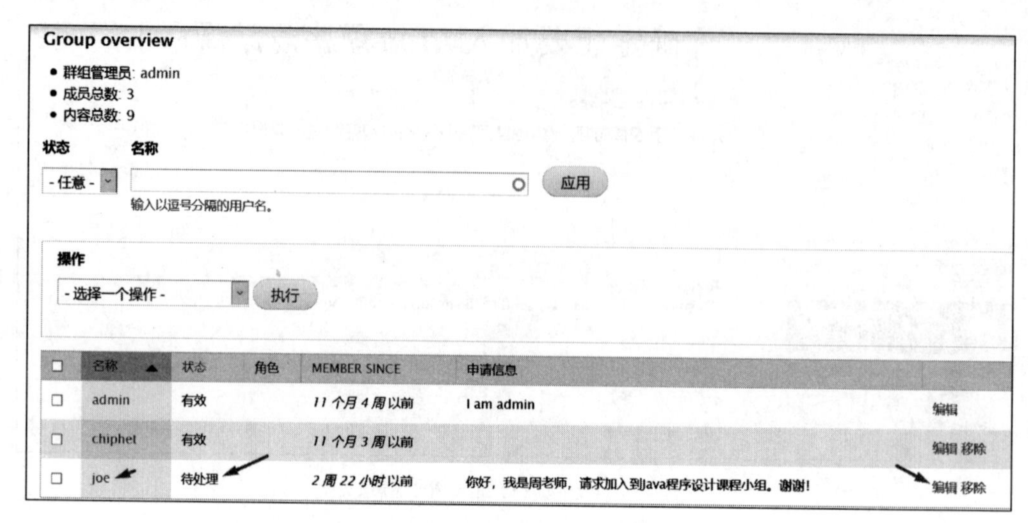

图 24-10　处理用户申请

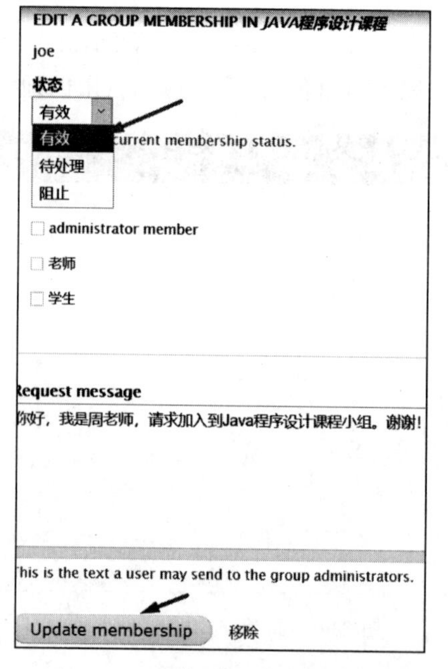

图 24-11　修改用户状态为“有效”

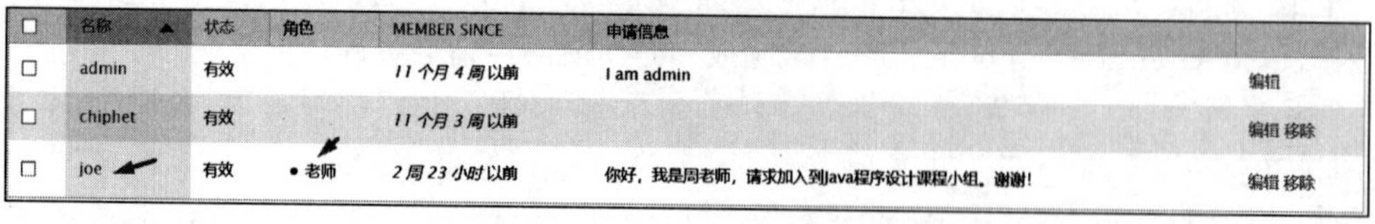

☐	名称 ▲	状态	角色	MEMBER SINCE	申请信息	
☐	admin	有效		11 个月 4 周 以前	I am admin	编辑
☐	chiphet	有效		11 个月 3 周 以前		编辑 移除
☐	joe	有效	• 老师	2 周 23 小时 以前	你好，我是周老师，请求加入到Java程序设计课程小组。谢谢!	编辑 移除

图 24-12　joe 用户完成老师角色授权

24.5　班级群组批量学生角色授权

同样,学生加入到班级,前面设置的班级加入是无须审核的,直接成为会员,但是还需要班级管理员,给学生授予"学生"角色,由于学生人数较多,需要批量操作来处理角色授权。

这里通过 Hannah 用户加入到 2017 级计科 1 班的过程,演示批量学生角色授权管理。

1. 学生加入班级

首先,Hannah 用户登录系统,并打开"2017 级计科 1 班"群组页面,如图 24-13 所示。在"小组的详细信息"栏下,单击"订阅到组"(OG 模块中文翻译问题,比较别扭,当然,也可以通过语言管理修改翻译中文的问题,如修改为"加入到班级")。

图 24-13　学生加入到班级小组

进入确认页面,单击"加入"按钮,如图 24-14 所示。学生无须管理员确认,直接成为会员。

图 24-14　确定加入班级小组

2. 班级管理员授权

班级管理员登录,并打开"2017 级计科 1 班"页面,打开"组"管理菜单,选择"人员"管理,如图 24-15 所示,Hannah 的用户状态已经是"有效"。接着勾选 Hannah 用户,如果有多个用户需要授权,可以勾选多个用户,在"操作"下选择 Modify OG user roles,单击"执行"按钮。

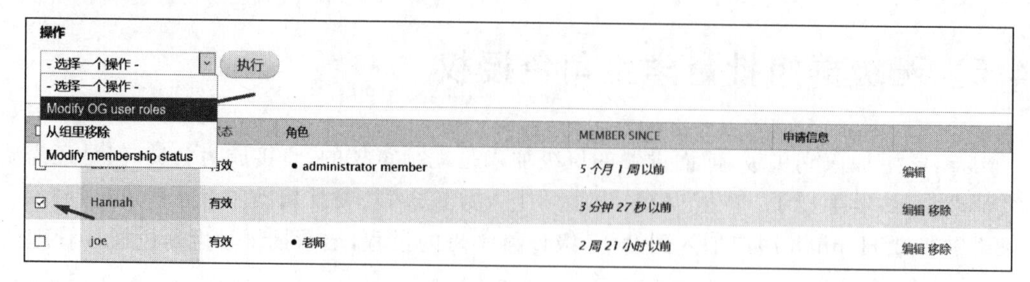

图 24-15 批量授权用户角色操作

进入角色授权页面，在“添加角色”设置中，选择“学生”，如图 24-16 所示。

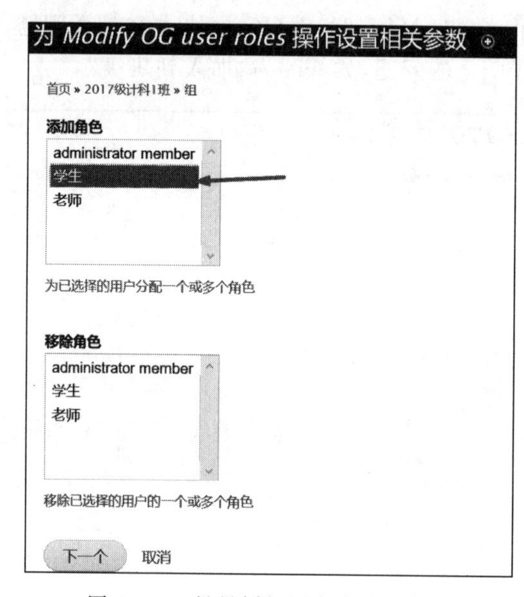

图 24-16 批量授权用户为学生角色

接着，单击“下一个”按钮，进入确认页面，单击“确认”按钮完成批量授权，如图 24-17 所示。

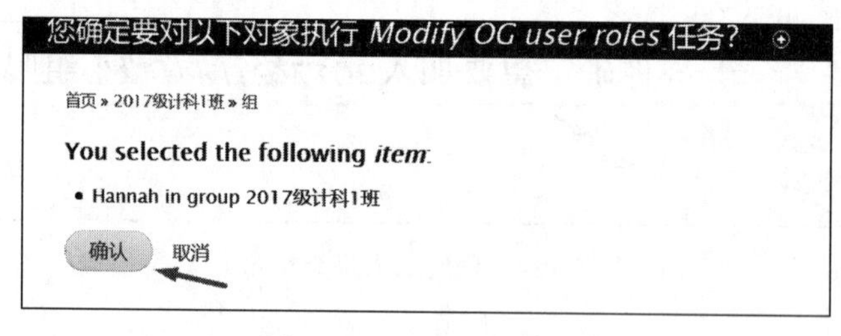

图 24-17 确认批量授权

第25章 课程多媒体资源库设计

在课程和班级群组里面，已经可以创建题库，发布文章和群组帖，但是课程还需要有课程大纲、课程视频、学习参考资料、作业或实验模板，本章将设计一个课程大纲内容类型，可以包括上述课程资源。

25.1 课程大纲结构设计

为了简化管理，将课程课件、作业模板文档、视频资源集成到课程大纲内容类型里面，所以，课程大纲主要内容有章标题、教学内容及要求、重点、难点、本章课程视频、课件或参考学习资料、作业或实验模板。视频内容可以让学生在线观看，课件和作业模板可以让学生下载。如表 25-1 所示是课程大纲主要字段定义。

表 25-1　课程大纲字段定义

字　段　名	类　　型	长　　度
章标题	文本	200
教学内容及要求	长文本	3 行
重点	长文本	2 行
难点	长文本	2 行
视频	Video	目录
课件或学习资料	文件	默认
作业或实验模板	文件	默认

25.2 创建课程大纲内容类型

对于课程大纲内容类型，需要有视频字段和文件附件字段，视频字段需要安装第三方模块，文件附件可以使用 Drupal 7 内核的文件模块，作为上传文件的附件字段(可以参考“多媒体内容”章节)。

打开系统菜单“管理”|“结构”|“内容类型”|“添加内容类型”，创建一个“课程大纲”内容类型，并完成所有字段的添加，如图 25-1 所示是“课程大纲”的管理字段页面，接着进一步设置特殊字段。

课程大纲

编辑 | 管理字段 | 管理显示 | 评论的字段 | 评论显示

首页 » 管理 » 结构 » 内容类型 » 课程大纲

显示行的权重

标签	机读名称	字段类型	控件	操作	
章标题	title	节点模块元素			
教学内容及要求	body	长文本和摘要	带摘要的文本域	编辑	删除
重点难点	field_main_point	长文本	文本域（多行）	编辑	删除
课件或学习资料	field_learning_material	文件	文件	编辑	删除
作业或实验模板	field_assignment_files	文件	文件	编辑	删除
本地视频	field_viedo	视频	视频上传	编辑	删除
远程视频	field_remote_video	文本	文本字段	编辑	删除
群组读者	og_group_ref	实体引用	OG reference	编辑	删除
群组内容可见性	group_content_access	列表(整数)	选择列表	编辑	删除

图 25-1 “课程大纲”字段管理页面

25.2.1 “教学内容及要求”字段

这个字段的内容比较多，如果从 Word 文档复制课程教学大纲，希望保留 Word 格式，那么这个字段就需要一个富文本编辑器。

25.2.2 富文本编辑器

我们希望课程教学大纲的编写更接近 Word 文档格式，对于 Drupal 7，需要安装富文本编辑器 CKEditor 模块实现。

25.2.3 “重点难点”字段

这个字段采用多行文本类型，设置初始化为 3 行窗口，并预先设置好默认值“重点：”和“难点：”，启用富文本编辑器的过滤文本格式，如图 25-2 所示。

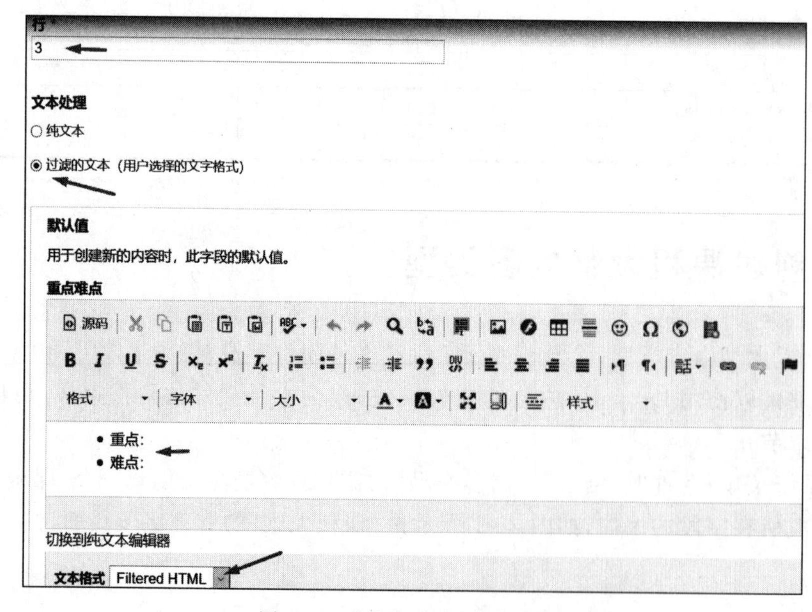

图 25-2 “重点难点”字段定义

25.2.4　文件类型的字段设置

文件类型的字段有“课件和学习资料”和“作业或实验模板”，这两个设置基本一样。下面是对“作业或实验模板”字段的设置，主要有两个文件基本属性(存放位置和大小等)，及文件的安全性。

1. 文件的基本属性设置

“允许的文件扩展名”设置大小写敏感，需要大小写一起定义，例如，文本文件扩展名为“txt，TXT”。设置“文件目录”为 assignment_files，那么，上传的文件都保存到这个目录下，便于服务器端管理，文件“最大上传大小”会受限于 PHP 的设置，默认是 2MB，需要修改 php. ini 参数设置(见“多媒体内容”章节)，这里设置为 12MB，勾选“启用描述字段”复选框，可以给文件做说明，最后的设置如图 25-3 所示。

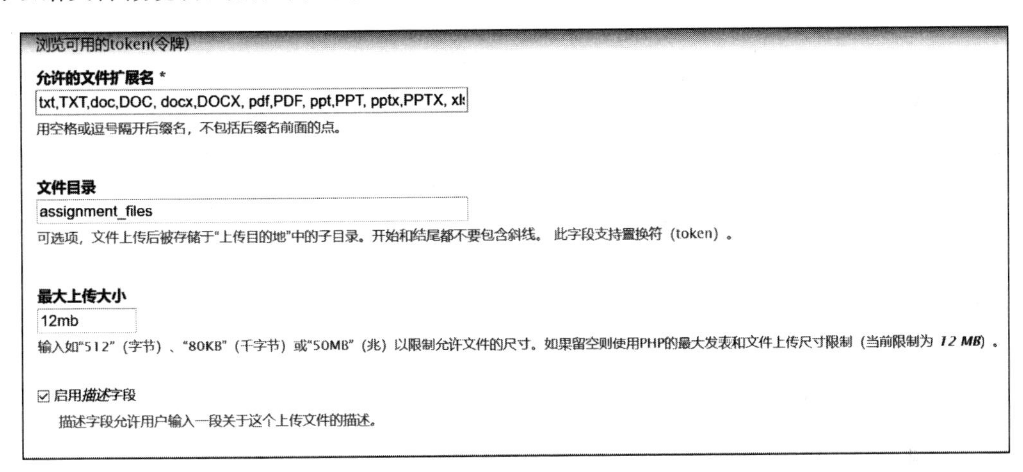

图 25-3　上传文件基本属性设置

2. 文件的安全性设置

课程大纲本身已经设置了“群组内容可见性”，发布时可以选择为“私有”，表示课程或班级的成员可以看到，这里有一个针对上传文件“字段的可见性及权限”设置，设为“公有”，“值的数量”设为“3”，表示最大可以上传 3 个文件。如果勾选“启用显示字段”，发布大纲的作者可以选择文件可见或隐藏，设置结果如图 25-4 所示。

25.2.5　视频设计

在第 8 章多媒体内容中，介绍安装 Video Embed Field 和 Video Embed Youku 模块来支持视频字段，但是这里选择另外一种方案来设计课程视频。课程视频的需求既可以上传本地视频，也可以链接到外部的远程视频，所以这里设计两个视频字段：“本地视频”和“外部视频”字段。与视频有关的模块有以下几个。

(1) Video 模块：这个模块可以提供上传本地视频和播放功能，及视频转换功能和视频

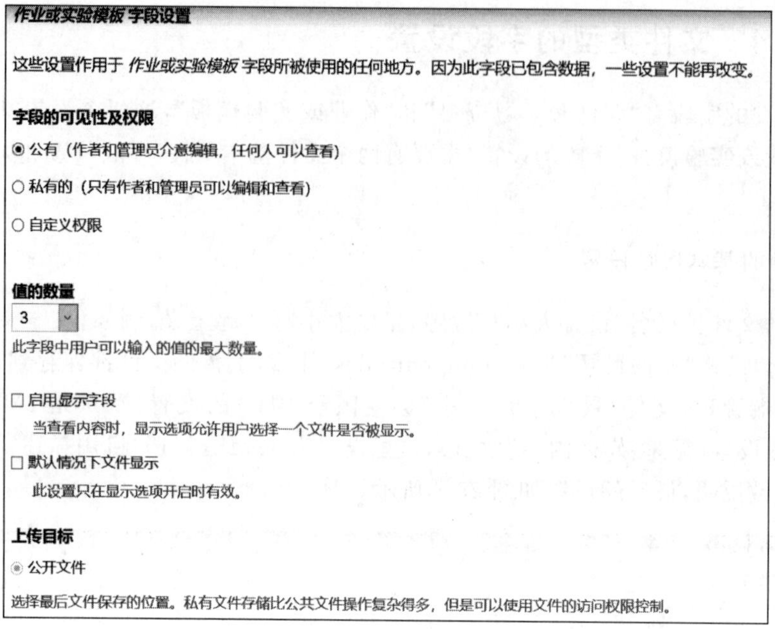

作业或实验模板 字段设置

这些设置作用于 *作业或实验模板* 字段所被使用的任何地方。因为此字段已包含数据，一些设置不能再改变。

字段的可见性及权限

◉ 公有（作者和管理员介意编辑，任何人可以查看）

○ 私有的（只有作者和管理员可以编辑和查看）

○ 自定义权限

值的数量

3

此字段中用户可以输入的值的最大数量。

☐ 启用*显示字段*

当查看内容时，显示选项允许用户选择一个文件是否被显示。

☐ 默认情况下文件显示

此设置只在显示选项开启时有效。

上传目标

◉ 公开文件

选择最后文件保存的位置。私有文件存储比公共文件操作复杂得多，但是可以使用文件的访问权限控制。

图 25-4　文件的安全性设置

缩略图制作。

（2）ffmpeg 程序：这是视频制作工具，该工具主要用于视频格式转换。

（3）Zencoder API 模块：这是 Video 模块的子模块。

（4）Media 模块：这是一个多媒体增强工具，可以更友好的界面操作图片、文档和视频的上传，Drupal 8 已经嵌入为核心模块，Drupal 7 需要安装。同时，还要安装 File Entity 依赖模块。

如果在视频设计中不需要视频转换和缩略图制作，也不需要 Media 模块的多媒体增强功能，那么安装 Video 模块，使用 Video 模块的基本功能即可。可以忽略下面 ffmpeg 和 Zencoder 库的安装。

25.2.6　安装 ffmpeg

先在服务器端安装 ffmpeg 程序，本系统开发是基于 WSL 的 Ubuntu 16.04 版操作系统环境，所以安装如下。

1. 安装 ffmpeg

```
sudo apt - get install ffmpeg
```

查看 ffmpeg 版本命令如下，安装的 ffmpeg 不一定是最新版，但是如果可以用，就没有必要安装最新版，目前安装的是 ffmpeg 2.8.17 版。

```
ffmpeg - version
```

2. 下载安装最新版 ffmpeg

ffmpeg 下载网址是 https://ffmpeg.org/download.html#build-linux，找到 Ubuntu 官网安装包，如图 25-5 所示。

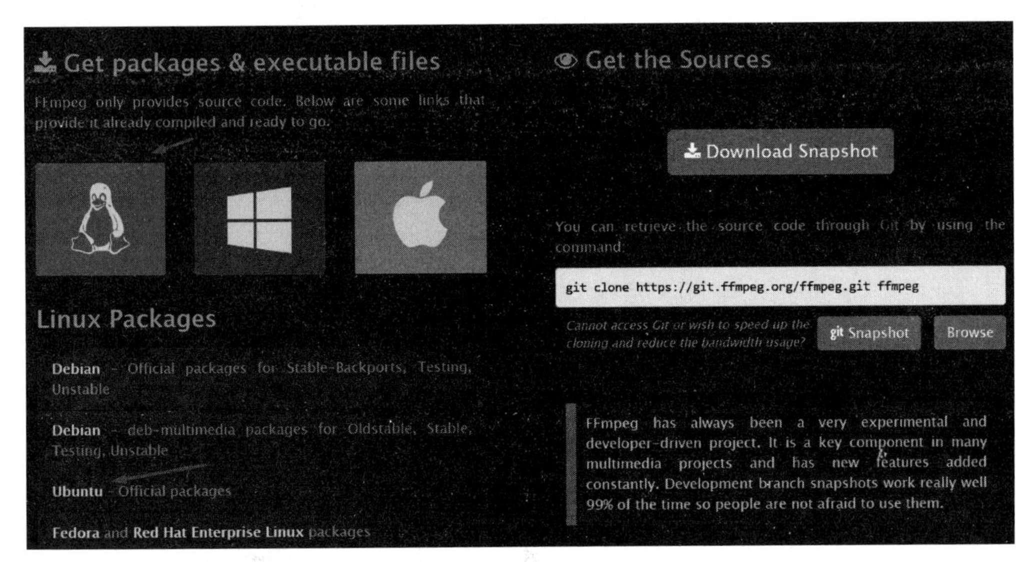

图 25-5 ffmpeg 下载官网

在 Ubuntu 终端，执行"cd ～"命令，先回到用户根目录，再执行如下下载命令，其中，"-c" 表示允许断点续传；"-t" 表示如果下载中断，可以重新尝试 100 次连接，这里下载的是 ffmpeg 4.3.1 版。

```
wget -c -t 100 https://launchpad.net/ubuntu/+archive/primary/+sourcefiles/ffmpeg/7:4.3.
1-8ubuntu1/ffmpeg_4.3.1.orig.tar.xz
```

3. 解压 ffmpeg

命令如下，文件会解压到默认目录 ffmpeg-4.3.1 下。

```
sudo tar xvf ffmpeg_4.3.1.orig.tar.xz
```

4. 手动安装 ffmpeg

```
cd ffmpeg_4.3.1
install install ffserver ffprobe ffmpeg qt-faststart ffmpeg-10bit /usr/bin/
```

25.2.7 安装 Zencoder 库

如果启用了 Zencoder API 模块，还需要安装 Zencoder 库。打开系统菜单"管理"|"报告"|"库"，查看系统库的安装情况，可以发现 Zencoder 依赖库是否安装好了，如图 25-6 所示，状态是 Not Found，没有安装。

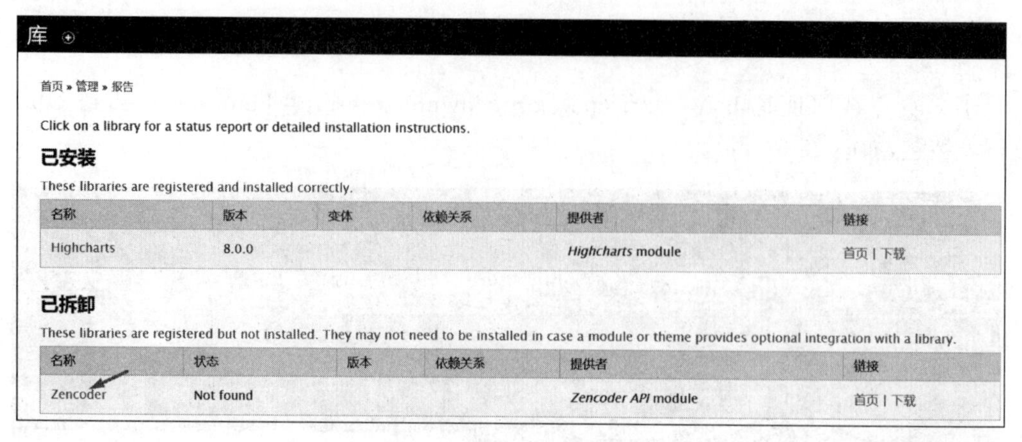

图 25-6　Zencoder 库安装状态

单击 Zencoder 打开安装说明，如图 25-7 所示，单击 here，进入 github 软件库，下载 Zencoder 库压缩包，将它解压到 Drupal 项目目录 sites/all/libraries/zencoder 下，注意目录名称的大小写。

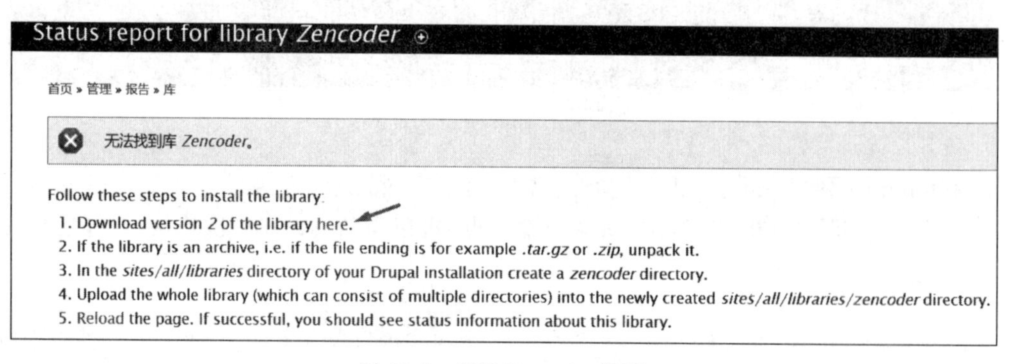

图 25-7　安装 Zencoder 说明

安装成功后，库报告显示如图 25-8 所示。

库

首页 » 管理 » 报告

Click on a library for a status report or detailed installation instructions.

已安装

These libraries are registered and installed correctly.

名称	版本	变体	依赖关系	提供者	链接
Highcharts	8.0.0			Highcharts module	首页 | 下载
Zencoder	2.2.4			Zencoder API module	首页 | 下载

图 25-8　Zencoder 成功安装

25.2.8　本地视频字段设置

首先需要安装 Video 模块，并启用 Video，Video UI 和 Zencoder API 模块（如果不需要

视频转换，可以不启用 Zencoder API 模块)，这样，在创建视频字段时，会有一个“视频”字段类型和“视频上传”控件，接着给视频做一些预设置。

1. 设置添加最小播放窗口尺寸

打开系统菜单“管理”|“配置”|“媒体”|“视频”，先添加一个最小播放窗口尺寸“180×120”，如图 25-9 所示，这样做的目的是不要让视频窗口占用页面太大空间，观看视频时可以选择全屏播放。

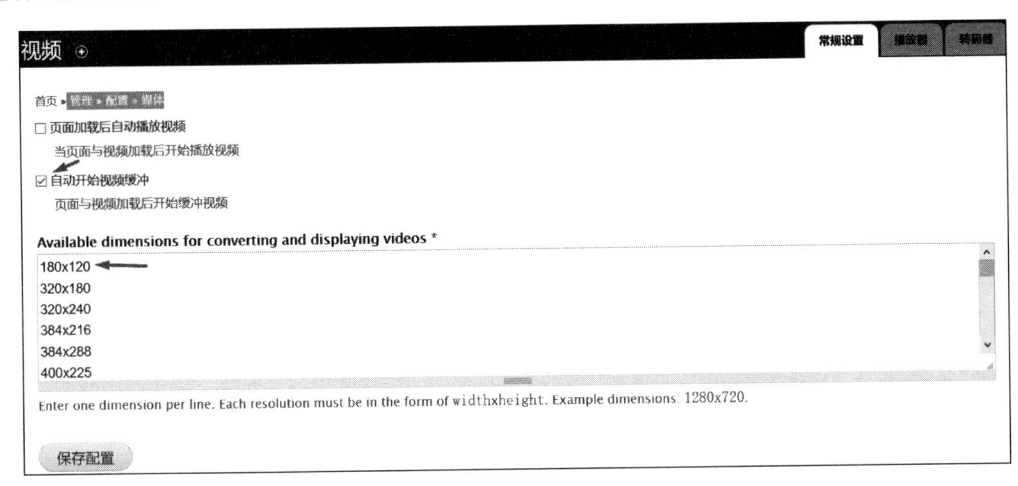

图 25-9 添加最小的播放窗口尺寸 180×120

2. 确认兼容 HTML 5 播放器的视频格式

由于 Video 模块可以兼容各种格式的视频，但是如果不想安装额外的播放器，或做视频在线转换，最好是上传 HTML 5 播放器默认的格式视频，如 mp4、ogg、ogv、webm、mp3。打开系统菜单“管理”|“配置”|“媒体”|“视频”，选择“播放器”查看不同视频格式的播放器要求，如图 25-10 所示。

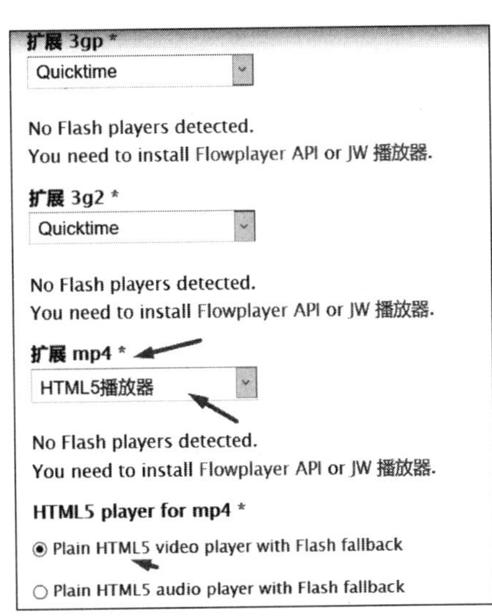

图 25-10 选择默认安装的 HTML 5 播放器

3. 转码器设置

如果不需要在线视频转换，可以忽略这一步。首先，确认前面已经安装了 ffmpeg 工具。打开系统菜单“管理”|“配置”|“媒体”|“视频”，选择“转码器”，使用 ffmpeg 转码，设置 ffmpeg 可执行文件位于/usr/bin/ffmpeg 目录，如图 25-11 所示。

4. 编辑本地视频字段设置

默认上传视频文件大小为 PHP 设定值，每章大纲可以同时上传两个本地视频，这里有一个缩略图设置，选择 Don't create thumbnail。

视频转码器

○ No transcoder

◉ FFmpeg / avconv

Select a video transcoder will help you convert videos and generate thumbnails.

FFMPEG / AVCONV

Path to FFmpeg or avconv executable

/usr/bin/ffmpeg

Absolute path to the FFmpeg or avconv executable. When you install a new FFmpeg version, please clear the caches to let Drupal detect the updated codec support.

保存缩略图的路径

videos/thumbnails

Path to save video thumbnails extracted from videos.

缩略图的数量

5

Number of thumbnails to extract from video.

图 25-11　转码器设置

5. 编辑本地视频字段显示

打开系统菜单“管理”|“结构”|“内容类型”|“课程大纲”，选择“管理显示”，编辑“本地视频”字段，这里选择前面预设置的视频播放窗口尺寸为 180×120，如图 25-12 所示。

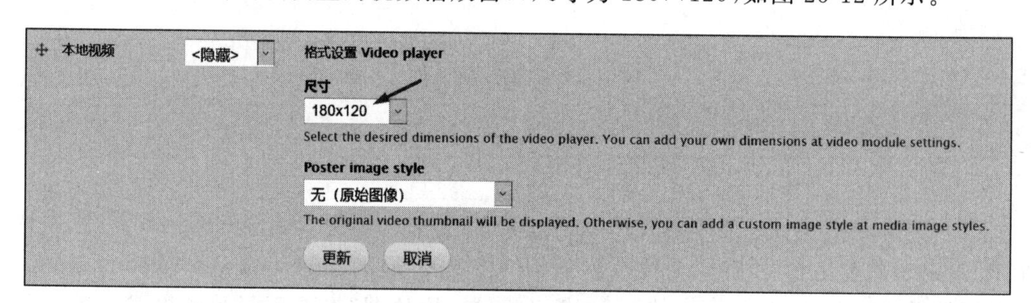

图 25-12　修改绑定视频显示窗口尺寸

25.2.9 远程视频字段

远程视频字段类型定义为文本类型，用来存放链接到外部的 HTML 代码。因为存储在这个字段的文本是 HTML 代码，而不是纯文本，定义的时候分为以下两个步骤。

1. 字段定义

这个字段存储的是 HTML 代码，所以，文本处理方式采用过滤的文本格式（表示可以处理有限的 HTML 标签），并选择默认值是“嵌入视频”文本格式，如图 25-13 所示。这个格式是专门针对远程视频使用的文本格式。

2. “嵌入视频”文本格式定义

由于远程视频字段存放的是 HTML 代码，并需要富文本编辑器，但是又不能作为纯文本处理，所以需要自定义一个“嵌入视频”文本格式。

图 25-13　外部视频字段定义

打开系统菜单“管理”|“配置”|“内容写作”|“文本格式”，添加一个文本格式，并添加了三个过滤条件，如图 25-14(a)所示，由于远程视频的通用代码使用的是< iframe >标签，所以在“限制使用 HTML 标记”过滤器中设置了这个标签，如图 25-14(b)所示。

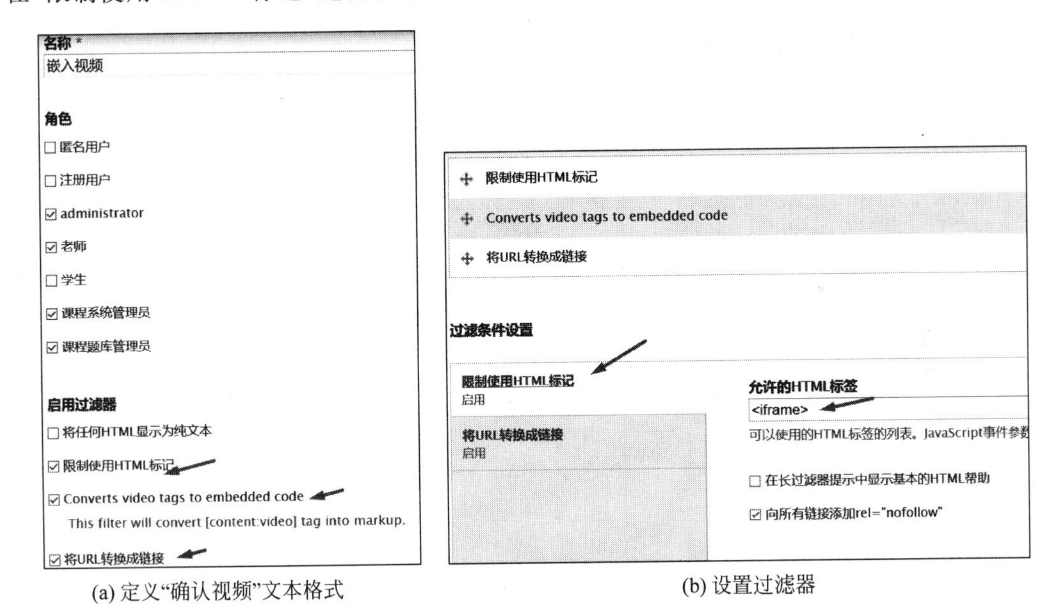

(a) 定义“确认视频”文本格式　　(b) 设置过滤器

图 25-14　“嵌入视频”文本格式定义

25.3　创建课程大纲实例

这里以“Java 程序设计”课程为例，创建教学大纲“第一章 Java 语言概述”内容，由以下步骤完成。

25.3.1　编辑“教学内容及要求”

“教学内容及要求”使用了富文本编辑器的列表排版，如图 25-15 所示。

图 25-15 “教学内容及要求”的编排

25.3.2 上传课件和作业模板

课件和作业模板可以分别上传两个文件，课件上传了一个 PPT 文件，如图 25-16(a)所示，作业上传了一个 DOC 文件，如图 25-16(b)所示。

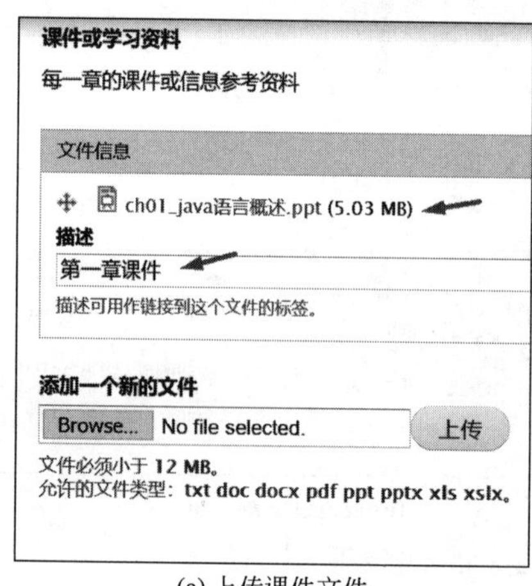

(a) 上传课件文件

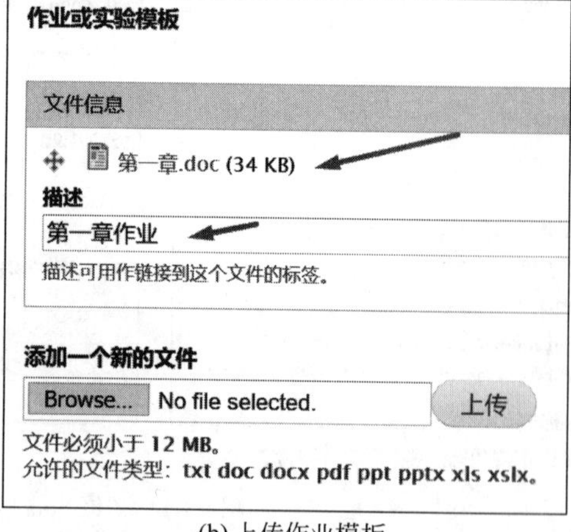

(b) 上传作业模板

图 25-16 上传课件和作业模板

25.3.3 上传本地和远程课程视频

本地和远程课程视频分别限制可以同时发布两个，如图 25-17(a)所示是上传了一个 MP4 的本地视频，如图 25-17(b)所示是发布了来自腾讯视频和优酷网站的两个 Java 学习视频。为了将视频默认窗口统一到和本地视频相同的尺寸 180×120，所以，在视频链接代码中添加或修改属性“height=120 width=180”。

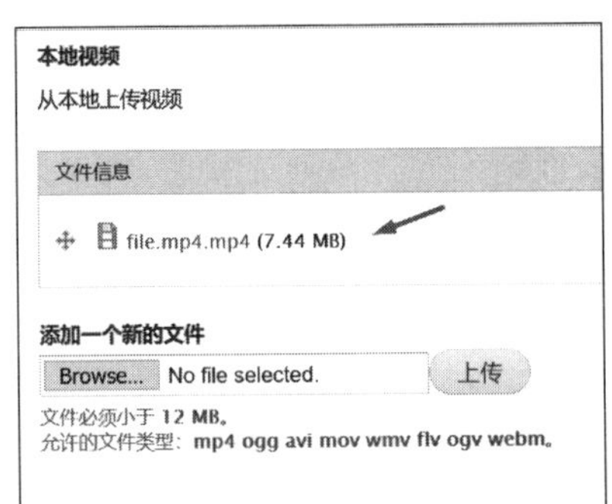

(a) 本地视频上传

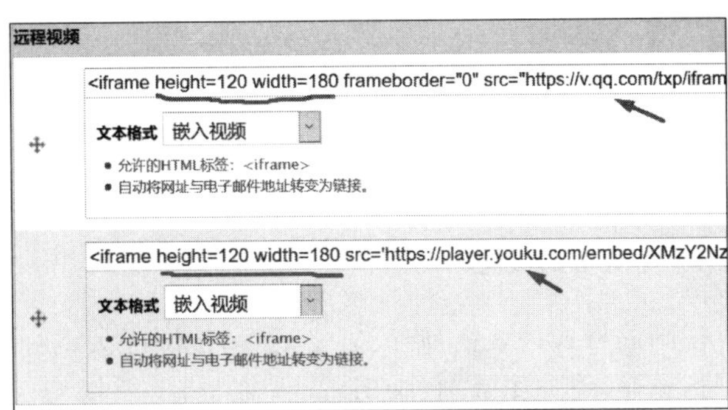

(b) 远程视频上传

图 25-17　上传本地和远程课程视频

25.4　课程大纲显示效果

图 25-18(a)是 Drupal 默认的课程大纲内容显示页面，图 25-18(b)是课程视频的显示效果。

(a) 课程大纲内容

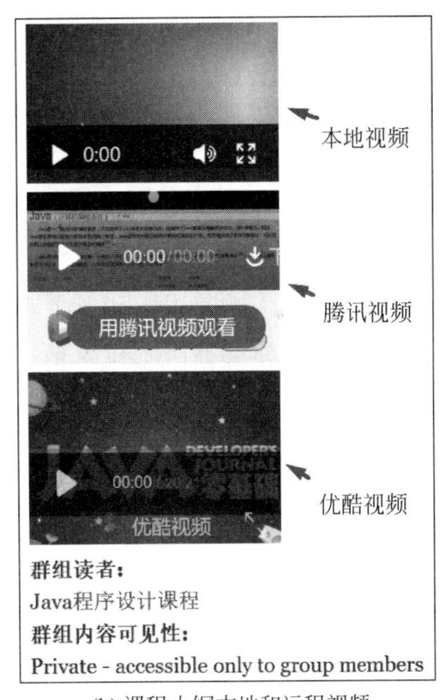

(b) 课程大纲本地和远程视频

图 25-18　课程大纲显示效果

25.5　课程大纲在课程群组的显示设计

前面的课程大纲是 Drupal 默认的内容页面显示效果，但是在课程群组中，我们希望看到的是课程大纲的列表显示，并出现在课程群组的页面里面。要实现这个功能，还需要使用视图进行课程大纲列表设计。这里把课程大纲分成两部分，一部分是大纲文字内容，另一部分是视频内容。

25.5.1 大纲文字内容列表

由于课程大纲列表和班级列表比较类似，可以克隆前面做好的班级列表视图，再做进一步修改。

1. 视图格式设置

视图的格式是表格，修改表格设置，按课程大纲标题作为分组显示，并把大纲标题作为分组标题显示，如图 25-19 所示。

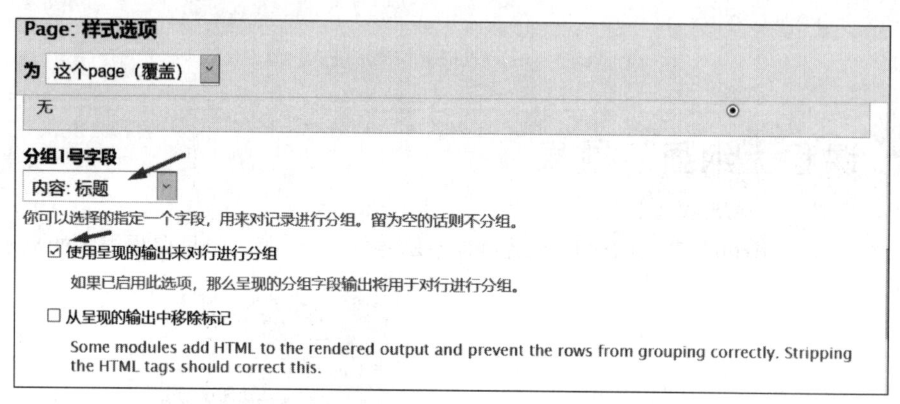

图 25-19 课程大纲内容按标题分组

2. 字段设置

显示的字段主要有：课程内容及要求，重点难点，作业或实验模板，课件或学习资料，如图 25-20 所示。大纲标题不出现在表格内，但是它将作为表格标题出现。

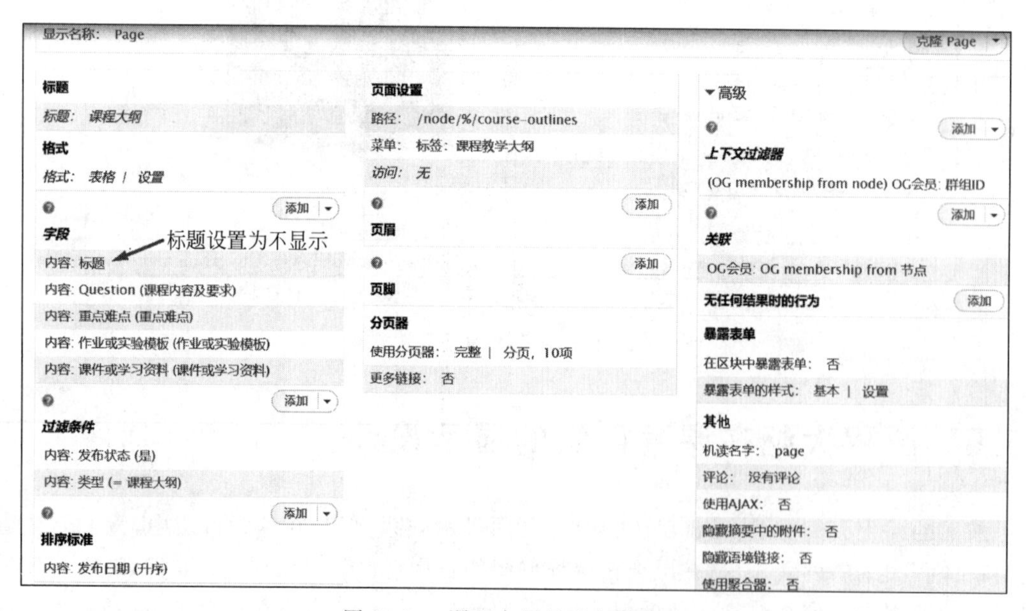

图 25-20 课程大纲显示字段设置

3. 页面设置

设置类似于班级列表，课程大纲作为课程小组的标签菜单，主要修改路径为/node/%/course-outlines，并将菜单修改为“标签：课程教学大纲”。

4. 上下文过滤与关联

类似于班级列表，主要修改上下文过滤器的“覆盖标题”为“%1 教学大纲”。“%1”表示课程小组的标题变量。

5. 课程大纲文字内容在课程小组的显示效果

上面创建了两章的“Java 程序设计课程”内容，通过视图设置，达到如图 25-21 所示的显示效果。

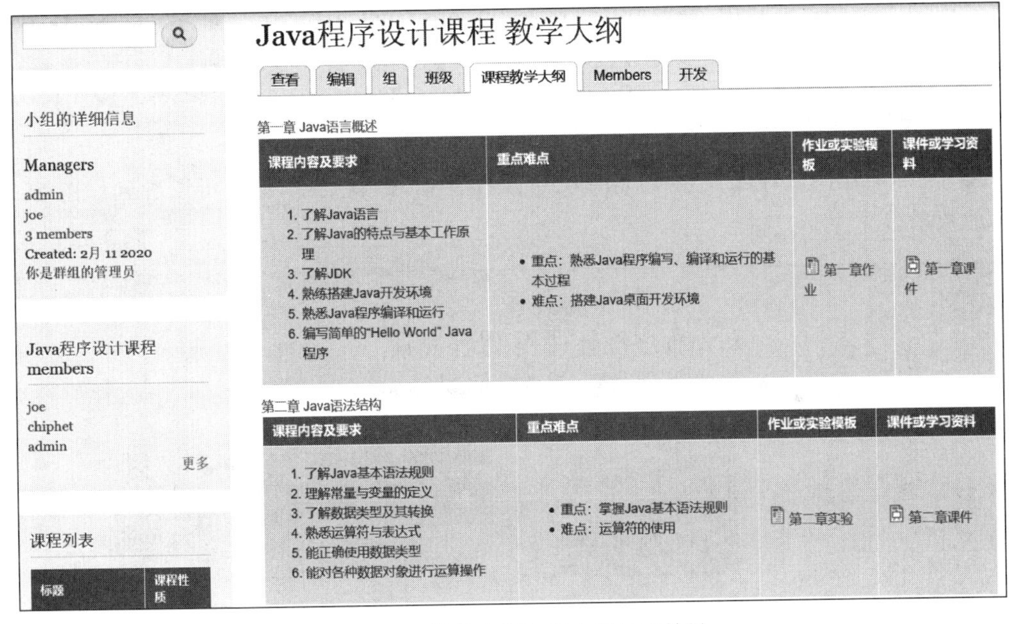

图 25-21　课程大纲文字内容显示效果

25.5.2　课程视频列表

1. 创建课程视频视图

克隆前面做好的课程大纲视图，修改标题为“课程视频”，字段设置保留课程大纲标题，和课程大纲内容视图一样，作为分组标题，删除其他字段，添加本地视频和远程视频字段。在字段设置中，不需要勾选“生成标签”，但是这两个字段都有两个值的限制，所以在多字段设置中，勾选“在同一行里显示多个值”复选框，显示类型为“简单分隔符”，其实是没有分隔符，如图 25-22 所示。

在页面设置中，修改路径为/node/%/course-vedio，菜单改为“标签：课程视频”；在高

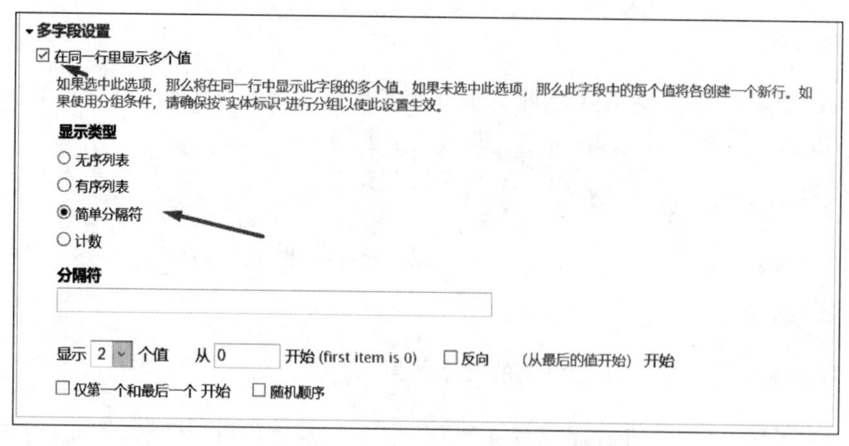

图 25-22 视图中视频字段的设置

级设置中的上下文过滤器中，修改"(OG membership from node) OG 会员：群组 ID"中的覆盖标题为"%1 课程视频"；其他设置基本保持不变。

2. 课程视频显示效果

打开"Java 程序设计课程"群组，出现了"课程视频"标签菜单，单击可以看到如图 25-23 所示的效果。

图 25-23 课程视频的显示效果

第26章 课程资源和消息管理

26.1 课程资源管理

目前的系统设计，除了老师和学生资源外，系统共有四种资源：题库（包括作业、测验和考试），课程大纲（包括课件和实验模板文档、课程视频），文章和群组帖。老师可以发布所有的资源，学生可以发布文章和群组帖。

26.1.1 资源共享设计实现

我们可以把资源单独发布到一个群组，也可以同时发布到多个群组里面实现资源共享。例如，保存在课程小组的课程大纲，需要发布到教学班级小组里面，让学生学习。我们的系统目前只有课程和班级两个群组，通过这两个群组可以创建多个课程和教学班级小组。

为了让资源可以在课程和班级之间共享，需要对群组的题库、课程大纲、文章和群组帖内容类型进一步设置，实现资源共享。这里需要修改内容类型的“群组读者”字段，下面是以题库内容类型的设置实现资源共享。

打开系统菜单“管理”|“结构”|“内容类型”|“题库”，选择“字段管理”标签，编辑修改“群组读者”字段，在 Target bundles 设置中，同时选择“班级”和“课程”，如图 26-1 所示。这样题库内容类型的“实体引用”字段（即群组读者）就绑定到课程和班级群组中，以后在创建和发布题库时，可以选择同时发布到哪个课程和班级小组。

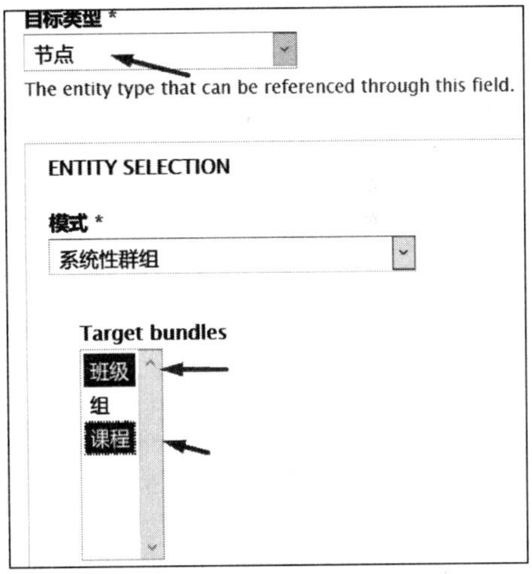

图 26-1　题库内容绑定到课程和班级群组

以此类推，完成其他内容类型的资源共享修改。

26.1.2 资源分类（标签菜单）设计

为了便于资源的查找，前面已经把课程大纲、题库设置成为课程或班级小组的标签菜单，同样，文章和群组帖也可以设置为群组标签菜单方式将发布的文章和群组帖内容聚集到标签菜单下。

1. 文章视图页面设置

打开课程题库视图，克隆一个课程题库页面，修改显示名称、标题、过滤条件、页面设置的路径和菜单，如图 26-2 所示。

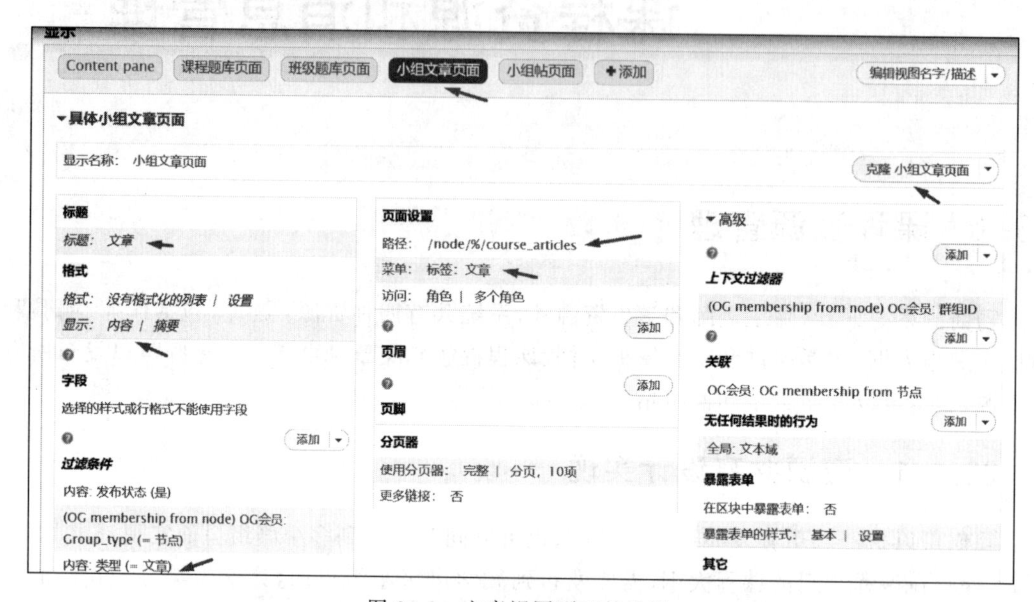

图 26-2　文章视图页面的设置

在高级上下文过滤器中，设置验证器的内容为“课程”和“班级”，将文章视图页面绑定到课程和班级页面中，如图 26-3 所示。

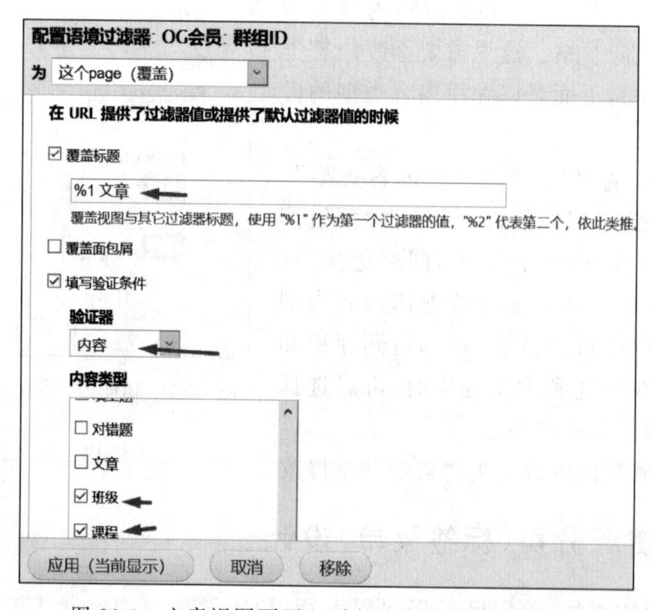

图 26-3　文章视图页面上下文过滤器的验证器设置

最后，文章标签菜单在课程小组中的显示效果如图 26-4 所示。

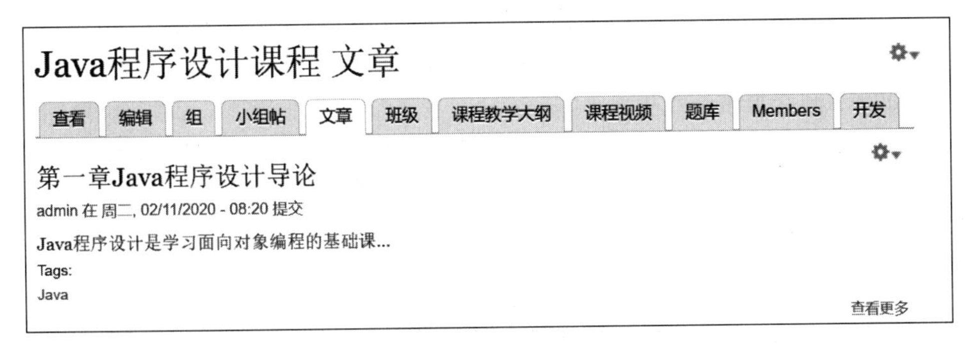

图 26-4 文章标签菜单的显示效果

2. 群组帖视图页面设置与管理

以此类推，群组帖的视图页面设置和文章一样，先克隆文章视图页面，修改相应设置参数，完成群组帖的标签菜单绑定。修改群组发帖内容类型，开放评论，这样可以让老师和学生在小组中进行学习讨论。

26.2 老师、学生资源管理

在课程小组中，成员只有老师，在班级小组中，成员除了老师外，主要是以学生为主。前面已经安装了 OG Extras 模块，可以看到，系统自动在群组中添加了 Member 标签菜单，这个成员菜单是来自于视图，下面通过修改视图来完成课程小组中老师的管理及班级小组中学生的管理。

26.2.1 学生管理

打开系统菜单“管理”|“结构”|“视图”，打开编辑 OG Extras group members 视图模板，从默认的 Members 页面克隆 Page，生成一个学生视图页面，如图 26-5 所示。

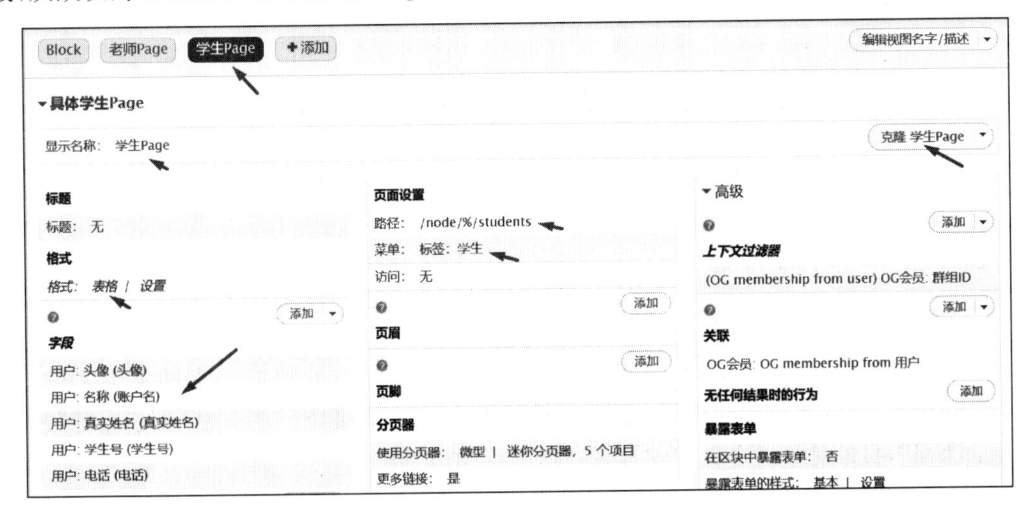

图 26-5 学生查询视图

修改格式为“表格”，字段添加“真实姓名”“学生号”“电话”。页面设置路径为/node/%/students，设置菜单为“标签：学生”。修改高级下的上下文过滤器“(OG membership from user) OG 会员：群组 ID”，填写验证条件为“验证器：内容”“内容类型：班级”，目的是让这个页面仅出现在班级群组节点中。

设置过滤条件，添加用户角色为“学生”，暴露两个字段“真实姓名”和“学生号”给用户手动查询学生信息，如图 26-6(a)所示。“真实姓名”字段查询使用“包含”操作符，如图 26-6(b)所示，“学生号”字段查询使用“始于”操作符。如果勾选“展示操作器”复选框，将暴露操作器，可以提供更多选项执行用户查询操作。

(a) 学生视图过滤条件设置

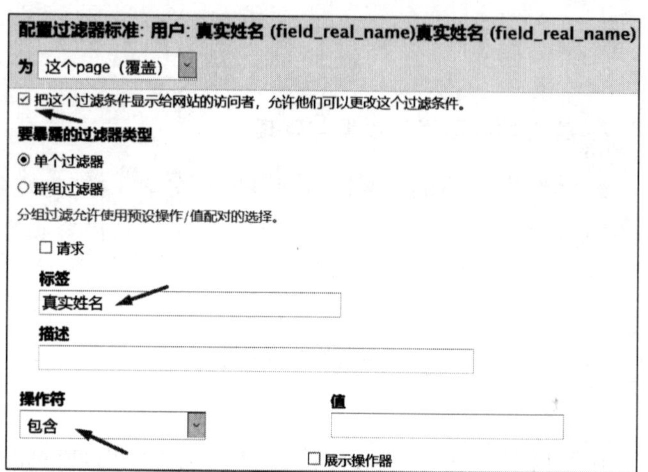

(b)“真实姓名”过滤设置

图 26-6 过滤条件设置

最后在班级小组中看到的学生查询效果如图 26-7 所示。

图 26-7 在班级小组中显示学生查询的界面效果

26.2.2 老师管理

以此类推，在老师查询管理设置中，通过修改默认的 Members 视图页面为老师页面，将字段设置的“学生号”改为“员工号”，菜单改为“标签：老师”，修改高级下的上下文过滤器“(OG membership from user) OG 会员：群组 ID”，填写验证条件为“验证器：内容”“内容类型：课程”，目的是让这个页面仅出现在课程群组节点中。

26.3　题库资源发布与管理

题库管理分为两部分：课程题库管理和班级题库管理。因为题库是一个比较特殊的内容类型，它有一个中心题库作为问题共享源，不需要跨课程或班级进行发布，在课程中创建的题库是以管理为目的，在班级中创建的题库是以让学生在上面做题（测验考试）为目的。如果在一个班级中创建的题库实例发布到另外一个班级，这样会造成测验考试的统计结果是两个班级的和，而不会分成两个班级进行统计。

26.3.1　课程小组的题库管理

课程小组创建的题库是课程的中心题库，首先是在课程群组中由老师创建，并录入课程题型。课程小组的题库只作为管理，可以添加、修改问题题型，但是不要发布到班级中，也不要在上面做题。

26.3.2　班级小组的作业发布

在班级群组中，老师可以通过创建题库给学生布置作业、测验或考试，班级题库的管理规则如下。

（1）为每个班级创建新的题库作业或测验考试，不要发布到其他班级，确保每个班级都有自己独立的题库作业。这样，老师才可以获得每个班级的统计成绩。

（2）创建新题库作业或测验考试，问题题型尽量直接从中心题库中选择提取，最好不要在班级中添加新问题，所有新问题添加由课程小组老师管理员或题库管理员添加管理。

26.4　课程大纲、文章和群组帖的发布管理

26.4.1　课程大纲的发布管理

在课程小组中编写教学大纲，通过群组内容共享方式发布课程大纲到相应的班级小组中。如图 26-8 所示是在“Java 程序设计课程”小组中，通过编辑课程大纲“第一章 Java 语言概述”“群组读者”字段，同时选择“课程/Java 程序设计课程”和“班级/2017 级计科 1 班”，实现课程大纲共享发布。

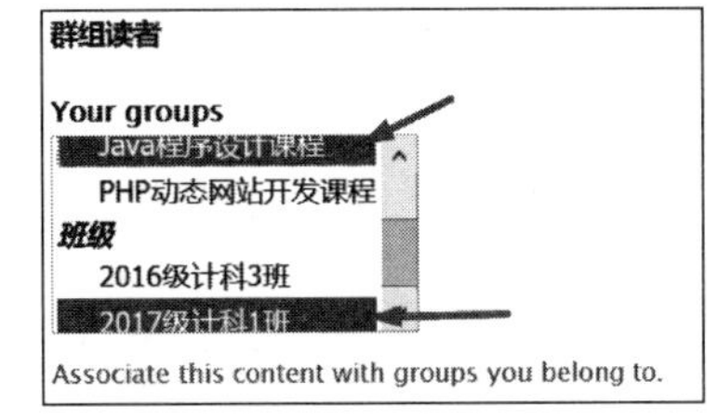

图 26-8　选择发布的群组

大纲内容发布后，打开 2017 级计科 1 班的“课程教学大纲”菜单，可以看到“第一章 Java 语言概述”大纲内容，如图 26-9 所示。

2017级计科1班 教学大纲

查看 编辑 组 作业与测验 文章 课程教学大纲 课程视频 Members 开发

第一章 Java语言概述

课程内容及要求	重点难点	作业或实验模板	课件或学习资料
1. 了解Java语言 2. 了解Java的特点与基本工作原理 3. 了解JDK 4. 熟练搭建Java开发环境 5. 熟悉Java程序编译和运行 6. 编写简单的"Hello World" Java程序	• 重点：熟悉Java程序编写、编译和运行的基本过程 • 难点：搭建Java桌面开发环境	第一章作业	第一章课件

图 26-9　共享到班级小组的教学大纲内容

26.4.2　文章的发布管理

以此类推，课程文章也可以通过资源共享方式发送到相应班级小组中。

26.4.3　群组贴发布管理

如果一门课程同时有两个以上的教学班级，老师可以同时发布相同内容帖到多个班级，但是学生最好在自己默认班级发帖，不要转发到其他班级。当然，还可以进一步做权限设置，让学生角色只能在本群组发帖。

26.5　消息管理

最常见的消息管理是当一个文章发布后，如果读者给文章做评论，系统通过发送邮件消息的方式通知作者。

Drupal 系统有非常强大的消息管理模块来实现这个功能，这就是 Message Stack (https://www.drupal.org/node/2180145)解决方案，这个方案由以下三个模块组成。

(1) Message 模块：在安装 OG 模块时，系统已经安装好了，Message 模块主要用来定制消息类型模板。

(2) Message notify 模块：通过 E-mail 和 SMS(手机短消息)发送通知。

(3) Message Subscribe 模块：让用户选择订阅的内容。但是，群组系统默认所有的成员都是订阅者，所以本系统设计不需要这个模块。

此外，消息管理还需要规则(Rules)模块，管理"事件→条件→动作"的工作流程。

26.5.1　在线课程消息管理设计

我们希望老师在班级小组发布一个帖子或作业时，系统自动通过 E-mail 提醒这个班级小组的学生登录到系统查看信息。要实现这个功能，消息管理设计应按照以下三个步骤完成。

1. 事件

当一个新内容创建以后。

2. 条件

(1) 这个内容属于群组内容。
(2) 是在班级群组里面创建的内容。
(3) 创建内容的作者是群组老师角色或群组管理员角色。
(4) 创建的内容类型是“群组帖”或“题库”。

3. 动作

(1) 获取群组的用户邮件地址列表。
(2) 根据定制好的格式创建一个消息模板实例。
(3) 给每个群组成员通过邮件发送消息。

26.5.2 本地服务器 E-mail 测试管理

Drupal 提供了开发和测试阶段关于 E-mail 发送方式的解决方案(https://www.drupal.org/node/201981)。本系统主要考虑以下三种邮件发送测试方式。

1. 生成 E-mail 发送日志

最简单的方式是通过 Maillog / Mail Developer 模块,生成 E-mail 日志,查看系统发送的 E-mail 日志(即使 E-mail 没有最终发送出去),来检查测试消息发送的情况。

2. E-mail 转发到本地邮件服务器

如果想看到消息发送的比较真实的环境,希望除了检查 E-mail 是否正常发送给那些用户,还希望查看发送的 E-mail 内容,这就需要有一个本地 E-mail 服务器+Reroute Email 模块完成。这种方式要求开发环境是 Linux,通过 WSL 开发环境搭建过 Postfix 邮件服务器,这样,Reroute Email 模块负责转发 Drupal 系统的所有邮件到 Postfix 邮件服务器指定的一个 Linux 用户作为接收者,然后在 Linux 服务器下,通过 mail 命令检查 Drupal 发送过来的邮件,达到测试消息发送的目的。

3. 拦截管理 Drupal 邮件

Mail Safety 模块可以帮助我们拦截管理 Drupal 邮件,并通过管理界面,查看测试发送消息邮件的内容。

经过比较,我们认为使用 Mail Safety 模块是比较有效的方法,但是在产品上线的时候,要记得卸载这个模块,或设置为不拦截邮件。

26.5.3 安装设置 Mail Safety 模块

下载安装启用 Mail Safety 模块,打开系统菜单“管理”|“配置”|“开发”|Mail Safety,可以看到邮件管理和设置界面,首先要设置好邮件拦截并发送到邮件管理仪表盘。勾选 Stop outgoing mails 和 Send mail to dashboard 复选框，这个模块也可以实现类似于 Reroute mail 模块的转发功能，如图 26-10 所示。

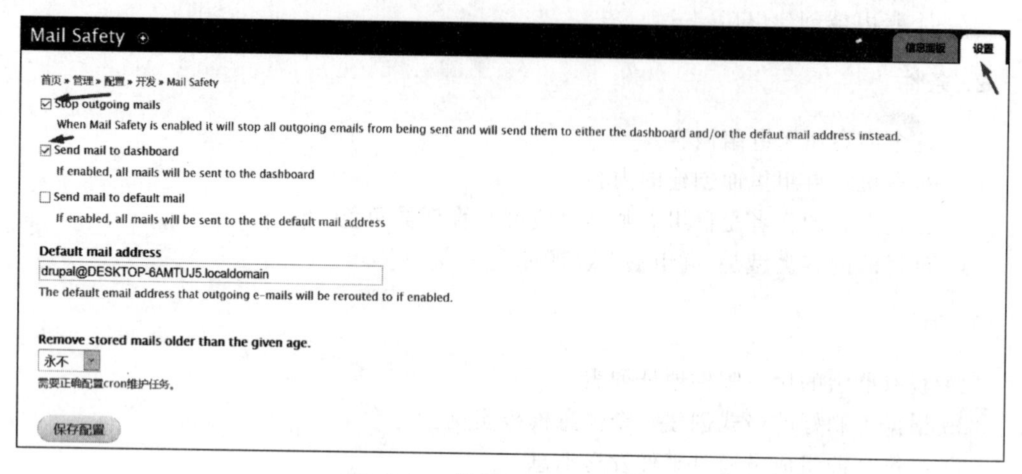

图 26-10　设置 Mail Safety 模块

26.5.4 设置消息类型模板

Message 模块为我们定制了一些常用的消息模板，可以通过修改这些模板，来实现自定义消息格式。

1. 消息模板

安装好 Message 和 Message notify 模块后，打开系统菜单"管理"|"结构"|"消息类型"，生成一些消息模板，如图 26-11 所示。我们仅需要修改 OG new content 模板，实现在线课程消息管理要求。

消息类型s

首页 » 管理 » 结构

✚ 添加 消息类型　✚ 导入 消息类型

标签	状态	操作					
OG new content (机读名称: og_new_content)	覆写	编辑	管理字段	管理显示	克隆	恢复	导出
Example - arguments (机读名称: example_arguments)	默认	编辑	管理字段	管理显示	克隆		导出
Example - Create comment (机读名称: example_create_comment)	默认	编辑	管理字段	管理显示	克隆		导出
Example - Create node (机读名称: example_create_node)	覆写	编辑	管理字段	管理显示	克隆	恢复	导出
Example - User register (机读名称: example_user_register)	默认	编辑	管理字段	管理显示	克隆		导出
Example - OG post in group (机读名称: example_og_post_in_group)	覆写	编辑	管理字段	管理显示	克隆	恢复	导出
Example - OG user membership (机读名称: example_og_user_membership)	默认	编辑	管理字段	管理显示	克隆		导出
Comment insert (机读名称: comment_insert)	默认	编辑	管理字段	管理显示	克隆		导出

图 26-11　默认的消息模板

2. 定制 OG new content 模板

单击 OG new content 的"编辑"操作。消息模板的格式主要分为邮件主题字段和邮件内容字段的定制。定制是通过系统暴露给我们的令牌（Tokens），相当于系统变量，来组装预先格式化的邮件。

如图 26-12 所示是通过修改 Notify-Email subject 模板，定制消息邮件主题。[site:og-context--node]表示当前的群组节点上下文，我们指定的系统规则是希望老师在班级小组发布内容，所以，这个值应该是一个具体的班级实例，例如“2017 级计科 1 班”。

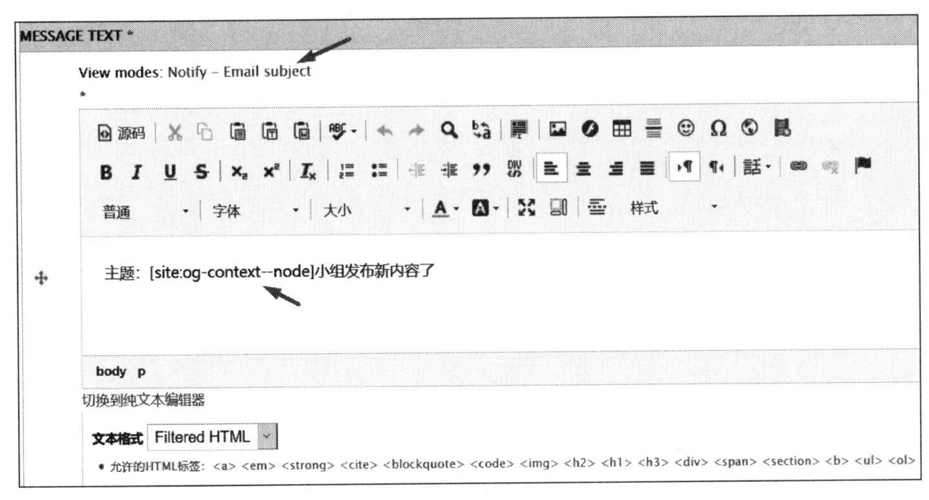

图 26-12　模板主题定制

接着，修改 Notify-Email body 模板，定制消息邮件内容，如图 26-13 所示。[current-user:field-real-name]表示当前发布内容用户的真实姓名，[site:og-context--node]表示发布内容所在页面上下文节点，按照规则，应该是在某个班级小组发布的内容，[current-page:title]表示当前页面的标题，这个标题是正在创建的内容类型名称，而创建内容的标题是[message:field-node-reference]，最后是[site:login-url]，表示站点的用户登录链接。

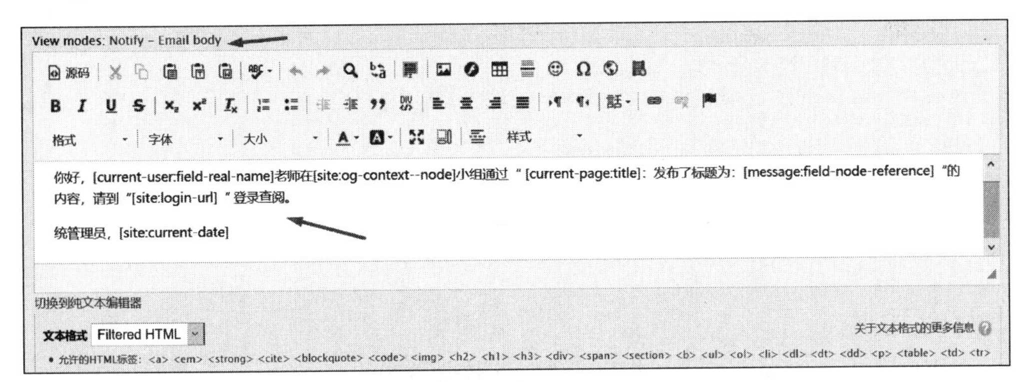

图 26-13　消息邮件内容定制

26.5.5　定制消息发送规则

打开系统菜单“管理”|“配置”|“工作流”|“规则”，可以查看系统默认的一些规则，例如，三个与 OG 群组有关的规则，以及一个 Quiz 测验完成发送结果的规则，而与我们设计的在

线课程消息管理方式比较接近的是 OG new content notification (With Message)规则。克隆这条规则，并创建一个新规则为 OG new post or quiz notification from teacher (With Message)，如图 26-14 所示。

启用的规则

名称	事件	状态	操作
OG new post or quiz notification from teacher (With Message) ←创建新规则 机读名称: og_example_og_new_post_or_quiz_notifiy_from_teacher_message1, 权重: 0	新内容保存后的	自定义	编辑 禁用 克隆 删除 导出

禁用的规则

名称	事件	状态	操作
OG member subscribe (Active) 机读名称: rules_og_member_active, 权重: 0	用户已经成为群组会员	默认	编辑 启用 克隆 导出
OG member subscribe (Pending) 机读名称: rules_og_member_pending, 权重: 0	用户已经成为群组会员	默认	编辑 启用 克隆 导出
OG new content notification (With Message) ←克隆这条规则 机读名称: rules_og_new_content_message, 权重: 0	新内容保存后的	覆写	编辑 启用 克隆 恢复 导出
Send quiz results at the end of a quiz 机读名称: rules_send_results_at_the_end_of_a_quiz, 权重: 0 标签: quiz	在更新一个已存在的 quiz result 之后	默认	编辑 启用 克隆 导出

图 26-14　通过克隆创建新规则

创建新规则的触发“事件”仍然是“新内容保存后的”事件，“动作”仍然保持原来给群组成员发送邮件消息通知的流程。需要修改的地方是“条件”，通过添加一些新条件来实现在线课程消息管理设计目标，如图 26-15 所示。

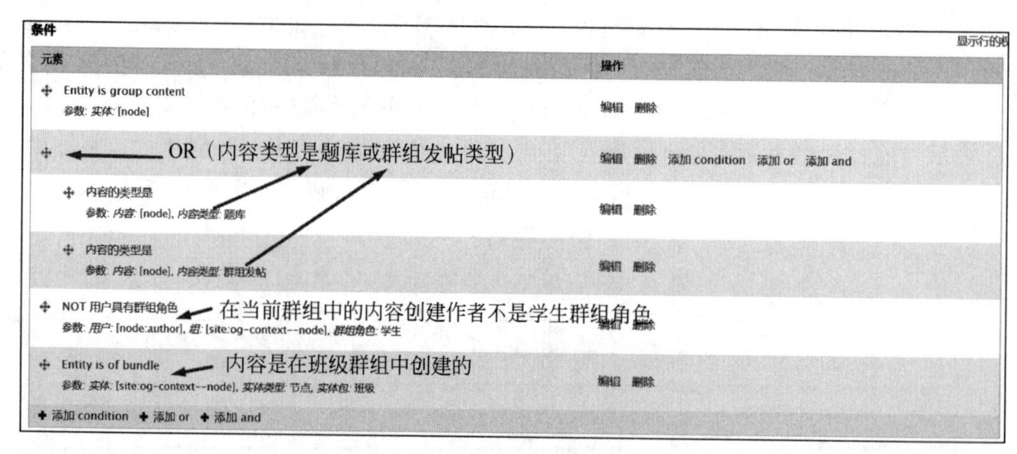

图 26-15　修改添加规则条件

条件说明如下。

(1) Entity is group content：作为节点的实体是群组内容(新内容必须是群组内容)。

(2) 内容的类型是：作为节点内容的类型是“题库”或“群组发帖”内容类型(新内容必须是“题库”或“群组发帖”内容类型)。

(3) NOT 用户具有群组角色：在群组中创建内容的作者不是“学生”群组角色(新内容作者可以是目前定义的群组角色：群组管理员或老师)。

(4) Entity is of bundle：包含内容实体的当前群组是班级(新内容必须在班级群组里面发布)。

26.5.6　消息管理测试

1. 老师发布群组帖

在2017级计科1班目前有三名成员，分别是老师Joe，学生Hannah和群组管理员Admin，由老师发布群组帖，然后系统管理员登录，查看Safety Mail仪表盘，给三名成员的通知邮件已经正常发送，如图26-16所示。

主题	DATE SENT	到	CC	模块	键	细节	SEND TO ORIGINAL	SEND TO DEFAULT MAIL	删除
主题：2017级计科1班小组发布新内容了	02/24/2021 - 03:07	[illegible]u@gmail.com	无	message_notify	og_new_content	细节	Send to original	Send to default mail	删除
主题：2017级计科1班小组发布新内容了	02/24/2021 - 03:07	[illegible]@hotmail.com	无	message_notify	og_new_content	细节	Send to original	Send to default mail	删除
主题：2017级计科1班小组发布新内容了	02/24/2021 - 03:07	[illegible]@hotmail.com	无	message_notify	og_new_content	细节	Send to original	Send to default mail	删除

图26-16　三封邮件正常发送

单击任意一个邮件主题，打开邮件，消息的格式达到预期效果，如图26-17所示。

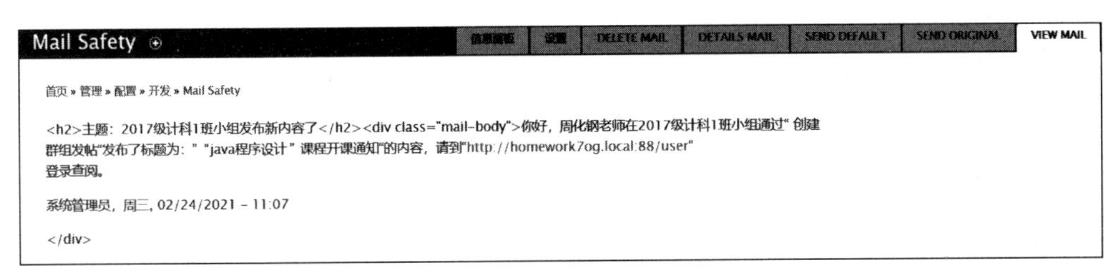
Mail Safety
信息面板
设置
DELETE MAIL
DETAILS MAIL
SEND DEFAULT
SEND ORIGINAL
VIEW MAIL
首页 » 管理 » 配置 » 开发 » Mail Safety
<h2>主题：2017级计科1班小组发布新内容了</h2><div class="mail-body">你好，周化钢老师在2017级计科1班小组通过"创建群组发帖"发布了标题为："java程序设计"课程开课通知"的内容，请到"http://homework7og.local:88/user"登录查阅。
系统管理员，周三，02/24/2021 - 11:07
</div>

图26-17　消息格式

2. 老师发布作业

在2017级计科1班，老师通过"题库"发布作业，消息通知邮件正常发送，消息格式达到预期效果。

3. 学生发布群组帖

没有消息通知邮件发送，达到设计要求。

4. 老师在课程小组发布群组帖

没有消息通知邮件发送，达到设计要求。

26.6　消息管理改进

如果老师发送的群组帖不是很重要的通知，只是在班级小组简单回答学生的问题，这样容易产生过多邮件通知，所以重新设计一下群组帖，让老师在发帖时决定是否发送消息通知。

26.6.1 群组帖添加“通知字段”

打开系统菜单“管理”|“结构”|“内容类型”|“群组发帖”，选择“字段管理”，添加的“群发通知”字段，设置字段类型为“布尔值”，如图 26-18 所示。

群组发帖

编辑 管理字段 管理显示 评论的字段 评论显示

首页 » 管理 » 结构 » 内容类型 » 群组发帖

显示行的权重

标签	机读名称	字段类型	控件	操作	
标题	title	节点模块元素			
Groups audience	og_group_ref	实体引用	OG reference	编辑	删除
Body	body	长文本和摘要	带摘要的文本域	编辑	删除
群组内容可见性	group_content_access	列表(整数)	选择列表	编辑	删除
群发通知	field_notify_og	布尔值	复选框/单选按钮	编辑	删除

图 26-18 添加“群发通知”字段

同时，设置“字段的可见性及权限”，只有老师和系统管理员角色（系统级）使用这个字段，如图 26-19 所示。

群发通知 字段设置

这些设置作用于 *群发通知* 字段所被使用的任何地方。

字段的可见性及权限

○ 公有（作者和管理员介意编辑，任何人可以查看）

○ 私有的（只有作者和管理员可以编辑和查看）

◉ 自定义权限

权限	匿名用户	注册用户	ADMINISTRATOR	老师	学生
为 *群发通知* 字段创建自己的值	☐	☐	☑	☑	☐
Edit own value for field *群发通知*	☐	☐	☑	☑	☐
Edit anyone's value for field *群发通知*	☐	☐	☑	☐	☐
查看自己的 *群发通知* 的值	☐	☐	☑	☑	☐
查看任何人在该字段上的值 *群发通知*	☐	☐	☑	☐	☐

图 26-19 “群发通知”字段权限设置

26.6.2 修改消息通知规则

修改原来的 OG new post or quiz notification from teacher (With Message)规则，在条件中添加“数据比较”，在“群组发帖”内容类型定义的字段 field-notify-og 为 true。但是，直接添加“数据比较”条件，在“数据选择器”中却无法找到字段 field-notify-og。查看 Rules 模块文档说明，其方法是自定义字段，需要先用其他条件包暴露绑定实体自定义字段。这里可以用两种方法之一实现自定义字段暴露。

1. 添加“实体：实体有字段”条件

在字段值中发现 field-notify-og，如图 26-20 所示。

图 26-20 通过“实体：实体有字段”添加发现 field-notify-og 自定义字段

2. 添加 Entity is of bundle 条件

将节点绑定到实体包“群组发帖”，如图 26-21 所示。

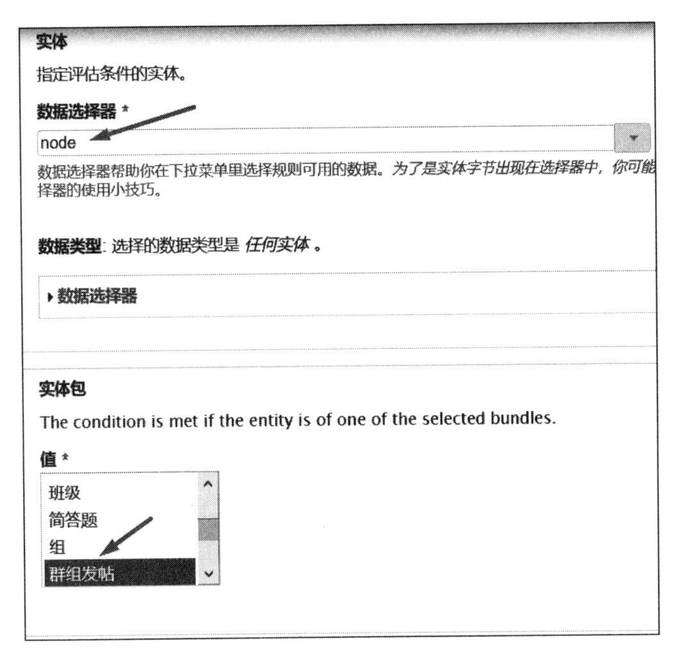

图 26-21 添加条件 Entity is of bundle 绑定节点到“群组发帖”

选择前面其中之一的条件后，再添加“数据比较”条件，这样就能找到 field-notify-og 字段做设置。最终修改后的组合条件如图 26-22 所示。在最后面新添加了 Entity is of bundle 和“数据比较”实现老师在群组发帖时，可以选择是否发邮件通知功能。

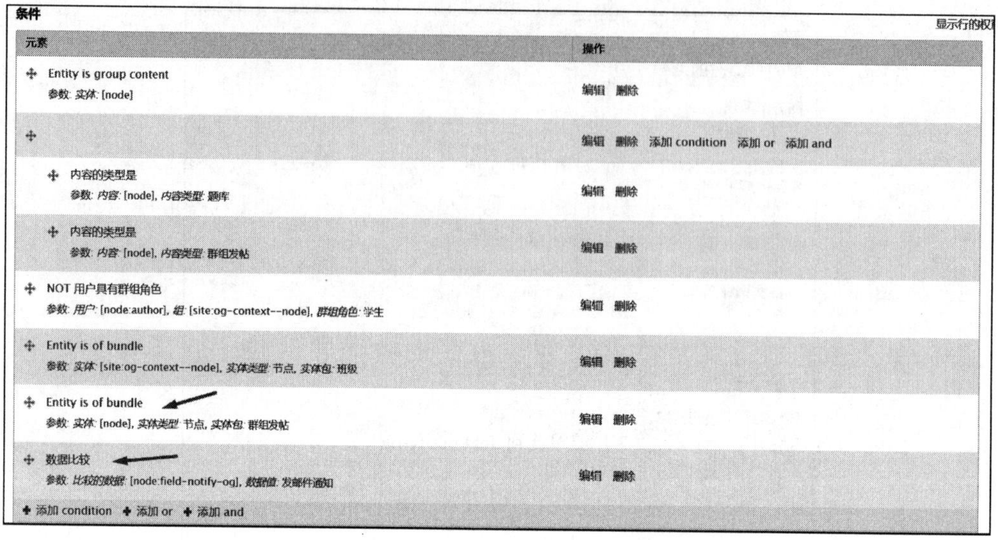

条件

元素	操作
Entity is group content 参数: 实体: [node]	编辑 删除
	编辑 删除 添加 condition 添加 or 添加 and
内容的类型是 参数: 内容: [node], 内容类型: 题库	编辑 删除
内容的类型是 参数: 内容: [node], 内容类型: 群组发帖	编辑 删除
NOT 用户具有群组角色 参数: 用户: [node:author], 组: [site:og-context--node], 群组角色: 学生	编辑 删除
Entity is of bundle 参数: 实体: [site:og-context--node], 实体类型: 节点, 实体包: 班级	编辑 删除
Entity is of bundle 参数: 实体: [node], 实体类型: 节点, 实体包: 群组发帖	编辑 删除
数据比较 参数: 比较的数据: [node:field-notify-og], 数据值: 发邮件通知	编辑 删除

添加 condition 添加 or 添加 and

图 26-22 新添加两个条件实现发邮件通知功能

第三篇 维 护 篇

系统开发完成并交付使用后，在系统运行过程中可能会遇到各种问题，例如，编者几年前开发的基于 Drupal 6 的课程管理系统，就受到 Spam Bot 的侵扰，造成系统管理员账户被篡改，无法登录。开发的另一个 Drupal 6 加拿大社区网站遭到非法垃圾用户入侵，并在社区网站的论坛乱发广告和垃圾帖，最后不得不临时关闭用户注册，清理垃圾用户。有时候，还要借助虚拟主机服务器的 Cpanel 管理控制台，查看 Web 运行日志，发现一些异常行为，并通过用户访问统计数据，了解被病毒点击的时间和 IP 地址来源，安装相应防护安全模块。

在系统运维过程中，要不断检查内核和模块的升级来加强系统的安全性，还要定时做数据库备份。在系统升级的时候，要先备份整个系统到本地，在本地做升级操作，如果没有出现错误问题，再进行在线升级操作，最好用 Drush 工具进行升级操作，这样可减少人为操作错误。

在维护篇中讨论了 Drupal 系统日常维护中需要解决和注意的问题。这些问题包括系统的迁移、在线产品升级、在一个服务器中开发多个网站的解决方案，以及 Drupal 系统管理员账户密码恢复及数据库 root 密码重置问题。还介绍了一些常用的安全模块，及防范 Spam Bot 的处理经验，并考虑了 Drupal 6、7 系统迁移到 Drupal 8 版本的方案。

山重水复疑无路，柳暗花明又一村

第27章 Drupal备份与恢复

Drupal 系统上线后，需要定时地备份整个系统，预防系统可能受到病毒或 Spam 的攻击，或其他原因造成的瘫痪。在工具篇的 Drush 章节将介绍使用 Drush 工具备份和恢复 Drupal 代码和数据库，但是，如果远程服务器没有安装 Drush 工具，就需要手工完成 Drupal 系统的备份恢复，手工操作需要从两个方面入手：系统代码和数据库备份恢复。

27.1 备份 Drupal 系统

27.1.1 下载 Drupal 系统文件

使用 FTP 文件传输工具，例如，开源的 FileZilla 工具登录到远程服务器，找到 Drupal 项目文件夹，将这个文件夹下载到本地计算机。

27.1.2 导出数据库

可以通过两种方式导出 Drupal 数据库。

1. phpMyAdmin 工具

在入门篇中提到托管服务器的 Cpanel 管理仪表盘，通过登录到远程托管服务器管理界面，在 Cpanel 管理面板中有数据库管理工具，如图 27-1 所示。

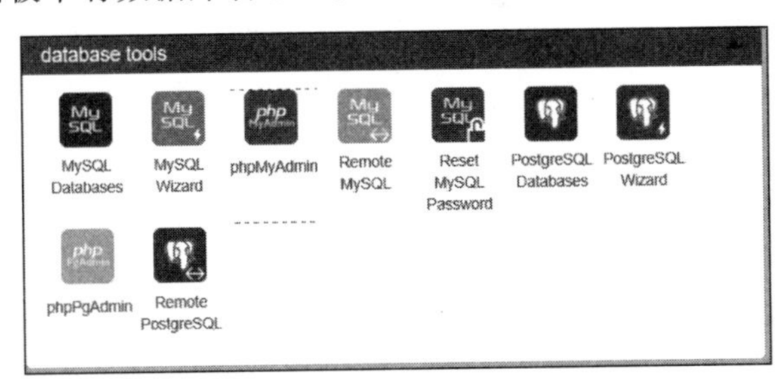

图 27-1 Cpanel 的数据库管理工具

Drupal 使用的是 MySQL 数据库，可以选择打开 phpMyAdmin 工具，如图 27-2 所示。

在菜单栏中单击“数据库”菜单，会列出所有数据库列表，选择 yukoner1_homework 数据库，可以看到 Drupal 系统所有的数据库表，如图 27-3 所示。

单击“导出”菜单，将以 SQL 文件格式导出数据库到本地计算机，如图 27-4 所示。

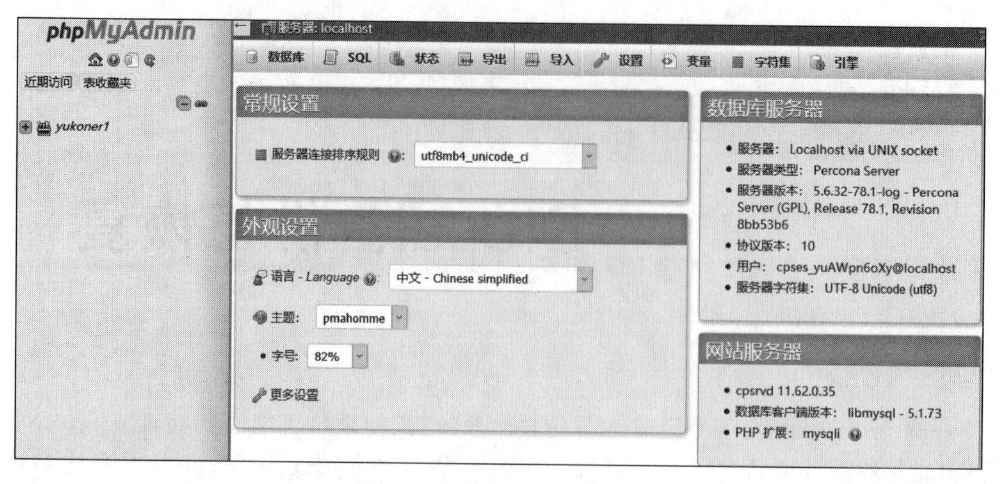

图 27-2 phpMyAdmin 工具

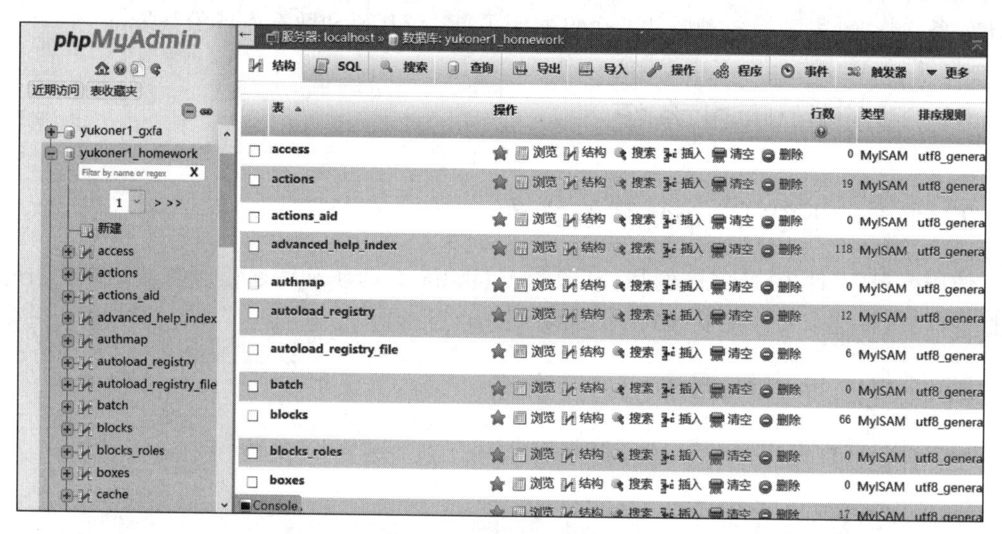

图 27-3 数据库表

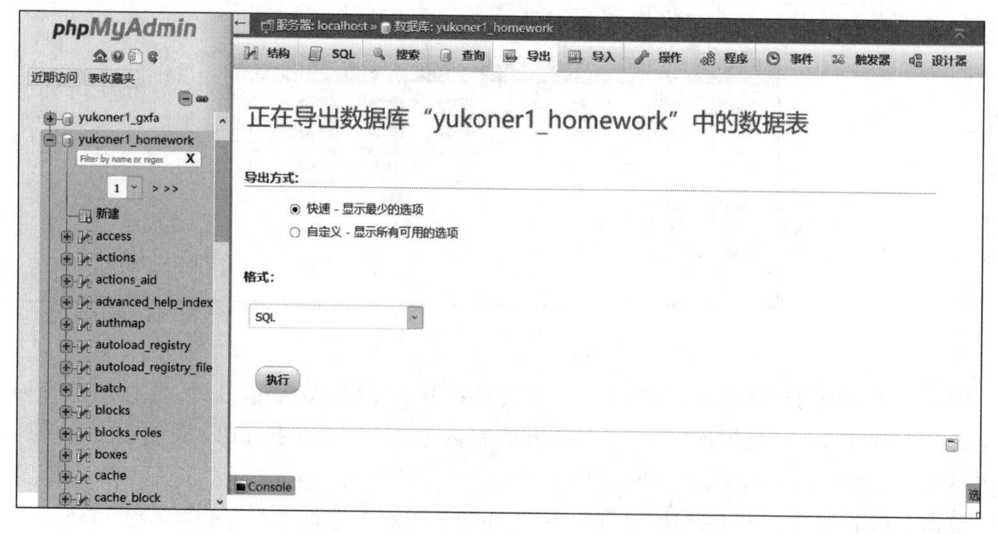

图 27-4 导出数据库

2. MySQL 命令

如果数据库很大，由于受到 PHP 上传文件大小设置的限制，phpMyAdmin 工具无法下载数据库，那么需要采用 MySQL 命令方式下载。首先，通过 SSH 工具登录到远程服务器，例如开源的 PuTTY，输入 Linux 用户账户密码登录到 Linux 终端，然后使用下面 MySQL 导出数据库命令：

```
mysqldump -u User -p DatabaseName > backupsqlfile.sql
```

User 为登录数据库的账户名称，DatabaseName 为要导出的数据库名称，backupsqlfile 为备份的数据库文件名。在命令执行过程中，要求输入访问数据库的密码。

27.2 恢复 Drupal 系统

27.2.1 系统代码恢复

使用 FTP 文件传输工具，例如，开源的 FileZilla 工具上传 Drupal 代码文件夹到远程服务器的 Web 根目录下。

27.2.2 导入数据库

为了恢复 Drupal 数据库，需要在源代码的 settings.php 设置文件中找到数据库的设置参数，获取数据库的名称、账户名和密码，如下。

```
$databases = array ('default' => array ('default' => array ('database' => 'yukoner_homework',
'username' => 'yukoner_homework','password' => '123456','host' => 'localhost','port' => '',
'driver' => 'mysql','prefix' => false,),),);
```

注意，从虚拟机导出的数据库和用户名是加前缀的（“yukoner”这是我的虚拟主机账户名），使用托管服务器的 Cpanel 的数据库管理工具，创建数据库和数据库用户账户，需要去掉前缀，虚拟主机会自动加前缀。然后，分配用户数据库访问权限。接着，通过 phpMyAdmin 导入数据库表，如果数据库表很大，可能会造成 phpMyAdmin 导入数据库出现超时错误，可以事先压缩成 gz 或 zip 文件再导入。如果还不行，最好使用 MySQL 命令行导入。需要通过 SSH 工具登录到远程服务器，例如，开源的 PuTTY 登录到 Linux 终端，通过以下两种方式导入数据库。

1. MySQL 的 source 命令

通过 MySQL 的数据库用户账户密码，登录到 MySQL 命令行终端，执行以下操作。

```
source d:\ backupsqlfile.sql;                //导入 d:盘下的数据库表
```

2. MySQL 直接导入

在 Linux 服务器终端,直接输入命令:

```
mysql -p -u [user] [database] < backupsqlfile.sql
```

user 表示数据库的账户名,database 表示数据库名,backupsqlfile.sql 是数据库备份文件名。

第28章 Drupal版本迁移

随着 Drupal 新版本不断推出，Drupal 会停止对老版本的系统进行更新维护支持，所以，如果想让系统得到更多的安全、更好的性能、移动优先技术，就要把 Drupal 7 迁移到 Drupal 8。由于 Drupal 7 和 Drupal 8 内核版本的巨大差别，造成较大的迁移难度，而从 Drupal 8 到 Drupal 9 的迁移就相对简单。有两种迁移方式：通过 Drupal 8 内核的迁移工具 Migrate 或 Drush。

28.1 迁移准备

系统迁移前，先把 Drupal 7 升级到最新版，然后克隆 Drupal 7 系统，并复制安装到本地开发环境，用来做迁移测试。同时检查本地开发环境是否满足 Drupal 8 的要求，主要是检查 PHP 版本，尽可能升级到 PHP 7.0 以上。迁移主要包括配置迁移和内容迁移，配置迁移包括内容类型、字段定义、用户角色，内容迁移包括节点、用户和分类术语。迁移之前需要做以下准备工作。

28.1.1 系统清单

做 Drupal 7 系统清单的目的是为迁移做记录，包括使用的功能模块和主题模块，都要做一个清单列表，并记录每一个第三方模块的下载页面 URL(https://drupal.org/project/模块机读名称)，为迁移审查做准备。

28.1.2 内容清理

如果默认 Drupal 安装的是标准版，会默认安装很多没有用到的内核功能模块，包括内容类型，检查没有用到的内容类型，并从系统中删除，尽可能清空内容。

28.1.3 模块清理

尽可能禁用没有用到的模块，包括核心模块，没有用到的第三方模块包括主题模块，要卸载并从系统项目目录中删除模块目录。到模块下载页面检查 Drupal 8 版本是否可用，如果没有 Drupal 8 可用版本，需要考虑重新修改系统模块替换方案。主题模块是不可以迁移的，如果迁移成功，还需要重新安装 Druapl 8 主题模块。

28.1.4 用户清理

清理无用的用户或角色。

28.2 迁移审查

完成系统迁移准备工作后，为了确认迁移是否可行，这里有两个迁移审查模块，来帮助我们对现有 Drupal 7 系统进行检查。

(1) Drupal 8 upgrade evaluation 模块：安装这个模块后，会完成一个系统审查报告，并以 JSON 格式文件下载这个报告，然后上传到 https://golems. top/estimate 网站，做评估，并得到最终评估报告。

(2) Upgrade Status 模块：主要用来做模块的检查，这样可以不用人工去每个模块页面查看模块是否可迁移。这个模块会帮助我们检查第三方模块是否可以迁移到 Drupal 8 系统，并显示每个模块的状态是否在 Drupal 8 版本中正在开发，如果没有 Druapl 8 可用模块，会列出可替换模块。

28.3 用 Migrate 迁移工具

先在本地开发计算机上安装 Drupal 8，不要做任何改动操作，并在同样机器上克隆安装需要迁移的 Drupal 7 系统。对比两个系统的内核模块，Drupal 7 启用的模块也需要在 Drupal 8 中启用相应模块，并设置 Drupal 8 系统为维护模式。

Drupal 8 已经在内核集成了迁移模块，启用 Migrate、Migrate Drupal 和 Migrate Drupal UI 模块。接着会提示访问/upgrade 迁移界面，输入 Drupal 7 的数据库信息，包括数据库名称、用户密码，输入 Drupal 7 项目目录路径。如果有私有文件目录，也要输入目录路径。单击 Review upgrade 按钮，如图 28-1 所示，最后完成迁移，系统会给出迁移评估报告。根据评估报告，还需要做进一步设置。

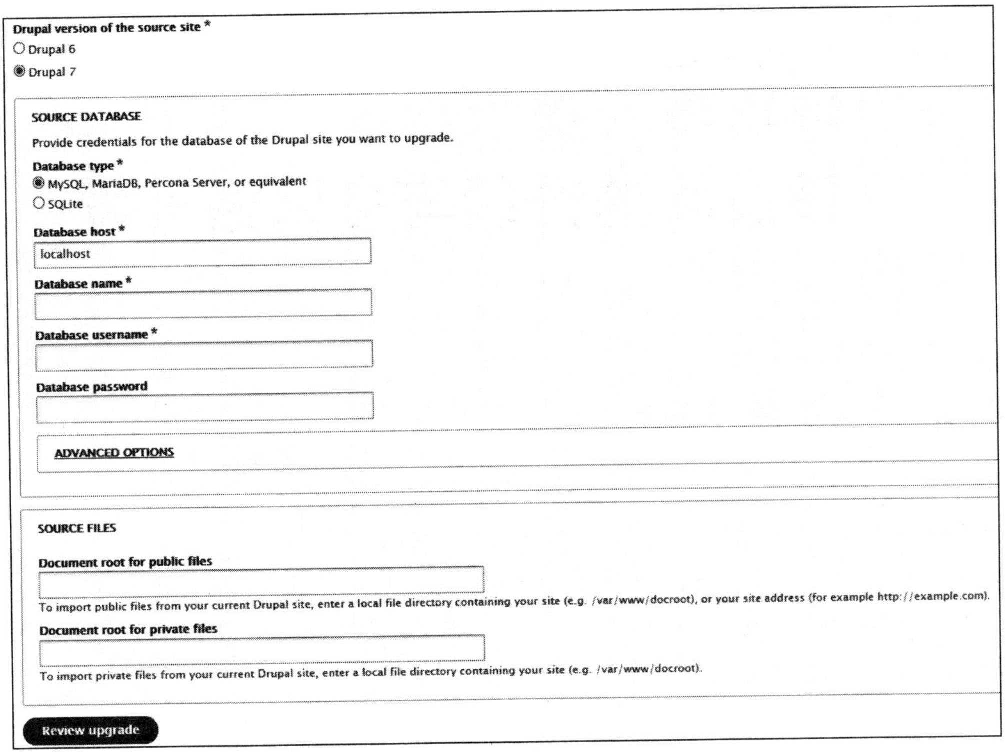

图 28-1　迁移输入界面

28.4　用 Drush 迁移

首先，确认安装的 Drush 版本在 10.4.0 以上，默认包含迁移命令。如果使用老版本 Drush，需要下载安装启用以下模块。

(1) Migrate Upgrade 模块。

(2) Migrate Plus 模块。

(3) Migrate Tools 模块。

使用 Drush 工具做迁移，操作有一定难度，具体步骤见官网(https://www.drupal.org/docs/upgrading-drupal/upgrade-using-drush)。

第29章 Drupal的升级与多网站开发

29.1 手工升级 Drupal

使用 admin 管理员登录的 Drupal 后台系统，系统会自动检查 Drupal 内核和模块更新的结果，并弹出红色提示信息，在入门篇中已经讲了模块更新方法，而 Drupal 版本的更新除了使用 Drush 和 Composer 工具(见工具篇)外，也可以通过手工下载最新版本的 Drupal 来覆盖旧的版本，由于 Drupal 7 和 Drupal 8 目录结构有些变化，手工升级略有区别。它们唯一的共同点是都有一个 sites 目录，是网站运行过程中的设置和上传文件保存的地方，升级时务必保留这个目录，千万不能删除和覆盖。

29.1.1 Drupal 7 升级

Drupal 7 项目目录下的 modules 存放的是 Drupal 自带的核心模块，第三方安装的模块放到 sites/all/modules 目录下，第三方安装的库放在 sites/all/libraries 目录下，第三方安装的主题放在 sites/all/themes 目录下。除了保留原系统的 sites 文件夹外，删除所有文件和文件夹，并备份数据库。然后，将新版 Drupal 的所有文件和文件夹(除了 sites 外)复制到原系统目录下。

29.1.2 Drupal 8 升级

Drupal 8 的目录结构比 Drupal 7 简单，它把第三方的模块、库和主题直接放在 Drupal 项目目录下的\modules、\libraries 和\themes 目录下，所以，升级时需要保留这些目录及 sites 目录，升级需要覆盖的目录是 core、vendor 及 Drupal 项目目录下的文件。

29.1.3 关于.htaccess 和 robots.txt

在 Drupal 项目目录下，有.htaccess 和 robots.txt 这两个文件，主要提供给搜索引擎使用，如果有修改，Drupal 内核升级时，不要覆盖这两个文件。

29.1.4 update.php

升级完成后，必须要通过浏览器运行：[drupal 域名]/update.php，完成升级数据库的更新。在某些情况下，也可以运行 update.php 来解决一些奇怪的问题。这些问题可能是：

(1) Drupal 在迁移和运行过程中出现错误,可以尝试运行 update.php 修复。

(2) 手工升级了模块,最好运行一下 update.php。

为了安全,update.php 默认是禁止运行的,所以首先需要修改 sites/default/settings.php,查找 $update_free_access = false; 修改为 true。运行完成后,记得修改回 false 状态。update.php 执行过程中,会要求切换到维护模式,完成后,需要切换回正常模式。

29.2 多网站

如果需要同时开发两个网站,虚拟主机名为 mysite1.com 和 mysite2.com,为了节省空间,在开发 Drupal 应用时,可以让多个网站共用一个 Drupal 内核代码和模块,来减少空间占用和方便维护。

29.2.1 创建多网站

1. 为每个网站在 sites 目录下建立子目录

每个网站都有自己的子目录位于/sites/mysite1.com 和/sites/mysite2.com,每个子目录下都有自己独立的 settings.php 文件。Drupal 8 还需要将 sites/example.sites.php 文件复制一个副本为 sites/sites.php,目录名和虚拟主机名要一致。

2. 为每个网站创建数据库和用户名密码

具体操作见基础篇的数据库、用户名密码、授权操作。

3. 设置本地 DNS 列表

Windows 和 WSL 系统都要在 c:\windows\sytem32\drivers\etc\hosts 或 Linux 系统的/etc/hosts 文件里面添加如下虚拟机地址。

```
127.0.0.1      mysite1.com
127.0.0.1      mysite2.com
```

4. Apache 服务器添加虚拟主机,drupal7 为项目根目录

```
<VirtualHost *:88>
    DocumentRoot /var/www/drupal7
    ServerName mysite1.com
</VirtualHost>
<VirtualHost *:88>
    DocumentRoot /var/www/drupal7
    ServerName mysite2.com
</VirtualHost>
```

5. 重启 Apache 服务器,进入手工安装

浏览器地址栏中输入"mysite1.com:88"进入 Drupal 项目安装过程,接着,完成

mysite2.com:88 第二个网站的安装。

这里推荐使用 Drush 工具安装(见工具篇 Drush 章节),这样可省去步骤 1 和 2,安装时使用选项"--sites-subdir= mysite1.com"分别完成两个网站安装。

6. 解决某些目录不可访问的问题

打开"状态报告",如果有些目录出现不可访问的问题,需要修改该目录的拥有者为 Apache 用户 www-data,这里需要修改/sites/mysite1.com/下的 files 目录,命令如下。

```
sudo chown -R www-data:www-data files
```

29.2.2 多网站更新

通过 Drush 工具,可以快速地更新网站的 Drupal 内核和模块。先进入到 drupal 项目目录下(例如上面提到的 drupal7),执行命令如下:

```
sudo drush -l mysite1.com pm-update
```

其中,mysite1.com 是多网站的其中一个域名,通过这个命令,可以更新 Drupal 内核和相应模块。接着可以在 mysite2.com 执行同样的更新命令,这次执行会更新与 mysite2.com 有关的模块。

```
sudo drush -l mysite2.com pm-update
```

29.2.3 多网站数据库备份还原

1. 备份

通过 mysqldump 工具同时备份多个数据库,例如,数据库 mysite1_db 和 mysite2_db,命令如下。

```
sudo mysqldump -uroot -p mysite1_db,mysite2_db > mysites_db.sql
```

2. 还原

可以一次性还原多个数据库,并创建数据库,命令如下。

```
mysql -uroot -p < mysites_db.sql
```

第30章 重置MySQL数据库root密码

30.1 Linux下的MySQL

上线的Drupal项目一般是运行在Linux服务器下，如果某一天忘记了MySQL的root密码，无法远程登录到MySQL控制台，那么只能先通过远程SSH登录到Linux服务器，通过命令来重置MySQL的root登录密码。操作过程如下。

1. 停止MySQL服务

```
sudo /etc/init.d/mysql stop
```

2. 启动没有密码的MySQL服务

```
sudo mysqld_safe --skip-grant-tables&
```

3. 连接MySQL控制台

打开另一个Linux的bash终端窗口，执行命令如下。

```
mysql -uroot
```

4. 重置MySQL root的密码

```
use mysql;
update user set password = PASSWORD("mynewpassword") where User = 'root';
flush privileges;
quit
```

5. 重启MySQL服务

```
sudo /etc/init.d/mysql stop
sudo /etc/init.d/mysql start
```

30.2 UniServerZ 下的 MySQL

UniServerZ 启动界面中，MySQL 菜单下有 root 密码的恢复功能，如图 30-1 所示。

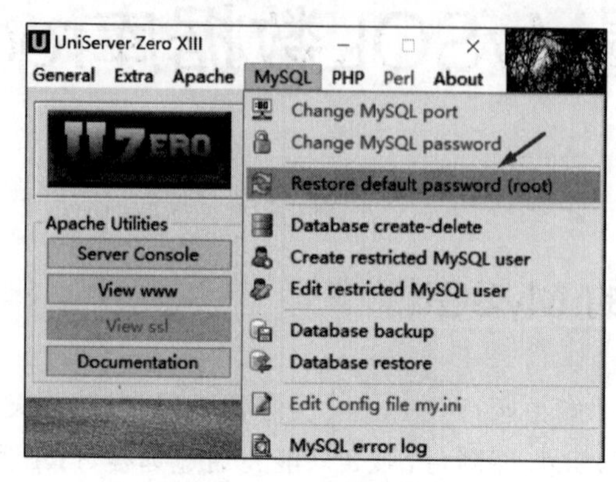

图 30-1 root 密码恢复

Drupal安全防护

经常检查 Drupal 的更新报告，及时把 Drupal 和模块更新到最新版本，当然，更新之前一定要备份系统代码和数据库。在系统开发阶段，可能会下载很多模块作为测试，开发完成后，检查删除或禁用这些无关模块。此外，多数安全问题是发生在用户登录的接口处，为了防止非人类登录，添加验证码登录是最好的防范方法。Drupal 还提供了很多关于安全方面的模块，可以适当安装一些安全模块来预防攻击。

31.1 安全审查和基本保护

虽然 Drupal 声称是最安全的 CMS 平台，由于安全问题涉及多方面，给 Drupal 系统做全面保护是不可能的，所以应给系统做一个安全审查，并做出相应的保护。关于安全方面的模块有很多(https://www.drupal.org/module-categories/security)，这里介绍一些有用的安全模块。

31.1.1 安全审查

Drupal 官网对每个模块都做了安全审查，如果模块不符合 Drupal 安全规范，会有警告信息，如图 31-1 所示。

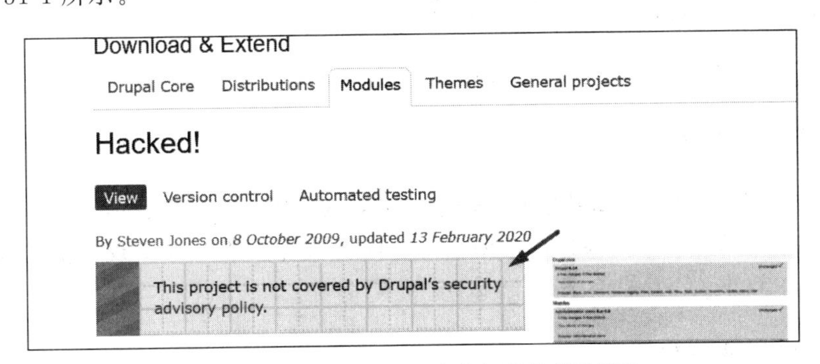

图 31-1 不符合 Drupal 安全规范的模块警告

此外，可以使用第三方模块给系统做一个健康审查。例如，Security Review 模块会生成一个安全检查列表，报告系统存在的一些安全设置问题。

31.1.2 基本防范

下面给出一些常用安全模块。

(1) Security Kit 模块：主要防范跨站脚本攻击(Cross-site scripting)和单击劫持(ClickJacking)攻击等。

(2) ClamAV 模块：给上传的文件做安全扫描，以防止感染文件被保存。

(3) Login Security 模块：可以限制非法登录试图的次数，设置阻止某一个 IP 地址登录，以及提供用户上次登录的时间。

(4) Username Enumeration Prevention 模块：用来防止游客用户猜测识别合法用户名。

31.2 Spambots 防范

Spam users 攻击是常见的 Web 系统安全问题，被攻击的系统用户账户一下子就涌进几千到上万的非法用户，有些非法用户甚至还在系统论坛发布信息，当然，这些非法用户是由机器自动(Spambots)产生的随机用户，这些用户甚至会覆盖你的 admin 账户。Spam users 攻击防护可以采取以下建议措施。

31.2.1 Drupal 用户设置

通过 Drupal 核心模块设置来防护 Spam 注册，修改设置用户注册方式，如下。

(1) 仅管理员帮助你注册用户，这种方式可以阻挡 Spambots 的注册。

(2) 所有注册用户必须由管理员人工确认。

(3) 通过 E-mail 验证注册用户，当用户注册一个账号时，系统会发送一个电子邮件来确认用户的邮件是合法的，这样可以防止 Spambots 自动注册用户。

31.2.2 使用第三方安全模块

这方面的模块有很多，下面简单介绍一些常用模块。

1. CAPTCHA 模块

CAPTCHA 是通过提供图片字符，做简单的加减乘除计算，或识别图片方式。测试提交表单的用户是人类而不是机器，通常用在用户注册或登录表单中。现在随着人工智能技术的发展，CAPTCHA 也不是百分百可以防护。

2. reCAPTCHA 模块

这是基于 Google 的 reCAPTCHA 提供的 Web 服务来改进 CAPTCHA 系统。

3. Spambot 模块

通过 the Stop Forum Spam (www. stopforumspam. com)在线数据库，检查注册用户

的合法性。

4. Honeypot 模块

蜜罐是一种引诱 Spambots 进入一个陷阱的技术,其原理是在用户注册表单中加入一个隐藏的输入字段,人类是不可见的,但是 Spambots 可以发现并填写这个字段,系统发现这个字段被填写,就可以阻止这个用户注册。还有类似的模块叫作 spammicide(spam 自杀)模块。

5. 密码验证(mothermayi)模块

其原理是通过邮件发送给想注册的新用户一个密码,在注册的时候要求输入。

31.3 admin 账号恢复

当 Drupal 系统受到 Spambots 攻击后,可能会造成 admin 账号的丢失,这个时候需要 admin 账号恢复。主要方法如下。

可以用 SSH 终端登录到服务器,打开 sites/default/setting. php,或通过 FTP 工具下载 sites/default/setting. php 文件,在文件中获得 MySQL 数据库的账号密码和数据库名称。setting. php 有如下参数。

```
$databases = array (
  'default' =>
  array (
    'default' =>
    array (
      'database' => 'mydb_gbac',
      'username' => 'gbac',
      'password' => 'gbac2222',
      'host' => 'localhost',
      'port' => '',
      'driver' => 'mysql',
      'prefix' => false,
    ),
  ),
);
```

通过 SSH 终端登录到服务器,通过命令:

```
mysql -u[user name] -p
```

进入 MySQL 命令行界面,输入数据库登录密码,打开数据库:

```
use [db name];
```

修改 users 表,uid=1 是 admin 账号的 id,如果这里被 Spambots 修改了,需要恢复账号和密码，可通过以下方法实现。

1. Drupal 7 与 Drupal 8 系统

Drupal 7 的密码是加密的，由 Drupal 系统目录下/scripts/password-hash. sh 的代码来加密密码，通过 PHP 运行来给明文密码加密，命令如下。

```
php ./scripts/password-hash.sh 'mynewpwd'
```

代码执行后会产生一个 hash 值，用这个值来更新 users 表的 uid 为 1 的管理员的密码。Drupal 8 略有不同：

```
$ php core/scripts/password-hash.sh 'your-new-pass-here'
```

下面例子中的明文密码是 NewPassword，用来更新 admin 账号密码。

```
UPDATE users SET name = 'admin' pass = '$S$DRSUIz9NFfxOXKPveQOOUTGMzsJe62LjYvVHfYJ8I8wuy4zR
qVBK' WHERE uid = 1;
```

2. 通过 PHP 代码重写密码

写一段创建 hash 密码的代码，如下是 Drupal 7 项目的代码。

```
<?php
define('DRUPAL_ROOT', getcwd());
require_once DRUPAL_ROOT . '/includes/bootstrap.inc';
drupal_bootstrap(DRUPAL_BOOTSTRAP_FULL);

require_once 'includes/password.inc';
echo user_hash_password('yourpassword');

die();
menu_execute_active_handler();
?>
```

其中，将代码的 yourpassword 修改成自己的密码，把代码保存到 Drupal 项目目录下，起一个名字"make_pwd. php"，如果在本地服务器打开浏览器运行上面的代码 http://localhost/drupal7/make_pwd. php，其中，drupal7 是项目目录，浏览器会输出已经 hash 过的密码，将密码通过 SQL 语句更新，或打开 phpMyAdmin 数据库管理工具，编辑修改密码。

3. Drupal 6 系统

Drupal 6 的管理员密码恢复比较简单，可直接执行 SQL 更新管理员密码：

```
UPDATE users SET pass = md5('newpassword') WHERE uid = 1;
```

通过 Drush 命令进入到 Drupal 根目录下的 sites，执行命令：

```
drush upwd -- password = "NewPassword" "admin"
```

4. Drush 创建一次性 admin 连接登录

首先进入到相应 Drupal 项目目录下，通过 Drush 产生一个一次性的登录链接：

```
drush user - login
```

执行的结果如图 31-2 所示，复制命令产生的链接，在浏览器中打开直接登录到 Drupal 网站，无需 admin 的密码。

```
drupal@DESKTOP-6AMTUJ5:/mnt/f/UniServerZ/www/wsl/drupal7/sites/homework7og.local$ drush8 user-login
http://homework7og.local/user/reset/1/1598363901/7B0hbvrvJjeP7I87uXiNckccgvIDGpoQDmdeqQMq2p0/login
```

图 31-2 用 Drush 创建 admin 的一次性链接

如果使用非 80 端口号，需要在域名后加端口号，例如，修改上面得到的链接，加端口号 88：

```
http://homework7og.local:88/user/reset/1/1598363901/7B0hbvrvJjeP7I87uXiNckccgvIDGpoQDmde
qQMq2p0/login
```

第四篇　工　具　篇

互联网时代，几乎所有软件系统都是网络版的，牵涉到两种主要的开发模式：B/S(Browser/Server)和C/S(Client/Server)。并且存在两方面问题，其一是现代软件模块化开发和生态圈形成，模块相互调用复杂，解决方法是通过集成开发环境(IDE)工具，如Eclipse、NetBeans和近期流行的Intellij IDEA和Visual Code等，以及平台专用项目依赖管理工具，如Java项目的Ant和Maven，以及PHP平台的Composer工具来完成软件模块化管理；其二是服务器(Server)开发环境安装部署的复杂性，所以，也需要使用虚拟机技术和容器工具来提高服务器的部署管理效率。

在工具篇里，由于Drupal是无代码开发平台，不需要专业的软件集成开发工具，所以，我们关注于服务器开发环境安装部署和项目依赖管理工具的使用。

大家都知道Windows桌面系统并不是用来做服务器的，搭建在Windows下的服务器环境，不仅速度有点慢，还和很多服务器开发管理工具存在兼容问题。当然，用于日常办公、文字处理、玩游戏，它是最好的平台。所以，为了二者兼得，Drupal开发环境可以用Windows下的浏览器作为客户端，Linux作为服务器端。但是，为了在一台计算机上搭建这个开发环境，就需要使用虚拟机技术。本篇介绍了使用VirtualBox虚拟机、Windows的Linux子系统(WSL)及目前流行的Docker容器和Vangrant虚拟化技术，更快地搭建Drupal开发服务器。

最后，还介绍了Drupal社区项目管理工具Drush，以及使用PHP平台的Composer工具开发管理Drupal项目。

工欲善其事，必先利其器

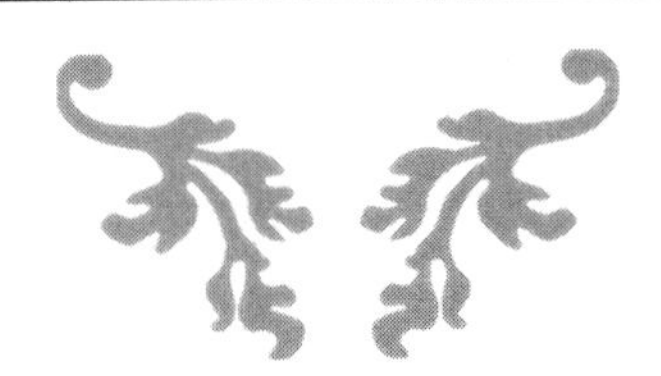

第32章 WSL开发环境

32.1 Windows Subsystem of Linux

在 Windows 10 周年更新(1607)版本以上,微软增加了一个功能——把 Linux 作为 Windows 系统下的组件运行。在 Windows 10 的应用商店(Microsoft Store)中,WSL 支持 Ubuntu、Kali Linux、Debian、SUSE 等 Linux 发行版。本章选择安装 Ubantu 子系统搭建 LAMP 服务器。

32.1.1 打开 Windows 的 Linux 子系统功能

在设置控制面板中搜索"程序和功能",如图 32-1 所示。

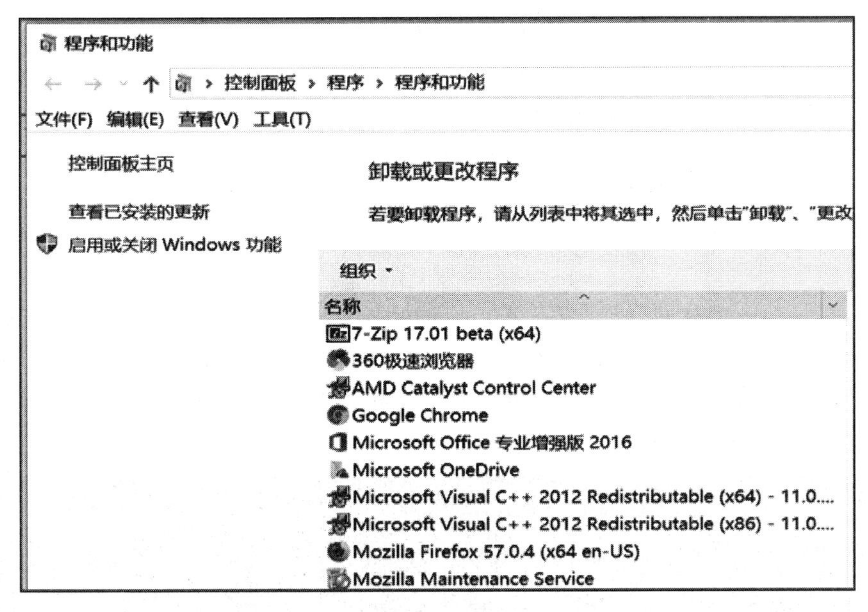

图 32-1　程序和功能设置界面

单击"启用或关闭 Windows 功能",勾选"适用于 Linux 的 Windows 子系统"复选框,如图 32-2 所示,重启 Windows。

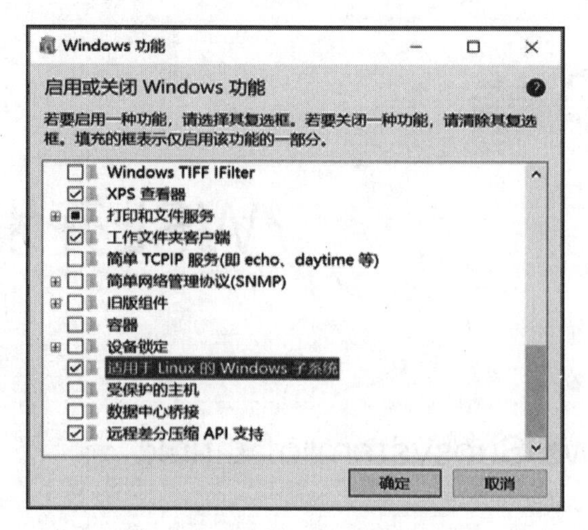

图 32-2　打开 Linux 子系统功能

32.1.2 选择安装一个 Linux 子系统

到 Windows 应用商店，搜索 Ubuntu，找到 Ubuntu 的 Linux 应用，单击“安装”按钮，如图 32-3 所示。

图 32-3　安装 Ubuntu 子系统

安装完成后，在程序列表里面有 Ubuntu 的应用程序，单击打开，会继续完成安装工作，期间要求创建一个 Ubuntu 的用户，按照提示输入一个用户名和密码，这个用户将被授予管理员权限(归属到管理员和 sudo 用户组)，可以执行 sudo 命令。如图 32-4 所示，完成安装。

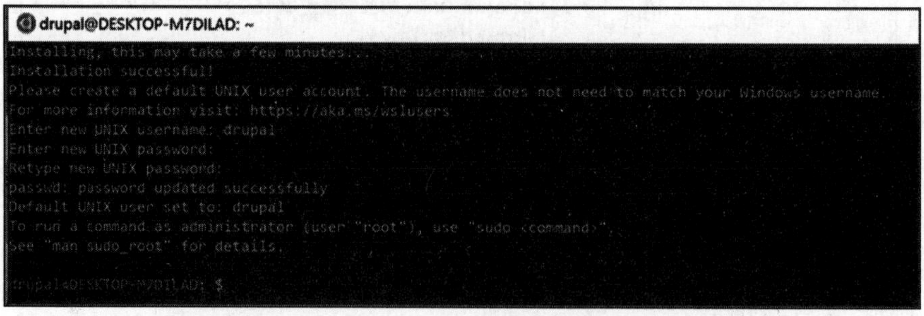

```
drupal@DESKTOP-M7DILAD: ~
Installing, this may take a few minutes...
Installation successful!
Please create a default UNIX user account. The username does not need to match your Windows username.
For more information visit: https://aka.ms/wslusers
Enter new UNIX username: drupal
Enter new UNIX password:
Retype new UNIX password:
passwd: password updated successfully
Default UNIX user set to: drupal
To run a command as administrator (user "root"), use "sudo <command>".
See "man sudo_root" for details.

drupal@DESKTOP-M7DILAD: $
```

图 32-4　输入一个用户名和密码后，完成 Ubuntu 安装

在 Windows 系统中可以看到安装的 Ubuntu 文件系统目录 C:\Users\joe hgz\AppData\Local\Packages\CanonicalGroupLimited. Ubuntu18. 04onWindows_79rhkp1fndgsc\LocalState\rootfs,如图 32-5 所示。有时候,为了方便,可以在 Windows 下直接到这个目录下复制粘贴、修改文件。

rootfs

名称	修改日期	类型
bin	2020/2/24 9:59	文件夹
boot	2020/2/23 21:08	文件夹
dev	2020/2/23 21:08	文件夹
etc	2020/8/7 10:14	文件夹
home	2020/2/23 21:12	文件夹
lib	2020/2/23 21:08	文件夹
lib64	2020/2/23 21:08	文件夹
media	2020/2/23 21:08	文件夹
mnt	2020/2/28 21:19	文件夹
opt	2020/2/23 21:08	文件夹
proc	2020/2/23 21:08	文件夹
root	2020/8/5 16:18	文件夹
run	2020/2/23 21:08	文件夹
sbin	2020/2/24 10:00	文件夹
snap	2020/2/23 21:08	文件夹

图 32-5 在 Window 系统下查看 Ubuntu 系统文件目录

32.1.3 进入 Ubuntu 终端

在“开始”菜单的“程序”里面可以找到安装好的 Ubuntu,打开进入 Ubuntu 终端,或者打开 cmd 命令窗口,输入命令 bash 或 wsl,也可以打开 Ubuntu 终端。登录默认的用户是安装时创建的用户名。

启动 Ubuntu 终端后,系统默认进入到 Windows 的 C 盘加载点 mnt/c 的 Windows/System32 目录下,如图 32-6 所示。

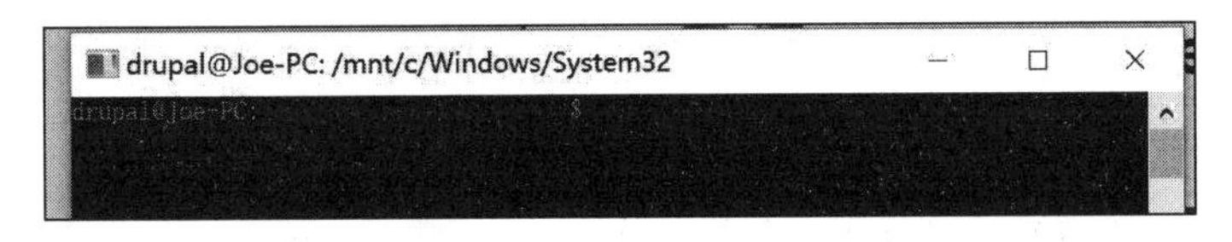

图 32-6 Windows 下 Ubuntu 的 bash

32.1.4 设置 root 密码或修改用户密码

默认安装的 root 是没有密码的,这不符合 Linux 安全规范,需要设置 root 密码。打开 powershell 命令窗口。执行以下命令完成密码设置。

1. 查询 Linux 子系统名称

首先,需要知道安装的 Linux 的子系统名称,命令如下。

```
wsl --list
```

目前列表中只有一个 Ubuntu-18.04 的 Linux 子系统，而且是默认的子系统，如图 32-7 所示。

2. 用 root 超级管理员账户登录

用 root 超级管理员账户登录到 Ubuntu 18.04 子系统，不需要输入密码，执行命令如下。

```
wsl -d ubuntu-18.04 -u root
```

3. 更新 root 账户密码

执行如下命令，并输入两次 root 新密码，完成 root 密码设置，如图 32-8 所示。

```
passwd
```

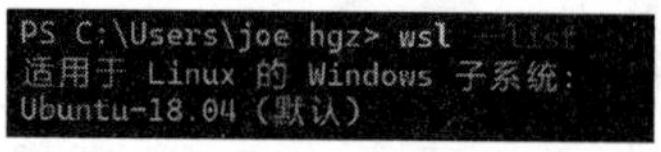

```
PS C:\Users\joe hgz> wsl --list
适用于 Linux 的 Windows 子系统:
Ubuntu-18.04 (默认)
```

图 32-7　列出所有已经安装的 WSL 子系统

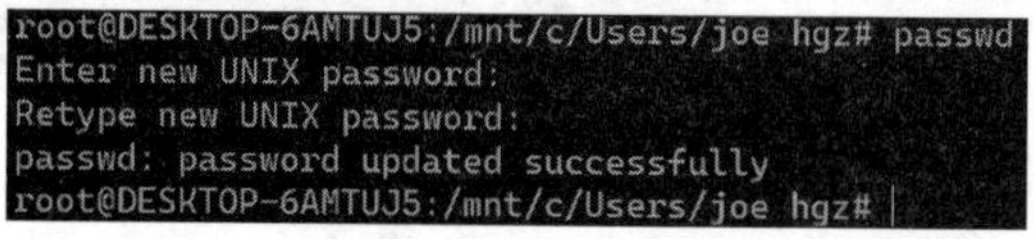

```
root@DESKTOP-6AMTUJ5:/mnt/c/Users/joe hgz# passwd
Enter new UNIX password:
Retype new UNIX password:
passwd: password updated successfully
root@DESKTOP-6AMTUJ5:/mnt/c/Users/joe hgz#
```

图 32-8　修改 root 密码

4. 修改用户密码

如果在安装 WSL 子系统时，忘记了创建的用户密码，可以先切换到 root 账户登录，命令如下。

```
wsl -u root
```

再修改（重置）用户密码，如下命令是修改用户名为 drupal 的密码。

```
passwd drupal
```

32.1.5　设置 bash 属性

为了让 bash 终端可以复制粘贴文本，需要设置 bash 窗口的属性。在终端窗口左上角右击鼠标，在下拉菜单中选择“属性”，在“编辑选项”里面，勾选“快速编辑模式”复选框，如图 32-9 所示。还可以改变窗口的字体、布局及背景颜色。

32.1.6　WSL 默认共享目录

进入 Ubuntu 终端后，Windows 所有的硬盘都默认加载到 Linux 的 mnt 目录下，如图 32-10 所示是 Windows 的 c:、d:、e:、f:、g:、i:盘符对应的加载目录。

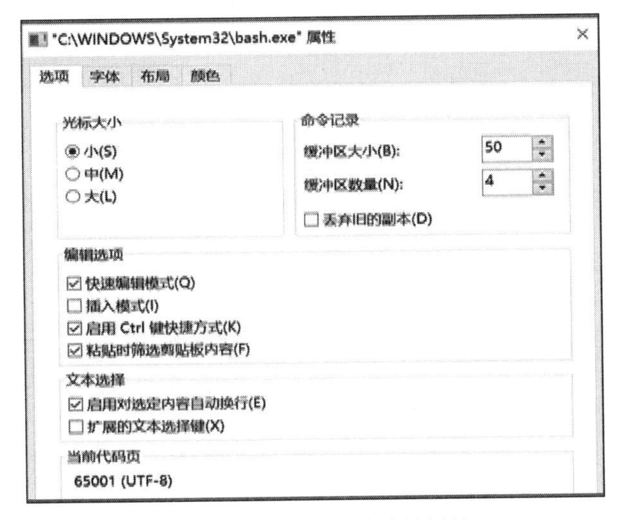

图 32-9 设置 bash 终端的属性

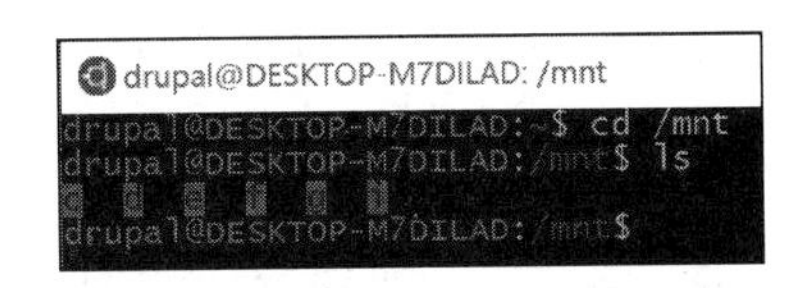

图 32-10 Windows 硬盘和 Ubuntu 对应的共享目录

32.2 安装 LAMP

LAMP(Linux+Apache+MySQL+PHP)是 Linux 开源的、基于 PHP 脚本的 Web 服务器,是 Drupal 开发的服务器环境的基本要求。安装的方式很多,可以使用各种辅助工具完成安装,如 tasksel 工具,这里是手工完成每个软件包的安装过程。

32.2.1 升级系统

打开 bash 并登录进入 Ubuntu,先更新软件仓库,升级软件模块,执行如下命令。

```
sudo apt - get update
sudo apt - get upgrade
```

32.2.2 添加 PHP 软件仓库

目前 PHP 7 是最新的版本,以前最常用的版本是 PHP 5.x,这里安装新版 PHP 7,因为 PHP 7 还没有通过 Ubuntu 官方的渠道发布,所以必须先安装一个允许在 Ubuntu 中安装非 Ubuntu 官方软件仓库的软件,特别是像 PHP 7 这样的一些 Beta 版本软件。这个软件是 PPA (A Personal Package Archive),是第三方 Ubuntu 软件仓库(https://launchpad.net/)。安装步骤如下。

```
sudo add - apt - repository ppa:ondrej/php
```

如果安装的是 Ubuntu 18.04 版本的 WSL,可以忽略此步骤。

32.2.3 安装 LAMP

一次性安装 Apache 2、MariaDB 和 PHP 7,以及 PHP 必需的插件,PHP 版本可以改为

7.1或7.2,代码如下。

```
sudo apt-get install apache2 php7.0 libapache2-mod-php7.0 mariadb-server php7.0-mysql
php7.0-cli php7.0-gd git zip
```

还可以安装PHP的cURL,JSON,OPcache和CGI插件支持,代码如下。

```
sudo apt-get install php-curl php-json php-cgi php-opcache
```

这里安装的是MariaDB数据库。MySQL数据库被Oracle收购后,MySQL之父重新成立了数据库公司并创建MariaDB,基本和MySQL兼容。安装过程中没有要求做任何安全设置,也就是没有root密码。

32.2.4 测试 Apache

启动Apache,代码如下。

```
sudo service apache2 start
```

或者执行如下命令。

```
/etc/init.d/apache2 start
```

在Windows主机端打开浏览器,输入"http://localhost",可以看到Apache安装成功页面,如图32-11所示。

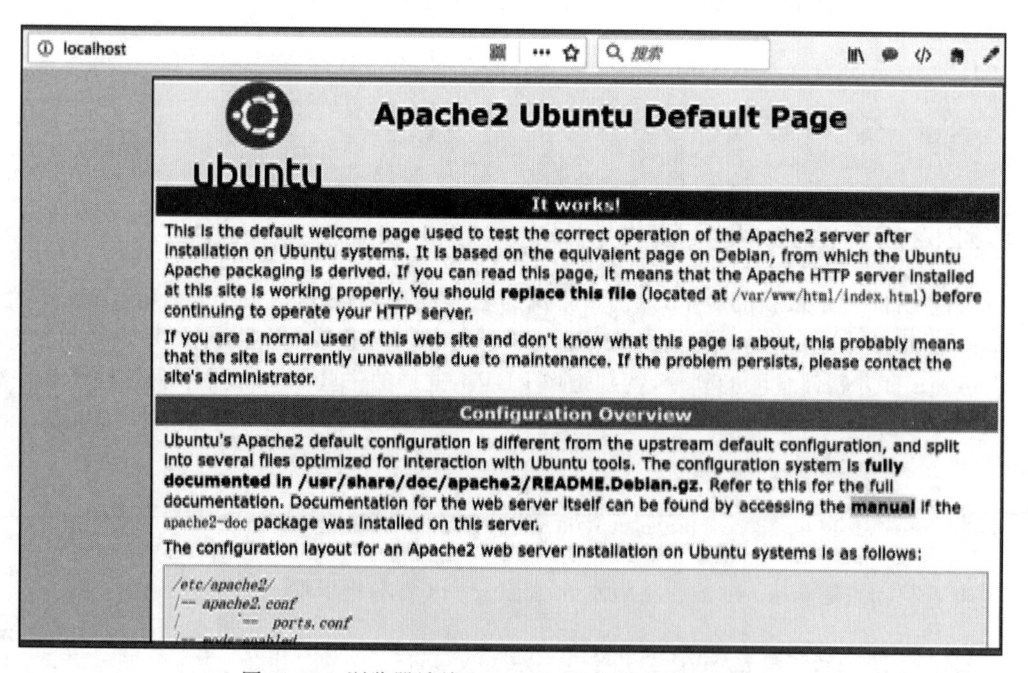

图32-11 浏览器端检查Apache服务器启动成功页面

32.2.5 测试 PHP

创建 phpinfo. php 测试文件，命令如下。

```
sudo vi /var/www/html/phpinfo.php
```

输入 PHP 测试代码：

```
<?php phpinfo.php() ?>
```

打开浏览器，访问 http://localhost/phpinfo. php，应该可以看到服务器的信息。

32.2.6 启用模块

如果发现一些 PHP 模块没有启用，需要修改配置文件 php. ini，例如，cURL 模块，添加一行代码：

```
extension = curl.so
```

但是，安装在 Ubuntu 下的 PHP 7 以上版本，每一个模块××都有自己的配置文件××. ini，放在/etc/php/7. 0/mods-available 目录下，将前面的启用代码写入每一个模块配置文件，这样，可以用以下命令启用模块：

```
sudo phpenmod curl
```

32.3 Apache 服务器设置

要使得 Apache 服务器完全正常工作，还需要做一些设置。

32.3.1 解决 WSL 网络协议错误问题

启动 Apache 2 会有一个错误警告，为了消除这个错误，需要在/etc/apache2/apache2. conf 中添加如下参数。

```
AcceptFilter http none
AcceptFilter https none
```

32.3.2 修改端口号

为了避免和 Windows 下的其他服务器冲突，需要把 Web 服务器默认端口号 80 修改为其他未使用的端口，这里设置为 88，为此需要修改/etc/apache2/ports. conf 配置文件，修改参数如下。

```
Listen 88
<IfModule ssl_module>
      Listen 444
</IfModule>
<IfModule mod_gnutls.c>
      Listen 444
</IfModule>
```

32.3.3 根目录设置

为了方便维护，会把 Web 的根目录设置到 Windows 系统的某个目录下，例如，设置为 Windows 的 f:\UniServerZ\www\wsl 目录。为此，要修改/etc/apache2/apache2.conf 配置文件，添加 Windows 目录 f:\UniServerZ\www/wsl 的加载点/mnt/f/UniServerZ/www/wsl 作为 Web 根目录。首先找到< Directory /var/www/html/>所在行，修改参数如下。

```
<Directory /mnt/f/UniServerZ/www/wsl>
        Options Indexes FollowSymLinks
        AllowOverride All
        Require all granted
</Directory>
```

或者，在/etc/apache2/sites-available 目录下，修改 000-default.conf 配置文件，找到：

```
DocumentRoot /var/www/html
```

修改为：

```
DocumentRoot /mnt/f/UniServerZ/www/wsl
```

需要重新加载配置文件及重启 Apache 2，命令如下。

```
sudo service apache2 reload
sudo service apache2 relstart
```

为了方便访问 Drupal 代码，在/var/www/html 目录下创建一个 UniServerZ 的符号链接，命令如下。

```
sudo ln - s /mnt/f/UniServerZ/www/UniServerZ
```

最后，直接进入 UniServerZ 目录，查看 Drupal 项目代码，如图 32-12 所示。

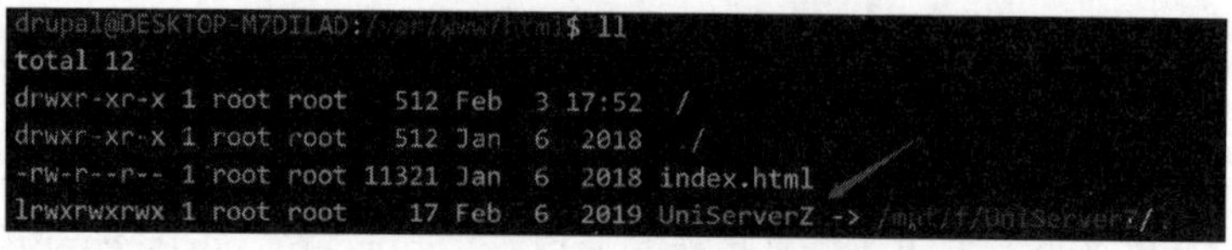

```
drupal@DESKTOP-M7DILAD:/var/www/html$ ll
total 12
drwxr-xr-x 1 root root   512 Feb  3 17:52 /
drwxr-xr-x 1 root root   512 Jan  6  2018 ./
-rw-r--r-- 1 root root 11321 Jan  6  2018 index.html
lrwxrwxrwx 1 root root    17 Feb  6  2019 UniServerZ -> /mnt/f/UniServerZ/
```

图 32-12 Apache Web 根目录的符号链接

32.3.4 虚拟主机设置

Apache的设置文件放在/etc/apache2目录下，其中有两个目录用户可以修改或添加虚拟域名主机，site-available目录用于添加用户自定义的conf文件，sites-enabled目录是虚拟域名主机在sites-available目录下的conf文件链接，表示虚拟主机激活状态，可以被访问，如果没有对应链接文件，表示不可访问。Apache已经创建了默认的虚拟主机配置文件000-default.conf，最快捷的方式是直接在这个文件里面添加虚拟主机。但是，如果自己创建虚拟主机配置文件，例如vhost.conf，那么还要通过命令a2ensite和a2dissite来控制enable或disable，并在sites-enabled目录下创建对应的link文件。

例如，在sites-available目录下创建vhost.conf文件，修改成可读写，执行如下命令：

```
sudo touch vhost.conf
sudo chmod 666 vhost.conf
```

接着，执行“sudo vi vhosts.conf”命令，打开、添加虚拟主机，命令如下。

```
< VirtualHost * :88 >
    ServerName www.homework7.com
    ServerAdmin my@mail.homework7.com
    DocumentRoot "/mnt/f/UniServerZ/www/wsl/homework7"
    ErrorLog "/var/log/apache2/homework7_errors.log"
    CustomLog "/var/log/apache2/homework7_accesses.log"
     < Directory "/mnt/f/UniServerZ/www/wsl/homework7">
    Require all granted
    </Directory >
</VirtualHost >
```

让www.homework7.com虚拟主机可以被访问，执行如下命令。

```
sudo a2ensite vhosts.conf
```

关闭这个虚拟主机，命令如下。

```
sudo a2dissite vhosts.conf
```

每次修改记得重启Apache服务器。

WSL是通过Windows系统的浏览器访问WSL服务器的，所以，还要在Windows\system32\drivers\etc\hosts中添加本地访问（www.hoomework7.com为本地虚拟域名）。

```
localhost www.homework7.com
```

32.4 MariaDB 数据库设置

32.4.1 启动 MySQL 服务

启动 MariaDB 数据库,命令如下。

```
sudo service mysql start
```

或者:

```
/etc/init.d/mysql start
```

32.4.2 打开 MySQL 终端

在 Ubuntu 的 MariaDB 安装过程中,没有提示输入 root 用户密码,所以打开 MySQL 终端,输入下面命令:

```
sudo mysql -uroot
```

无需密码,可以进入 MySQL 终端,如图 32-13 所示。

```
drupal@DESKTOP-M7DILAD:/var/www$ sudo mysql -uroot
Welcome to the MariaDB monitor.  Commands end with ; or \g.
Your MariaDB connection id is 32
Server version: 10.0.31-MariaDB-0ubuntu0.16.04.2 Ubuntu 16.04

Copyright (c) 2000, 2017, Oracle, MariaDB Corporation Ab and others.

Type 'help;' or '\h' for help. Type '\c' to clear the current input statement.

MariaDB [(none)]>
```

图 32-13 进入 MySQL 终端

32.4.3 退出 MySQL 终端

```
exit
```

32.5 设置系统自动启动 LAMP 服务器

安装好 LAMP 服务器后,在/etc/init.d 目录下已经创建了 Apache2 和 MySQL 启动脚本,手动启动命令如下。

```
sudo /etc/init.d/apache2 start
sudo /etc/init.d/mysql start
```

update-rc.d 是系统开机启动管理工具,就像 Windows 系统的后台服务(service)管理工具一样,可以管理在/etc/init.d 命令下的开机自启的脚本。通过下面的命令来让 LAMP

服务器加入到系统自启服务中，可以设置 80 优先级来决定启动次序，数值越小，优先级越高，也可以不设，系统默认。

```
sudo update - rc.d apache2 defaults 80
sudo update - rc.d mysql defaults  81
```

然后，使用命令：

```
sudo service -- status - all
```

检查 Apache2 和 MySQL 是不是启动了。服务名称前面的[+]表示服务正在运行中，如图 32-14 所示。

WSL 需要执行服务状态检查命令两次，才能看到 Apache 2 的状态变成“+”。

图 32-14 检查服务启动情况

也可以把启动服务项移除，命令如下。

```
sudo update - rc.d apache2 remove
sudo update - rc.d mysql remove
```

这样当我们开机时，希望 Apache 和 MySQL 自动启动，但是如果 WSL 还没有实现这个自动启动方式，可以手动启动服务，并让它在后台运行，即使关闭 bash 窗口，服务器还在工作。首先，把 LAMP 服务器启动命令写成如下脚本文件 lamp.sh，并放到/etc/init.d 目录下，其中要替换[password]为你的登录 Linux 账户密码。

```
#!/bin/sh
# 启动 LAMP 命令
echo [password] sudo  -S service apache2 start
sudo  -S service mysql start
exit 0
```

在 Windows 系统下，按 Windows+R 组合键打开运行窗口，输入“shell:startup”，进入启动目录。在启动目录下创建启动脚本 lamp.vbs，脚本内容如下。

```
Set oS = CreateObject("WScript.Shell")
oS.Run "wsl", 0
oS.Run "bash  -c ""sh /etc/init.d/lamp.sh"""
```

下次启动 Windows 系统，会执行 lamp.vbs 脚本，自动启动 WSL，并执行 lamp.sh 的启动脚本。然后，可以直接在 Windows 系统中打开浏览器，访问 WSL 下的 LAMP 服务器了。

32.6 安装邮件服务器代理

为了能让在开发阶段的 Drupal 系统模拟发送和接收 E-mail，需要在 Ubuntu 下安装好 Postfix，作为默认的 Mail Transfer Agent（MTA），为的是让 PHP 代码 mail()可以从

Ubuntu 发送 E-mail。

32.6.1 安装 Postfix

可以直接安装 Postfix，执行如下命令。

```
sudo apt-get install postfix -y
```

但是为了提高效率，选择安装 mailutils 包，这样可以一起安装 Postfix 有关的应用程序。

```
sudo apt-get install mailutils
```

安装过程中会出现一些提示，首先是邮件服务器设置，Internet site 表示通过 SMTP 发送邮件到互联网上，Internet with smarthost 是指以更多的方式发送邮件到互联网上，Local only 是指没有网络的情况下发送邮件给本地用户。这里选择 Internet site，如图 32-15 所示。

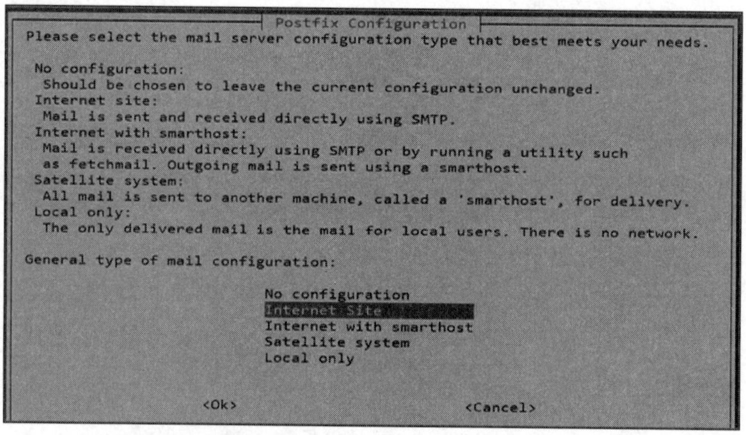

```
Postfix Configuration
Please select the mail server configuration type that best meets your needs.

 No configuration:
  Should be chosen to leave the current configuration unchanged.
 Internet site:
  Mail is sent and received directly using SMTP.
 Internet with smarthost:
  Mail is received directly using SMTP or by running a utility such
  as fetchmail. Outgoing mail is sent using a smarthost.
 Satellite system:
  All mail is sent to another machine, called a 'smarthost', for delivery.
 Local only:
  The only delivered mail is the mail for local users. There is no network.

General type of mail configuration:

                    No configuration
                    Internet Site
                    Internet with smarthost
                    Satellite system
                    Local only

          <Ok>                          <Cancel>
```

图 32-15 安装 Postfix 的 mail 设置

接着，提示邮件名，使用默认的名字，如图 32-16 所示。

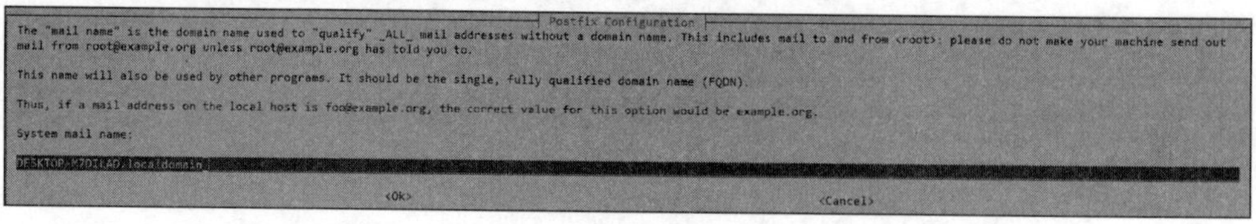

```
Postfix Configuration
The "mail name" is the domain name used to "qualify" _ALL_ mail addresses without a domain name. This includes mail to and from <root>: please do not make your machine send out
mail from root@example.org unless root@example.org has told you to.

This name will also be used by other programs. It should be the single, fully qualified domain name (FQDN).

Thus, if a mail address on the local host is foo@example.org, the correct value for this option would be example.org.

System mail name:

DESKTOP-M7DI1AD.localdomain

          <Ok>                          <Cancel>
```

图 32-16 默认邮件名

安装完成后，会生成/etc/postfix/main.cf 配置文件。

32.6.2 启动邮件服务器

执行如下命令：

```
sudo service postfix start
```

32.6.3 发送测试 mail

执行如下命令：

```
echo "hello" |mail -s "title" hgzhou@qq.com
```

检查 QQ 邮箱，会收到一个邮件，如图 32-17 所示。但是无法回复这个邮件，因为 drupal@DESKTOP-M7DILAD. localdomain 域名不是真实的域名。

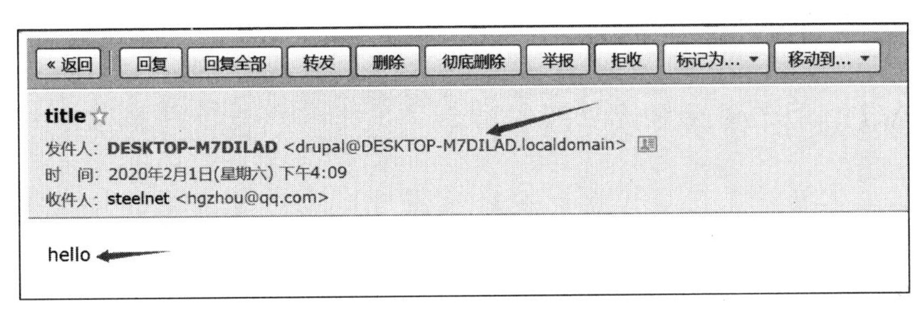

图 32-17 收到从 Postfix 邮件服务器发出的邮件

32.7 安装 FTP 文件服务器

Drupal 7 以后的版本可以通过 FTP 服务器在线升级模块，所以需要在 Linux 系统中安装 FTP 服务器。Ubuntu 提供 VSFTPD 的 FTP 服务器。

32.7.1 安装 FTP

安装命令如下。

```
sudo apt-get install vsftpd
```

32.7.2 修改设置

接着需要修改/etc/vsftpd. conf 的设置，命令如下。

```
sudo vim/etc/vsftpd.conf
```

修改匿名方式为 NO：

```
anonymous_enable = NO
```

去除下面的参数注释，允许本地文件读写：

```
local_enable = YES
write_enable = YES
local_umask = 022
```

32.7.3 启动 FTP 服务

启动命令如下：

```
sudo /etc/init.d/vsftpd start
```

也可以把 FTP 服务添加到系统自动启动服务中。

32.8 WSL 目录文件权限问题

Drupal 的模块升级需要读写/modules 目录下的文件，所以，必须修改/sites 的目录拥有者为 data-www（Ubuntu 下的 Apache 服务器用户）。而 WSL 默认情况下是无法使用 chmod 和 chown 目录修改目录或文件权限的，需要对 Windows 共享目录做修改，命令如下。

```
sudo umount /mnt/f
sudo mount -t drvfs F: /mnt/f -o metadata,uid=1000,gid=1000,umask=22,fmask=111
```

上面命令中的 uid 和 gid 是 1000，也就是 Ubuntu 子系统安装时创建的默认登录用户，可以用如下命令查看。

```
id
```

由于使用 F 盘来存放 Drupal 项目代码，所以先卸载 F 盘，再重新加载 F 盘。那么，就可以修改 F 盘下的文件或目录的权限了。接着，为了让 Drupal 系统可以在线更新模块，可以把/sites 目录拥有者修改为 www-data（见模块管理章节）。

```
sudo chown www-data:www-data -R /mnt/f/UniServerZ/www/wsl/homework7/sites
```

但是，上述 F 盘加载是临时的，为了让 WSL 启动后自动加载，微软在 WSL 问答中（https://devblogs.microsoft.com/commandline/chmod-chown-wsl-improvements/）提到通过创建/etc/wsl.conf 自启动文件来实现解决这个问题，文件内容如下。

```
[automount]
enabled = true
root = /mnt/
options = "metadata,umask=22,fmask=11"
mountFsTab = false
```

32.9 WSL 系统下 Drupal 安装

32.9.1 下载和解压 Drupal

有几种方式下载解压 Drupal 项目：手工、Drush、cURL、Git 和 Composer。

1. 手工下载

官网下载 Drupal（https://www.drupal.org/project/drupal）。

2. Git 下载

```
git clone --branch 8.8.2 http://git.drupal.org/project/drupal.git
```

将压缩包解压到 Web 服务器的 web 根目录例如 www 下面，目录名改为一个像域名的名字 myweb.com。

在/sites/default 目录下创建并进入/sites/default/files 目录，修改目录权限，命令如下。

```
sudo chmod go+w files -R
```

Drupal 安装默认为英文版，若安装中文版可参见入门篇的 Drupal 开发环境搭建与安装。

32.9.2 创建数据库和用户

登录到 MySQL 或 MariaDB：

```
sudo mysql -u root -p
```

1. 创建数据库

创建数据库，数据库名为 drupal7，最好是一次性设置数据库字符集为 utf8，这样可以让 Drupal 兼容多语种，utf8_general_ci 参数的目的是让 SQL 语句不区分大小写，命令如下。

```
create database drupal7 DEFAULT CHARACTER SET utf8 COLLATE utf8_general_ci;
```

通过命令检查 utf8 的设置，命令如下。

```
show variables like "%character%";
```

应该可以看到项目结果，如图 32-18 所示。

创建数据库完成后，接着打开数据库：

```
use drupal7;
```

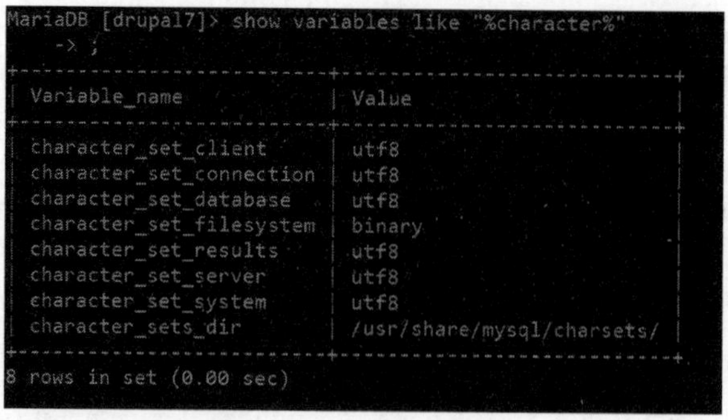

```
MariaDB [drupal7]> show variables like "%character%"
    -> ;
+--------------------------+----------------------------+
| Variable_name            | Value                      |
+--------------------------+----------------------------+
| character_set_client     | utf8                       |
| character_set_connection | utf8                       |
| character_set_database   | utf8                       |
| character_set_filesystem | binary                     |
| character_set_results    | utf8                       |
| character_set_server     | utf8                       |
| character_set_system     | utf8                       |
| character_sets_dir       | /usr/share/mysql/charsets/ |
+--------------------------+----------------------------+
8 rows in set (0.00 sec)
```

图 32-18 检查 utf8 的设置

如果数据库已经创建，但是没有设置 uft8 字符集，可以执行 set 命令，完成设置，具体命令如下。

```
set character_set_client = utf8;
set character_set_server = utf8;
set character_set_connection = utf8;
set character_set_database = utf8;
set character_set_results = utf8;
set collation_connection = utf8_general_ci;
set collation_database = utf8_general_ci;
set collation_server = utf8_general_ci;
```

上面命令太长，可以简化为：

```
set names utf8;
```

2. 创建数据库用户

创建数据库用户，drupal7user 是指定的用户名，如下：

```
create user drupal7user@localhost;
```

创建用户名 drupal7user 的密码为 your-password，如下：

```
set password for drupal7user@localhost = password('your - password');
```

或者一次性完成用户名和密码创建：

```
Create user drupal7user@localhost IDENTIFIED BY 'your - password';
```

或者一次性直接创建用户名和密码，并授权。下面的命令是授予用户 drupal7user 对数据库 drupal7 的所有权限，如下：

```
grant all privileges on drupal7. * to drupal7user@localhost identified by 'your - password';
```

刷新权限表，如下：

```
flush privileges;
```

退出数据库终端，如下：

```
exit;
```

32.9.3 settings.php 文件设置

将 sites/default/default.settings.php 文件复制一份，并修改名字为 settings.php。

32.9.4 虚拟主机设置

设置 Apache 的参数，加入虚拟 Web 域名和目录，打开参数文件：Windows 环境下为 H:\UniServerZ\core\apache2\conf\extra\httpd-vhosts.conf，WSL 环境下为/etc/apache2/sites-available/000-default.conf，添加：

```
<VirtualHost *>
ServerName homework.COM
DocumentRoot C:/UniServer/www/homework.COM
</VirtualHost>
```

修改参数后要重启 Apache 服务器。

Windows 环境在 windows\system32\config\etc\hosts 文件里写入，Linux 环境在/etc/hosts 文件里面写入：

```
127.0.0.1     homework.com
```

32.9.5 手工安装 Drupal

打开浏览器，在 URL 地址栏中输入"homework.com/install.php"，就会进入安装界面，并要求输入管理员账号密码和数据库名称、数据库用户名及密码等信息来完成安装过程。

32.10 WSL 迁移

有时候，搭建好的 WSL 需要换到另一台计算机或移动到另一个硬盘上，那么，WSL 系统提供迁移操作，把原有的 WSL 的开发环境和代码迁移到新计算机中。

32.10.1 WSL 导出

首先，检查一下 Windows 10 系统中有哪些 WSL 系统，打开 cmd 窗口，执行命令如下。

```
wsl -l
```

这里选择 Ubuntu，这是 Ubuntu 16.04 版，接着执行如下导出命令。

```
wsl --export ubuntu f:\ubuntu.tar
```

上面的命令是将 Ubuntu 系统导出到 F 盘，保存为 ubuntu.tar 文件。

32.10.2 WSL 导入

将 ubuntu.tar 复制到新计算机，并在新计算机中创建一个目录，例如 ubuntu-wsl，执行如下导入命令。

```
wsl --import ubuntu E:\ubuntu-wsl E:\ubuntu.tar
```

32.10.3 WSL 启动

迁移的 WSL 没有直接启动的程序名，需要通过第三方应用启动。

1. WSL 命令启动

首先通过以下命令查看迁移好的 Ubuntu 系统。

```
wsl -l
```

得到的迁移系统名称是 ubuntu，然后执行如下启动命令，表示用 Drupal 用户名登录运行 Ubuntu 分发版。

```
wsl -d ubuntu -u drupal
```

2. Windows Terminal 启动

在 Windows 应用商店安装 Windows Terminal 应用，打开该应用，在窗口标题栏中单击下拉菜单，选择 Ubuntu 分发版，直接用 root 登录，如图 32-19 所示。

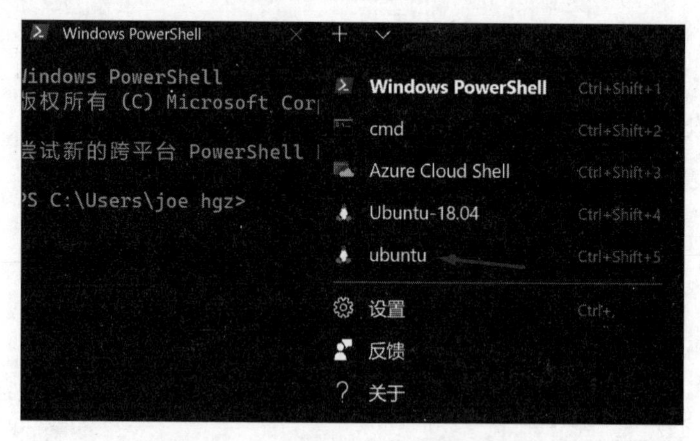

图 32-19 Windows Terminal 启动 wsl

3. 将迁移的分发版设置为默认值

把迁移的 Ubuntu 设置为 WSL 的默认值，命令如下：

```
wsl -s ubuntu
```

然后打开 cmd 窗口，直接执行 WSL 或 bash 命令，就可以进入迁移的 Ubuntu 系统。

32.10.4 Ubuntu 用户切换

如果使用 Windows Terminal 启动 Ubuntu 系统后，会直接进入到 root 登录状态，所以需要切换回到 Drupal 用户登录状态。首先，进入 Drupal 用户的默认目录，命令如下。

```
cd /home/drupal
```

切换用户到 Drupal，命令如下。

```
sudo su drupal
```

系统切换到 Drupal 用户登录，并直接进入到 Drupal 用户的默认根目录下。

32.11 WSL 升级到 WSL2

WSL2 提供了完整的 Linux 内核，无须虚拟机的配置管理，由 Windows 为内核更新提供服务，WSL2 无须通过 WSL1 的转换层，直接实现完全相同的系统调用兼容性，解决了 WSL1 有些软件无法安装的问题，例如 Docker。缺点是跨 OS 文件系统的性能没有 WSL1 好。WSL1 可以更快地访问 Windows 下的文件。而 WSL2 是通过 Windows 的远程网络访问 Linux 文件系统，例如\\wsl $ \Ubuntu-18. 04\home\< user name >\Project，wsl $ 是 Linux 分发版本的网盘根目录。所以，通过使用开发工具，例如 VS Code 远程 WSL 扩展，可以解决跨 OS 文件的访问问题。在文件操作上使用如命令 git、nmp、apt 安装更新软件包，WSL2 速度更快。

32.11.1 检查 Windows 10 版本

对于 x64 系统，Windows 10 版本为 1903 以上，内部版本为 18362 以上，都可以升级 WSL2。打开 Window 命令行窗口，输入命令 ver 或 winver，检查 Windows 10 版本，如图 32-20 所示。

Microsoft Windows
版本 1909 (OS 内部版本 18363.1198)
© 2019 Microsoft Corporation。保留所有权利。

(a) winver命令检查版本

```
C:\Users\joe hgz>ver
Microsoft Windows [版本 10.0.18363.1198]
```

(b) ver命令检查版本

图 32-20 检查 Windows 10 版本

32.11.2 安装 Linux 内核更新包

以管理员身份打开 powershell 命令窗口，启用“虚拟机平台”可选功能，命令如下。

```
Enable-WindowsOptionalFeature -Online -FeatureName VirtualMachinePlatform
```

启用 Hyper-V 组件，命令如下。

```
Enable-WindowsOptionalFeature -Online -FeatureName Microsoft-Hyper-V -All
```

重启计算机，进入 BIOS 设置，启用 CPU 的虚拟化技术支持。

下载并安装 WSL2 更新包（https://wslstorestorage.blob.core.windows.net/wslblob/wsl_update_x64.msi）。

32.11.3 切换到 WSL2 环境

如果要安装新的 Linux 发行版，首先要将 WSL 切换到 WSL2，命令如下。

```
wsl --set-default-version 2
```

32.11.4 设置 WSL 的 Linux 分发版本为 WSL2

首先，查看当前 Windows 10 安装的 Linux 分发版，命令如下。

```
wsl --list -verbose
```

本系统有两个 Ubuntu 分发版本，目前都是 WSL1 模式，如图 32-21 所示。

图 32-21 系统安装了两个 WSL1 的 Ubuntu 子系统

这里将 ubuntu-18.04 升级为 WSL2，执行以下命令：

```
wsl --set-version ubuntu-18.04 2
```

这里会花几分钟时间进行切换，完成后，再次启动 ubuntu-18.04 就会按照 WSL2 模式运行。

32.11.5 文件共享问题

在 Windows 下查看 WSL2 的 Linux 分发版安装目录，和 WSL 安装目录不一样了，它是一个 ext4 文件系统，不可访问，如图 32-22 所示。

需要通过网络磁盘访问，打开文件浏览器输入\\wsl$\Ubuntu-18.04，可以访问 Linux 文件系统，如图 32-23 所示。

WSL2 还保持了 WSL1 原有的加载 Windows 所有的磁盘到 mnt 目录下，作为两个系统的文件共享。但是，文件的访问性能没有在 ext4 文件系统下好。

C:) › 用户 › joe hgz › AppData › Local › Packages › CanonicalGroupLimited.Ubuntu18.04onWindows_79rhkp1fndgsc › LocalState

名称	修改日期	类型	大小
temp	2020/11/13 14:02	文件夹	
ext4.vhdx	2020/11/13 14:10	硬盘映像文件	2,259,968 KB
fsserver	2020/11/13 11:11	文件	0 KB

图 32-22 Linux 分发版的文件系统为 ext4 格式的虚拟机镜像文件

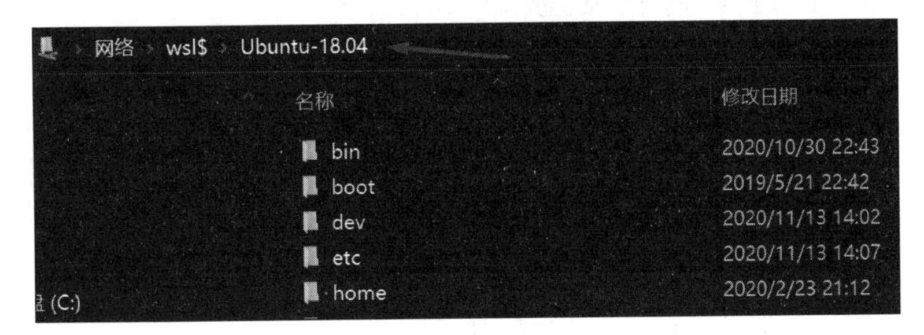

图 32-23 通过\\wsl $ 网络磁盘访问 Linux 根目录

32.11.6 Web 访问问题

在 WSL 模式下，Linux 分发版相当于一个 Windows 应用，可以使用 localhost 作为默认的本机访问地址，但是在 WSL2 模式下，Linux 分发版是一个独立运行于虚拟机的系统，从 Windows 访问 WSL2 下的 LAMP 等服务器资源，需要使用真实 IP 地址，虽然微软做了 localhost 绑定到虚拟机的功能，在 Windows 端的浏览器可以通过 localhost 访问 Web 服务器，但是如果使用了虚拟主机的方式，例如，定义了 myweb. local 虚拟域名，通过 Windows 端访问会出错。针对这个问题，可以通过修改 Windows 系统下的 hosts 文件，添加 Linux 分发版的 IP 地址映射。首先需要启动 WSL2 的 Linux 分发版，执行 ifconfig 命令，查看 IP 地址，如图 32-24 所示。

```
drupal@DESKTOP-6AMTUJ5: $ ifconfig
eth0: flags=4163<UP,BROADCAST,RUNNING,MULTICAST>  mtu 1500
        inet 172.18.16.199  netmask 255.255.255.240  broadcast 172.18.16.207
        inet6 fe80::215:5dff:fed3:6133  prefixlen 64  scopeid 0x20<link>
        ether 00:15:5d:d3:61:33  txqueuelen 1000  (Ethernet)
        RX packets 57  bytes 15071 (15.0 KB)
        RX errors 0  dropped 0  overruns 0  frame 0
        TX packets 21  bytes 1526 (1.5 KB)
        TX errors 0  dropped 0 overruns 0  carrier 0  collisions 0
```

图 32-24 确认 WSL2 模式下启动的 Linux 版本的 IP 地址

修改 Windows 的 hosts 文件，添加 myweb. local 的 IP 地址映射，命令如下。

```
172.18.16.199    myweb.local
```

但是，WSL2 的虚拟机，每次启动都是动态分配 IP 地址，让网友吐槽"为什么不能用静态 IP?"有网友自己做了一个程序修改方案(https://github.com/shayne/go-wsl2-host)读取 WSL2 虚拟机的动态 IP，再自动修改 Windows 的 hosts 文件。

32.12 Windows 10 下文件共享问题

如果使用两台以上计算机开发 Drupal，而且都是 Windows 10 系统，就要涉及两台计算机之间的文件复制问题，需要打开 Windows 10 的文件共享设置。

32.12.1 文件夹共享设置

升级 Windows 10 到最新版本，右键单击要共享的文件夹，选择“授权访问权限”|“特定用户”，添加 everyone，让所有用户访问共享文件夹，再单击“共享”按钮，如图 32-25 所示。

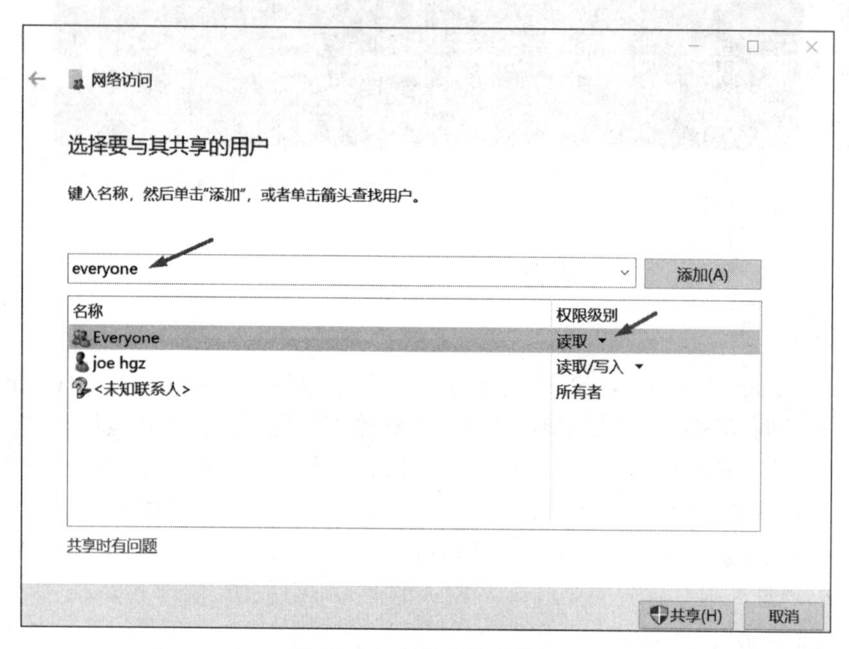

图 32-25　文件夹共享设置

可以在“权限级别”下拉菜单中选择共享权限，例如“读取/写入”。

32.12.2 专用网络设置

首先需要把网络设置为专用网，在“开始”菜单中打开“设置”，选择菜单“网络和 Intetnet”，进入设置页面，单击“状态”查看网络状态，如图 32-26 所示。

如果不是专用网络，单击“更改连接属性”，设置为专用网络，如图 32-27 所示。

32.12.3 网络共享设置

另外，在“控制面板”|“所有控制面板项”|“网络和共享中心”|“高级共享设置”中，在“专用(当前配置文件)”下，选择“启用网络发现”和“启用文件和打印机共享”单选按钮，让你的共享文件夹可以被其他机器看到，如图 32-28 所示。

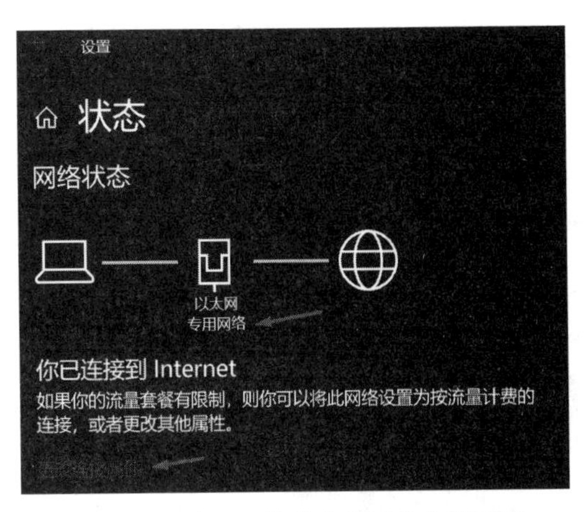

图 32-26 检查网络状态是否为专用网络

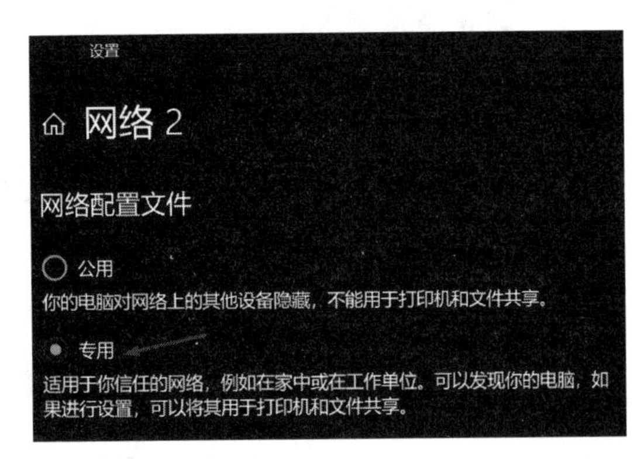

图 32-27 修改网络为“专用”

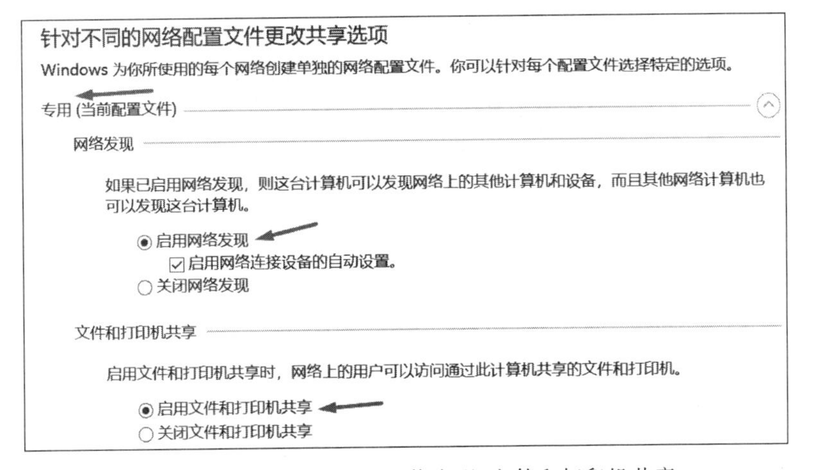

图 32-28 专用网络启用网络发现、文件和打印机共享

在“所有网络”菜单下，设置密码保护共享项，选择“关闭密码保护共享”单选按钮，如图 32-29 所示。

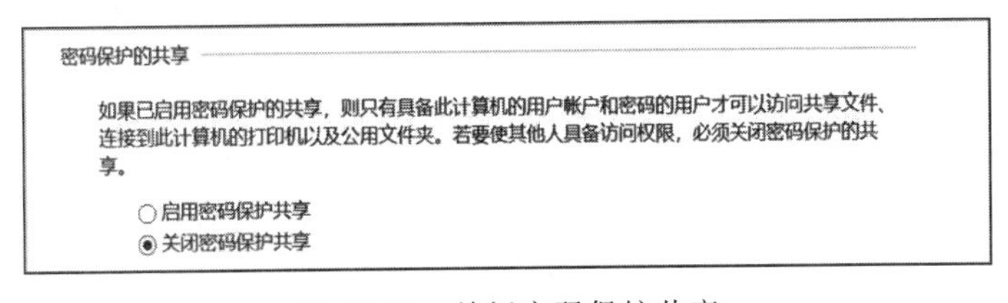

图 32-29 关闭密码保护共享

现在，在其他机器上打开文件浏览器，单击网络，可看到同一个局域网的所有机器名称。单击共享文件夹的那台机器，可以看到刚刚设置的共享文件夹，单击，直接就可以打开了。这样的设置，解决了需要输入网络凭据的问题。可能存在的问题就是安全性较差。

第33章 Linux虚拟机与容器开发环境

Linux 是 Drupal 专业开发环境，因为 Linux 不仅可以提供丰富的开发工具，例如 Drush 和 Composer 原生工具，而且 Linux 服务器的良好性能，所以多数 Drupal 应用系统最终部署和运行在 Linux 服务器上。那么，在 Linux 环境下开发 Drupal 应用，为今后部署到 Linux 生产服务器环境就奠定了可靠的基础。

为充分利用计算机资源，常用虚拟化技术来搭建 Linux 服务器开发环境，目前主流虚拟机有 VirtualBox、VMware Player、微软的 Hyper-V 和 Mac 上运行的 Parallels，容器类虚拟机有 Vagrant 和 Docker 等。下面将使用 VirtualBox、Vagrant 和 Docker 来搭建 Drupal 的 Linux 开发环境，Linux 的分发版有很多，为了熟悉一个开发环境，统一选择使用 Ubuntu 版本。

33.1 Drupal 的虚拟机镜像

如果从 Linux 的 Ubuntu 官网(www.ubuntu.com)下载安装 Linux 虚拟机，还要安装 LAMP 服务器和其他开发工具，需要花很多时间。幸好很多 Drupal 开发人员将做好的 Linux 虚拟机镜像发布到互联网上，供大家安装使用。Drupal 虚拟机镜像是指已经安装配置好所有必需开发工具的 Linux 系统，容器类虚拟机的 Drupal 镜像其实是一个配置管理文件，配置文件里面设置了所有工具及其依赖的包，还需要通过 Vagrant 和 Docker 容器工具在线安装，才能得到一个可以运行的 Linux 系统，因为很多镜像文件是在国外服务器上，下载安装过程比较长。

Drupal 官网推荐了一些 Drupal 虚拟机镜像(https://www.drupal.org/docs/develop/local-server-setup/virtual-machine-development-environments)，如图 33-1 所示。

There are many Drupal VM projects using different technologies and in varying states of health. Take time to investigate which is best for you.

- VA#LAMP (Virtualbox, Vagrant, Ansible)
- Drupal VM (Virtualbox, Vagrant, Ansible)
- VDD (Virtualbox and Chef)
- Vlad (Vagrant, Ansible)
- Beetbox (Composer, Virtualbox, Vagrant, Ansible)
- ddev (Docker, Go)
- DrupalPro (Virtualbox, previously Ubuntu 12.04 only, but has been ported)
- Drupal-up (a Drush extension using Vagrant, Virtualbox and Puppet)
- Aegir-up (Vagrant and Aegir, no longer maintained)
- Quickstart (no longer maintained)

图 33-1 Drupal 官网推荐的虚拟机

主要镜像工具有 VirtualBox、Docker 和 Vangrant。

33.2 VirtualBox 开发环境

VirtualBox 是开源免费虚拟机，运行在 VirtualBox 上的 Linux 客户机与真实环境几乎完全相同，还可以安装使用 Linux 的图形化界面工具，这样就可以使用 Linux 各种图形化应用软件，例如 Firefox 浏览器和各种专业软件开发工具。

33.2.1 安装 VirtualBox

下载安装 VirtualBox(Windows hosts 版)，这里下载的当前最新版是 VirtualBox 6.1.18 platform packages(Windows hosts)。安装过程比较简单，按照引导可很快完成安装过程。安装完成后，运行应用可以看到 VirtualBox 管理器界面窗口。

33.2.2 安装 Drupal 虚拟机镜像文件

Bitnami 公司提供了比较全面的 Drupal 虚拟机开发环境解决方案，这是一家西班牙公司，专注于开源项目的虚拟服务器搭建。其中就有 Drupal 平台的 VirtualBox 的镜像文件，包含最小的 Linux Debian 操作系统，系统中已经安装并设置好 Drupal 7,8,9 三个版本的系统镜像。其下载页面如图 33-2 所示。

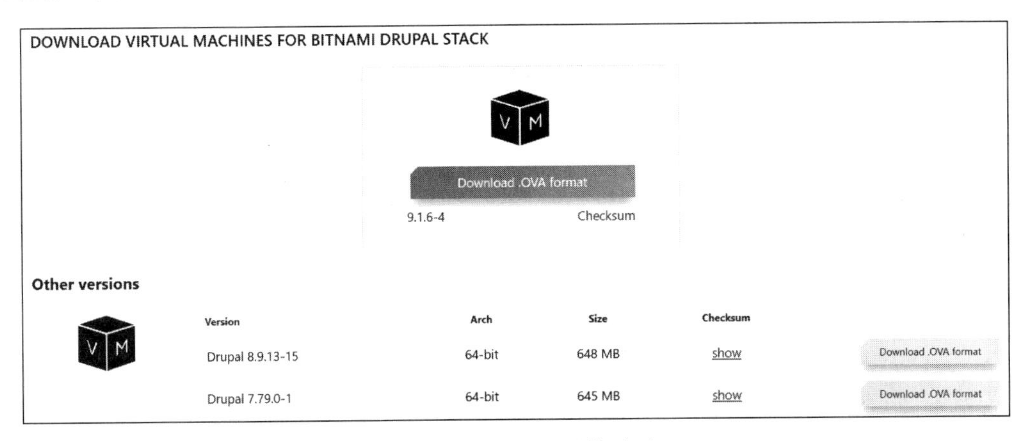

图 33-2 Bitnami 下载页面

我们下载了 bitnami-drupal-8.9.13-15-r13-linux-debian-10-x86_64-nami.ova 文件，这个镜像文件是预先安装好的 Drupal 8 系统，并预先配置好了最小的 Linux 服务器运行环境(没有 GUI)。双击这个文件，会打开 VirtualBox 管理界面，如图 33-3 所示。安装前，可以修改一下虚拟机的配置。单击参数名，可以修改参数值，例如将 CPU 改为“2”，或修改镜像文件的存放目录，最好修改一下默认安装的操作系统类型，这里选择的是 Debian 64 位 Linux 系统。单击“导入”按钮，完成安装过程。

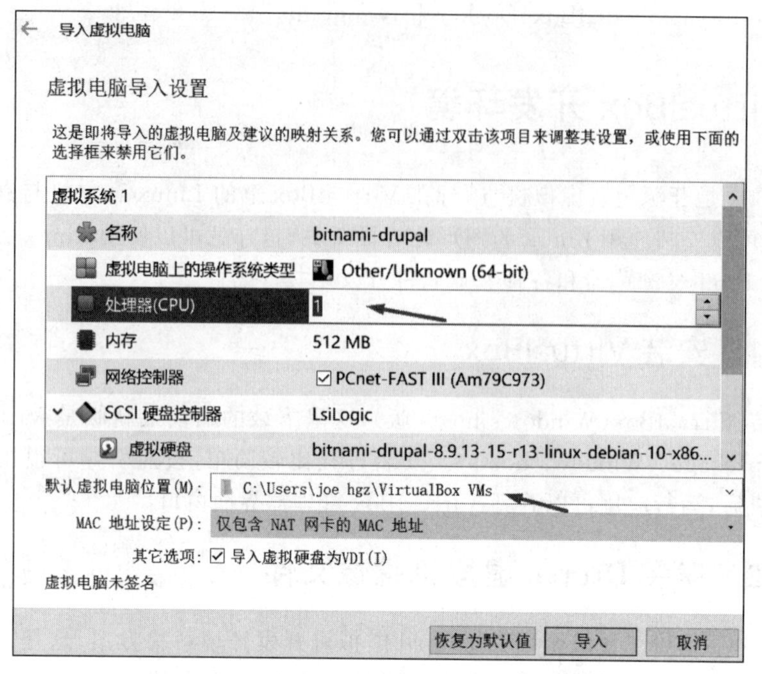

图 33-3 导入 Drupal 虚拟机镜像文件的过程

33.2.3 启动 Drupal 虚拟机

可以通过 VirtualBox 管理器启动 Drupal 虚拟机，或通过命令启动，命令启动可以让虚拟机直接在后台运行。

打开 PowerShell、cmd 或 Windows Terminal 终端，用 cd 命令进入到 VirtualBox 安装目录下，使用 vboxmanage 命令操作虚拟机的管理，启动前面安装好的 bitnami-drupal 虚拟机，命令如下。

```
.\VBoxManage startvm bitnami - drupal  - type gui
```

“-type”参数值为“gui”表示启用 VirtualBox 管理界面，为“headless”表示不启用管理界面，直接在后台运行。这里启用管理界面的目的是可以观察服务器启动过程的提示信息，如图 33-4 所示。

接着，按照启动提示信息，完成登录。

1. 访问 Drupal 系统的 URL 地址

启动界面提示的地址是 http://192.168.1.106/（见图 33-4 中的提示信息），在 Windows 系统中打开浏览器，输入 URL 地址，就可以访问 Druapl 8 系统了，如图 33-5 所示的首页。使用系统提示的 Drupal 登录用户名 user，密码 jn7ZmxG7dVt1，以系统管理员方式登录。

```
*** Welcome to the Bitnami Drupal Stack ***
*** Built using Debian 10 - Kernel 4.19.0-16-amd64 (tty1). ***

*** You can access the application at http://192.168.1.106 ***
*** The default username and password is 'user' and 'jn72mxG7dVt1'. ***
*** You can find out more at https://docs.bitnami.com/virtual-machine/apps/drupal/ ***

*******************************************************************************
  To access the console, please use login 'bitnami'
  and password 'bitnami'
*******************************************************************************

debian login: bitnami
Password:
Linux debian 4.19.0-16-amd64 #1 SMP Debian 4.19.181-1 (2021-03-19) x86_64

The programs included with the Debian GNU/Linux system are free software;
the exact distribution terms for each program are described in the
individual files in /usr/share/doc/*/copyright.

Debian GNU/Linux comes with ABSOLUTELY NO WARRANTY, to the extent
permitted by applicable law.

  *** Welcome to the Bitnami Drupal 8.9.13-15                              ***
  *** Documentation:  https://docs.bitnami.com/virtual-machine/apps/drupal/ ***
  ***                 https://docs.bitnami.com/virtual-machine/            ***
  *** Bitnami Forums: https://community.bitnami.com/                       ***
****************************************
* Please insert the new user password *
* The default password is 'bitnami'    *
****************************************
Changing password for bitnami.
Current password: _
```

图 33-4 bitnami-drupal 虚拟机启动过程

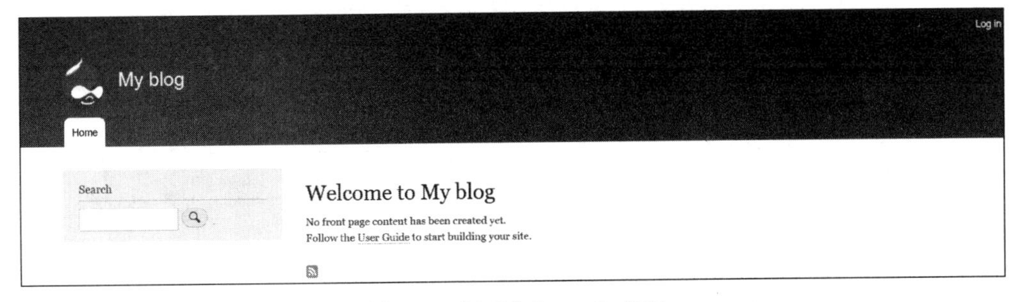

图 33-5 打开的 Drupal8 首页

2. 登录虚拟机服务器的账户

使用系统提示的账户名 itnami,密码 itnami,登录到服务器,登录后,服务器端还安装好了开发管理工具 Drush 和 Composer。

3. 修改服务器登录密码

第一次启动时,系统要求更改密码。当然也可以不修改,直接按 Enter 键。进入系统后,可以再修改。

在 VirtualBox 管理界面看到的服务器终端窗口比较小,是因为有安装扩展包,接下来需要完成扩展包的安装。

33.2.4 安装扩展包

在 VirtualBox 同一下载页面，下载相同版本的 VirtualBox 6.1.18 Oracle VM VirtualBox Extension Pack 扩展包。这是一个功能扩展包，可以解决客户机硬件兼容问题，例如，USB 接口驱动、显卡驱动，如果不安装正确的扩展包，Linux 客户机将无法识别 USB 的设备，客户机的桌面显示器分辨率无法达到最优化效果。而且，这个扩展包可以在任何操作系统平台安装。安装过程如下。

1. 加载扩展包

首先通过 VirtualBox 管理器加载扩展包到虚拟光驱。打开系统菜单“管理”|“全局设定”|“扩展”，单击右边的“+”按钮，添加扩展包，如图 33-6 所示。

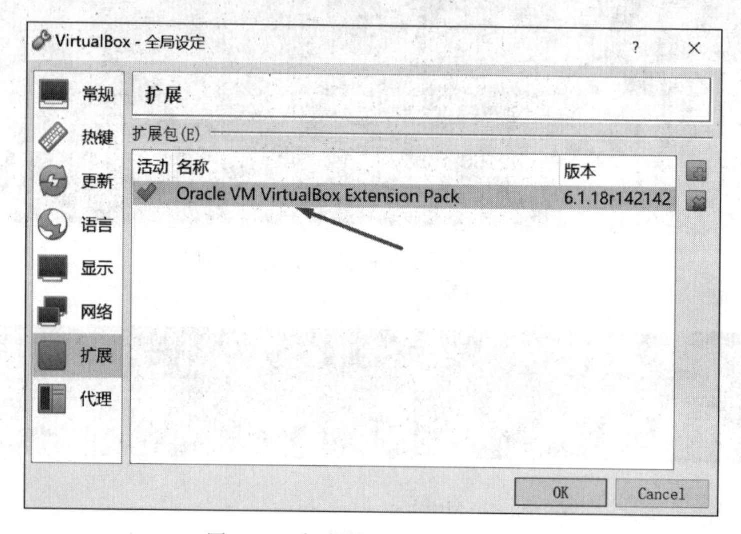

图 33-6 加载扩展包到虚拟光驱

2. 在虚拟客户机加载 VBoxGuestAdditions.iso

在客户机上，需要通过 VBoxGuestAdditions.iso 光驱镜像文件，来安装扩展包。在 VirtualBox 管理器上，选择 Drupal 虚拟机(bitnami-drupal)，打开菜单“控制器”|“设置”|“存储”，添加虚拟光驱，并选择加载 VBoxGuestAdditions.iso 镜像文件到光驱，如图 33-7 所示。

3. 在客户机安装扩展包

启动 Drupal 虚拟机，首先进入到 mnt 目录，并创建子目录 cdrom，再加载光驱。命令如下。

```
cd mnt
sudo mkdir cdrom
sudo mount /dev/cdrom /mnt/cdrom
```

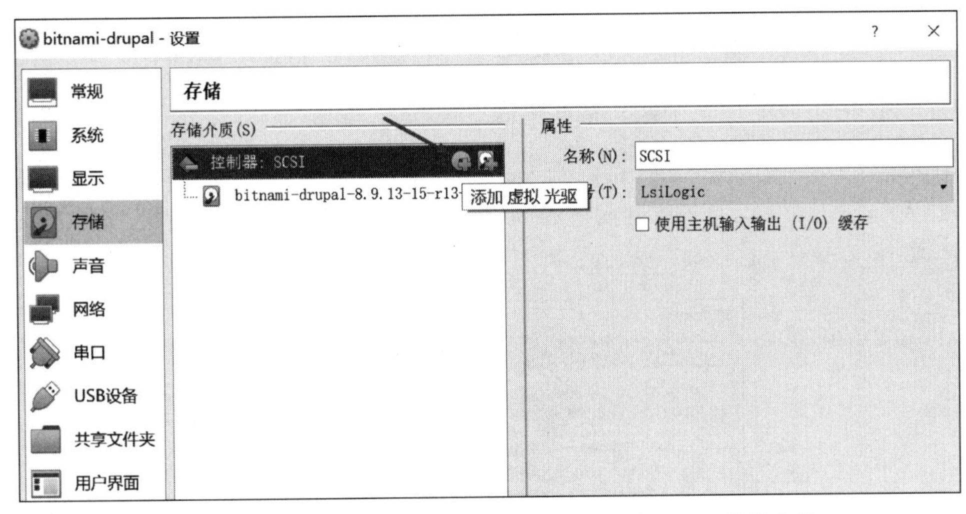

图 33-7　添加虚拟光驱及加载 VBoxGuestAdditions.iso 镜像文件

先执行软件包更新，再安装打包工具和 Linux-headers 内核头文件，因为 VirtualBox 扩展包安装需要这些模块，否则会出错。执行命令如下。

```
sudo apt-get update && sudo apt-get install build-essential linux-headers-$(uname -r)
```

加载的光驱有扩展包文件，放在加载点/mnt/cdrom 文件夹下，运行安装脚本如下。

```
sudo sh /mnt/cdrom/VBoxLinuxAdditions.run
```

完成安装后，重启系统，命令如下。

```
sudo reboot
```

33.3　Docker

Docker 是一个应用容器，是使用 Go 语言编写的虚拟机管理工具，可以快速搭建 Linux 开发环境。Drupal 官网提供了基于 Docker 的开发环境镜像安装(https://www.drupal.org/docs/develop/local-server-setup/docker-development-environments)。

Docker 通过一个预先设置好的应用软件框架和软件栈也称为镜像(image)，例如 Drupal 系统、LAMP 开发环境，或者是一个完整的 Linux 系统，以容器方式共享主机的操作系统内核。Docker 的镜像文件相当于软件栈静态快照，镜像文件通过 Docker 引擎部署后，就成为应用软件实例容器，多个应用容器可以运行于 Docker 引擎上，每一个应用容器占用的空间比传统的虚拟机要小，应用容器一般是以 MB 为单位，而虚拟机需要运行完整的操作系统，使用的空间以 GB 为单位。

33.3.1 Windows 10 下安装 Docker

1. 打开 Windows 10 的 Hyper-V 虚拟机

Windows 10 下安装 Docker，需要 Hyper-V 虚拟机的支持。打开 Windows 10 任务栏的搜索“Windows 功能”，打开控制面板的“启用或关闭 Windows 功能”设置，勾选 Hyper-V 的设置，如图 33-8 所示。

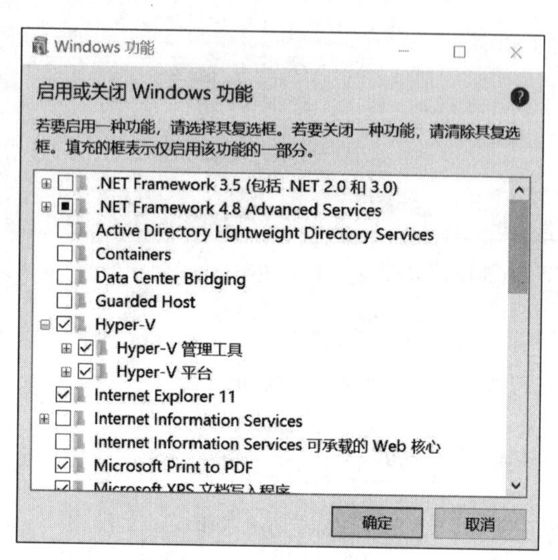

图 33-8 启用 Hyper-V 功能

2. 下载安装 Docker Desktop

Docker 是一个管理虚拟机的容器，最早是在 Linux 环境下运行的，可以在一台物理机上管理多个虚拟机操作系统环境的工具。Docker Desktop 的社区 CE(Community)版是免费版，需要 Windows 10 64 位的专业版或企业版支持，否则，老版本的 Windows 或 macOS 只能安装 Docker Toolbox 版本。

下载文件 Docker desktop installer. exe，运行安装后，打开 Windows 命令行窗口 cmd. exe 或 Powershell，使用下面的命令检查版本。

```
docker --version
```

运行下面的命令，查看 Docker 信息，ps 表示运行的容器信息，version 表示客户端和服务器端版本信息，info 表示查看容器的详细信息。

```
dockerps
docker version
docker info
```

3. 创建和运行容器

从 Docker Hub 创建一个名称为 hello-world 的容器，这是一个默认的 Docker 提供的容器，命令如下。

```
docker run hello - world
```

Docker 会先从本地查找容器镜像文件，如果没有就从网络 Docker Hub 下载，然后安装容器镜像文件，启动这个容器，会有这个容器的返回信息 hello-world，如图 33-9 所示。

```
Hello from Docker!
This message shows that your installation appears to be working correctly.

To generate this message, Docker took the following steps:
 1. The Docker client contacted the Docker daemon.
 2. The Docker daemon pulled the "hello-world" image from the Docker Hub.
    (amd64)
```

图 33-9　容器 hello-world 显示的信息

从这个 hello-world 容器的运行过程，可以基本了解 Docker 的工作原理。Docker 客户端从 Windows 命令终端发出命令给 Docker 服务器（Docker daemon），Docker daemon 先检查本地有没有这个镜像文件，如果没有，Docker daemon 从 Docker hub 镜像仓库拉取 hello-world 镜像，并创建容器，执行一个应用，应用产生的信息发送回 Docker 客户端，让我们看到这个信息。

33.3.2 Docker 基本容器管理命令

1. 下载、创建镜像、安装容器相关命令

（1）docker search 镜像名：通过"镜像名"在线搜索 Docker Hub 仓库的镜像文件。

（2）docker build：通过 dockerfile 配置文件创建镜像，在 github 上有很多配置好的 dockerfile，可以使用 git clone 命令下载。

（3）docker pull 镜像名：表示下载镜像到本地。

（4）docker create：创建新容器，但是不启动。

（5）docker run：下载镜像，创建容器，并启动容器。

以下命令是安装一个 nginx web 服务器的例子。"-d"表示把 Docker 容器作为服务，在后台运行，也叫作 detach mode（脱离模式），否则，启动的容器处于 attach mode，也就是服务器和客户端处于直连状态。相当于"-it"参数，强制创建一个伪 TTY 终端连接到容器的 stdin 输入终端，来和容器的 bash shell 进行交互。"-p 80:80"表示宿主机的 80 端口访问被定向到容器的 80 端口，"--name webserver"表示容器名称为 webserver，nginx 是镜像名。

```
docker run - d - p 80:80 -- name webserver nginx
```

安装完成的窗口信息如图 33-10 所示。

```
PS C:\Users\Joe> docker run  -d -p 80:80 --name webserver nginx
Unable to find image 'nginx:latest' locally
latest: Pulling from library/nginx
bc95e04b23c0: Pull complete
f3186e650f4e: Pull complete
9ac7d6621708: Pull complete
Digest:
sha256:b81f317384d7388708a498555c28a7cce778a8f291d90021208b3eba3fe74887
Status: Downloaded newer image for nginx:latest
bff878ff78282f0c09081eb5f7b8e95663ea382d1faecc1794346d19149e76a4
```

图 33-10 nginx web 服务器安装完成的信息

通过宿主机浏览器打开 http://localhost 访问 nginx web 服务器，如图 33-11 所示。

Welcome to nginx!

If you see this page, the nginx web server is successfully installed and working. Further configuration is required.

For online documentation and support please refer to nginx.org.
Commercial support is available at nginx.com.

Thank you for using nginx.

图 33-11 通过 Docker 启动的 nginx web 服务器

2. 查看启动的容器

```
docker ps
```

3. 启动一个容器

```
docker start 容器名
```

4. 停止一个容器

```
docker stop 容器名
```

5. 删除容器

```
docker rm 容器名
```

6. 查看下载的镜像文件

```
dockerimages
```

7. 移除一个镜像

```
dockerrmi 镜像名
```

容器名和镜像文件名可以相同，但是含义完全不同，镜像文件是一个可以在虚拟机上运行的、轻量级的、独立的可执行软件包，包括应用程序、代码、系统工具、系统库和设置等，镜像文件加载到Docker引擎（Lunix或Windows）上运行，就成为容器，容器保证了软件和环境分离，应用更安全。

33.3.3 修改容器镜像文件存放位置

Docker是通过Windows平台的Hyper-V技术来创建一个Linux虚拟机，也就是Docker的引擎（Docker Engine），所有下载到本地的镜像都会在这个虚拟机引擎下创建容器，这个虚拟机文件目录是C:\ProgramData\DockerDesktop\vm-data\DockerDesktop.vhdx，它存放在宿主机的系统磁盘下，有可能会影响性能，可以把它迁移到另一个磁盘上。

在搜索栏中输入“hyper-v”，打开显示的Hyper-V管理器，看到如图33-12所示的DockerDesktopVM Linux虚拟机引擎。

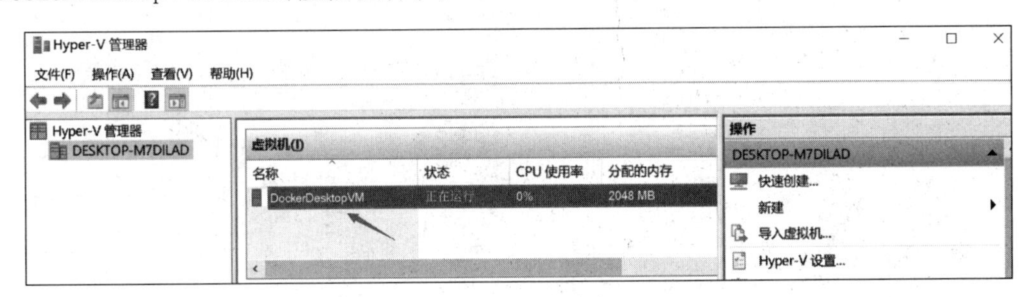

图33-12　Windows 10的Hyper-V管理器

里面有一个Linux虚拟机，先将这个虚拟机镜像文件C:\ProgramData\DockerDesktop\vm-data\DockerDesktop.vhdx复制到D:\Hyper-V\DockerDesktop\vm-data\DockerDesktop.vhdx。

鼠标右键单击DockerDesktopVM打开菜单，选择“设置”，打开设置界面，选择“硬盘驱动器”，在虚拟硬盘下单击“浏览”按钮，找到新的文件位置，“确认”完成。可以删除默认的镜像文件，如图33-13所示。

这里是暂时的修改，重新启动计算机又会恢复到默认的安装位置。所以要永久改变，还是要在系统提示栏的Docker鲸鱼图标菜单Settings|Resources|ADVANCED下修改，如图33-14所示。

33.3.4 修改Docker服务器引擎容器

在通知栏里面的Docker鲸鱼图标上，单击鼠标右键，弹出菜单里面有Switch to Windows containers项，选择并重新启动后，会把Docker服务器引擎改为Windows操作系统容器。执行命令docker version，可以看到Docker引擎的OS是Windows，如图33-15所示。但是原来在Linux中创建的容器仍然可以正常运行，但是无法看到和管理了。

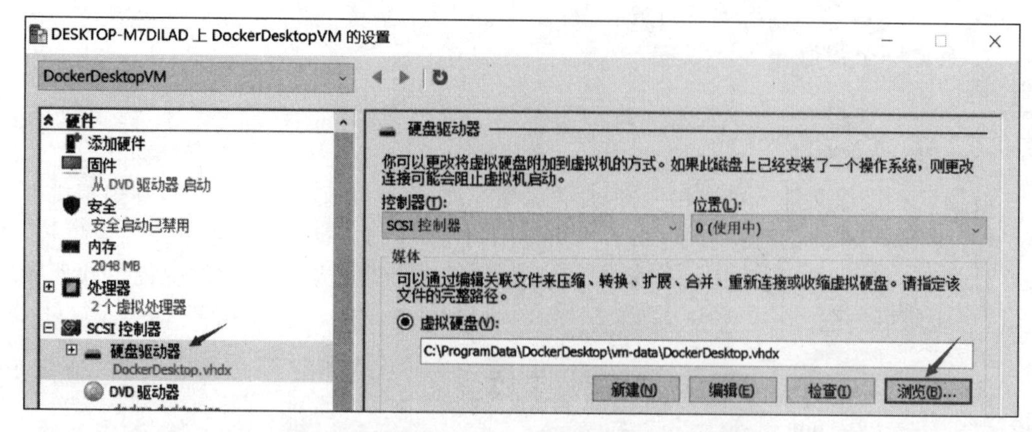

图 33-13　修改 Docker 引擎镜像文件存放位置

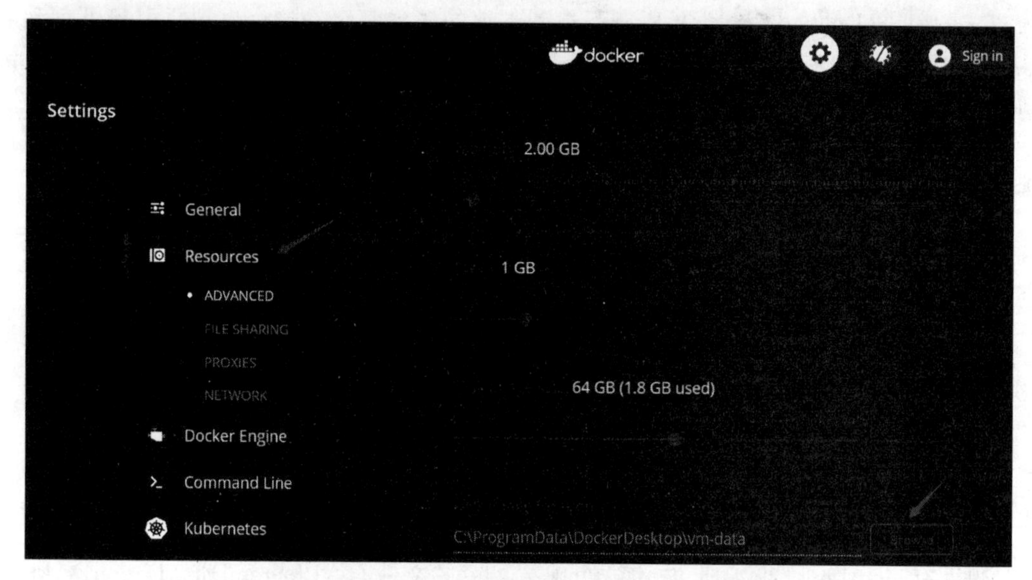

图 33-14　通过 Docker 的设置修改 Docker 引擎存放位置

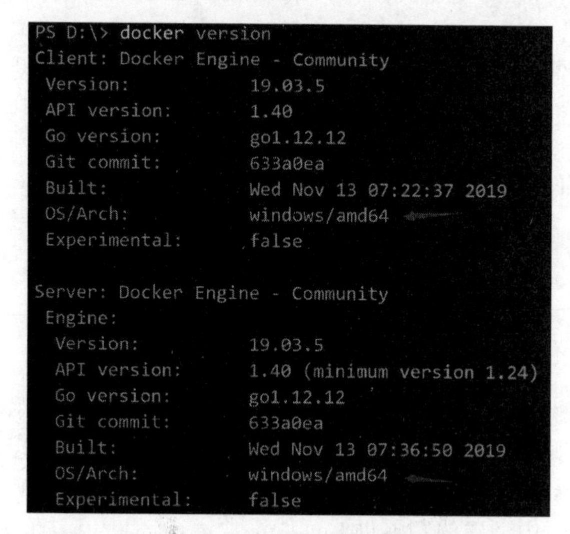

图 33-15　Docker 服务器引擎切换为 Windows

33.3.5 共享磁盘

让 Docker 容器里面的系统应用可以访问 Windows 10 下的文件，必须设置共享硬盘，在 Windows 系统信息栏的 Docker 鲸鱼图标上，单击鼠标右键，在弹出的菜单选项中选择 Settings，接着打开菜单 Resources|FILE SHARING，选择一个可以共享的磁盘，如图 33-16 所示。

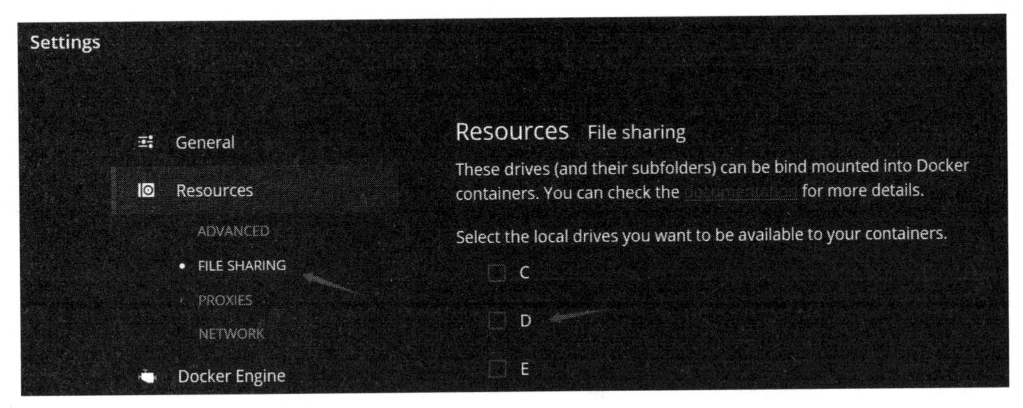

图 33-16 共享磁盘设置

33.3.6 设置国内镜像加速器

从 daocloud. io 获得加速器 URL 地址 https://www. daocloud. io/mirror#accelerator-doc。从系统状态栏打开 Docker 鲸鱼图标菜单 Settings|Docker Engine，在 registery mirrors:[]里面粘贴加速器地址 http://f1361db2. m. daocloud. io，单击 Apply&Restart，会重新启动 Docker，如图 33-17 所示。但是，目前 Docker hub 镜像仓库的速度还不错，可以不用设置国内镜像。

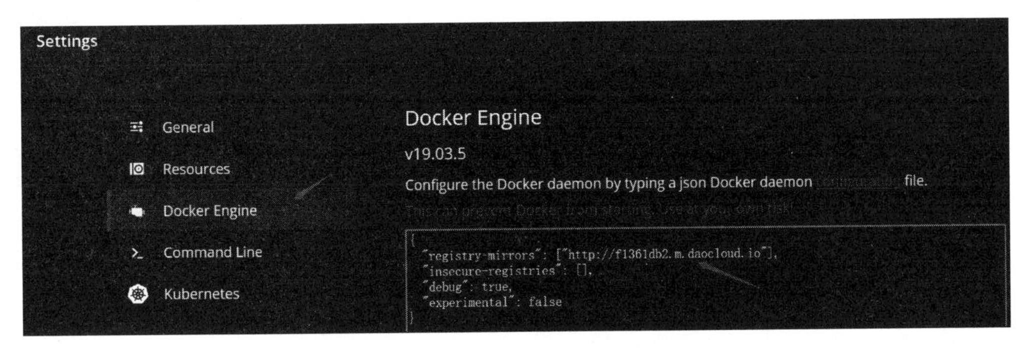

图 33-17 daocloud. io 提供的加速器设置

33.3.7 安装 Drupal 容器和 MariaDB 数据库

1. 打开 Docker 镜像仓库

登录到 Docker hub 镜像仓库网站，注册一个账户。单击 Explore 菜单，可以打开镜像仓库列表,如图 33-18 所示。

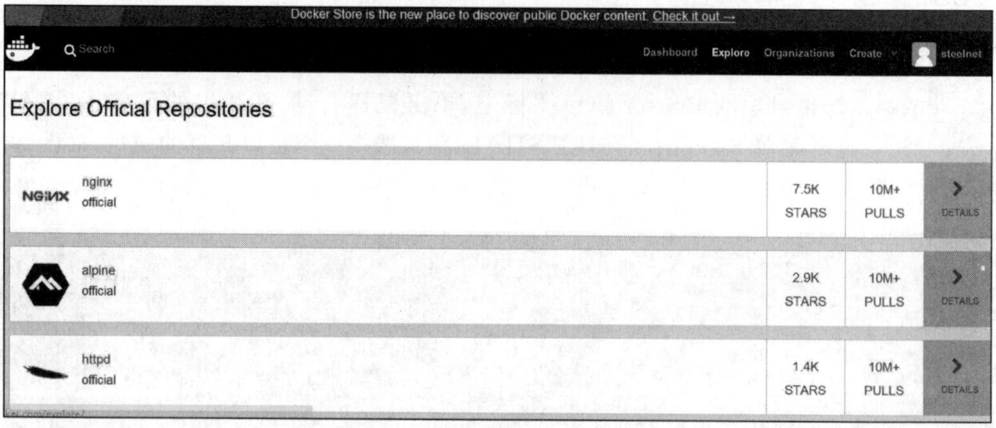

图 33-18 Docker 的镜像仓库

2. 查找 Drupal 镜像

从 Docker store 搜索"drupal"关键词,找到 1644 个有关 Drupal 的镜像,选择 Offical Drupal 镜像 https://hub.docker.com/_/drupal/,如图 33-19 所示。

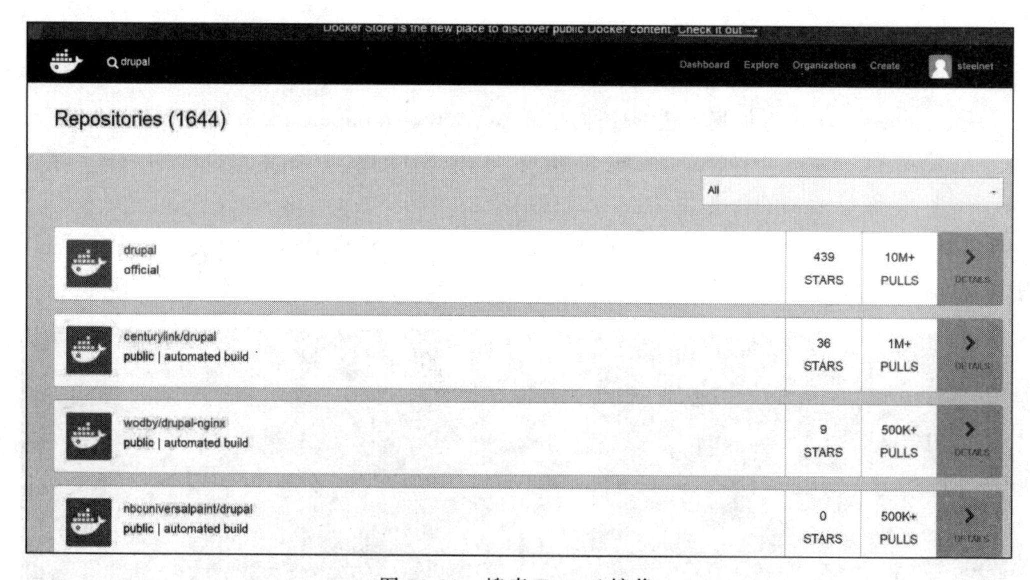

图 33-19 搜索 Drupal 镜像

3. 下载、安装 Drupal 镜像

创建一个项目目录 dockerdrupal,在 Windows 命令窗口下执行:

```
docker pull drupal
```

安装过程如图 33-20 所示。

```
PS D:\dockerdrupal> docker pull drupal
Using default tag: latest
latest: Pulling from library/drupal
804555ee0376: Pull complete
ca16ca5e3c0b: Pull complete
7e6a3b58c8d6: Pull complete
7696bcd03bee: Pull complete
0c067836f4ee: Pull complete
b819ae6e0628: Pull complete
4816e376f31a: Pull complete
1fae5b90f7f8: Pull complete
9df185ee5591: Pull complete
7407159f5321: Pull complete
f32b74413d22: Pull complete
bb70a9554c27: Pull complete
7ba63e133bff: Pull complete
60617896a1c6: Pull complete
1cc3fb4b5c5f: Pull complete
6c1cd4c7c28e: Pull complete
Digest: sha256:3bffdb1609a3cba79e39522b1c9a94c9ae9fd539aff43da0bda09e2ead143b32
Status: Downloaded newer image for drupal:latest
docker.io/library/drupal:latest
```

图 33-20 Drupal 镜像安装过程

4. 创建 Drupal 容器实例

执行命令：

```
docker run -- name mydrupal -p 80:80 -d drupal
```

mydrupal 是命名的容器名。在 Windows 端打开浏览器输入 http://localhost，发现可以进入 Drupal 安装界面，但是还需要安装启动数据库容器来完成 Drupal 项目的安装。

5. 创建 MySQL 数据库容器

执行命令：

```
docker run -e MYSQL_ROOT_PASSWORD = root -e MYSQL_DATABASE = drupal8db -e MYSQL_USER =
drupal8user -e MYSQL _ PASSWORD = 123456 -v mariadb:/var/lib/mysql -d -- name
mariadb mariadb
```

创建命令的同时给数据库容器的 MariaDB 应用设置了数据库参数。数据库超级管理员设置密码 root，创建数据库名 drupal8db，及创建数据库用户 drupal8user，密码 123456，数据库的存放路径为/var/lib/mysql，这个数据库容器和镜像名都是 mariadb。

mydrupal 容器和 MySQL(MariaDB)容器已经启动，如图 33-21 所示。但是，两个容器是独立运行互不相干。

```
PS D:\dockerdrupal> docker ps
CONTAINER ID   IMAGE     COMMAND                  CREATED              STATUS              PORTS                NAMES
6d1dfe4ea002   mariadb   "docker-entrypoint.s…"   About a minute ago   Up About a minute   3306/tcp             mariadb
7b8905961a7    drupal    "docker-php-entrypoi…"   About an hour ago    Up About an hour    0.0.0.0:80->80/tcp   mydrupal
```

图 33-21 正在运行的 mydrupal 和 MariaDB 容器

6. Drupal 容器和数据库容器互连

重新创建一个完整的 Drupal 8 项目容器，名为 thedrupal8，由于前面创建的 mydrupal 容器占用了 80 端口，这就需要新容器改端口号，但是，我们选择移除 mydrupal 容器，释放占用的端口号，“--link”里面的 mysql 参数表示是数据库服务器名称，drupal:8.8.1 表示安装的是 Drupal 8.8.1 版本，如果要安装 Drupal 7，可以修改版本号。命令如下。

```
docker rm mydrupal
docker run --name thedrupal8 --link mariadb:mysql -p 80:80 -d drupal:8.8.1
```

宿主机端浏览器打开 http://localhost，进入最新版 Drupal 8 的安装目录，安装过程中需要注意的问题是，在 ADVANCED OPTIONS 设置数据库 host，原来本地安装默认为 localhost，而通过 Docker 容器安装需要改为 mysql，即在过程 6 中命名的数据库服务器名。

7. 打开 Drupal 容器终端控制台

如果需要查看和管理 Drupal 项目文件，需要启动 Linux 的 bash 终端，命令如下。

```
docker run -itdrupal bash
```

命令执行后，进入到容器，并打开容器的 bash shell，Drupal 8 的项目文件存放在/var/www/html 目录下，如图 33-22 所示。

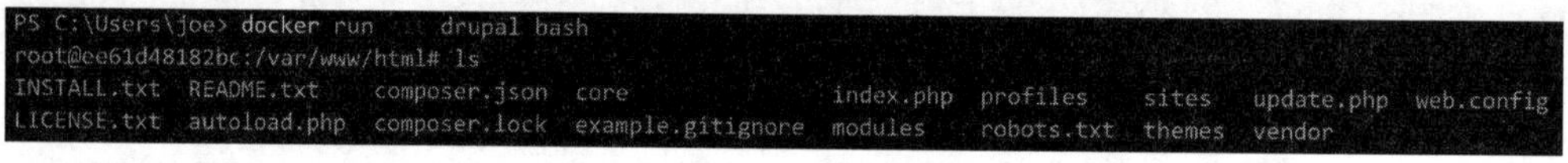

```
PS C:\Users\joe> docker run -it drupal bash
root@ee61d48182bc:/var/www/html# ls
INSTALL.txt  README.txt    composer.json  core                index.php  profiles    sites   update.php  web.config
LICENSE.txt  autoload.php  composer.lock  example.gitignore   modules    robots.txt  themes  vendor
```

图 33-22 运行在 Drupal 容器里面的项目文件

8. 设置共享目录

在步骤 7 中，可以查看 Drupal 容器的项目目录，如果想在 Windows 下查看相同的目录，需要使用“-v”来加载共享目录，需要注意的是 Windows 的目录会覆盖容器里面的共享目录，也就是说，如果 www 目录没有内容，会把容器里面的 Drupal 8 项目文件清空。命令如下。

```
docker run -d -p 80:80 -v www:/var/www/html drupal
```

9. Drupal 容器系统重启

关闭系统后，需要重新启动 Drupal 项目开发，必须同时启动两个容器，执行命令如下。

```
docker startmariadb thedrupal8
```

10. 访问正在运行的 Drupal 容器终端

如果 Drupal 容器已经启动，需要进入正在运行的 Drupal 容器的 bash 终端，执行命令如下。

```
docker exec - it thedrupal8 /bin/bash
```

11. 进入数据库容器终端

如果需要操作数据库,也可以进入 MariaDB 容器的 bash 终端,执行命令如下。

```
docker exec - itmariadb /bin/bash
```

打开 MySQL 数据库终端,在 bash 终端输入命令如下,使用 root 用户登录,密码也是 root。

```
mysql - uroot - p
```

登录成功界面显示如图 33-23 所示。

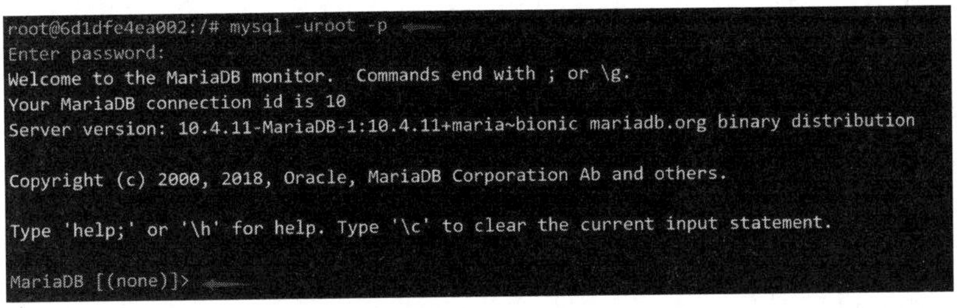

```
root@6d1dfe4ea002:/# mysql -uroot -p
Enter password:
Welcome to the MariaDB monitor.  Commands end with ; or \g.
Your MariaDB connection id is 10
Server version: 10.4.11-MariaDB-1:10.4.11+maria~bionic mariadb.org binary distribution

Copyright (c) 2000, 2018, Oracle, MariaDB Corporation Ab and others.

Type 'help;' or '\h' for help. Type '\c' to clear the current input statement.

MariaDB [(none)]>
```

图 33-23 登录 MySQL 终端

33.3.8 使用 docker-compose 安装 Drupal 项目

前面安装 Drupal 的例子使用了两个容器,输入的命令还带了很多参数变量,操作起来比较麻烦。其实还可以使用 docker-compose 辅助工具,通过一个配置文件 docker-compose. yml,把多个容器连接成为一个服务运行。下面开始使用 docker-compose 创建 Drupal 项目。

1. 创建项目目录

通过 Windows 命令窗口创建一个项目目录 mydrupal,并进入目录下。

```
mkdir mydrupal
cd mydrupal
```

2. 创建和编写 docker-compose. yml 文件

把前面两个容器(mariadb 和 thedrupal8)的配置改写到这个文件里面,这里配置 Drupal 和 MySQL 服务,为了避免和前面的容器名发生冲突,可以分别将容器名改为 drupal_c 和 mariadb_c。简化流程,让服务可以启动,volumes 卷共享目录被注释了(不用),代码如下。

```
version: '3'
services:
  drupal:
    image: drupal:latest
    container_name: drupal_c
    ports:
      - "80:80"
    expose:
      - 80
    #volumes:
#       - ./root:/var/www:z
    links:
      - 'mysql'
    networks:
      - webnet
  mysql:
    image: mariadb
    container_name: mariadb_c
    environment:
      MYSQL_ROOT_PASSWORD: root
      MYSQL_DATABASE: drupal8db
      MYSQL_USER: drupal8user
      MYSQL_PASSWORD: "123456"
#     volumes:
#        - ./db_data:/var/lib/mysql:rw
    networks:
      - webnet
networks:
  webnet:
#volumes:
#   db_data:
#       driver: local
#   root:
#       driver: local
```

3. 启动整合的 Drupal 容器

通过 Windows 命令行,进入到该文件目录\mydrupal,执行如下命令,启动容器。

```
Docker - compose up - d
```

服务启动成功后的信息如图 33-24 所示。

```
PS D:\dockerdrupal\mydrupal> docker-compose up -d
Creating mariadb_c ... done
Creating drupal_c  ... done
PS D:\dockerdrupal\mydrupal>
```

图 33-24　两个容器作为服务启动成功信息

4. 访问 Drupal 系统

Windows 端打开浏览器器,访问 http://localhost,进入 Drupal 8 安装界面。

5. 停止和启动 Drupal 容器服务

通过命令 docker-compose stop 可停止服务,docker-compose start 命令可启动服务。

33.4 Vagrant

Vagrant 工具是在现有的虚拟机平台基础上,通过虚拟机开发接口,使用自己的管理命令来安装、管理虚拟客户机。例如,它可以在 VirtualBox 下面创建 Linux 虚拟机,而不用通过 VirtualBox 界面操作,通过 Vagrant 工具命令,完全可以远程设置、操作和控制 VirtualBox 内部的虚拟机系统。

33.4.1 先安装 VirtualBox

由于 Vagrant 技术是基于虚拟机技术的,所以必须预先安装好一个虚拟机平台,例如 VirtuaBox、Hyper-V、VMware 等。Hyper-V 是 Windows 10 自带的虚拟机平台,流行程度不是很高,VMware 是一个商业化的付费的虚拟机平台,所以最佳选择是采用 VirtualBox,具体安装见前面章节。

33.4.2 安装和使用 Vagrant

下载安装 Vagrant,并重启系统。打开 cmd 命令行窗口,最好还要安装两个常用插件,一个是 vbguest,这个插件会自动安装 VirtualBox Guest Additions,这样可以解决在 Box 里面设置共享目录等问题;vagrant-hostsupdater 插件解决自动修改主机系统的/etc/hosts 文件加入 URL 入口 IP。Windows 系统的 hosts 文件在 C:\Windows\System32\drivers\etc。

auto-network 插件自动完成 Box 的网络地址设置,安装命令如下。

```
vagrant plugin install vagrant - vbguest
vagrant plugin install vagrant - faster
vagrant plugin install vagrant - hostsupdater
vagrant plugin install vagrant - auto_network
```

33.4.3 基本概念

1. Providers

Providers 就是虚拟机平台,Vagrant 可以把开发环境的操作系统安装到 VirtualBox、Docker、Hyper-V、VMware 和 ParallelDesktop 虚拟机平台,甚至可以是云端的平台,例如亚马逊的 AWS,也称之为 Providers 平台提供者。所以必须先安装好要使用的这些虚拟机平台。

2. Boxs

安装开发环境所依赖的操作系统称为基础盒子或称为虚拟机镜像，Vagrant 提供不同的 Boxes，Box 和虚拟机平台有关，相互不兼容，例如，VirtualBox 虚拟机 Box 就不能安装到 VMware 虚拟机。Vagrant 会自动选择已经安装的虚拟机平台，也可以自己设置，所有的安装设置由文件 vagrantfile 构成，用 Ruby 语法描述，其中定义了项目所使用的 Box、网络、共享目录参数、provision 脚本等。当 vagrant up 命令执行时，就是读取当前项目目录下的 vagrantfile。例如，在 vagrantfile 设置文件下的代码中，定义 provider 首选 vmware_fusion，其次为 virtualbox。

```
Vagrant.configure("2") do |config|
  # ... other config up here
  # Prefer VMware Fusion before VirtualBox
  config.vm.provider "vmware_fusion"
  config.vm.provider "virtualbox"
end
```

或者在安装基础盒子时，指定 provider 选项：

```
vagrant up -- provider = hyper - v
```

provider 选项值还可以是 virtualbox、vmware_fusion 或 docker。

Vagrant 通过云服务提供基础盒子。用户也可以创建自己的盒子，并分享给其他人使用。这些盒子被定作成某一个计算机语言的开发环境，例如，LAMP、Ruby、Python。

3. Project

项目就是配置好的实例化的虚拟机容器，由一个项目目录和目录中的 vagrantfile 组成，项目下面还可以加入子项目，子项目中的 vagrantfile 配置将继承和重写父项目的配置。项目的虚拟机实例会存储在 VirtualBox VMs 目录下，也可以打开 VirtualBox 管理工具，看到项目虚拟机容器，还可以通过 git 版本管理工具来管理项目。

4. Provision

Provision 即通过使用 Shell、Chef、Puppet 和 Ansible 等工具，通过事先写好的脚本，批量为项目安装软件以及配置系统。第一次执行 vagrant up 或 vagrant provision 及 vagrant reload --provision 时，会执行 provision 脚本。例如，项目例子是通过 shell 脚本来安装 vim 和 git。首先在 vagrantfile 里面添加：

```
config.vm.provision "shell", path: "vim_and_git.sh"
```

创建一个 vim_and_git.sh 脚本：

```
sudo apt - get install vim git - y
```

运行 provision 时，会执行 vim_and_git. sh 脚本，完成 vim 和 git 的安装。

5. 共享目录

Vangrant 默认会在宿主机的项目目录和虚拟机的/vagrant 用户目录之间创建一个共享目录，还可以自己添加共享文件夹，通过修改 vagrantfile 文件，添加代码如下。

```
Vagrant.configure("2") do |config|
  config.vm.synced_folder "my/", "/new/web"
end
```

第一个参数"my/"是宿主机的目录，"/new/web"是虚拟机端的目录。

6. 局域网访问

Vagrant 启动的虚拟机默认只能在宿主机上访问，它在 VirtualBox 虚拟机创建的是 NAT 网络类型，如果需要局域网其他机器或同一局域网的手机访问虚拟机，需要做端口转发，修改 vagrantfile，添加如下代码。

```
Vagrant.configure("2") do |config|
  config.vm.network "forwarded_port", guest: 80, host: 8888
  end
```

在宿主机上，如果是 Windows，用 ipconfig 检查宿主机 IP，例如 192.168.0.100，那么就可以用 192.168.0.100:8888 访问 Vagrant 虚拟机的 Web 服务器了。

第二个方法是给 VirtualBox 虚拟机添加 bridge 网卡，设置代码如下。

```
config.vm.network "public_network"
```

通过 vagrant ssh 命令登录到虚拟机，在虚拟机 Linux 系统中执行 ipconfig 命令，可以找到由局域网连接的路由器分配的 IP 地址，例如 192.168.0.191，通过这个 IP 地址，其他机器就可以访问虚拟机了。也可以设置固定 IP，不需要路由器分配，选择一个路由器的地址段 IP，进行固定 IP 设置，命令如下。

```
config.vm.network :private_network, ip: "192.168.0.191"
```

这样就不用每次去 Vagrant 虚拟机查看 DHCP 分配的动态 IP 地址，而直接用固定 IP 访问 Vagrant 虚拟机。

7. 第三方 SSH 访问 Vagrant 虚拟机

在宿主机器上访问 Vagrant 虚拟机，可以通过 vagrant ssh 命令，但是如果在局域网的其他机器访问，由于没有装 Vagrant，就可以通过第三方的 SSH 工具，例如 PuTTY 来访问。首先按照上面第二种方法设置好局域网访问，通过 IP 地址及 22 端口访问局域网远程的 Vagrant 虚拟机，Vagrant 默认 SSH 账号是 vagrant，密码是 vagrant。

33.4.4 安装基础盒

构建一个 Vagrant 系统，首先要安装 Basic Box，有三种安装方式：远程，下载本地安装和直接用盒子名称安装。

1. 远程安装

创建一个项目目录，在这个目录下执行下面的命令：

```
vagrant box addmybox http://files.vagrantup.com/precise32.box
```

其意思是初始化基础盒名为 precise32，从云端远程 http://files.vagrantup.com/precise32.box 下载安装。

2. 手工下载基础盒安装

手工下载基础盒 precise32.box，下载地址为 http://www.vagrantbox.es/，创建一个项目目录 d:\myproject，下载的镜像文件存放到项目目录下面。然后安装盒子如下：

```
vagrant box addmybox d:/myproject/precise32.box
```

3. 名称安装

下面的命令是通过盒子命名 hashicorp/precise32，直接到 Vagrant 软件仓库下载安装。

```
vagrant box addmybox hashicorp/precise32
```

完成以上命令后，盒子如果还不能使用，则必须初始化。初始化过程是创建一个 vagrantfile 配置文件，有了这个配置文件，就可以使用盒子来下载盒子镜像或启动一个虚拟机。初始化命令如下。

```
Vagrantinit mybox
```

33.4.5 虚拟机操作

有了基础盒子，就可以创建虚拟机容器了，通过安装脚本工具(Shell，Puppet，Chef)安装配置好的应用软件和服务。

1. 启动虚拟机

```
vagrant up
```

2. SSH 访问虚拟机

如果 Windows 不能访问，可以通过第三方 SSH 软件(例如 PuTTY)访问基础盒。登录名是 vagrant。

```
vagrantssh
```

3. 退出 SSH

```
exit
```

4. 关闭虚拟机

```
vagrant halt
```

5. 查看盒子

```
vagrant box list
```

6. 查看虚拟机状态

```
vagrant status
```

7. 重新加载虚拟机

```
vagrant reload
```

33.4.6 VDD

VDD(Vagrant Drupal Development)利用 Vagrant 和 Chef Solo Provisioner 工具来设置和管理安装在 VirtualBox 里面的虚拟化的 Linux 开发环境，并可以创建 Drupal 6、7、8 版的开发。

1. 下载安装 VDD 安装脚本文件

从 Drupal 官网找到 VDD 脚本下载，VDD 安装脚本可以在 Windows、Linux 和 Mac 平台运行，可以快速克隆一个开发环境，移植到 PC 或笔记本电脑。下载的文件解压到 VDD 目录下面。在 VDD 目录项目，通过 Windows 命令行窗口，执行：

```
Vagrant up --provider VirtualBox
```

Vagrant 会先在线安装 Basic Box(基本盒子)，也就是 Ubuntu Linux 系统，Vagrant 会读取 Vagrantfile 配置文件，需要 6～10min 完成配置。VDD 调用 Chef Solo Provisioner 工具完成系统的部署，Chef 是一个部署本地或云端服务器及应用的快速工具。安装完成后，可以看到下面一行信息：

```
Install finished! Visit http://192.168.44.44 in your browser.
```

开发环境安装好了,可以通过SSH远程访问开发环境:

```
Vagrant ssh
```

进入到Ubuntu系统。

2. 设置hosts文件

安装好的系统默认安装Drupal7.dev和Drupal8.dev开发包,需要把IP映射地址:

```
192.168.44.44   drupal7.dev
192.168.44.44   drupal8.dev
```

并写入到c:\system32\drivers\etc\hosts文件里面。这样就可以通过虚拟主机域名访问Drupal系统了。

3. 共享目录

Linux端的目录/var/www/对应于Windows端的beetbox项目目录下的vdd\data,Linux端目录/vagrant对应Windows端的\vdd。

33.4.7 Drupal VM

到Vagrant cloud搜索Drupal,可以找到DrupalVM这个盒子,是基于Ubuntu Linux系统的。这个页面会列出所有版本的盒子,但是仅提供vagrantfile的代码,复制代码到本地,还需要远程安装。由于Vagrant的软件仓库服务器在国外,在线安装很慢,所以建议手工下载盒子镜像,在本地安装。步骤如下。

1. 下载盒子

由于Vagrant软件仓库没有直接提供盒子的下载链接,所以建议使用谷歌浏览器Chrome打开drupal-vm盒子页面,下载速度会快些。单击需要安装的版本号,例如最新版V2.0.6,然后在浏览器的URL地址后面加上/versions/2.0.6/providers/virtualbox.box,回车,浏览器就可以直接下载(geerlingguy/drupal-vm)VirtualBox的盒子镜像。

2. 下载项目脚本

到DrupalVM官网或github开源软件仓库找geerlingguy/drupal-vm,下载DrupalVM项目脚本,文件解压到drupal-vm-master目录下面。打开Windows命令行,使用cd命令转到drupal-vm-master目录,把前面下载好的镜像文件复制到项目目录下,并把文件名改为"drupal_vm_2.0.6.virtual.box"。

3. 安装

执行下面的命令,添加盒子geerlingguy/drupal-vm到虚拟机。

```
Vagrant box add drupal_vm_2.0.6.virtualbox.box   -- name geerlingguy/Drupal - vm
```

执行命令 vagrant up，第一次是安装 plugin 插件，如图 33-25 所示。

```
PS C:\Windows\system32> cd C:\drupal\drupal-vm-master
PS C:\drupal\drupal-vm-master> vagrant up
Installing plugin vagrant-vbguest
Fetching: vagrant-share-1.1.9.gem (100%)
Fetching: micromachine-2.0.0.gem (100%)
Fetching: vagrant-vbguest-0.15.0.gem (100%)
Installing plugin vagrant-hostsupdater
Fetching: vagrant-hostsupdater-1.0.2.gem (100%)
`vagrant up` must be re-run now that plugins are installed
```

图 33-25　安装插件

再次执行 vagrant up，安装成功后，最后显示的信息如图 33-26 所示。

```
Going on, assuming VBoxService is correct...
==> drupalvm: Checking for guest additions in VM...
==> drupalvm: [vagrant-hostsupdater] Checking for host entries
==> drupalvm: [vagrant-hostsupdater]   found entry for: 192.168.88.88 drupalvm.test
==> drupalvm: [vagrant-hostsupdater]   found entry for: 192.168.88.88 www.drupalvm.test
==> drupalvm: [vagrant-hostsupdater]   found entry for: 192.168.88.88 adminer.drupalvm.test
==> drupalvm: [vagrant-hostsupdater]   found entry for: 192.168.88.88 xhprof.drupalvm.test
==> drupalvm: [vagrant-hostsupdater]   found entry for: 192.168.88.88 pimpmylog.drupalvm.test
==> drupalvm: [vagrant-hostsupdater]   found entry for: 192.168.88.88 dashboard.drupalvm.test
==> drupalvm: Setting hostname...
==> drupalvm: Configuring and enabling network interfaces...
==> drupalvm: Mounting shared folders...
    drupalvm: /vagrant => D:/vagrant/drupal-vm-2.0.6
    drupalvm: /var/www/drupalvm => D:/vagrant/drupal-vm-2.0.6
==> drupalvm: Running provisioner: drupalvm (ansible_local)...
    drupalvm: Installing Ansible...
```

图 33-26　安装 drupal-vm 成功后的信息

4. 常见错误处理

如果是在线安装，可能会因为网速过慢出现网络中断错误，可以执行多次 vagrant up 或 vagrant provision，Vagrant 会从错误断点处继续执行。如果出现与 VirtualBox 虚拟机连接不成功，可能是宿主机的 BIOS 没有把 CPU 的虚拟化（virtualization）设置为 enable。还有找不到 GuestAddtions 扩展包的错误，这就需要到 VirtualBox 官网下载相应版本的 GuestAddtions 扩展包，把它复制到虚拟机的安装目录 C:\Program Files\Oracle\VirtualBox 下，再执行 vagrant reload。如果还是有问题，可以执行 vagrant destroy，清除虚拟机，再重新执行 vagrant up。执行检查盒子 vagrant box list 命令，发现本地安装的盒子版本号为 0，而不是当前版本 2.0.6，但是不影响使用。

5. VirtualBox 管理器查看 Drupal VM

打开 VirtualBox 虚拟机，在管理界面出现 drupalvm.test 虚拟机正在运行。

6. 访问 Drupal 系统

打开浏览器，访问 192.168.88.88，出现 Drupal VM 的页面，如图 33-27 所示，里面列出了一些默认的账号信息。同时，还需要把图 33-26 中的入口 IP 和虚拟主机域名复制到 C:\Windows\system32\drivers\etc\hosts 文件里面。这样可以通过虚拟域名访问 Drupal 系统。目前可以访问的虚拟域名有 dashboard.drupalvm.test、adminer.drupalvm.test 和 pimpmylog.drupalvm.test。

7. 共享目录

在虚拟机盒子中共有两个目录/vagrant 和/var/www/drupalvm 共享到 Windows 宿主机的 D:/vagrant/drupal-vm-2.0.6 项目目录下，如图 33-28 所示。

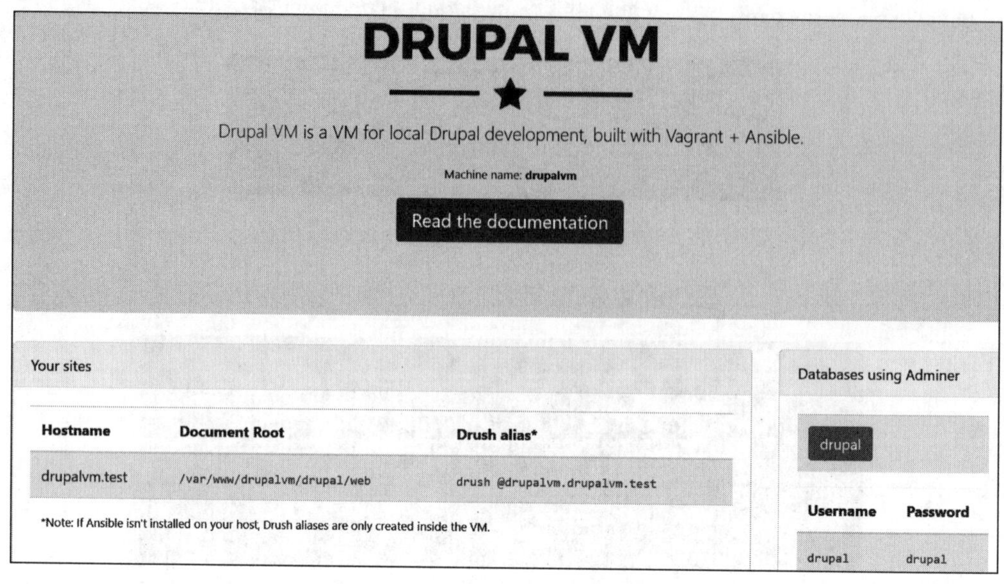

图 33-27　Drupal VM 的仪表盘界面

图 33-28　共享目录

33.4.8　beetbox

通过 Vagrant Cloud 网站搜索“drupal”关键字，发现 beetbox 下载人数最多，到 beetbox 官网，按照步骤，完成安装。

1. 检查必需的软件

首先在 Windows 主机上按照要求安装的工具如下。

(1) Composer。

(2) VirtualBox。

(3) Vagrant 1.8 版本以上还要安装额外的 Vagrant 插件包(Vagrant Hostsupdater 和 Vagrant Auto-network 插件)。

2. 下载盒子

创建一个项目目录 beetbox，打开 cmd 命令行窗口，进入 beetbox 目录，执行下面的命令。

```
composer require --dev beet/box
vagrant up
```

通过 Composer 软件库下载 beet/box 的 Vagrant 配置文件，执行 vagrant up，整个过程会在线下载、安装和创建 beetbox，如果在执行过程中出错，可以运行多次"vagrant up"，一直到完成安装为止。

3. 创建 Drupal 8 项目

执行下面的命令：

```
composer create-project drupal-composer/drupal-project:8.x-dev drupal8 --stability dev
--no-interaction
```

通过 Composer 创建 Drupal 项目后，会创建一个 drupal8 目录，下载 Drupal 的所有源代码，存放在 drupal8\web 目录下。并生成 Drush 和一些配置文件。下面的命令进一步安装 beetbox 及依赖包，再启动盒子。

```
cd drupal8
composer require --dev beet/box
vagrant up
```

执行完成以上命令后，这里创建了一个新的本地域名为 drupal8.local 的 Drupal 8 开发项目。

4. 设置 Drupal 8 项目

进入 Drupal 8 目录，管理员打开 Windows 终端 cmd，通过 vagrant ssh 命令登录到盒子，首先要登录到 MySQL 数据库终端，执行命令"mysql -uroot -p"，beetbox 的默认数据库账号 root 的密码是空的，所以不用输入密码，直接按 Enter 键即可。首先要创建一个 MySQL 数据库和 Drupal 8 的数据库账号。但是，授权时，使用远程访问方式，将参数"localhost"改为"%"。

在 Windows 机器上打开浏览器，输入 http://drupal8.local/install.php，按照提示，逐步完成安装设置。

也可以自动安装 Drupal 项目，在 drupal8\.beetbox\config.yml 文件中添加：

```
drupal_install_site: yes
drupal_account_name: admin
drupal_account_pass: admin
```

重新执行部署：

```
vagrant provision
```

5. 共享目录

盒子创建好以后，会在主机和盒子之间建立一个共享目录，Windows 机器的项目目录是 d:\beetbox\drupal8，对应在 Ubuntu 中的 beetbox 的共享目录是/var/beetbox。所以，可以在 Windows 端修改、添加文件。

如果共享目录加载不成功，需要手工设置安装 VirtualBox 的增强功能，通过 vagrant ssh 命令登录到 beetbox，进入 VirtualBox 增强功能安装目录：

```
cd /opt/VBoxGuestAdditions - * /init
```

执行安装：

```
sudo ./vboxadd setup
```

重新启动系统：

```
sudo reboot
```

重新加载盒子：

```
vagrant reload
```

33.5 Vagrant 的系统性能问题

由于虚拟机的 Linux 和宿主机 Windows 系统共享了目录，Drupal 开发系统性能会比较慢，这是由于没有启用 NFS 文件系统的问题，而 Windows 系统不支持 NFS 文件系统，改进的方案是使用 Linux 作宿主机，例如，Ubuntu 宿主机安装 NFS 系统，执行如下命令：

```
apt - get install nfs - kernel - server
```

macOS 10.8.5 版本以上系统默认安装了 NFS，所以主要修改 Vagrant 项目目录下的配置文件 config.json 的共享配置代码，如下：

```
"synced_folders": [
    {
      "host_path": "data/",
      "guest_path": "/var/www",
      "type": "default"
    }
  ],
```

把"type"值改为"nfs"，再执行"vagrant reload"。

33.6 Vagrant 和 Docker 的比较

服务器的部署安装、早期 Web 开发、简单的 LAMP 和 WAMP(Windows＋Apache＋MySQL＋PHP)都是为了简化 Web 服务器安装部署而集成化的服务器安装包。由于

Windows 系统设计的目的是为了用于办公环境，用于软件开发时相对 Linux 系统来说效率不高。但是办公和软件开发分成 Windows 和 Linux 两台计算机又显得奢侈，而且文件共享也比较麻烦，所以就出现了虚拟机，例如 VMware 和 VirtualBox，可以在一台机器上安装不同的操作系统，让程序员在两个操作系统间切换完成软件开发和办公管理。

随着软件技术的发展，服务器端的运行环境越来越复杂，虽然虚拟机技术可以让多个操作系统运行于一个计算机硬件环境，但是配置复杂，迁移也很麻烦，所以就出现了虚拟化容器技术来让配置好的服务器环境分享给别人或迁移到其他机器上。况且，企业在软件购买、部署和维护上越来越复杂，运维成本越来越高，所以也出现了开发基于容器化的运维技术 DevOps 来解决从软件开发到运行维护的一系列问题，从而触发了云计算技术。早期的云计算应用最广泛的是云存储应用，现在云计算可以提供 IaaS（基础设施即服务），PaaS（平台即服务），SaaS（软件即服务）等服务平台，而云计算的基础架构就是得益于容器化技术。

开发运维管理（DevOps）促使 Vagrant 和 Docker 等虚拟化容器技术诞生。通过虚拟化容器技术来构造服务器端应用开发环境。Vagrant 是基于 VirtualBox 的虚拟机来构建的开发环境，而 Docker 则是基于 LXC 量级容器虚拟技术。以上两种虚拟化容器技术都是在虚拟机下完成，虚拟机是模拟一个完整的计算机硬件和软件环境，安装的系统和物理机上安装的是一样的，会占用大量的磁盘空间，而容器虚拟技术是在虚拟机上面构造更轻量级的应用服务器，虚拟机的镜像文件是以 GB 计算，而容器虚拟技术是以 MB 技术，这在生产环境和开发环境都是有好处的。

Vagrant 可以运行在 VirtualBox、VMware 虚拟机上，也可以运行在 AWS、OpenStack 等云平台。Vagrant 可以自动安装、下载及运行 docker 的容器。Vagrant 还集成了 docker-based development environments，因此 Vagrant 可以在 Windows、Mac 和 Linux 上面提供 Docker 服务。

第34章 Composer和Drush工具

早期的Drupal项目有自己的项目管理工具Drush，随着PHP框架生态圈的形成，出现了Composer管理工具，Drupal平台也加入到PHP生态圈中。

34.1 Composer

Composer是基于PHP项目的依赖管理工具，替代了原来的管理工具PEAR。新的PHP项目更多地使用框架开发，而框架的构建是基于组件的生态系统，所以现代软件开发方法都需要一个模块、组件、库或包的管理工具。例如，NodeJS的npm，Python的pip。理所当然，Composer工具就是帮助PHP项目安装和更新一些来自互联网上的依赖库。使用Composer管理的PHP项目都会有一个composer.json文件来设置依赖项，自从Drupal 8时代开始，Composer逐步替代Drush成为Drupal项目的主要管理工具。

34.1.1 安装Composer

1. 通过PHP代码安装

在Linux下先安装好LAMP，然后执行下面的PHP安装脚本。

```
    php -r "copy('https://getcomposer.org/installer', 'composer-setup.php');"
    php -r "if (hash_file('SHA384', 'composer-setup.php') ===
'544e09ee996cdf60ece3804abc52599c22b1f40f4323403c44d44fdfdd586475ca9813a858088ffbc1f233e
9b180f061') { echo 'Installer verified'; } else { echo 'Installer corrupt';
    unlink('composer-setup.php'); } echo PHP_EOL;"
    php composer-setup.php
    php -r "unlink('composer-setup.php');"
```

不同版本的安装脚本略有不同（因为代码里面包含校验码），所以需要去官网复制最新版本的安装脚本。

2. Windows系统安装

在中国，由于连接国外服务器速度比较慢，建议采用手工安装。首先通过官网下载composer.phar最新版本文件，并需要先安装PHP，这里是安装了一个集成服务器UniServerZ(PHP+MySQL+Apache)，将PHP的安装目录设置到系统变量path里面，打开 cmd 命令行窗口，执行 php -v，可以看到 PHP 版本号。将 composer.phar 复制到 PHP 的安装目录下面，php.exe 在同一级目录。然后，在 PHP 安装目录下新建一个 composer.bat 文件，并将下列代码保存到此文件中。

```
@php "%~dp0composer.phar" %*
```

打开 cmd 命令行窗口，执行 composer -v，可以看到版本信息。

3. Linux 系统安装

事先安装好 LAMP 和 cURL 工具，以及一些依赖工具和 PHP 模块。

```
sudo apt install php-cli php-mbstring git unzip
```

再下载 composer.phar，命令如下。

```
sudo curl -sS https://getcomposer.org/installer | php -d detect_unicode=off
```

或者：

```
wget https://getcomposer.org/composer.phar
```

执行下面的命令，完成全局安装。

```
sudo mv composer.phar /usr/local/bin/composer
sudo chmod a+x /usr/local/bin/composer
```

4. 升级 Composer

```
sudo composer self-update
```

5. 添加中国官网镜像

Composer 的软件仓库是 Packagist.org，中国官网为 http://www.phpcomposer.com/，提供了中国镜像。执行下面的命令，完成全局配置镜像仓库修改。命令中，去掉“-g”表示针对每一个项目的配置，修改镜像后，将镜像 URL 写入 config.json 配置文件中。

```
composer config -g repo.packagist composer https://packagist.phpcomposer.com
```

此外，阿里云也有 Composer 软件仓库镜像 https://mirrors.aliyun/composer，将上面命令的 URL 地址改为阿里云。但是，要事先取消前面的镜像配置，命令如下。

```
composer config -g --unset repos.packagist
```

6. 错误处理

如果在执行 composer 命令时出现 permission denied 的错误信息，可能是 Composer 有

两个重要配置文件需要设置为可读写,命令如下。

```
sudo chmod a + rw ./.composer/auth.json
sudo chmod a + rw ./.composer/config.json
```

34.1.2 安装 Drupal 项目

通过 Composer 管理工具,可以用命令行执行安装 Drupal 项目和模块。Composer 的软件仓库管理的软件命名空间是 vender/package(提供者名/软件包名),这里有一些针对 Drupal 项目的开源的 Composer 模板或类似于插件的项目,例如,drupal-composer/drupal-project,drupal/drupal 和 hussainweb/drupal-composer-init,一个命令就可以完成手工几个步骤的安装过程。在这里,采用 drupal-composer/drupal-project 模板来实现自动化的安装、更新和模块依赖管理。

1. 安装 Drupal 8 项目

执行以下命令:

```
composer create - project drupal/recommended - project:8.8.2 project - dir -- stability dev --
no - interaction
```

就可以自动下载 Drupal 项目代码和依赖包,并生成一些 Drupal 项目的配置文件,主要配置文件是 composer.json。其中,drupal/recommended-project 表示项目模板,这是 Drupal 官网建议的模板,而以前常用的模板是 drupal-composer/drupal-project,官方不建议使用。“:8.8.2”表示安装 Drupal 8.8.2 版本,安装到 project-dir 目录下面,这个目录可以自己命名,“--no-interaction”表示安装过程无须交互显示信息。

打开 project-dir 目录,发现生成了一些文件和目录,Drupal 项目源代码下载到一个默认的 web 目录下,同时还下载安装了 Drush 作为插件到 drush 目录下,Drush 执行文件在 vendor/bin/drush。

前面仅下载了 Drupal 8 代码,还需要进一步设置 Apache 服务器的虚拟主机,例如,drupal8.dev,以及在本地 DNS 列表文件 hosts 中添加 127.0.0.1 Drupal8.dev,Linix 在 /etc/hosts,Windows 在 windows/system32/drivers/etc/hosts。然后,打开浏览器访问 drupal8.dev,进入安装过程。

2. 下载安装模块及依赖包

例如,执行以下命令,安装 devel 模块。

```
composer require drupal/devel
```

3. 更新 Drupal 版本和模块

执行以下命令,更新 Drupal 内核:

```
composer update drupal/core -- with - dependencies
```

执行以下命令，更新 views 模块：

```
composer updatedrupal/views
```

更新 views 模块及其依赖模块：

```
composer update drupal/views -- with - all - dependencies
```

更新所有的模块：

```
composer update
```

完成任何更新，都要记住执行 update.php 更新数据库。或者，执行 drush 数据库更新命令：

```
drush updb
```

4. 安装模块

Composer 默认使用(Packagist.org)软件仓库来安装 PHP 项目的模块和依赖，但是，针对 Drupal 项目，Drupal 提供的软件仓库 https://packages.drupal.org/7 是针对 Drupal 7 的软件仓库，https://packages.drupal.org/8 是针对 Drupal 8 的。所以，可以在 composer.json 里面设置：

```
"repositories": [
        {
            "type": "composer",
            "url": "https://packages.drupal.org/7"
        }
    ],
```

也可以通过命令方式修改 Composer 针对 Drupal 项目的软件仓库，命令如下：

```
composer config repositories.0 composer https://packages.drupal.org/7
```

安装模块命令，必须进入到 Drupal 项目目录下面，例如，上面通过 drupal-composer/drupal-project 模板安装的默认 Drupal 项目目录是 web，这里要安装模块 quiz，执行命令：

```
composer require drupal/quiz
```

Composer 会自动安装所有依赖模块包，如图 34-1 所示。

同时，Composer 会自动更新 composer.json 文件，添加 quiz 模块到里面，命令如下：

```
"require": {
        "drupal/quiz": "^5.2",
},
```

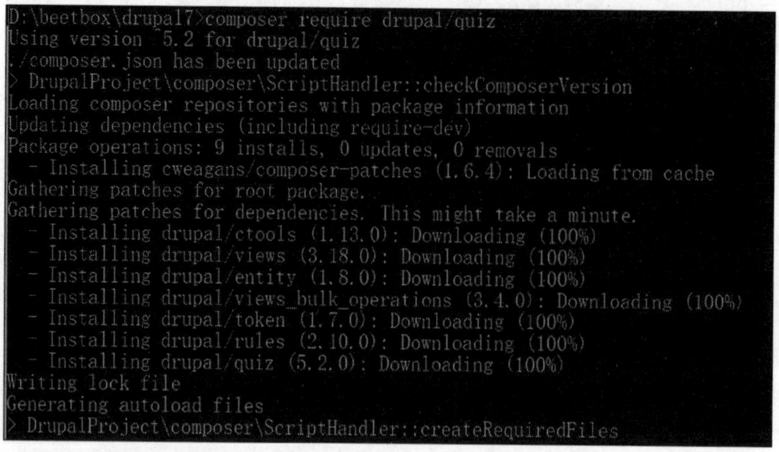

```
D:\beetbox\drupal7>composer require drupal/quiz
Using version ^5.2 for drupal/quiz
./composer.json has been updated
> DrupalProject\composer\ScriptHandler::checkComposerVersion
Loading composer repositories with package information
Updating dependencies (including require-dev)
Package operations: 9 installs, 0 updates, 0 removals
  - Installing cweagans/composer-patches (1.6.4): Loading from cache
Gathering patches for root package.
Gathering patches for dependencies. This might take a minute.
  - Installing drupal/ctools (1.13.0): Downloading (100%)
  - Installing drupal/views (3.18.0): Downloading (100%)
  - Installing drupal/entity (1.8.0): Downloading (100%)
  - Installing drupal/views_bulk_operations (3.4.0): Downloading (100%)
  - Installing drupal/token (1.7.0): Downloading (100%)
  - Installing drupal/rules (2.10.0): Downloading (100%)
  - Installing drupal/quiz (5.2.0): Downloading (100%)
Writing lock file
Generating autoload files
> DrupalProject\composer\ScriptHandler::createRequiredFiles
```

图 34-1 Composer 安装 quiz 模块的过程

但是,模块的激活还需要通过 Drush,命令如下。

```
drush en <modulename> -y
```

通过 Drush 列出已经安装的模块:

```
drush pm-list
```

34.2 Drush

Drush 是 Drupal 的项目自动管理工具,用来安装、更新、移除 Drupal 项目或模块。Drush 版本和 Drupal 版本的关系见表 34-1。

表 34-1 Drush、PHP 和 Drupal 版本的关系

Drush 版本	PHP	兼容 Drupal 版本
Drush 9	5.6+	D8.4+
Drush 8	5.4.5+	D6, D7, D8.3+
Drush 7	5.3.0+	D6, D7
Drush 6	5.3.0+	D6, D7
Drush 5	5.2.0+	D6, D7

34.2.1 Windows 10 安装 Drush

首先安装好 Composer,用 Composer 安装 Drush,Drush 会安装到 C:\Users\joe\AppData\Roaming\Composer\vendor\里面,这里的 joe 是登录 Windows 的用户名。

```
composer global requiredrush/drush:8.*
```

Drush 的运行命令在 C:\Users\joe\AppData\Roaming\Composer\vendor\bin 里面，将这个目录设置到 Windows 的系统变量里面，命令如下：

```
setx PATH "%PATH%;C:\Users\joe\AppData\Roaming\Composer\vendor\bin"
```

运行 drush status，如图 34-2 所示可以看到 Drush 版本是 8.1.17。

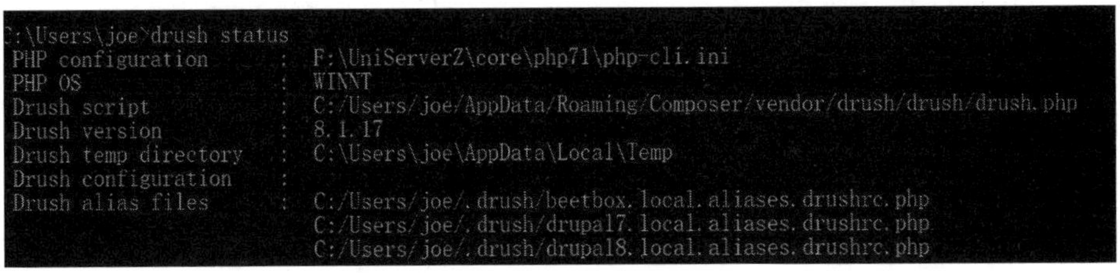

```
:\Users\joe>drush status
PHP configuration       :  F:\UniServerZ\core\php71\php-cli.ini
PHP OS                  :  WINNT
Drush script            :  C:/Users/joe/AppData/Roaming/Composer/vendor/drush/drush/drush.php
Drush version           :  8.1.17
Drush temp directory    :  C:\Users\joe\AppData\Local\Temp
Drush configuration     :
Drush alias files       :  C:/Users/joe/.drush/beetbox.local.aliases.drushrc.php
                           C:/Users/joe/.drush/drupal7.local.aliases.drushrc.php
                           C:/Users/joe/.drush/drupal8.local.aliases.drushrc.php
```

图 34-2　检查 Drush 安装情况

34.2.2　安装 wget 或者 cURL

为了能让 Drush 下载 Drupal 和模块，必须安装代码下载工具 wget 或 cURL。

1. 选择 cURL

到 cURL 官网下载 Windows 安装版，下载页面如图 34-3 所示。

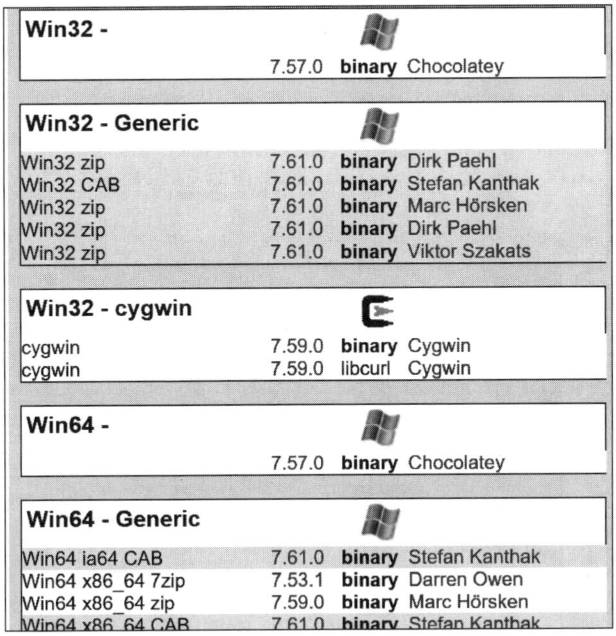

Win32 -			
	7.57.0	**binary**	Chocolatey
Win32 - Generic			
Win32 zip	7.61.0	**binary**	Dirk Paehl
Win32 CAB	7.61.0	**binary**	Stefan Kanthak
Win32 zip	7.61.0	**binary**	Marc Hörsken
Win32 zip	7.61.0	**binary**	Dirk Paehl
Win32 zip	7.61.0	**binary**	Viktor Szakats
Win32 - cygwin			
cygwin	7.59.0	**binary**	Cygwin
cygwin	7.59.0	libcurl	Cygwin
Win64 -			
	7.57.0	**binary**	Chocolatey
Win64 - Generic			
Win64 ia64 CAB	7.61.0	**binary**	Stefan Kanthak
Win64 x86_64 7zip	7.53.1	**binary**	Darren Owen
Win64 x86_64 zip	7.59.0	**binary**	Marc Hörsken
Win64 x86_64 CAB	7.61.0	**binary**	Stefan Kanthak

图 34-3　cURL 下载页面

这里选择了 Win64 x86_64 zip 版本，解压后直接可以运行，但是要把解压的目录里面的 bin 放到系统用户变量里面。

```
setx PATH "%PATH%;F:\Download\curl-7.61.0-win64-mingw\bin"
```

2. 选择 wget

下载安装 wget、gzip、libarchive、tar、unzip，链接地址如下。

```
http://gnuwin32.sourceforge.net/packages/libarchive.htm
http://gnuwin32.sourceforge.net/packages/gzip.htm
http://gnuwin32.sourceforge.net/packages/wget.htm
http://gnuwin32.sourceforge.net/packages/gtar.htm
http://gnuwin32.sourceforge.net/packages/unzip.htm
```

下载安装好上述工具，所有工具的执行目录是 C:\Program Files (x86)\GnuWin32\bin。将该路径加入到系统用户环境变量中：

```
setx PATH "%PATH%;C:\Program Files (x86)\GnuWin32\bin"
```

34.2.3 在 Ubuntu 中安装 Drush

安装 Drush 有以下几种方式。

1. 通过 Linux 系统仓库

一种是直接在 Ubuntu 的软件仓库安装，但是会由于 Ubuntu 的版本问题，而无法安装到最新的 Drush 版本。命令如下。

```
sudo apt-get install drush
```

如果安装的版本过低，例如可能是 Drush 5，可以把它卸载。

```
sudo apt-get remove drush
```

2. 通过 Composer 软件仓库

可以选择安装不同版本的 Drush，如下命令是安装 Drush 8。

```
cd /usr/local/src
mkdir drush8
cd drush8
composer require drush/drush:8.x
ln -s /usr/local/src/drush8/vendor/bin/drush /usr/local/bin/drush8
```

将上面命令中的 8 改成 7，就可以安装 Drush 7，用 Drush 7 和 Drush 8 命令来区分版本。

“:8.x”表示安装一个全局的 Drush 8 版本(或最新版“:dev-master”)，命令如下：

```
composerglobal require drush/drush:8.x
```

默认会安装到用户根目录(/home/用户名)下的.composer,这里的登录用户是Drupal,为了让drush命令在任何地方运行,需要将Drush做一个快捷键:

```
sudo ln -s /home/drupal/.composer/vendor/drush/drush/drush /usr/bin/drush
```

如果软链接不对,可以通过命令删除快捷文件:

```
sudo rm -rf /usr/bin/drush
```

并在系统启动设置文件(~/.bashrc)添加以下代码,其中,/path/to/是drush实际的安装目录。

```
export PATH="$PATH:/path/to/drush:/usr/local/bin"
```

重新加载启动文件脚本,命令如下:

```
source ~/.bashrc
```

3. 直接从github下载、安装Drush

git下载命令:

```
git clone https://github.com/drush-ops/drush.git /usr/local/src/drush
```

进入Drush代码目录:

```
cd /usr/local/src/drush
```

安装Drush依赖:

```
sudo composer install
```

安装过程中,输入你在github上的用户名与密码。
升级Drush:

```
composer global update
```

给Drush在可以执行的目录下创建一个快捷链接,让Drush可以在任何目录下运行。

```
sudo ln -s /usr/local/src/drush/drush /usr/bin/drush
```

最后,检查Drush安装情况。

```
sudo drush  status
```

34.2.4 下载Drupal项目

首先需要下载一个Drupal项目,下面的命令是下载Drupal 7:

```
sudo drush dl drupal-7 --select
```

终端会出现可以安装的Drupal 7版本列表，选择后，进入下载过程，如图34-4所示。

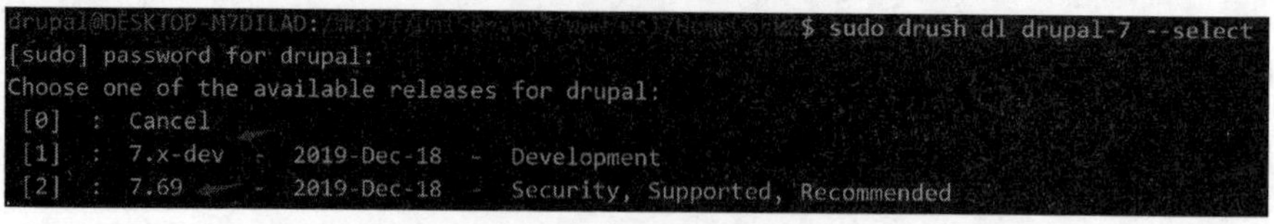

```
$ sudo drush dl drupal-7 --select
[sudo] password for drupal:
Choose one of the available releases for drupal:
 [0]  :  Cancel
 [1]  :  7.x-dev  -  2019-Dec-18  -  Development
 [2]  :  7.69     -  2019-Dec-18  -  Security, Supported, Recommended
```

图34-4 选择Drupal 7版本下载

34.2.5 安装Drupal项目

1. 完整安装

首先要进入Drupal项目的下载目录下，执行以下命令：

```
sudo drush site-install standard --account-name=admin --account-pass=admin --db-url=mysql://YourMySQLUser:yourMySQLPassword@localhost/YourMySQLDatabase --site-name=drupal7.local --locale=zh-hans --db-su=root --db-su-pass=root
```

上面的命令是安装一个标准的Drupal项目，使用数据库超级管理员账号密码(都是root)，设置管理员账号密码都为admin，设置MySQL数据库用户账号为YourMySQLUser、密码为yourMySQLPassword、数据库名称为YourMySQLDatabase及网站的虚拟主机名称为drupal7.local。选择语言为简体中文(zh-hans)。无须在浏览器端运行install.php，也不用预先创建MySQL数据库和用户，就可以完成Drupal项目的安装。

2. 最简单安装

也可以做一个简单的安装，仅安装最小的Drupal内核，命令如下。

```
sudo drush site-install minimal --site-name=MYSITE
```

这会创建一个默认的admin账号和一个随机密码。数据库的用户账号密码和数据库名称事先要在setting.php里面设置好。如图34-5所示是安装成功的信息。

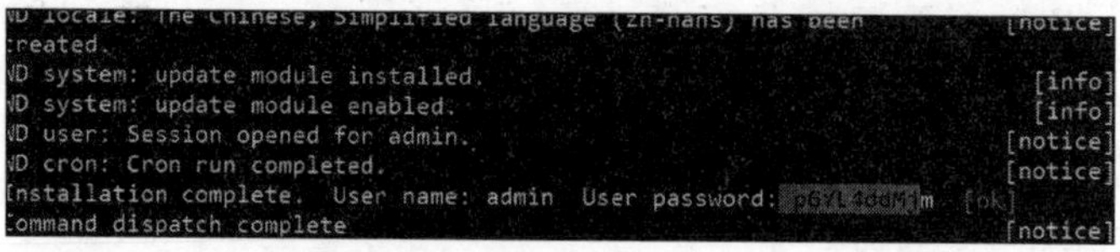

```
created.
system: update module installed.                                    [info]
system: update module enabled.                                      [info]
user: Session opened for admin.                                     [notice]
cron: Cron run completed.                                           [notice]
Installation complete.  User name: admin  User password: p6YL4ddM:m  [ok]
Command dispatch complete                                           [notice]
```

图34-5 安装最小内核的Drupal

3. 多网站安装

在完整安装命令行添加一个如下选项，将会在Drupal项目下创建目录/sites/mysite1，命令如下：

```
--sites-subdir=mysite1
```

34.2.6 检查 Drupal 项目的设置

通过项目目录执行如下命令，可以查看当前 Drupal 的设置状态：

```
sudo drush status
```

结果如图 34-6 所示。

```
drupal@DESKTOP-M7DILAD:/mnt/f/UniServerZ/www/wsl/homework7$ sudo drush status
 Drupal version                 :  7.69
 Site URI                       :  http://default
 Database driver                :  mysql
 Database hostname              :  localhost
 Database port                  :
 Database username              :  drupal7
 Database name                  :  homework7
 Database                       :  Connected
 Drupal bootstrap               :  Successful
 Drupal user                    :
 Default theme                  :  bartik
 Administration theme           :  seven
 PHP executable                 :  /usr/bin/php
 PHP configuration              :  /etc/php/7.0/cli/php.ini
 PHP OS                         :  Linux
 Drush script                   :  /home/drupal/.composer/vendor/drush/drush/drush.php
 Drush version                  :  8.1.17
 Drush temp directory           :  /tmp
 Drush configuration            :
 Drush alias files              :
 Install profile                :  standard
 Drupal root                    :  /mnt/f/UniServerZ/www/wsl/homework7
 Drupal Settings File           :  sites/default/settings.php
 Site path                      :  sites/default
 File directory path            :  sites/default/files
```

图 34-6 Drupal 版本、Drush 版本及其他信息

34.2.7 安装管理 Drupal 模块

首先要知道具体模块的机读名称，可以通过 Drupal 官网搜索一个模块，在模块链接 URL 地址最后的是模块机读名称。

接着，安装模块，例如 admin_toolbar 模块。首先，必须进入 Drupal 项目所在的目录下执行命令，也可以同时下载安装多个模块，每个模块用空格分开，下面是同时安装 admin_toolbar 和 panels 模块：

```
sudo drush dl admin_toolbar panels
```

然后，激活模块：

```
sudo drush en admin_toolbar panels
```

如果激活的模块有依赖，会提示安装依赖模块，再完成所有模块和依赖模块的激活，如图 34-7 所示是激活 views 模块时，提示需要安装 ctools 模块。

```
drupal@DESKTOP-M7DILAD:[illegible]$ sudo drush en views views_ui
The following projects have unmet dependencies:                              [ok]
views requires ctools
views_ui requires ctools
Would you like to download them? (y/n): y
```

图 34-7 激活模块并安装依赖模块

34.2.8 升级 Drupal 内核和模块

考虑一个 Drupal 代码可以管理多个网站，所以，升级模块最好到 setings. php 文件所在目录下执行升级命令。例如，drupal/sites/default，如果还有一个网站 othersite，它的 setings. php 会在 drupal/sites/othersite，升级命令如下。

```
sudo drush up module - name1 module - name2 …
```

Drush 升级完成后，会根据需要自动升级数据库，所以不需要另外执行 update. php。数据库升级命令如下。

```
sudo drush updb
```

如果需要检查所有可能的升级，包括 Drupal 核心，先进入到 Drupal 安装目录下，并确定 Apache 和 MySQL 已经启动，执行如下命令。

```
sudo drush up
```

执行的结果如图 34-8 所示。

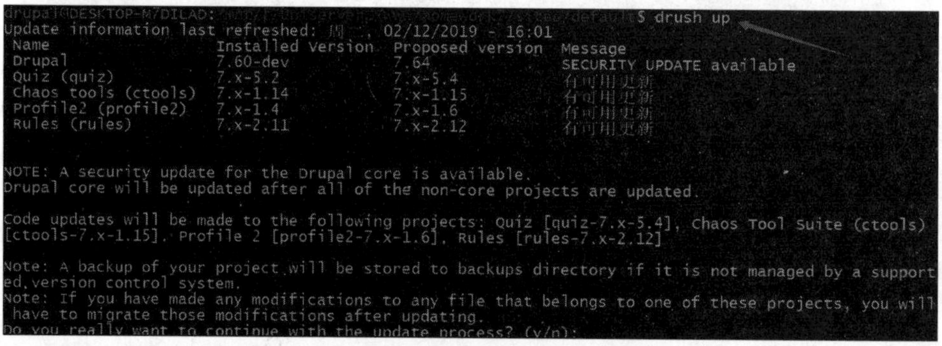

```
drupal@DESKTOP-M7DILAD:[illegible]$ drush up
Update information last refreshed: 周[illegible], 02/12/2019 - 16:01
 Name                    Installed Version  Proposed version  Message
 Drupal                  7.60-dev           7.64              SECURITY UPDATE available
 Quiz (quiz)             7.x-5.2            7.x-5.4           有可用更新
 Chaos tools (ctools)    7.x-1.14           7.x-1.15          有可用更新
 Profile2 (profile2)     7.x-1.4            7.x-1.6           有可用更新
 Rules (rules)           7.x-2.11           7.x-2.12          有可用更新


NOTE: A security update for the Drupal core is available.
Drupal core will be updated after all of the non-core projects are updated.

Code updates will be made to the following projects: Quiz [quiz-7.x-5.4], Chaos Tool Suite (ctools)
[ctools-7.x-1.15], Profile 2 [profile2-7.x-1.6], Rules [rules-7.x-2.12]

Note: A backup of your project will be stored to backups directory if it is not managed by a support
ed version control system.
Note: If you have made any modifications to any file that belongs to one of these projects, you will
 have to migrate those modifications after updating.
Do you really want to continue with the update process? (y/n):
```

图 34-8 Drush 升级所有模块和 Drupal 内核

升级完成后，如果是同一 Drupal 代码的多个网站服务器，需要为每一个网站分别执行 update. php。

如果是仅升级 Drupal 内核，执行以下命令。

```
drush up drupal
```

34.2.9 备份代码和数据库

进入到 Drupal 项目目录下执行命令。

1. 关闭网站

如果是上线产品，先设置网站为维护状态，并清空缓存，命令如下。

```
drush vset --exact maintenance_mode 1
drush cache-clear all
```

2. 备份代码和数据库

注意观察命令执行后的终端输出，会显示备份文件的目录位置（默认在“~/drush-backups/archive-dump/”目录下，以 tar. gz 的压缩文件方式存储，里面包含数据库备份文件）。

```
drush archive-dump
```

3. 单独备份数据库

如下命令是备份数据库到上一级目录。

```
drush sql-dump --result-file=../homework7og.sql
```

4. 备份多网站

首先要进入到其中某一个网站目录下，如 sites/homework7og. local，再执行如下备份命令。

```
drush archive-dump @sites
```

5. 恢复网站上线

命令如下。

```
drush vset --exact maintenance_mode 0
drush cache-clear all
```

34.2.10 恢复代码和数据库

1. 恢复备份的网站文件

如果使用 archive -dump 备份网站，也可以用如下命令恢复这个网站代码，命令如下，其中，example. tar. gz 是前面备份的文件。

```
drush archive -restore ./example.tar.gz
```

2. 恢复网站并修改文件存放目录

例如，恢复文件修改到指定的目录 example. com，命令如下：

```
drush archive - restore ./example.tar.gz example.com
```

可以用这种方式来迁移网站到另一台服务器。

3. 数据库恢复

drush archive-restore 命令无法自动恢复数据库，还需要手工恢复数据库。首先把数据库备份文件从.tar.gz 文件中解压出来，通过传统方式恢复数据库。

34.3 Drupal CLI

自从 Drupal 8 版本发布以后，Drupal 8 不是 Drupal 7 的升级版，而是采用 PHP 的 Symfony 2 框架重新写了代码，所以也发布了基于 Symfony Console 库的新开发工具 Drupal CLI。这个工具仅仅是针对 Drupal 8 的命令行开发工具，有点类似于 Node.js 的 npm 包管理工具来给 Drupal 项目创建管理模块和调试系统，通过交互界面产生模板代码。所以，这是针对 Drupal 模块开发人员的交互界面开发工具。如果使用 drupal-composer/drupal-project 模板安装 Drupal 项目，Drupal CLI 和 Drush 可以一起开发管理项目。

34.3.1 安装 Drupal CLI

(1) 使用 Composer 安装，最好先安装 Composer 仓库的中国镜像（见 Composer 安装章节）。

```
composer global requiredrupal/console:@stable
```

(2) 添加系统环境变量到用户根目录下的“.bash_profile”或“.profile”启动文件里面。

```
echo "PATH = $PATH:~/.composer/vendor/bin""|" ~/.bash_profile
```

34.3.2 使用 Drupal CLI

Drupal CLI 有以下两种命令方式。

(1) 标准命令：这是在 Drupal 8 项目根目录以外运行的命令。

(2) 容器相关命令：这是能够在 Drupal 8 项目目录下运行的命令。

第35章 Web应用开发常用工具

35.1 代码编辑器

这里仅推荐一些常用代码编辑器,以及其基本安装和设置,可以用来查看和简单编辑Drupal代码及修改配置文件。

35.1.1 Linux下的编辑器

1. vim

vi和vim是Linux常用的字符方式编辑器,vim是vi的改进版本,可以使用鼠标和键盘的光标移动键,更好用。安装命令如下。

```
sudo atp - get install vim
```

安装完成后,默认的颜色配置方案比较难看,可以改成其他喜欢的配色,例如desert。更多的配色方案放在/usr/share/vim/vim74/colors目录下(注意vim74目录会根据版本不同有变化),有很多已经安装的配色文件,如图35-1所示。

图35-1 vim配色文件

如果选择一个喜欢的配色,需要修改/etc/vim/vimrc配置文件,添加颜色配置如下。

```
colo desert
```

如果需要临时修改配色,打开vim,进入命令状态,输入命令:

```
:colorscheme
```

按空格键,接着,按Tab键,可以看到不同的配色主题出现,确认一个配色主题,按Enter键,立即生效。

2. nano

nano 在 Ubuntu 中是默认安装的，这个编辑器比 vim 更简单，它不需要进行编辑模式和命令模式切换，全程使用快捷键来编辑文档，并提供常用快捷键提示帮助。唯一问题是默认的 nano 没有设置语法加亮功能，需要手工设置。在/usr/share/nano/目录下，nano 提供了一些常用语言的语法加亮配置文件，如图 35-2 所示。

```
root@DESKTOP-6AMTUJ5:/usr/share/nano# ls
asm.nanorc        c.nanorc        fortran.nanorc  html.nanorc        makefile.nanorc  nftables.nanorc  php.nanorc         ruby.nanorc     tex.nanorc
autoconf.nanorc   css.nanorc      gentoo.nanorc   java.nanorc        man.nanorc       objc.nanorc      po.nanorc          sh.nanorc       xml.nanorc
awk.nanorc        debian.nanorc   go.nanorc       javascript.nanorc  mgp.nanorc       ocaml.nanorc     postgresql.nanorc  spec.nanorc
changelog.nanorc  default.nanorc  groff.nanorc    json.nanorc        mutt.nanorc      patch.nanorc     pov.nanorc         tcl.nanorc
cmake.nanorc      elisp.nanorc    guile.nanorc    lua.nanorc         nanorc.nanorc    perl.nanorc      python.nanorc      texinfo.nanorc
```

图 35-2 nano 的语法加亮配置文件

在用户当前目录下有一个 nano 设置文件"～/. nano/. nanorc"，如果没有创建并编辑这个文件，并添加一个或多个需要语法加亮的语言配置文件，如下是添加 shell 的语法和 PHP、HTML、CSS 和 JavaScript 语法加亮功能。

```
Include /usr/share/nano/sh.nanorc
include /usr/share/nano/html.nanorc
include /usr/share/nano/css.nanorc
include /usr/share/nano/php.nanorc
include /usr/share/nano/javascript.nanorc
```

35.1.2 Windows 常用编辑器

1. Notepad++

这是一个轻量级开源免费的文本和代码编辑器，已经有 20 年的历史，一直很流行，支持中文界面，支持插件，它的优势是可以将两个代码编辑窗口分为左右展示，可以转换文本编码字符集。

2. Sublime Text3

类似于 Notepad++，也是一个轻量级的代码编辑器，外观更时尚，如流行的黑暗界面模式。但是，这是一个共享软件，长期使用需要付费，评估版是没有时间限制的。

35.2 浏览器调试工具

作为 Web 应用开发，除了服务器的环境搭建，浏览器是必不可少的，它是 Web 应用的客户端运行环境。最好安装一些专业流行的浏览器，例如，Google 的 Chrome 浏览器，Firefox 浏览器，或微软的 Edge 浏览器作为 Drupal 系统开发调试浏览器。

35.2.1 开发者工具

基本上，每一种浏览器默认都会带有开发者工具，只是每一种浏览器都会使用不同名称，如 Firefox 叫“Web 开发者”，微软 Edge 叫“开发人员工具”。

开发者工具主要功能有：

（1）HTML 标签元素（Element）检查，通过鼠标指针，移动到网页的某个 HTML 元素，显示 HTML 和 CSS 的源码，而且还包括一个增强功能“取色器”，通过取色器查看页面文字或背景颜色的值。

（2）通过移动设备模拟（Device simulate），测试 Web 应用在移动设备上的响应式布局。

（3）通过控制台（Console）查看网页的错误信息。

（4）通过网络（Network）资源检测一个 Web 应用网页从服务器端下载的资源。最常用的资源包括 HTML、CSS 和 JavaScript 文件、图片、视频以及其他格式的文档等，检查这些资源的网络通信状态码（200 表示正常获取资源）、资源大小、文件类型、下载所花的时间。

（5）源码（Sources）检测，查看每个资源文件在服务器端的存储位置（所在的文件目录）。

（6）性能测试，在浏览器加载所有资源所使用的时间，包括脚本运行、页面渲染、图像绘制、系统后台等时间。

（7）应用程序检测，包括本地数据库存储、缓存、Cookie 等，主要用于代码开发。

（8）安全检测，报告网站有没有使用 HTTPS 安全协议及使用的证书，通信加密算法，网页所有资源的安全合规性。

作为 Drupal 网站开发，一般不需要改动代码，除非开发 Drupal 模块，才可能用到开发者工具。但是有时候，Drupal 页面的主题外观需要做一些微调，而 Drupal 后台管理界面又无法做到，那么就要动手修改 CSS 或 HTML 文件，这样就要用到开发者工具的 HTML 标签元素检测功能，可以先对当前使用的主题模块进行一些手工修改，例如，检测网页上的某一个标签元素的颜色或字体大小，或对某一个区块大小进行调整，再找到相应的 Drupal 原文件如 CSS 文件，进行手工修改。但是，这种修改方式会给系统升级带来一些问题，升级可能会覆盖修改过的文件，所以升级前最好先备份这些手工修改的文件，升级完成后，看看原代码文件和备份的文件是否有变化，再把文件复制回原来的地方。

35.2.2　浏览器的 Web 应用开发扩展

每一个浏览器都有自己的扩展生态圈，这些扩展相当于内置于浏览器的功能扩展，大多数是免费的，对于 Drupal 开发，不需要写代码，但是如果需要做一些网页主题外观微调，还是需要一些工具的帮助，用得最多的是专业取色器。

比较流行的取色器有 Firefox 浏览器的 Colorzilla 扩展，以及微软的 Edge 浏览器的 ColorFish 扩展，除了一般的 HTML 元素取色，还可以对 PDF 文件或页面的图片颜色进行取色。

35.3　文件上传下载工具

Drupal 系统部署到远程服务器上，完成产品的发布，需要上传 Drupal 项目代码到远程服务器端，最常用的方法是使用 FTP 文件传输协议方式，FTP 方式的文件上传下载有两种方式：图形化 FTP 工具，如在入门篇的产品上线章提到的 FileZilla 工具；还可以通过 Windows 的 cmd 命令行工具，使用 FTP 命令完成远程服务器的连接、文件上传下载任务。此外，还有强大的 Windows FTP 客户端工具 WinSCP，通过 FTP、FTPS、SCP、SFTP、WebDAV 或 S3 文件传输协议实现本地和远程服务器的文件上传下载。

35.4 Linux 服务器控制台

比较专业的 Drupal 开发环境是纯 Linux 的，但是，WSL、虚拟机和容器技术改变了我们的开发方式，我们可以把客户端放在 Windows 下的开发环境（主要是浏览器），同时，把 Linux 服务器作为一个虚拟机应用在 Windows 环境下运行，然后，通过服务器控制台，管理 Linux 服务器下的 Drupal 项目操作。

35.4.1 开发环境的 Linux 服务器控制台

前面使用了 Windows 默认的 cmd 或 PowerShell 命令行工具来安装管理 Docker 和 Vangrant，搭建 Drupal 的 Linux 虚拟机开发环境，访问 Linux 虚拟机服务器，以及使用微软自己开发的终端控制台 Windows Termial 来管理 WSL。Windows Termial 除了可以开多窗口，有更多的配色主题选择，还把 cmd 和 PowerShell 集成到里面。

35.4.2 远程环境的 Linux 服务器控制台

Windows 默认的 cmd 命令行工具，可以与远程 Linux 服务器连接，打开服务器终端控制台。此外，还可以使用其他 SSH 工具，实现远程 Linux 与服务器的连接，主要有如下几种。

1. PuTTY

PuTTY 是一个老牌的 SSH，是由英国软件专家 Simon Tatham 开发的轻量级 putty.exe，图形化界面。

2. Cmder

Cmder 号称是 Windows 的 cmd 工具替代者，可以开多窗口，有多种配色主题选择，可以启动微软的 cmd 和 PowerShell，默认打开 cmd 控制台，输入 bash 或 wsl 启动默认的 WSL 控制台；可以上下左右分屏，即同时看两个控制台窗口。并且内置了很多 Linux 命令，如 grep、curl、vim、ls、tar、unzip、git 等，对 Linux 爱好者来说是不错的选择。使用前，先设置将为中文，否则中文文件和目录名显示的是乱码。单击 Cmder 左上角图标，选择 Settings 菜单，或直接按 Win＋Alt＋P 组合键打开 Settings 设置页面，在菜单 Startup | Environment 下，添加“set LANG＝zh_CN. UTF8”，如图 35-3 所示。

3. ConEmu

ConEmu 类似于 Cmder 工具，是一个 Windows 终端窗口模拟器，Cmder 是基于

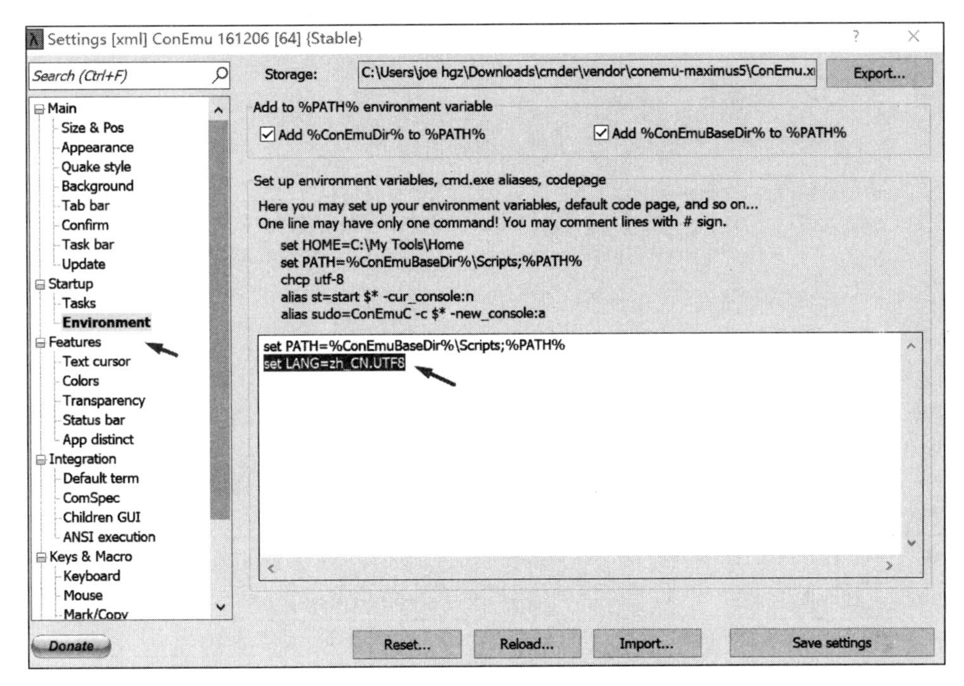

图 35-3 设置中文语言

ConEmu 开发的。其目的是改善 Windows 默认的 cmd 终端的外观。

4. MobaXterm

MobaXterm 号称是 Windows 系统下的远程控制台工具箱，支持各种远程连接协议，如 SSH、FTP、串口、VNC、X11、RDP 等，支持 Linux 命令，如 bash、ls、cat、sed、grep、awk 等。多窗口，可使用插件扩展。使用 SSH 连接到远程 Linux 服务器后，会自动启动 SFTP 浏览器，直接编辑或上传下载文件。有家庭版(免费)和专业版(付费)。

Drupal常用模块一览表

本书用到的 Drupal 模块列表(下载网址仅供参考,如有不可链接,请重新搜索)如表 A-1 所示。

表 A-1　Drupal 常用模块

类型	模块名称	官网地址
系统管理	Module Filter	https://www.drupal.org/project/module_filter
	Chaos Tool Suite	https://www.drupal.org/project/ctools
	Token	https://www.drupal.org/project/token
	Page Manager	https://www.drupal.org/project/page_manager
	Panels	https://www.drupal.org/project/panels
	Advanced Help	https://www.drupal.org/project/advanced_help
	Devel	https://www.drupal.org/project/devel
	TaxonomyManager	https://www.drupal.org/project/taxonomy_manager
	Entity Reference	https://www.drupal.org/project/references
	Relation	https://www.drupal.org/project/relation
	Reference	https://www.drupal.org/project/references
	Views Bulk Operations	https://www.drupal.org/project/views_bulk_operations
	Rules	https://www.drupal.org/project/rules
	Libraries API	https://www.drupal.org/project/libraries
主题	Theme	https://www.drupal.org/project/project_theme
	Bootstrap	https://www.drupal.org/project/bootstrap
	Drupal8 Zyphonies	https://www.drupal.org/project/drupal8_zymphonies_theme
	Mobile Responsive	https://www.drupal.org/project/mobile_responsive_theme
富文本编辑	CKEditor	https://www.drupal.org/project/ckeditor
	TinyMCE	https://www.drupal.org/project/tinymce
	UEditor	https://www.drupal.org/project/ueditor
	Wysiwyg	https://www.drupal.org/project/wysiwyg
多媒体、视频	video_embed_youku	https://www.drupal.org/project/video_embed_youku
	video_embed_field	https://www.drupal.org/project/video_embed_field
	Video	https://www.drupal.org/project/video
	Media	https://www.drupal.org/project/media
	File Entity	https://www.drupal.org/project/file_entity

续表

类型	模块名称	官网地址
图片管理	Juicebox	https://www. drupal. org/project/juicebox
	ColorBox	https://www. drupal. org/project/colorbox
	GalleryFormatter	https://www. drupal. org/project/galleryformatter
	Node Gallery	https://www. drupal. org/project/node_gallery
幻灯片	Views Slideshow	https://www. drupal. org/project/views_slideshow
	Filed slideshow	https://www. drupal. org/project/field_slideshow
	Slick extras	https://www. drupal. org/project/slick_extras
	Slick Carousel	https://www. drupal. org/project/slick
菜单管理	Nice Menu	https://www. drupal. org/project/nice_menus
	Superfish	https://www. drupal. org/project/superfish
	Taxonomy menu	https://www. drupal. org/project/taxonomy_menu
	Pathauto	https://www. drupal. org/project/pathauto
社交分享	ShareThis	https://www. drupal. org/project/sharethis
	Social media	https://www. drupal. org/project/social_media
	AddToAny	https://www. drupal. org/project/addtoany
阅读统计	Node View Count	https://www. drupal. org/project/nodeviewcount
	Statistics Counter	https://www. drupal. org/project/statistics_counter
	Node Type Count	https://www. drupal. org/project/node_type_count
点赞统计	Flag	https://www. drupal. org/project/flag
	Likebtn	https://www. drupal. org/project/likebtn
	Voting API	https://www. drupal. org/project/votingapi
表单	Webform	https://www. drupal. org/project/webform
	Phone field	https://www. drupal. org/project/phonefield
国际化	Internationalization(i18n)	https://www. drupal. org/project/i18n
	Localization update	https://www. drupal. org/project/l10n_update
	Dropdown Language	https://www. drupal. org/project/dropdown_language
	Language Switcher Dropdown	https://www. drupal. org/project/lang_dropdown
	Language Icons	https://www. drupal. org/project/lang_dropdown
电子商务	Ubercart	https://www. drupal. org/project/ubercart
	Drupal Commerce	https://www. drupal. org/project/commerce
Drupal 分发版	Commerce Kickstart	https://www. drupal. org/project/commerce_kickstart
	Restaurant	https://www. drupal. org/project/restaurant
	opigno_lms	https://www. drupal. org/project/opigno_lms
移动管理	Mobile Subdomain	https://www. drupal. org/project/mobile_subdomain
	Mobile Detect	https://www. drupal. org/project/mobile_detect
	Mobile Device Detection	https://www. drupal. org/project/mobile_device_detection
	SMS Framework	https://www. drupal. org/project/smsframework
	SMS simple gateway	https://www. drupal. org/project/sms_simplegateway
	PWA	https://www. drupal. org/project/pwa

续表

类型	模块名称	官网地址
用户管理	Registration Role With Approval	https://www.drupal.org/project/registration_role_with_approval
	Select Registration Roles	https://www.drupal.org/project/select_registration_roles
	Multiple Registration	https://www.drupal.org/project/multiple_registration
权限	Field Permissions	https://www.drupal.org/project/field_permissions
群组	Group	https://www.drupal.org/project/group
	Organic Group	https://www.drupal.org/project/og
	OG Extras	https://www.drupal.org/project/og_extras
题库	Quiz	https://www.drupal.org/project/quiz
	Quiz File Upload	https://www.drupal.org/project/quizfileupload
	date	https://www.drupal.org/project/date
	Quiz Questions Import	https://www.drupal.org/project/qq_import
	Feeds	https://www.drupal.org/project/feeds
	Job Scheduler	https://www.drupal.org/project/job_scheduler
消息管理	Message	https://www.drupal.org/project/message
	Message notify	https://www.drupal.org/project/message_notify
	Message Subscribe	https://www.drupal.org/project/message_subscribe
邮件测试	Maillog / Mail Developer	https://www.drupal.org/project/maillog
	Reroute Email	https://www.drupal.org/project/reroute_email
	Mail Safety	https://www.drupal.org/project/mail_safety
迁移审查	Drupal 8 upgrade evaluation	https://www.drupal.org/project/upgrade_check
	Upgrade Status	https://www.drupal.org/project/upgrade_status
Drush 迁移工具	Migrate Upgrade	https://www.drupal.org/project/migrate_upgrade
	Migrate Plus	https://www.drupal.org/project/migrate_plus
	Migrate Tools	https://www.drupal.org/project/migrate_tools
安全审查与防范	Security Review	https://www.drupal.org/project/security_review
	Security Kit	https://www.drupal.org/project/seckit
	ClamAV	https://www.drupal.org/project/clamav
	Login Security	https://www.drupal.org/project/login_security
	Username Enumeration Prevention	https://www.drupal.org/project/username_enumeration_prevention
Spambots 防范	CAPTCHA	https://www.drupal.org/project/CAPTCHA
	reCAPTCHA	https://www.drupal.org/project/recaptcha
	Spambot	https://www.drupal.org/project/spambot
	Honeypot	https://www.drupal.org/project/honeypot
	Mother May I	https://www.drupal.org/project/mothermayi

附录B 常用开发工具及服务一览表

本书用到的应用软件工具和服务(网址仅供参考,如果不可链接,请重新搜索)如表 B-1 所示。

表 B-1 常用开发工具及服务

应用	应用名称	网址
服务器	WAMPServer	http://www.wampserver.com/
	XAMPP	https://www.apachefriends.org/zh_cn/index.html
	Uniform Server	http://www.uniformserver.com/
域名托管	华为云	https://activity.huaweicloud.com/domain1.html
	阿里云	https://wanwang.aliyun.com/
	腾讯云	https://dnspod.cloud.tencent.com/
虚拟机、容器	VirtualBox	https://www.virtualbox.org/
	Docker	https://hub.docker.com/
	Vagrant	https://www.vagrantup.com/
Drupal 虚拟机镜像文件	Bitnami	https://bitnami.com/stack/drupal/virtual-machine
	Docker hub	https://hub.docker.com/
	Vagrant cloud	https://app.vagrantup.com/boxes/search
	Vagrant basic boxes	http://www.vagrantbox.es/
	VDD	https://www.drupal.org/project/vdd
	Drupal-vm(官网)	https://www.drupalvm.com/
	drupal-vm(github)	https://github.com/geerlingguy/drupal-vm
	Beetbox	http://beetbox.readthedocs.io/en/stable/
Drupal 开发管理	Composer	https://getcomposer.org/
	Drush	https://www.drush.org/latest/
	Drupal CLI	https://drupalconsole.com/
下载工具	Curl	https://curl.se/download.html
	wget	http://www.gnu.org/software/wget/
	Git	https://git-scm.com/downloads
	FileZilla	https://filezilla-project.org/
	WinSCP	https://winscp.net/eng/index.php

致　谢

这本书的完成，得益于初期 Drupal 的学习和开发笔记。所以，首先感谢加拿大的客户和朋友的支持，让我积累了更多的 Drupal 开发经验。在南宁学院工作期间，感谢科研处，批准我第一个科研项目《在线课程作业管理系统》的立项，并用 Drupal 6 完成了这个项目的开发，应用于我的教学工作活动。同时，也感谢使用这个系统的学生，给我提出了宝贵建议，让我完成了这个项目的 Drupal 7 升级版。

在这本书写作期间，感谢妻子孙晓燕的理解、付出与全力支持。同时，感谢北京微利思达科技发展有限公司联合创始人、CTO 孙凯先生，在百忙中为这本书作序。感谢清华大学出版社编辑们辛勤的编辑校对工作，让这本书能顺利出版。最后感谢我的父母，给我成长的爱和鼓励。